U0163203

基因组信息学实践教程

主　编　张高川
参　编　胡　广　李　渊　商冰雪
　　　　朱彦博

苏州大学出版社

图书在版编目（CIP）数据

基因组信息学实践教程／张高川主编. —苏州：
苏州大学出版社，2022.9
ISBN 978-7-5672-3866-4

Ⅰ.①基… Ⅱ.①张… Ⅲ.①基因组-生物信息论-
高等学校-教材 Ⅳ.①Q343.2

中国版本图书馆 CIP 数据核字（2022）第 117904 号

书　　名：基因组信息学实践教程
主　　编：张高川
责任编辑：赵晓嬿

出版发行：苏州大学出版社（Soochow University Press）
地　　址：苏州市十梓街 1 号　邮编：215006
印　　装：广东虎彩云印刷有限公司
网　　址：http://www.sudapress.com
邮　　箱：sdcbs@suda.edu.cn
邮购热线：0512-67480030
销售热线：0512-67481020

开　　本：787 mm×1 092 mm　1/16　印张：24.5　字数：532 千　插页：2
版　　次：2022 年 9 月第 1 版
印　　次：2022 年 9 月第 1 次印刷
书　　号：ISBN 978-7-5672-3866-4
定　　价：75.00 元

凡购本社图书发现印装错误，请与本社联系调换。服务热线：0512-67481020

前　言

　　高通量测序技术的飞速发展,极大地降低了基因组研究的时间和成本。该技术也因此在生命科学研究中得到了极大的推广与运用,并迅速地产生海量的基因组数据。这些海量的基因组数据涵盖了各种生物遗传信息,由此引发了由数据驱动的革命,包括比较基因组学和个性化药物等,进而对基础生物学和生物医学转化研究产生了深远影响。基因组学(Genomics)这门学科亦应运而生,它是一个跨学科的生物学领域,专注于基因组的结构、功能、进化、作图和编辑。"基因组信息学"这门课程就是针对这门学科面向生物信息学专业本科学生而开设的。

　　自从 2014 年教授"基因组信息学"这门课程开始,我一直为教材的事情所困扰,遍寻国内外出版的相关书籍,没有找到适合本课教学的教材,最终选择 David W. Mount 编著的《生物信息学:序列与基因组分析》(*Bioinformatics: Sequence and Genome Analysis*)一书。这本书中的专业理论知识全面而深入,但是对于本科生来说,读懂弄通的难度偏大,且缺乏配套的实践内容。不过,理论讲授内容的参考书籍总算有了着落。然而,配套的实践教程无论如何都找不到,我只能在教学过程中根据理论讲授内容并结合自身科研实践经验,开始自主编写配套的实验讲义;同时,一边使用,一边结合这门学科的发展情况加以修订和完善。然而,这门学科的发展如此迅猛,甚至可以说日新月异,这一点可以从 PubMed 检索相关主题文献而获知。故而,尚有一些优秀的基因组信息学研究内容和相关分析工具未能包含进来。我们将在今后持续跟进,不断更新本实践教程的内容。

　　由于编者水平有限,同时该教程是为了适应本校教学环境和内容需要而编写的,内容可能有所偏颇,还请读者予以谅解,并多提宝贵的意见和建议。

张高川

2022 年 7 月 30 日

目　录

绪 论

一、 内容简介

本教程的所有实践内容主要围绕基因组测序分析来设计。实践项目的主要内容包括基因组测序模拟、序列组装、全基因组的同源搜索、从头预测基因及结构建模、基于转录组测序数据的基因组注释、启动子等基因组序列特征的分析和预测、基因组数据的可视化、多种基因组序列分析软件的对比和综合运用等。这些实践内容不仅涉及基因组信息学方面常用数据库的检索,还包含常用软件的使用以及编程和数据统计方法的综合运用。

本教程主要适用于生物信息学专业本科学生的基因组信息学方面的实践教学。这些实践项目的开展,需要学生具备一定的生物信息学方面的基础理论知识和操作技能、计算机基础、Python 编程与基于 R 语言的统计分析能力。本教程所涉及的分析软件大多适用于UNIX/Linux 系统,故而还需要熟悉此类操作系统环境,同时安装好实践项目中所需要的各种专业软件。这些软件的快速安装方法见绪论第四部分“操作环境”,其使用方法见“常用软件使用手册”部分。此外,由于实践内容涉及高通量计算,故而还需一台高性能的计算设备。考虑到不同软件对计算性能的需求和实践教学的目的,对于实践内容所涉及的目标物种基因组,建议根据自身所配备的计算机设备进行选择。本教程基于一个注释信息完善的小规模基因组(酿酒酵母 *Saccharomyces cerevisiae* S288C 菌株),提供基础实践演示案例。

二、 项目设计

本教程的实践项目分为三个层次——基础实践、扩展实践和综合实践,随着实践内容的推进,逐步拓展学生的知识面,加深学生对基因组信息学相关理论知识的理解,提升其操作技能。

① 基础实践:整个实践内容以一个完整项目的形式开展,各个实践项目之间既相对独立,又具有一定的连贯性。实践项目从全基因组测序模拟开始,进行组装、注释和可视化等,通过一系列基础实践教学活动,让学生熟悉最常用的基因组信息学软件的使用方法,并掌握一套相对完整的基因组序列数据的基本分析流程。

② 扩展实践:在基础实践之上,进一步增加对于基因组分析策略和方法相关理论与实践技能的训练,进而拓展学生的知识面,加深其对基因组信息学的理解和认知,同时提升学

生的自主学习能力。

③ 综合实践：在学生掌握基因组信息学基本理论、技术和方法的基础之上，设计了一些综合性和探索性的实践项目，以加强学生对专业知识和技能的综合运用能力；同时，还让学生能利用其他专业相关课程内容，如算法、编程和数理统计方面的技能和方法，来解决实践中遇到的各种问题，进而提升学生发现问题、分析问题和解决问题的能力。

三、问题探索

实践开展过程中，可能会出现各种各样的问题。有的是人为错误导致的，有的是系统兼容性问题引起的，有的是所选数据有问题造成的，当然亦有可能是分析方法和软件工具自身的固有问题。因此，实践获得的结果往往达不到预期的那样"完美"。这些问题当中甚至有些可能在这门学科中目前都是悬而未决的，亦值得我们继续深入探索，可以结合基因组信息学相关理论知识和前沿发展，在实践过程中对这些问题进行探索和思考。以下是根据个人经验和认知列举的一些问题，仅供参考。

不同的基因组序列组装软件，针对同一组基因组测序数据的组装结果是否会存在差异？这是为什么？该怎么处理？

不同的组装软件，所使用的具体算法模型和训练数据集往往是不同的，故而导致其组装行为有一定的偏好，最终导致它们在组装同一个物种基因组时，结果存在差异。这也提醒我们在进行某个物种的全基因组测序组装时，一定要选择合适的组装软件。如果无法确定合适的组装软件，则尝试多种软件的对比和联合使用，或许是一个可行的方案。

当需要对某个物种基因组测序数据进行组装时，如果选择了某个组装软件，那么如何设置该软件的参数组合，才能使得组装结果最佳？

基因组组装软件的参数选项通常都比较多，虽然很多参数都有默认设置，但是这些默认设置并不一定适用于某个具体物种的基因组组装。换句话说，就是使用默认参数组合，也不一定能够获得最佳组装结果。那么如何设置这些参数才能获得最佳组装结果呢？实际上，在结果出来之前谁也不知道，只能通过不同参数组合进行组装测试和比较。采用正交试验设计等方法对其进行参数组合设计，可以有效减少测试次数；当然，如果不考虑计算资源限制的话，可以使用穷举法遍历所有参数组合。为了减少手动执行程序的烦琐操作，可以编写批处理脚本进行不同参数组合的组装测试，并编写程序提取组装结果的关键指标进行比对，从而选出最佳组装结果。

当需要对某个物种基因组测序数据进行组装时，如何选择合适的组装软件？

基因组测序组装软件有很多，每个软件都有各自相关的文献资料对其功能、训练和测试数据集，及其适用的数据类型和/或物种分类进行描述。我们可以通过阅读这些文献资料，再结合目标物种类别和基因组测序数据类型，对适用软件进行初步筛选。如果适用的软件有多个，则需要分别对其进行组装测试，然后将组装结果的关键指标进行比对，进而选出其中最佳的组装结果。

如何让预测的基因结构尽可能准确？

这是基因预测和结构建模中的一个至关重要的问题。迄今为止，没有哪一种基因预测的方法和软件能够做到尽善尽美，都有或多或少的问题。很自然的一个想法，就是多种预测方法和软件的联合使用，或许能够改善预测的基因结构模型。

同源基因搜索方法在全基因组基因预测中的用途是什么？

一般情况下，亲缘关系越近的物种，就会编码越多的在进化上同源的基因。这些同源基因在序列上往往是高度相似的，故而利用近缘物种的已知基因/蛋白质序列，在目标物种基因组中来预测可能的同源基因是一种可行的方案。这种同源基因的搜索基于相似性比对的原理，可以定位同源基因在目标物种基因组上的位置以及大概结构；但是由于该方法内在原因的限制，实验研究人员无法获得精准的基因结构信息，故尚需其他基因结构建模软件来辅助解决。

不同的从头计算预测基因软件，对于同一物种基因组的预测结果存在差异，这是为什么？该如何处理？

从头计算预测基因的软件有很多，如 Augustus、GENSCAN、GeneMark-ES/ET 等。但是，不同基因预测软件所使用的具体算法模型和训练数据集往往是不同的，这会导致软件在计算和预测的参数上有一定的偏好，即其所适用的物种类别不同，最终导致不同软件在预测同一物种基因组时结果存在差异。这也提醒我们在做全基因组的基因预测时，必须根据自己的研究对象和实际分析需求来选择一个合适的软件。当然，在无法确定合适的软件时，可尝试多种软件的联合使用，也许可以改善基因预测结果。此外，从头计算预测的基因虽然具有明确的基因结构，但是其不一定是真实的，尚需要其他方法加以佐证，尤其是实验证据，以便得到更加完整、准确的基因结构信息。

如何利用某物种的转录组测序数据来改善全基因组的基因预测和结构建模结果？

同源搜索和从头计算预测这两种方法获得的基因都有一个共同缺点，就是无法确保该基因真正表达。转录组测序数据则可以改善这一问题，如 RNA-Seq 数据。通过组装 RNA-Seq 数据，可以获得大量基因真实表达的转录本序列信息。基于这些组装转录本序列，将其映射到基因组序列上，可获得这些真实转录本的基因组定位和结构信息；这些结构信息，除了首尾之外，中间的区间间隔都代表了真实且准确的外显子和内含子结构。利用这些结构信息，再结合上述同源搜索和从头计算预测基因结果，即可进一步完善基因信息。

全基因组注释，除了要进行基因预测之外，通常还需要对哪些基因组序列特征进行注释？

在全基因组注释中，除了基因预测之外，还有很多基因组序列特征需要进行注释，如与基因表达调控有关的启动子和转录因子、tRNAs 和 microRNAs、重复序列等。在这些序列特征的注释过程中，需要考虑是否有实验证据信息、计算方法和分析软件可以直接使用。

为什么要对基因组序列及其注释信息进行可视化？

无论是基因组序列，还是注释信息，都非常庞大，不便于实验研究人员的访问和使用。

软件工具需要提供简单易用的访问形式,以便实验研究人员查询和使用这些基因组数据。其中,可视化就是最经典的一种方式,它提供了用户友好的图形化操作界面和快速搜索功能。

如何对全基因组数据进行可视化？现有的哪些工具可以使用？选择本地软件,还是基于 Web 的工具进行可视化？

目前,有许多工具可以实现或部分实现全基因组数据的可视化,如 Integrative Genomics Viewer(IGV)、JBrowse 等。基因组数据的本地可视化只能服务个人;而基于 Web 的可视化则可以利用 Web 服务器对所有人开放,这样更加有利于相关学术成果的交流和推广。

你是否熟悉各种常用基因组数据格式？包括编写程序从某个格式文件中提取所需的特定数据,或按照指定格式写入分析结果。

在基因组信息学研究过程中,不同研究人员根据自身科研需求开发了不同的分析软件,各种各样的基因组数据格式也随之产生,用于保存各种不同类型的数据。换句话说,就是不同软件所支持的数据文件格式亦不尽相同,这给一些需要多个软件协同处理的复杂分析任务带来了不便。此时,就需要对这些数据文件进行格式转换。在缺少合适转换工具的情况下,我们需要自行编程完成相关的数据解析和提取工作,为此就必须熟练掌握这些数据格式的转换操作。

四、 操作环境

1. 软件安装

以下的软件安装和测试系统为 Ubuntu Linux 16.04(LTS 版本),其中绝大多数软件可以使用同样的方法在更高版本的 Ubuntu 系统中正常安装和运行。如果你的计算机没有安装此类系统,可以选择安装双系统,或者安装虚拟机(如 VirtualBox),然后在虚拟机中安装该系统;只是以虚拟机方式安装的话,系统计算性能会受到很大限制,只能使用很小规模的数据来开展实践项目。本教程所需软件的快速安装和环境配置方法如下;更多有关软件安装、环境配置和使用方法的内容,详见"常用软件使用手册"部分。

(1) ART 系列软件

从 ART 官网下载最新编译好的版本,如 artbinmountrainier2016.06.05linux64.tgz;解压缩后,将该目录下所有文件复制到/usr/bin 目录下。

```
wget https://www.niehs.nih.gov/research/resources/assets/docs/artbinmountrainier2016.06.05linux64.tgz
tar -xzf artbinmountrainier2016.06.05linux64.tgz
cd art_bin_MountRainier
sudo cp -a ./*/usr/bin/
```

(2) NCBI SRA Toolkit

```
sudo apt install sra-toolkit
```

（3）NCBI BLAST

```
sudo apt-get install ncbi-blast +
```

（4）FastQC

```
sudo apt-get install fastqc
```

（5）Bowtie2

```
sudo apt-get install bowtie2
```

（6）Samtools

```
sudo apt-get install samtools
```

（7）SOAPdenovo 和 SOAPdenovo2

```
sudo apt-get install soapdenovo soapdenovo2
```

（8）Velvet

```
sudo apt-get install velvet
```

（9）QUAST

从其官网下载最新编译好的版本,如 quast-5.0.2.tar.gz;解压缩后,将该目录下所有文件复制到/usr/bin 目录下。

```
wget https://downloads.sourceforge.net/project/quast/quast-5.0.2.tar.gz
tar -xzf quast-5.0.2.tar.gz
cd quast-5.0.2
sudo cp -a ./*/usr/bin/
```

（10）GFF 格式处理软件

从其官网下载最新编译好的版本;解压缩后,将该目录下所有文件复制到/usr/bin 目录下。

```
#gffread
wget http://ccb.jhu.edu/software/stringtie/dl/gffread-0.11.4.Linux_x86_64.tar.gz
tar -xzf gffread-0.11.4.Linux_x86_64.tar.gz
cd gffread-0.11.4.Linux_x86_64
sudo cp -a ./*/usr/bin/
#gffcompare
wget http://ccb.jhu.edu/software/stringtie/dl/gffcompare-0.11.2.Linux_x86_64.tar.gz
tar -xzf gffcompare-0.11.2.Linux_x86_64.tar.gz
cd gffcompare-0.11.2.Linux_x86_64
sudo cp -a ./*/usr/bin/
```

（11）GenomeTools

```
sudo apt-get install * genometools *
```

（12）BLAST 比对结果格式转换工具

可以从下列网站下载相关工具，如 blast92gff3. pl 和 blast2gff. py；然后，直接将其复制到/usr/bin 目录下。

```
wget http：//eugenes. org/gmod/genogrid/scripts/blast92gff3. pl
sudo cp ./blast92gff3. pl /usr/bin/
wget https：//github. com/wrf/genomeGTFtools/blob/master/blast2gff. py
sudo cp ./blast2gff. py /usr/bin/
```

（13）多序列比对及结果查看工具

```
sudo apt-get install clustalo clustalw clustalx jalview treeviewx seaview
```

（14）bedtools

```
sudo apt-get install bedtools
```

（15）BamTools

```
sudo apt install bamtools
```

（16）Augustus

在安装 Augustus 之前，需要安装很多系统依赖库和工具。

```
sudo apt-get install libboost-iostreams-dev zlib1g-dev libgsl-dev libmysql++-dev libsqlite3-dev libboost-graph-
dev libsuitesparse-dev liblpsolve55-dev libbamtools-dev bcftools
```

然后，从其官网下载源码文件；解压缩后，进行编译安装。

```
wget http：//bioinf. uni-greifswald. de/augustus/binaries/old/augustus-3. 3. tar. gz
tar -xzf augustus-3. 3. tar. gz
cd augustus
make
sudo make install
```

（17）geneid

从其官网下载最新版本源码文件；解压缩后，进行编译，再将编译的可执行文件复制到/usr/bin 目录下。

```
wget https：//genome. crg. es/pub/software/geneid/geneid_v1. 4. 4. Jan_13_2011. tar. gz
tar -xzf geneid_v1. 4. 4. Jan_13_2011. tar. gz
cd geneid
make
sudo cp ~/geneid/bin/geneid /usr/bin
```

（18）IGV

从其官网下载适合自己系统的版本（需要相应版本的 Java 环境支持）；解压缩后，程序可以直接运行，打开 IGV 窗口。

（19）JBrowse

在安装 JBrowse 之前,需要安装很多系统依赖库和工具。

```
sudo apt install build-essential zlib1g-dev tabix
```

此外,还需要提前安装好 XAMPP;然后,下载 JBrowse 源码文件;解压缩后,将整个目录移到/opt/lampp/htdocs/jbrowse 目录中,并进行初始化安装。

```
wget https://github.com/GMOD/jbrowse/releases/download/1.16.6-release/JBrowse-1.16.6.zip
unzip JBrowse-1.16.6.zip
sudo mv JBrowse-1.16.6 /opt/lampp/htdocs/JBrowse
cd /opt/lampp/htdocs
sudo chown `whoami` JBrowse
cd JBrowse
./setup.sh #不要使用 sudo 模式来执行该脚本程序
```

2. 远程服务器的连接和使用

如果有专门用于高通量数据分析的高性能计算服务器,可使用第三方工具(如 FileZilla、WinSCP)或 sftp 指令,把数据上传到服务器指定工作目录中,然后在服务器上执行相关程序进行数据分析,再把分析结果文件下载到本地电脑,前提是服务器上已安装数据分析所需软件。如果服务器没有安装所需软件,且本地电脑配置一般,则现有设备只能处理小规模数据,而且运行某些程序可能需要较长时间,尤其是电脑性能配置不足的时候,很可能无法执行某些计算任务。

（1）远程登录服务器进行上传和下载

```
#Ubuntu16 终端命令行模式,使用 sftp 指令远程登录服务器
#假设服务器 IP 地址为 42.244.7.51,用户名为 zhanggaochuan

sftp zhanggaochuan@42.244.7.51 #在提示行中输入密码
#创建工作目录

mkdir workdir
#切换到服务器上当前用户的工作目录

cd workdir
#设定本地工作目录,即需要上传的数据文件所在目录

lcd /home/zhanggaochuan/workdir
#上传基因组序列文件,如:Sc_gDNA.fasta

put Sc_gDNA.fasta
#如果需要上传本地工作目录中的所有数据文件,可以使用:put *
#从服务器的工作目录中下载指定结果文件到本地工作目录
#假设 Samtools 统计结果文件存放在 samtools_out 子目录中

cd samtools_out
get samtools.stat.*
```

```
#下载该目录中所有文件,可以使用:get *.*
#下载完成后,如果要删除当前目录所有文件,可以执行:rm *.*
exit #退出 sftp 服务器
```

（2）远程登录服务器执行数据分析工作

```
#Ubuntu16 终端命令行模式,使用 ssh 指令远程登录服务器(42.244.7.51)
ssh zhanggaochuan@42.244.7.51
#创建工作目录
mkdir workdir #如果已创建,请忽略
#切换到服务器上当前用户的工作目录
cd workdir
#假设所需数据文件已经存在,执行如下指令,系统则将以 10 个 CPU 核或线程数来执行 tblastn 程序,并
将其挂载到后台运行,同时创建记录程序运行情况的 nohup 日志;此时退出终端命令行窗口,将不影响
服务器端的程序执行。
nohup tblastn -query ./protein.fasta -db Sc_gDNA -out ./tblastn_results.outfmt6 -evalue 1e-5 -outfmt 6 -max
_target_seqs 1 -num_threads 10 &
```

3. 不同操作系统的兼容性问题

在不同操作系统之间进行数据和代码文件的转移时,需要特别注意不同系统的兼容性问题。比如,Windows 系统的行结束符为"\r\n"(回车换行),而 UNIX/Linux 系统的行结束符为"\n"(换行);字符编码方式也有差异。这样的不兼容会导致 Windows 系统下撰写的数据和脚本文件,在移植到 UNIX/Linux 系统下运行时,会出现异常情况。故而,建议在 Windows 系统下安装 notepad、sublime text 之类的文本编辑器,而在 UNIX/Linux 系统下使用 gedit 之类的文本编辑器。然后,根据数据和脚本文件最终运行环境的操作系统类型,利用这些编辑器将其保存成该系统支持的格式。例如,在 Ubuntu 系统下,保存格式为 UTF-8 编码方式,行结束符为 UNIX/Linux 系统格式类型。这样就会解决此类兼容性问题。

（本教程中使用的相关脚本内容可登录苏大教育 www.sudajy.com 或扫描下方二维码获取。）

第一篇 基础实践

项目1 基因组测序模拟

一、基本原理

随着下一代测序（next-generation sequencing, NGS）技术的发展，该技术在生命科学的不同领域迅速推广，如从基因组中识别小RNA（small RNA）、转录因子结合模式、DNA甲基化模式、循环微RNA（circulating microRNA）、各种基因组结构变异等。这些不同分支领域的应用，催生了对不同的统计算法和分析工具的需求，以便研究人员从大量数据中提取有意义的信息。然而，基因组序列的复杂性为后续的序列分析和挖掘带来了很大的挑战，增加了算法研究和软件开发的难度。

为了应对新算法和软件的开发周期长的问题，很多基于NGS的数据模拟工具被开发出来。这些模拟工具可以模拟指定NGS平台的测序错误率分布，以及已知DNA序列中的其他影响因素，以此来创建高通量原始测序数据。这些NGS模拟数据可以协助开发和评估新的统计模型和计算方法，亦可用于评估新测序方法，进而构建更好的实验工作流程。

例如，Ruffalo等（2012）使用NGS模拟器ART生成的模拟测序数据，测试短读段（reads）映射质量评估工具LoQum。Li等（2012）用模拟数据测试基于家族的变异调用算法（variant calling algorithm）。Liao等（2013）用两个模拟器创建的模拟数据测试子读段（sub-reads）比对映射程序。

不同测序技术和平台的影响因素也不尽相同，故而有多种不同的NGS数据模拟器被开发出来，用于模拟各种不同类型的测序方法，包括DNA测序、宏基因组测序（metagenomic sequencing）、RNA-Seq、ChIP-Seq和亚硫酸氢盐测序（bisulfite sequencing, BS-Seq）等。

本实践项目选择一款经典的测序模拟软件来模拟常用测序平台的测序数据，使学生在熟悉常用基因组数据库和模拟软件使用的同时，通过简单的统计分析，加深对测序中几个关键参数（测序读长、覆盖度、片段长度和覆盖率）的认知和理解。

二、 目的和要求

① 学会 GenBank 中 Genome 数据库的使用。

② 加深对全基因组鸟枪法测序原理的理解。

③ 熟悉和掌握基因组测序模拟软件 ART 的使用方法。

④ 能够利用统计学方法和技能对实验数据进行统计分析。

三、 软件和数据库资源

① ART 软件(https://www.niehs.nih.gov/research/resources/software/biostatistics/art)。

② GenBank 中的 Genome 数据库(https://www.ncbi.nlm.nih.gov/genome)。

③ R 语言软件(https://www.r-project.org/)。

④ R 语言绘图包 ggplot2(https://www.rdocumentation.org/packages/ggplot2)。

四、 实验内容

1. 真核基因组数据下载

① 从 GenBank 的 Genome 数据库中,搜索和下载某个真核物种的基因组序列。这里以真菌(Fungi)中的模式生物——酿酒酵母(*Saccharomyces cerevisiae*)为例。搜索结果显示,该物种目前已有 800 多个不同菌株的基因组测序结果(检索日期 2021-02-05)。

Saccharomyces cerevisiae(baker's yeast)

Reference genome:Saccharomyces cerevisiae S288C(assembly R64)

Download sequences in FASTA format for **genome**, **transcript**, **protein**

Download genome annotation in **GFF**, **GenBank** or **tabular** format

BLAST against Saccharomyces cerevisiae **genome**, **transcript**, **protein**

All 849 genomes for species:

Browse the **list**

Download sequence and annotation from **RefSeq** or **GenBank**

---

② 在检索结果页面中,选择某个菌株作为实验研究对象,如 S288C;保存所选物种的名称(*Saccharomyces cerevisiae*)、菌株编号(S288C)和该菌株基因组组装摘要(summary);尝试解读"Assembly"和"Statistics"这两个栏目中的组装结果统计指标。

Submitter:	Saccharomyces Genome Database
Assembly level:	Complete Genome
Assembly:	GCA_000146045.2 R64 scaffolds:17 contigs:17 N50:924,431 L50:6
BioProjects:	PRJNA128, PRJNA43747
Statistics:	total length(Mb):12.1571
	protein count:6003
	GC%:38.1556

---

③ 在所选物种基因组组装结果页面中,点击"genome"和"GFF"超链接,分别下载 FASTA 格式基因组序列和 GFF 格式基因组注释文件;当然,亦可复制超链接地址,而后利用第三方工具来进行下载。

```
#使用 wget 指令分别下载物种基因组序列和注释文件
wget ftp://ftp.ncbi.nlm.nih.gov/genomes/all/GCF/000/146/045/GCF_000146045.2_R64/GCF_000146045.2_R64_genomic.fna.gz
wget ftp://ftp.ncbi.nlm.nih.gov/genomes/all/GCF/000/146/045/GCF_000146045.2_R64/GCF_000146045.2_R64_genomic.gff.gz
#解压缩
gunzip -d GCF_000146045.2_R64_genomic.fna.gz
gunzip -d GCF_000146045.2_R64_genomic.gff.gz
#重命名使得文件名称简化,以便后续脚本操作更加简便
mv GCF_000146045.2_R64_genomic.fna gDNA.fna
mv GCF_000146045.2_R64_genomic.gff gDNA.gff
```

2. 基因组测序模拟

① 使用 ART 系列软件,选择某个常用测序平台(如 HiSeq 2500),对上述下载的基因组序列进行双末端测序模拟。关注不同参数设置(测序读长、覆盖度和片段长度)对覆盖率的影响。每个参数至少设置三个不同水平,建议采用正交试验设计法进行参数设置的组合测试,并以表格形式记录不同批次的参数设置组合。然后,编写批处理脚本运行模拟程序(如 art_batch.sh),使用"nohup art_batch.sh &"指令将其挂载到后台执行,保存模拟结果和"nohup"日志文件。以下是一种参数设置组合的命令行示例。

```
#HiSeq 2500 测序平台的双末端测序模拟命令行脚本示例
#参数组合:读长为 125 bp,覆盖度为 10×,插入片段长度为 200 bp±10 bp
#切换到基因组序列文件(假设为 gDNA.fna)所在目录
art_illumina -ss HS25 -sam -i gDNA.fna -p -l 125 -f 10 -m 200 -s 10 -o paired
```

② 查看"nohup"日志文件,检查程序脚本运行是否正常完成,如果没有正常完成,分析日志文件中的错误提示,找出问题并加以解决,然后重新执行模拟程序。

③ 使用合适的软件查看基因组测序模拟的输出结果文件及其内容。

```
#查看前 20 行数据,用于检查数据格式,确定注释行数
head -n 20 paired.sam
#查看文件总行数
wc -l paired.sam
```

④ 统计不同参数设置组合下的模拟结果数据,汇总成一个表格(表 1-1)。

总碱基数 = (SAM 文件总行数 − 注释行数) × 读长
实际覆盖度 = 总碱基数/基因组大小(该值应该逼近参数 f,但不一定完全相等)
理论丢失率 = e^{-f}
理论覆盖率(c) = $1 - e^{-f}$

表1-1　正交试验设计的参数组合及模拟结果汇总表

参数组合	读长(l)	覆盖度(f)	片段长度(m)	SAM文件行数	删除注释行数	总碱基数	实际覆盖度	理论丢失率	理论覆盖率(c)
组合1	100	1	180	121 589	121 570	12 157 000	0.999 9	0.367 9	0.632 1
组合2	100	5	220	607 837	607 818	60 781 800	4.999 7	0.006 7	0.993 3
组合3	100	10	200	1 215 639	1 215 620	121 562 000	9.999 3	4.5e-5	0.999 9
…	…	…	…	…	…	…	…	…	…

注:如果数据位数太多,可适当采用科学记数法来表示。

3. 统计分析及绘图

① 数据准备:将表1-1中的读长(l)、覆盖度(f)、片段长度(m)和理论覆盖率(c)的数据单独复制并保存到以制表符(TAB)分隔字段的纯文本文件中(如 data.txt),格式如下所示。

```
l        f        m        c
100      1        180      0.632 1
100      5        220      0.993 3
100      10       200      0.999 9
…        …        …        …
```

② 统计分析:使用 R 语言,读取该数据文件(data.txt),对其进行多因素分析,分析读长(l)、覆盖度(f)和片段长度(m)对理论覆盖率(c)可能存在的影响及其交互作用。

```
#命令行脚本示例:R 语言环境
#定义工作路径,即数据文件(data.txt)所在目录
workdir <- "/home/zhanggaochuan/"; setwd(workdir);
#定义数据文件
file = "data.txt";
#读取数据文件
data = read.table(file, head = T, sep = "\t");
#查看数据文件内容以及行列数
data; nrow(data); ncol(data);
#多因素分析,且考虑交互作用
re <- aov(c ~ l * f * m, data = data);
#查看和保存统计分析结果(表1-2)
summary(re)
```

表 1-2　多因素分析结果示例

	Df	Sum *Sq*	Mean *Sq*	*F* value	*Pr*(>*F*)
l	1	0	0	0	1
f	1	0. 200 81	0. 200 81	19. 454	0. 047 8
m	1	0	0	0	1
l:*f*	1	0	0	0	1
l:*m*	1	0. 054 77	0. 054 77	5. 306	0. 147 8
f:*m*	1	0. 006 91	0. 006 91	0. 669	0. 499 3
Residuals	2	0. 020 64	0. 010 32	—	—

注：表中覆盖度(f)分为1、5、10 三个水平。该表结果表明，覆盖度(f)对覆盖率存在比较显著的影响，而读长(l)和片段长度(m)与覆盖率无关，且覆盖度(f)、读长(l)和片段长度(m)之间亦不存在明显的交互作用。

③ 统计绘图：利用 R 语言，基于数据文件(data. txt)，绘制覆盖率-覆盖度关联曲线图。该图还需同时体现出读长(l)和片段长度(m)的大小变化。横坐标为"fold"（覆盖度），纵坐标为"coverage"（覆盖率），标题为"覆盖率-覆盖度关联曲线图"，输出格式为 PDF 或 JPG。示范图见图 1-1。

```
#命令行脚本示例:R 语言环境
#加载 ggplot2

library( ggplot2)

#获取并查看 x 坐标轴最大值

x_max = max( data["f"]) ; x_max

#开始绘图

p <-ggplot( data = data, aes( x = f, y = c, color = m)) +
    scale_x_continuous( breaks = c(0:x_max)) +
    geom_point( aes( x = f, y = c, size = 1)) +
    scale_size_continuous( name = "读长 l",range = c(5,10)) +
    scale_color_gradient( name = "片段长度 m",low = "blue",high = "red")  +
    geom_line( aes( x = f, y = c) ,color = "black") +
    ggtitle("覆盖率-覆盖度关联曲线图\nplot by 张高川,2020 - 08 - 19") +
    labs( x = "fold",y = "coverage",legend. fill = c("片段长度 m","读长 l")) +
    theme( title = element_text( size = 14 ,face = "bold") ,
      axis. title. x = element_text( size = 14 ,face = "bold") ,
      axis. title. y = element_text( size = 14 ,face = "bold") ,
      axis. text. x = element_text( size = 12 ,face = "bold") ,
      axis. text. y = element_text( size = 12 ,face = "bold") ,
      legend. title = element_text( size = 12 ,face = "bold") ,
      legend. text = element_text( size = 12 ,face = "bold") ,
      plot. margin = unit( c(1,1,1,1) , 'lines') ,
      plot. title = element_text( hjust = 0.5 ))

#查看绘图
```

```
p
#输出 PDF 格式绘图文件
ggsave("ggplot2_bubble_ngs_simulation_by_zgc.pdf", p, width = 8, height = 8)
```

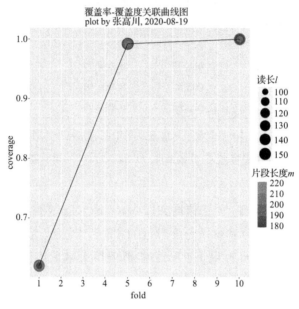

图 1-1　覆盖率-覆盖度关联曲线示范图

④ 结合上述统计图表,就读长(l)、覆盖度(f)和片段长度(m)对理论覆盖率(c)的影响进行阐述。

五、　注意事项

① 考虑到计算量的问题,建议下载基因组规模较小的物种的基因组序列。比如,某个真菌或是大规模基因组中的某条染色体序列,如人类基因组的 21 号染色体。

② 查看下载的基因组序列文件和基因组注释文件。首先,确认基因组序列是否组装到染色体水平;其次,确认注释文件中是否有明确的基因结构信息;最后,确认基因组序列编号与注释文件中的第 1 列是否一致,如果不一致则需更换基因组,否则会影响后续实践内容的开展。

③ 查看下载的基因组注释文件,认真阅读其内容。一般情况下,根据注释文件第 2 列的信息,注释内容可以分为以下三种类型:i. 第 2 列是 RefSeq,最后一列中关于 mRNA 的编号是以“NM_”开头的,这说明该基因是以大量已知 mRNA 序列构建的结构模型,是最可靠的;ii. 第 2 列是 RefSeq,最后一列中关于 mRNA 的编号是以“XM_”开头的,这说明该基因是结合少量已知 mRNA 序列和基因预测算法构建的结构模型,可靠性次之;iii. 第 2 列是 GenBank 或其他名称,这可能是某个基因预测软件预测出来的结构模型,而且最后一列中的基因编号往往是类似于 gene1、gene2 等此类没有明确生物学意义的顺序号。这些不同的

基因结构数据,对于后续实践内容会产生不同的影响,优先考虑第一类注释文件。

④ 读长(l)、覆盖度(f)和片段长度(m)这三个参数的组合设置,需要考虑测序平台的实际情况。覆盖度(f)最小从 1 开始,读长(l)与片段长度(m)的组合要注意取值范围的限制($m/2 < l < m$)。此外,不同覆盖度(f)的测序模拟产生的数据量大小会随之变化,需要考虑自身设备计算能力和实践课时安排,覆盖度(f)最大值不宜过大,但也不能太小,否则会影响后续组装实践的结果。

⑤ 采用正交试验设计方法进行参数设置组合测试的时候,每个因素最少设计三个水平,此时为三因素三水平的设计方案:$L_9(3^3)$。不过需要注意的是,如果每个因素只有三个水平的话,那么最终结果的统计学意义亦可能因为每个因素所设计的水平差异而存在差异。此时,可以考虑先将覆盖率数据进行对数转换,再进行统计分析。

⑥ 模拟程序 art_illumina 有个缺陷,其在模拟计算过程中会出现读长与设定参数不一致的错误提示,该错误会导致模拟程序提前终止。主要原因可能是所下载的基因组序列中存在测序间隙,可以通过修改参数重试或更换物种基因组来解决此问题;如果是在 Windows 系统上运行的模拟程序,则更多是由系统兼容性引起的。

⑦ 如果编写了批处理脚本(如 abc. sh),其运行时系统出现权限不足的提示,可以执行指令"chmod -R 777. /abc. sh"修改其权限,然后再重新运行该脚本。

六、 问题与思考

① 理论覆盖率(c)受到读长(l)、覆盖度(f)和片段长度(m)三个因素中的哪一个或哪几个的影响? 为什么?

② 不同的基因组测序模拟工具所使用的统计模型往往存在一定差异,那么对于支持相同测序平台的模拟工具,它们的模拟结果是否也会存在差异? 如何分析和评估这种差异的存在及其对后续分析的影响?

项目 2 序列组装

一、基本原理

在生物信息学中,序列组装(sequence assembly)是指将来自某个更长的 DNA 序列中的片段进行比对和合并,以重建原始序列。由于 DNA 测序技术无法一次性读取整个基因组,这项工作在基因组测序分析中是必需的(图 1-2)。常用的下一代测序(NGS)技术,一般只能读取数十个到几百个碱基的小片段,即使是最新的三代测序技术,通常最多只能读取几万个碱基,具体读长取决于所使用的测序技术和平台。这些通过高通量测序技术获得的短片段,称为读段(reads)。

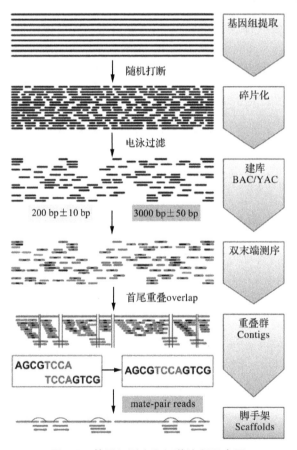

图 1-2　基因组测序和组装流程示意图

基因组 DNA 被提取出来之后,首先通过超声、辐射等实验方法进行碎片化处理,接着利用电泳等方法筛选出长度大小符合要求的片段,然后添加接头等共同序列,并克隆到载体中建库。为了后续的组装,一般会构建两种长度的 DNA 片段文库,一种是短片段库,如200 bp 左右;另一种是长片段库,如 3 kb 左右。建库成功且质检合格后,利用测序仪测出海量读段数据。接下来的序列组装就是把这些质检合格的短读段连成尽可能长的序列。

某个物种基因组的首次测序,通常采用从头组装(de novo assembly)。由于读段数量非常庞大,组装程序往往需要耗费大量的内存资源和时间。这些读段通过首尾重叠(overlap)形成一个个重叠群(contig);每个重叠群的读段序列通过首尾相连,可以得到一条长序列。下一步就是对这些重叠群进行排序并按顺序连接起来。此时,就需要用到长片段文库测出的那些配对读段(mate-pair reads);当某对成对读段中的每一个读段分别位于不同的重叠群上时,即可根据该读段对将相关重叠群进行排列,形成脚手架(scaffold);继而,根据长片段文库的插入片段长度,计算出不同重叠群之间的间隙需要补充的碱基数(Ns)。

1. 序列组装策略

序列组装有两种不同策略:从头组装(de novo assembly)和有参组装(reference-based assembly),后者亦称映射组装(mapping assembly)。两者的目标都是把短读段连成尽可能长的序列。两者的主要区别在于:从头组装是在没有参考模板的情况下,把短读段组装成长序列;而有参组装则是基于一个已有的参考骨架序列来组装短读段,组装获得的序列不一定与参考骨架序列一致,可以是相似序列。此外,在复杂性和时间需求方面,从头组装比有参组装要慢上几个数量级,而且需要消耗更多内存资源。这主要是因为从头组装算法需要对所有读段两两之间都进行比较。

2. 转录组组装

随着 NGS 技术的发展和成本的大幅下降,该技术的应用得到了极大的拓展,其中就包括针对基因表达研究的转录组测序(RNA-Seq)。RNA-Seq 技术可以在没有参考基因组的情况下,基于从头转录组组装(de novo transcriptome assembly)来进行基因表达研究。这种方法对于缺少参考基因组的非模式生物来说显得非常有价值。转录组组装(transcriptome assembly)是把转录组测序获得的短读段,连成尽可能长的 mRNA 序列,从而获得测序样本所有可能的基因转录物。根据有无参考基因组,转录组组装可分为两种不同的策略:从头组装和有参组装。有参组装可以通过与参考基因组比对来分析转录组数据,这种方法是稳定和可靠的,但是无法解决 mRNA 转录物的结构改变问题,比如可变剪接(alternative splicing)。从头组装则无须参考基因组,即可以发现新的转录变异体(variant),尤其是可以发现基因组组装中缺失区域的转录本;而这一点对于缺乏参考基因组的非模式生物来说尤为重要。

3. 基因组组装与转录组组装的区别

这两种组装均基于下一代测序(NGS)数据,但是由于测序对象本身存在很大差异,故而两者之间有很大区别。首先,测序深度。基因组不同区域的测序深度通常是相同的,GC偏移(GC-bias)等问题另当别论;而不同转录本由于自身表达水平的差异,测序深度存在很大变化。其次,链特异性。基因组测序时,两条链都会被测序;而转录组测序可以是链特异性的。再次,重复序列对组装的影响。基因组在组装形成重叠群时会产生歧义,而在转录组组装中,这种歧义通常对应于剪接变体(图1-3)或基因家族成员间的微小变异。最后,覆盖水平的差异。基因组序列的覆盖水平易受重复序列变化的影响,而转录组序列的覆盖水平则直接反应基因表达水平。这些差异的存在使基因组组装软件无法直接用于转录组组装。

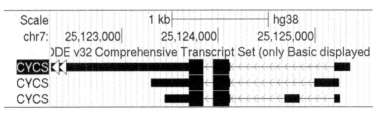

图1-3   人类 CYCS 基因可变剪接变体的结构图示

(图片来自 UCSC Genome Browser)

4. 从头组装基因组的影响因素

(1)测序错误(sequencing error)

在测序过程中,各种原因引起的测序错误会影响基于读段间首尾重叠构建的重叠群。那么,如何通过计算方法来判定读段中的错误位点呢?

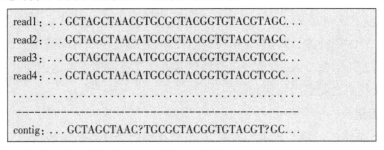

注:请注意该示例中两个"?"所对应的位点。

(2)多态性变异(polymorphism)

在物种的生长、发育和世代繁殖过程中,基因组中某些位点会发生变异。这些变异位点不影响物种生存,从而被保留下来。但是这些发生变异的位点,在测序过程中会产生"重叠峰"现象,导致这些位点的碱基读取存在多种可能性。因此,我们需要对重叠峰进行处理,即需要判定这些位点是真实的变异位点,还是一个测试错误位点。

(3)重复序列(repeats)

基因组中重复序列的存在非常普遍,而且占比也比较高,比如人类基因组中超过一半序列为重复序列或源于重复的 DNA 元件。来自相同类型重复序列的读段,两两之间可能互相重叠,导致组装歧义(图1-4)。对于存在重叠

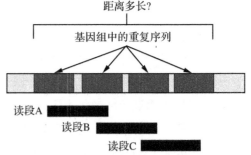

图1-4   基因组中的重复序列对组装的影响

图中读段 A、B、C 来自基因组中某个连续重复区域,三者两两之间均存在重叠。

的序列,寻找其共同超序列(super-sequence)的基本策略就是将其转换成寻找最短超字符串(super-string)的计算问题。然而,对于这种来自重复序列的重叠读段,寻找出的最短超字符串不一定就是真实情况。

(4) 倒位(inversion)

染色体倒位是指同一条染色体内部发生断裂,随后断裂片段发生了倒位并重新插入染色体(图1-5)。染色体倒位有两种类型:一种是臂间倒位(pericentric inversion),颠倒的片段包括染色体着丝粒(centromere);另一种是臂内倒位(paracentric inversion),颠倒的片段不包括染色体着丝粒。这些倒位区域测序出来的读段,在构建重叠群时会出现歧义,其正确的顺序无法被确定。

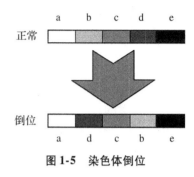

图1-5　染色体倒位

(5) 基因组覆盖度(fold)和覆盖率(coverage)

基因组覆盖度是指可以与参考基因组碱基对齐的测序碱基数量或读段平均数量。当把测序读段组装成长的重叠群或脚手架后,这些重叠群或脚手架长度占基因组总长度的比例,称为覆盖率。在基因组测序中,我们总是希望以尽量低的覆盖度,来达到所期望的高覆盖率。然而,测序过程中的各种内外影响因素、组装方法和工具的固有缺陷等,往往会导致实际覆盖率远低于理论覆盖率。即使是早已宣布完成的人类基因组计划,其序列的公布也并非一蹴而就;实际上,在首次公布基因组序列草图之后,研究人员一直在持续修补分布在基因组各处的间隙(gap),这也导致先后发布了多个不同版本的人类基因组序列。目前,人类基因组序列的最新组装版本是2013年发布的GRCh38/hg38。

5. 序列组装算法

序列组装的基本方法是贪婪算法(greedy algorithm)。该算法就是根据给定的一组序列片段,找出包含所有这些片段的一条更长的序列。从计算机算法的角度来说,它属于最短共同超序列(shortest common super-sequence)问题,其基本计算思路如下:① 计算所有片段的双序列比对结果;② 选择重叠最大的两个片段;③ 合并所选片段;④ 重复第2和3两步,直到只剩一个片段。这样计算获得的结果不一定是最佳结果。在NGS测序数据中,由于测序错误和多态性变异的存在,组装有可能无法达到第4步的终止条件。所以,在组装NGS测序读段时,实际计算过程会有一些调整:① 从给定的读段集合中挑选一个读段作为"种子";② 遍历其余读段;③ 用末端具有相同序列片段且长度达到阈值的读段来扩展;④ 迭代执行第2和3两步,直到不可继续扩展;⑤ 其余未参与扩展拼接的读段,重复上述过程,直到所有读段被拼接完。这样最终计算输出的结果可能不止一条长序列,而这一点更符合实际情况。SSAKE是采用贪婪算法的第一个短读段组装软件,随后很多组装软件都是基于SSAKE发展而来的。

随着读段数量的增加,贪婪算法的计算耗时和内存需求急剧增加,这一点对于NGS技术来说显然是很不利的。为了提高NGS数据的组装效率,有两类组装算法被开发出来。

（1）Overlap/Layout/Consensus（OLC）方法

该算法是一种依赖于重叠图（overlap graph），寻找汉密尔顿路径（Hamilton path）的方法（图1-6）。该算法的第一阶段是重叠发现（overlap discovery），主要是对所有读段进行两两比对，为了降低计算量，比对采用了启发式算法（heuristic algorithm）。该算法基于读段创建一个 k-mer 字典，然后寻找共同拥有的 k-mer 达到阈值的读段，并以此来构建重叠图。影响这一步的关键参数是 k-mer 长度、最小重叠长度和最小一致性比例。该算法的稳健性（robustness）受碱基读取错误（base calling error）和低覆盖率测序（low-coverage sequencing）这两个因素的影响比较大。需要注意的是，参数越大，组装结果越精确，但组装出来的重叠群也越短。该算法的第二阶段是根据筛选出来的读段构建重叠图。该图并非一定要包括所有测序结果。第三阶段是从重叠图中鉴别出汉密尔顿路径。第四阶段是根据该路径中读段的层叠关系（reads layout）获取共有序列（consensus sequence）。首先，把每个读段看成一个节点，如果读段之间存在重叠，就根据层叠关系，在相应节点之间建立一条有向边；接着，将所有读段按这种层叠关联，构造出一个有向图，这样的有向图可能有多个；然后，寻找这些有向图中经过每个节点1次且仅1次的一条路径，即汉密尔顿路径；最后，根据汉密尔顿路径中读段的前后层叠关系，获得目标序列。

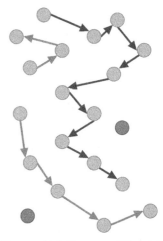

图1-6　简化的 OLC 重叠示意图
图中每个圆代表一个读段，箭头代表读段间的重叠关系，单个圆是没有达到重叠阈值的读段。

（2）de Bruijn Graph 方法

该算法是一种基于 k-mer 图，寻找欧拉路径（Eulerian path）的方法（图1-7）。其基本思路是把 DNA 序列组装问题转化成在 de Bruijn 图中寻找欧拉路径的问题。首先，对给定的读段，按照长度 k 进行连续划分（步长 =1），得到若干等长度段序列（k-mer）。然后，对于任意两个 k-mer——k_1 和 k_2，如果 k_1 的后 $k-1$ 个碱基序列与 k_2 的前 $k-1$ 个碱基序列相同，则建立一条从 k_1 指向 k_2 的有向边。通过以上两步即可构建出一个 de Bruijn 图，拼接结果序列可以通过在图中寻找欧拉路径获得。

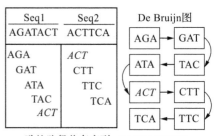

欧拉路径共有序列: AGATACTTCA

图1-7　基于 de Bruijn 图的简单案例
图中以 k-mer 长度为3来创建 de Bruijn 图。

高通量测序产生的短读段数量通常非常庞大。汉密尔顿路径方法因基于读段构建图，故而构建的图巨大且复杂；而欧拉路径方法基于 k-mer图，所构建的图基本不受读段数量的影响。故而，汉密尔顿路径方法的空间复杂度较低，时间复杂度较高；而欧拉路径方法的空间复杂度较高，时间复杂度则相对较低。

6．序列组装算法的影响因素

（1）测序间隙

测序间隙的存在，就意味着基因组覆盖不全、k-mer 信息也不全，进而导致 de Bruijn 图连通性降低，这样就会产生"dead-end"路径；而且 k-mer 越长，这种问题越严重。寻找欧拉路径之前，可以考虑直接删除"dead-end"路径，以便能够成功地找出欧拉路径，但是这样可能会导致间隙问题。故而，这样的"删除操作"应适可而止，否则过犹不及。那么，如何掌握其中的"度"，就是值得思考的问题。此外，适当增加测序深度，以降低测序间隙，可从源头上减少此类问题的发生。

（2）测序错误

测序过程发生错误，就意味着存在包含错误碱基位点的读段，由此生成的 k-mer 同样也会存在错误，从而在构建 de Bruijn 图时就会引入错误的节点，使 de Bruijn 图出现分支，最终导致 de Bruijn 图更大更复杂，计算时要消耗更多内存资源，组装效率也相应降低。针对这一问题，可以设定一个过滤标准，如 k-mer 出现次数的最小阈值；设置过滤低于该阈值的 k-mer，这样就有可能过滤掉包含测序错误的读段。

（3）tip 结构

假设有这样两条序列 ATCT*CCG* 和 ATCT*ATTCC*，k-mer 长度设为 4，则可以构建如图 1-8A 所示的 de Bruijn 图。该图中存在一个分支点，即该图中不存在欧拉路径，因此无法进行拼接。tip 结构通常出现在读段的两端，去除 tip 结构一般只产生局部影响。可以根据先验数据，设定一个长度阈值；如果从分支点开始到读段末端的碱基数小于该阈值，则直接删除该分支。

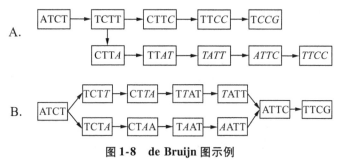

图 1-8　de Bruijn 图示例

A 图包含 tip 结构，B 图包含 bubble 结构。

（4）bubble 结构

假设有 ATCT*ATTCG* 和 ATCT*AATTCG* 这样两条序列，k-mer 长度设为 4，则可以构建如图 1-8B 所示的 de Bruijn 图。该图中同样不存在欧拉路径，故亦无法进行拼接。

（5）重复序列

假设有 AA*GACTCGACTG* 这样一个测序片段，k-mer 的长度设为 4 时，de Bruijn 图出现环状分支（图 1-9）。环状结构在寻找欧拉路径时无法得到处理，因为无法获知其重复次数。此

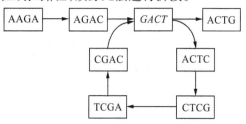

图 1-9　包含环状结构的 de Bruijn 图示例

时需要其他辅助信息作为"路标",比如,基于双端测序策略的长插入片段文库(mate-pair library),根据环状结构前后序列所隶属的克隆片段长度来估算该环状结构的重复次数。当然,亦可通过增加 k-mer 长度来解决这一问题;但是需要注意的是,k-mer 长度的增加可能会带来新的问题,即产生组装间隙。

物种基因组经过测序和组装后,获得一系列组装序列,通常包括重叠群(contig)和脚手架(scaffold)两个级别。接下来,最为重要的工作就是对该基因组序列进行注释。全基因注释要解决的主要问题就是基因组哪些区间编码什么基因,以及这些基因的结构(包括外显子和内含子等);此外,还有基因表达调控区域(包括启动子和转录因子结合位点等),以及其他任何序列结构特征。当然,这些注释工作的前提是要有一个组装好的基因组序列。本实践项目就是基于某个物种基因组的模拟测序数据进行从头组装,当然亦可从公开的数据库(如 GenBank 的 SRA 数据库)中下载测序数据,然后对组装结果进行评估。

二、 目的和要求

① 加深对序列组装原理和算法的理解。

② 熟悉并掌握质控分析软件 FastQC 的使用方法,学会解读 FastQC 的质控分析结果。

③ 熟悉并掌握序列组装软件 SOAPdenovo2 的使用方法,学会解读 SOAPdenovo2 的组装结果。

④ 熟悉并掌握序列组装评估软件 QUAST 的使用方法,学会解读 QUAST 的评估结果。

三、 软件和数据库资源

① GenBank 数据库的 Genome 子库(https://www.ncbi.nlm.nih.gov/genome)。

② ART 系列软件(https://www.niehs.nih.gov/research/resources/software/biostatistics/art)。

③ FastQC(https://www.bioinformatics.babraham.ac.uk/projects/fastqc/)。

④ SOAPdenovo2(https://sourceforge.net/projects/soapdenovo2/)。

⑤ QUAST(http://quast.sourceforge.net/)。

四、 实验内容

1. 数据准备

(1) 基因组序列

本篇"项目 1"中下载的基因组序列,用于测序模拟和评估序列组装结果。

(2) 测序模拟

利用 art_illumina 程序模拟某个常用测序平台(如 HiSeq 2500)的双末端测序,模拟参数自行拟定,尝试模拟不同覆盖度的测序数据,随后对其分别进行组装和评估,分析不同覆盖度对组装结果的影响。

① 短插入片段库。

```
#命令行脚本示例
#创建并切换到工作目录

mkdir workdir
cd ~/workdir

#HiSeq 2500 平台双末端测序模拟

art_illumina -ss HS25 -sam -i ./gDNA.fna -p -l 125 -f 10 -m 200 -s 10 -o ./paired

#查看模拟结果

ll -o --block-size = M ./paired*

#终端窗口回显

-rw-rw-r-- 1 bioinformatics 138M 9 月    10 14:52 ./paired1.aln
-rw-rw-r-- 1 bioinformatics 128M 9 月    10 14:52 ./paired1.fq
-rw-rw-r-- 1 bioinformatics 137M 9 月    10 14:52 ./paired2.aln
-rw-rw-r-- 1 bioinformatics 128M 9 月    10 14:52 ./paired2.fq
-rw-rw-r-- 1 bioinformatics 293M 9 月    10 14:52 ./paired.sam
```

② 长插入片段库。

```
#命令行脚本示例
#HiSeq 2500 平台配对双末端测序模拟

art_illumina -ss HS25 -sam -i ./gDNA.fna -mp -l 125 -f 10 -m 2500 -s 50 -o ./matepair

#查看模拟结果

ll -o --block-size = M ./matepair*

#终端窗口回显

-rw-rw-r-- 1 bioinformatics 138M 9 月    10 14:54 ./matepair1.aln
-rw-rw-r-- 1 bioinformatics 128M 9 月    10 14:54 ./matepair1.fq
-rw-rw-r-- 1 bioinformatics 137M 9 月    10 14:54 ./matepair2.aln
-rw-rw-r-- 1 bioinformatics 128M 9 月    10 14:54 ./matepair2.fq
-rw-rw-r-- 1 bioinformatics 293M 9 月    10 14:54 ./matepair.sam
```

2. 质控分析

① 利用 FastQC 软件分别对上述两套高通量测序数据进行质控分析。程序正常执行完成后,每个测序数据文件会输出一个 html 文件和一个 zip 格式压缩文件。

```
#创建 fastqc 结果输出目录,然后运行 fastqc 指令

mkdir fastqc_out

fastqc -o ./fastqc_out -f fastq -t 10 paired1.fq    paired2.fq

fastqc -o ./fastqc_out -f fastq -t 10 matepair2.fq    matepair1.fq

#查看结果文件

ls ./fastqc_out/
```

```
#终端窗口回显
paired1_fastqc. html    paired1_fastqc. zip
paired2_fastqc. html    paired2_fastqc. zip
matepair1_fastqc. html    matepair1_fastqc. zip
matepair2_fastqc. html    matepair2_fastqc. zip
```

② 查阅上述质控分析结果,尝试解读各个统计指标和图表的含义。

3. 序列组装

① 编写组装软件 SOAPdenovo2 的配置文件 lib. cfg。

```
max_rd_len = 125                    [LIB]
[LIB]                               avg_ins = 2500
avg_ins = 200                       reverse_seq = 1
reverse_seq = 0                     asm_flags = 3
asm_flags = 3                       rank = 2
rd_len_cutoff = 125                 pair_num_cutoff = 5
rank = 1                            map_len = 35
pair_num_cutoff = 3                 q1 = matepair1. fq
map_len = 32                        q2 = matepair2. fq
q1 = paired1. fq
q2 = paired2. fq
```

② 使用 SOAPdenovo2 对上述高通量测序数据进行组装,保存组装结果。

```
#后台挂载 soapdenovo2 指令进行组装
#以单核执行 soapdenovo2 指令行,10×数据大约 3 分钟可以完成组装

nohup soapdenovo-63mer all -s lib. cfg -K 31 -o soapdenovo_out -p 1 &

#查看结果文件

ll -o --block-size = M soapdenovo_out. *

#终端窗口回显
-rw-r--r-- 1 zhanggaochuan   1M 9 月    11 21:53 soapdenovo_out. Arc
-rw-r--r-- 1 zhanggaochuan   0M 9 月    11 21:53 soapdenovo_out. bubbleInScaff
-rw-r--r-- 1 zhanggaochuan  12M 9 月    11 21:53 soapdenovo_out. contig
-rw-r--r-- 1 zhanggaochuan   1M 9 月    11 21:53 soapdenovo_out. ContigIndex
-rw-r--r-- 1 zhanggaochuan   1M 9 月    11 21:53 soapdenovo_out. contigPosInscaff
-rw-r--r-- 1 zhanggaochuan  17M 9 月    11 21:53 soapdenovo_out. edge. gz
-rw-r--r-- 1 zhanggaochuan   0M 9 月    11 21:53 soapdenovo_out. gapSeq
-rw-r--r-- 1 zhanggaochuan   1M 9 月    11 21:52 soapdenovo_out. kmerFreq
-rw-r--r-- 1 zhanggaochuan   1M 9 月    11 21:53 soapdenovo_out. links
-rw-r--r-- 1 zhanggaochuan   1M 9 月    11 21:53 soapdenovo_out. newContigIndex
-rw-r--r-- 1 zhanggaochuan   1M 9 月    11 21:53 soapdenovo_out. peGrads
-rw-r--r-- 1 zhanggaochuan  17M 9 月    11 21:53 soapdenovo_out. preArc
-rw-r--r-- 1 zhanggaochuan   1M 9 月    11 21:53 soapdenovo_out. preGraphBasic
-rw-r--r-- 1 zhanggaochuan   4M 9 月    11 21:53 soapdenovo_out. readInGap. gz
```

```
-rw-r--r-- 1 zhanggaochuan  13M 9 月    11 21:53 soapdenovo_out. readOnContig. gz
-rw-r--r-- 1 zhanggaochuan   1M 9 月    11 21:53 soapdenovo_out. scaf
-rw-r--r-- 1 zhanggaochuan   1M 9 月    11 21:53 soapdenovo_out. scaf_gap
-rw-r--r-- 1 zhanggaochuan  12M 9 月    11 21:53 soapdenovo_out. scafSeq
-rw-r--r-- 1 zhanggaochuan   1M 9 月    11 21:53 soapdenovo_out. scafStatistics
-rw-r--r-- 1 zhanggaochuan   2M 9 月    11 21:53 soapdenovo_out. updated. edge
-rw-r--r-- 1 zhanggaochuan   7M 9 月    11 21:53 soapdenovo_out. vertex
```

③ 尝试解读上述组装结果文件,尤其是组装获得的重叠群文件(*.contig)和脚手架文件(*.scafSeq)。

4. 组装结果评估

① 利用 QUAST 工具将组装获得的重叠群文件(*.contig)和脚手架文件(*.scafSeq),分别与原始参考基因组进行对比评估。

```
#命令行脚本示例
#contigs 评估
quast. py -o quast_out -r gDNA. fna -g gDNA. gff soapdenovo_out. contig
#scaffolds 评估
quast. py -o quast_out -r gDNA. fna -g gDNA. gff soapdenovo_out. scafSeq
```

② 查阅 QUAST 评估结果,重点关注基因组覆盖比例(genome fraction)、N50 和 L50 等重要评估指标。结合理论讲授内容和 QUAST 评估结果,探讨以下问题:重叠群与脚手架序列的评估结果差异;理论覆盖率与实际覆盖率之间的差异;这些差异产生的原因;不同测序深度下的理论覆盖率和实际覆盖率的差异。

五、 注意事项

① 如果模拟的测序数据集较大,个人电脑可能无法完成组装工作。
② QUAST 在线版本和命令行版本所使用的默认参数不同,因此计算结果可能会存在差异。
③ 探讨不同测序深度下的理论覆盖率和实际覆盖率的差异时,建议结合可视化绘图进行分析。

六、 问题与思考

① 对于本项目所选的目标物种的基因组测序数据,哪一种组装软件最合适? 如果无法确定最合适的组装软件,该如何处理?
② 对于本项目所选的组装软件,怎样的参数设置组合获得的组装结果最佳? 如何获知这样的参数设置组合?
③ 如何降低基因组中重复序列和 GC 偏移对最终组装结果的影响?
④ 如何提高最终组装结果的基因组实际覆盖率、N50 和 L50 等评估指标?

项目3 基因组注释之同源基因搜索

一、 基本原理

经过基因组测序和组装,我们获得由一系列长短不一的重叠群和脚手架组成的基因组草图序列。接下来,关键工作就是描述基因组序列不同区域的特征,即基因组注释(genome annotation),主要包括基因发现、基因结构建模、启动子分析、其他 DNA 元件等。此外,也要基于基因组及其注释信息开展进一步的研究工作,比如,比较基因组学,基因组数据的管理、可视化、查询和应用,等等。这些基因组注释工作中,最核心的工作就是基因发现。目前,主要有以下三条策略:同源基因搜索、从头预测基因和基于转录组测序数据的分析(图 1-10)。

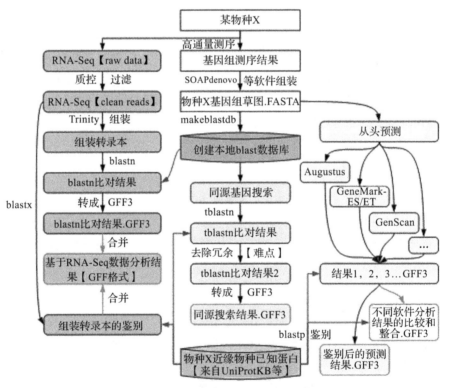

图 1-10   三个经典的基因组注释策略的流程框架

本实践项目内容就是基于同源基因搜索的全基因组注释,其基本原理是序列比对(sequence alignment)。对于编码蛋白质的基因来说,密码子摆动性会导致核酸序列保守性低于其编码的蛋白质序列,因此尽量使用蛋白质序列来进行同源搜索。

1. 序列比对的基本概念

基于序列比对的同源搜索,涉及两个重要概念:相似性(similarity)和同源性(homology)。相似性是统计学上的概念,是指在序列比对过程中,检测序列和目标序列之间相同 DNA 碱基或氨基酸残基数目所占比例的高低;而同源性是进化上的概念,同源序列是指从某一共同祖先经趋异进化而形成的不同序列。

两条序列之间相似性的高低,是推测其是否具有同源性的重要依据之一。一般来说,当相似程度高于 50% 时,比较容易推测检测序列和目标序列可能是同源序列;而当相似程度低于 20% 时,就难以确定或者根本无法确定两者之间的同源性。不过需要注意的是,无论相似程度有多高或多低,都不能确保两条序列在进化上一定同源或不同源。在实际使用中,需要注意不能把相似性和同源性混为一谈,诸如"具有 50% 同源性""这些序列高度同源"这类说法都是错误的。同源性属于定性问题,只有是与否的差别。

在两条序列相似性的判定上,核酸序列和蛋白质序列是存在差异的。对于核酸序列来说,碱基之间只有"相同"或"不同",不存在相似这种说法。而对于蛋白质序列来说,氨基酸残基之间除了"相同"和"不同"之外,还有"相似",这是由氨基酸残基的理化性质决定的,主要涉及氨基酸残基的侧链基团大小、所带电荷量、亲疏水性,乃至蛋白质空间结构和折叠方式。不同氨基酸残基之间相似性高低的评判规则将在打分模型部分予以阐述。在蛋白质相似性分析中,两个蛋白质序列在整体上相似性较低,但是局部区域存在高相似片段,即为保守性模体(motif)。这些局部的保守性模体通常是某个重要的结构域或功能域,比如蛋白质功能位点;它们往往是由高保守性的短序列片段组成的,且在整个序列中占比较低。这种现象称为弱相似性,在蛋白质家族或超家族中普遍存在(图 1-11)。

图 1-11 多序列队列

(图片来自 http://pfam.xfam.org/family/PF00628)

这种弱相似性可以延伸出另外两个相似性概念——局部相似性和整体相似性。序列比对的数学模型也因此而分为两类:① 考虑序列整体相似性的整体比对或全局比对;② 考虑序列局部相似性的局部比对。局部相似性比对的生物学基础就是弱相似性。如果序列中存在插入、删除或突变,那么局部相似性比对往往比整体比对具有更高的灵敏度,其结果也更具生物学意义。此时,序列比对过程需要引入间隙或空位(gap),以表示插入(insertion)或删除(deletion)。

2. 打分模型

两条序列比对时,若相同位点的碱基或氨基酸残基匹配(match),就给予加分奖励;若为由突变导致的错配(mismatch),则给予减分惩罚;另外,由插入删除(indel)引起的间隙,亦需罚分。接下来,就是如何定义这些加分和罚分权重的具体打分规则。对于核酸序列来说,由于碱基之间只有相同或不同的情形,打分规则要简单得多;而蛋白质序列中的氨基酸残基则很复杂,打分就变为残基间相似性高低的评判问题。到目前为止,有两种常用的打分模型:突变数据矩阵(mutation data matrix,MDM)和模块替换矩阵(blocks substitution matrix,BLOSUM)。

突变数据矩阵是建立在已知同源蛋白质或蛋白质家族的多序列比对的基础之上的。首先,统计某位点出现各种氨基酸的比例($P_j, j \in [1, 20]$,对应 20 种氨基酸残基),即伪随机概率。然后,计算该位点一个氨基酸改变成另一个氨基酸的概率($P_{1,2} = P_{j1}/P_{j2}$)。Dayhoff 等(1978)据此构建出一系列可接受点突变(point accepted mutation,PAM)的氨基酸相似性打分权重矩阵。该打分权重矩阵中,1 个 PAM 进化距离表示 100 个氨基酸残基中发生 1 个残基突变的概率(图 1-12)。

	C	S	T	P	A	G	N	D	E	Q	H	R	K	M	I	L	V	F	Y	W
C	12																			
S	0	2																		
T	-2	1	3																	
P	-3	1	0	6																
A	-2	1	1	1	2															
G	-3	1	0	-1	1	5														
N	-4	1	0	-1	0	0	2													
D	-5	0	0	-1	0	1	2	4												
E	-5	0	0	-1	0	0	1	3	4											
Q	-5	-1	-1	0	0	-1	1	2	2	4										
H	-3	-1	-1	0	-1	-2	2	1	1	3	6									
R	-4	0	-1	0	-2	-3	0	-1	-1	1	2	6								
K	-5	0	0	-1	-1	-2	1	0	0	1	0	3	5							
M	-5	-2	-1	-2	-1	-3	-2	-3	-2	-1	-2	0	0	6						
I	-2	-1	0	-2	-1	-3	-2	-2	-2	-2	-2	-2	-2	2	5					
L	-6	-3	-2	-3	-2	-4	-3	-4	-3	-2	-2	-3	-3	4	2	6				
V	-2	-1	0	-1	0	-1	-2	-2	-2	-2	-2	-2	-2	2	4	2	4			
F	-4	-3	-3	-5	-4	-5	-2	-6	-5	-5	-2	-4	-5	0	1	2	-1	9		
Y	0	-3	-3	-5	-3	-7	-2	-4	-4	-4	0	-4	-4	-2	-1	-1	-2	7	10	
W	-8	-2	-5	-6	-6	-7	-4	-7	-7	-5	-3	2	-3	-4	-5	-2	-6	0	0	17
	C	S	T	P	A	G	N	D	E	Q	H	R	K	M	I	L	V	F	Y	W

图 1-12　PAM250 半角矩阵

Henikoff 等(1992)认为这样创建打分权重矩阵的源数据来源存在很大的局限性,不适用于相似性偏低的序列比对打分,因此提出以不同保守性的序列片段为基础构建打分权重矩阵。他们基于蛋白质模块数据库 BLOCKS,计算出一组模块替换矩阵(图 1-13),用于解决序列间的远距离相关问题。

	A	R	N	D	C	Q	E	G	H	I	L	K	M	F	P	S	T	W	Y	V
A	5	-2	-1	-2	-1	-1	-1	0	-2	-1	-2	-1	-1	-3	-1	1	0	-3	-2	0
R	-2	7	-1	-2	-4	1	0	-3	0	-4	-3	3	-2	-3	-3	-1	-1	-3	-1	-3
N	-1	-1	7	2	-2	0	0	0	1	-3	-4	0	-2	-4	-2	1	0	-4	-2	-3
D	-2	-2	2	8	-4	0	2	-1	-1	-4	-4	-1	-4	-5	-1	0	-1	-5	-3	-4
C	-1	-4	-2	-4	13	-3	-3	-3	-3	-2	-2	-3	-2	-2	-4	-1	-1	-5	-3	-1
Q	-1	1	0	0	-3	7	2	-2	1	-3	-2	2	0	-4	-1	0	-1	-1	-1	-3
E	-1	0	0	2	-3	2	6	-3	0	-4	-3	1	-2	-3	-1	-1	-1	-3	-2	-3
G	0	-3	0	-1	-3	-2	-3	8	-2	-4	-4	-2	-3	-4	-2	0	-2	-3	-3	-4
H	-2	0	1	-1	-3	1	0	-2	10	-4	-3	0	-1	-1	-2	-1	-2	-3	2	-4
I	-1	-4	-3	-4	-2	-3	-4	-4	-4	5	2	-3	2	0	-3	-3	-1	-3	-1	4
L	-2	-3	-4	-4	-2	-2	-3	-4	-3	2	5	-3	3	1	-4	-3	-1	-2	-1	1
K	-1	3	0	-1	-3	2	1	-2	0	-3	-3	6	-2	-4	-1	0	-1	-3	-2	-3
M	-1	-2	-2	-4	-2	0	-2	-3	-1	2	3	-2	7	0	-3	-2	-1	-1	0	1
F	-3	-3	-4	-5	-2	-4	-3	-4	-1	0	1	-4	0	8	-4	-3	-2	1	4	-1
P	-1	-3	-2	-1	-4	-1	-1	-2	-2	-3	-4	-1	-3	-4	10	-1	-1	-4	-3	-3
S	1	-1	1	0	-1	0	-1	0	-1	-3	-3	0	-2	-3	-1	5	2	-4	-2	-2
T	0	-1	0	-1	-1	-1	-1	-2	-2	-1	-1	-1	-1	-2	-1	2	5	-3	-2	0
W	-3	-3	-4	-5	-5	-1	-3	-3	-3	-3	-2	-3	-1	1	-4	-4	-3	15	2	-3
Y	-2	-1	-2	-3	-3	-1	-2	-3	2	-1	-1	-2	0	4	-3	-2	-2	2	8	-1
V	0	-3	-3	-4	-1	-3	-3	-4	-4	4	1	-3	1	-1	-3	-2	0	-3	-1	5

图 1-13　BLOSUM50 全角矩阵

可接受点突变(PAM)和模块替换矩阵(BLOSUM)在选用的时候稍有不同。PAM 后的数字越大,越适用于相似性低的序列比对打分;反之,越适用于相似性高的序列比对打分。BLOSUM 则刚好相反。这两类打分权重矩阵是可以相互换算的,以下是几组换算的对应关系(表 1-3)。

表 1-3　PAM 和 BLOSUM 之间的对应关系

PAM	BLOSUM
PAM100	BLOSUM90
PAM120	BLOSUM80
PAM160	BLOSUM60
PAM200	BLOSUM52
PAM250	BLOSUM45

3. 间隙罚分

间隙罚分(gap penalty)包括间隙开放罚分(gap-open penalty)和间隙延伸罚分(gap-extension penalty)。间隙开放是指某一段连续间隙的首个间隙,间隙延伸就是除了首个间隙之外的其他间隙。两者的惩罚权重是不一样的。某一段连续间隙的总体罚分计算公式为 $v(g) = -d - (g-1) \times e$。其中,$g$ 代表连续间隙数,d 代表间隙开放罚分,e 代表间隙延伸罚分,d 和 e 的符号均为正。

4. 序列比对的基本原则及相关算法简介

序列比对时,两条序列间的对齐排列需要遵守一定原则。如果把序列比对看作一张二维表,则表中每一行代表一条序列,每一列代表一个残基的位置,将序列依照下列规则填入表中:① 每条序列中所有残基的相对位置保持不变;② 将不同序列间相同或相似的残基放入同一列,即尽可能地将序列间相同或相似的残基上下对齐。

目前,实施序列比对的算法策略主要有两大类:动态规划算法(dynamic programming algorithm)和启发式搜索算法(heuristic searching algorithm)。动态规划算法将序列比对转化为寻找共同超序列(super-sequence)问题,该算法需要将两条序列中的每个碱基都比一遍,时间复杂度公式为:$f(n) = O(L_1 \times L_2)$。其中,L_1 和 L_2 代表序列长度。该算法的计算量和耗时会随序列长度和序列数量的增加呈指数级增长。因此,该算法不适合大规模序列数据库的相似性搜索。此时,就需要启发式搜索算法来加快搜索进程。对于某些复杂问题,虽然传统方法能够获得精确的解决方案,但速度太慢;启发式算法能够在合理的时间范围内,更快地获得近似的解决方案,该方案也许不是最佳的,但是足够好。在实际情况下,到底是否需要选择使用启发式算法,可从以下几个方面来考虑。

① 最优方案问题(optimality):最优解决方案是哪一个? 是否需要最优解决方案?

② 完整性(completeness):启发式算法能否找出所有解决方案? 是否需要所有解决方案?

③ 准确度(accuracy)和精确度(precision):启发式算法能否为声称的解决方案提供一个置信区间? 解决方案上的误差线是否过大?

④ 执行时间(execution time):这是解决此类问题的最好的启发式算法吗? 注意:某些启发式算法的收敛速度比其他启发式算法快,而某些启发式算法只是稍快于传统方法。

5. 常用的序列比对工具

序列比对相关的软件工具有很多,适用范围和应用场景各不相同。具体选择使用哪些软件,可以结合需要解决的实际问题来确定。目前,常用的序列比对工具主要包括:① 基于动态规划算法和全局打分策略的 Clustal 系列软件,如 Clustalx、Clustalw、Clustal Omega 等;② 基于启发式搜索算法和局部打分策略的 BLAST 和 FASTA 系列软件;③ 用于高通量二代测序数据的比对工具 Bowtie2 等,以及对其比对结果进行进一步分析处理的 Samtools 工具集等。

二、 目的和要求

① 加深对序列比对及同源搜索相关理论知识的理解。

② 加深对全基因组的同源基因搜索方法及结果的认知和理解。

③ 熟悉和掌握 UniProtKB 数据库的使用方法。

④ 熟悉和掌握 BLAST 系列软件的使用方法,学会处理和解读高通量 BLAST 比对结果。

⑤ 熟悉和掌握高通量比对软件 Bowtie2 的使用方法,学会解读 Bowtie2 比对结果。

⑥ 熟悉和掌握 Samtools 软件的使用方法,学会解读 Samtools 分析结果。

⑦ 熟悉和掌握 gffcompare 软件的使用方法,学会解读 gffcompare 分析结果。

三、 软件和数据库资源

① NCBI BLAST 系列软件(https://blast.ncbi.nlm.nih.gov/Blast.cgi)。

② UniProtKB 数据库(https://www.uniprot.org/)。

③ Bowtie2 和参考基因组索引文件(http://bowtie-bio.sourceforge.net/bowtie2/index.shtml)。

④ Samtools(http://www.htslib.org/)。

⑤ gffcompare(http://ccb.jhu.edu/software/stringtie/gff.shtml)。

⑥ BLAST 比对结果格式转换程序:blast92gff3.pl 和 blast2gff.py。

四、 实验内容

1. 数据准备及预处理

① 参考基因组序列:本篇"项目 1"中下载的目标物种的 FASTA 格式基因组序列,以及相应的 GFF 格式注释文件。

② 高通量测序数据:本篇"项目 1"或"项目 2"中模拟的测序数据,或重新模拟一套带有测序错误的数据,或从 GenBank 的 SRA 数据库下载一套目标物种的高通量测序数据。

```
#以下是Saccharomyces cerevisiae S288c 菌株的 HiSeq 2500 测序结果
nohup fastq-dump -I --split-files SRR6846984 &
#下载完成后,获得两个结果文件:SRR6846984_1.fastq 和 SRR6846984_2.fastq
```

③ 已知蛋白质序列:根据基因组序列的目标物种分类,从 UniProtKB 数据库搜索并下载其近缘物种所有已知蛋白质序列。记录检索结果数量,下载保存这些蛋白质的 FASTA 格式序列。

④ 参考基因组索引文件:如果 Bowtie2 比对时用到的参考基因组属于常见的模式生物,可以从 Bowtie2 官网下载其基因组索引文件;如果没有相应文件,亦可按照下列步骤来创建。

```
#参考基因组索引文件创建脚本示例
#切换到基因组序列文件(gDNA.fna)所在的工作目录
#利用 bowtie2-build 创建某物种基因组(gDNA.fna)的索引文件

bowtie2-build gDNA.fna Sc_index

#该指令会生成 6 个以 Sc_index 为前缀的索引文件
#查看这些索引文件

ll -o --block-size = M ./Sc_index*
```

```
#终端窗口回显
-rw-r--r-- 1 zhanggaochuan 8M 9 月   10 15：41 ./Sc_index.1.bt2
-rw-r--r-- 1 zhanggaochuan 3M 9 月   10 15：41 ./Sc_index.2.bt2
-rw-r--r-- 1 zhanggaochuan 1M 9 月   10 15：41 ./Sc_index.3.bt2
-rw-r--r-- 1 zhanggaochuan 3M 9 月   10 15：41 ./Sc_index.4.bt2
-rw-r--r-- 1 zhanggaochuan 8M 9 月   10 15：41 ./Sc_index.rev.1.bt2
-rw-r--r-- 1 zhanggaochuan 3M 9 月   10 15：41 ./Sc_index.rev.2.bt2
```

2. 测序数据与参考基因组的比对及结果分析

① 利用 bowtie2 指令将上述高通量测序数据与参考基因组索引文件进行比对。

```
#命令行脚本示例
nohup bowtie2 -x Sc_index -1 SRR6846984_1.fastq -2 SRR6846984_2.fastq -S paired.sam -p 1 &

#终端窗口回显或 nohup 日志文件内容
2752000 reads；of these：
  2752000 （100.00%）were paired；of these：
    1859013 （67.55%）aligned concordantly 0 times
    773178 （28.10%）aligned concordantly exactly 1 time
    119809 （4.35%）aligned concordantly ＞1 times
    ----
    1859013 pairs aligned concordantly 0 times；of these：
      1353241 （72.79%）aligned discordantly 1 time
    ----
    505772 pairs aligned 0 times concordantly or discordantly；of these：
      1011544 mates make up the pairs；of these：
        334140 （33.03%）aligned 0 times
        220493 （21.80%）aligned exactly 1 time
        456911 （45.17%）aligned ＞1 times
93.93% overall alignment rate

nohup bowtie2 -x Sc_index -U SRR6846984_1.fastq,SRR6846984_2.fastq -S Unpaired.sam -p 1 &

5504000 reads；of these：
  5504000 （100.00%）were unpaired；of these：
    337137 （6.13%）aligned 0 times
    4457498 （80.99%）aligned exactly 1 time
    709365 （12.89%）aligned ＞1 times
93.87% overall alignment rate
#查看结果文件

ll -o --block-size = M ./*.sam

#终端窗口回显
-rwxrwxrwx 1 zhanggaochuan 3934M 12 月 16 12：38 ./paired.sam
-rwxrwxrwx 1 zhanggaochuan 3851M 12 月 16 13：52 ./Unpaired.sam
```

② 尝试解读 bowtie2 指令执行后的回显内容。如果上述指令是通过"nohup ＜ command ＞ &"挂载到后台运行的,则查看并解读"nohup"日志文件。

③ 利用 Samtools 工具对 Bowtie2 比对结果进行简单的统计分析。

```
#命令行脚本示例
nohup samtools view -b paired. sam > paired. bam & #格式转换 sam->bam
nohup samtools sort -o paired. sorted. bam paired. bam & #排序
nohup samtools index paired. sorted. bam & #建立索引
ll -o --block-size = M ./paired*#查看结果文件

#终端窗口回显
-rwxrwxrwx 1 zhanggaochuan   138M 12 月 16 09:51 ./paired1. aln
-rwxrwxrwx 1 zhanggaochuan   128M 12 月 16 09:51 ./paired1. fq
-rwxrwxrwx 1 zhanggaochuan   137M 12 月 16 09:51 ./paired2. aln
-rwxrwxrwx 1 zhanggaochuan   128M 12 月 16 09:51 ./paired2. fq
-rwxrwxrwx 1 zhanggaochuan 1396M 12 月 16 16:16 ./paired. bam
-rwxrwxrwx 1 zhanggaochuan 3934M 12 月 16 12:38 ./paired. sam
-rwxrwxrwx 1 zhanggaochuan 1009M 12 月 16 16:29 ./paired. sorted. bam
-rwxrwxrwx 1 zhanggaochuan     1M 12 月 16 16:37 ./paired. sorted. bam. bai
#统计分析
samtools stats ./paired. sorted. bam > samtools. stats. out
samtools depth ./paired. sorted. bam > samtools. depth. out
samtools flagstat ./paired. sorted. bam > samtools. flagstat. out
samtools idxstats ./paired. sorted. bam > samtools. idxstats. out
#查看结果文件
ll -o --block-size = M ./samtools. *

#终端窗口回显
-rwxrwxrwx 1 zhanggaochuan 264M 12 月 16 16:41 ./samtools. depth. out
-rwxrwxrwx 1 zhanggaochuan   1M 12 月 16 16:41 ./samtools. flagstat. out
-rwxrwxrwx 1 zhanggaochuan   1M 12 月 16 16:41 ./samtools. idxstats. out
-rwxrwxrwx 1 zhanggaochuan   1M 12 月 16 16:39 ./samtools. stats. out
```

④ 利用 plot-bamstats 工具对 Samtools 输出结果文件进行可视化,解读 Samtools 统计结果。

```
#命令行脚本示例
#创建输出结果存放目录
mkdir plot-bamstats_out

#对 samtools 统计结果进行可视化
plot-bamstats -p ./plot-bamstats_out/ ./samtools. stats. out
```

3. 全基因组的同源基因搜索

① 创建本地 BLAST 数据库:使用 makeblastdb 程序,对上述 FASTA 格式的基因组序列进行处理,建立本地 BLAST 数据库。

```
#命令行脚本示例
makeblastdb -in ./gDNA. fna -input_type fasta -title gDNA -dbtype nucl -out gDNA
```

② 全基因组的同源基因搜索：使用 tblastn 程序，将已知蛋白质序列和上述建立的本地 BLAST 数据库进行比对。注意参数设置，如 e-value 设为 0.000 01，建议输出格式 6 和 7：格式 6 为"tabular"格式；格式 7 相对于格式 6 更为详细，可以查看格式 6 中缺少的字段列标题信息等。

```
#在本地电脑上执行 tblastn 比对，单核运行约半小时完成
#限定"-max_target_seqs"参数为 1

tblastn -query ./protein.fasta -db gDNA -out ./tblastn_results.outfmt6 -evalue 1e-5 -outfmt 6
-max_target_seqs 1

#不限定"-max_target_seqs"参数为 1

tblastn -query ./protein.fasta -db gDNA -out ./tblastn_results.outfmt6 -evalue 1e-5 -outfmt 6
```

③ 格式转换：使用 blast92gff3.pl 和 blast2gff.py 程序，分别把结果转成 GFF3 格式。

```
#命令行脚本示例
blast92gff3.pl tblastn_results.outfmt6 > Sc_perl.gff3
blast2gff.py -b tblastn_results.outfmt6 > Sc_python.gff3
```

④ 查看上述两个程序的格式转换结果文件，并比较两者的异同之处。

⑤ 排除 BLAST 比对结果中的冗余项：一是不同近缘物种的同源蛋白质在基因组上的匹配位置存在的重叠问题；二是同一蛋白质家族的不同成员在基因组上的匹配位置存在的重叠问题；三是同一个蛋白质在基因组上的不同位置的高相似区域问题。问题三也是造成问题二的原因所在。这三个冗余问题中的前两个如果能够解决，第三个也就随之解决。如果基因组组装没有问题的话，第三个问题可以解释为该蛋白质在目标物种基因组中潜在的某个蛋白质家族的不同成员。建议将比对结果依次按照染色体、正负链、基因起始位置、相似蛋白质 ID 进行排序后，再来查看其内容，或对其进行去冗余处理。这一环节是整个实践的难点所在，可作为一个扩展实验内容来开展，自行尝试编程处理冗余问题。

BLAST 比对结果中的 3 种冗余示例如下（GFF3 格式）。

i. 不同近缘物种的同源蛋白质在基因组上的匹配位置存在的重叠问题。

```
NC_001136.10   sp   gene   704484   709205   48   +   .   ID = 1569；Target = sp：C5PA86｜ARO1_COCP7
NC_001136.10   sp   gene   704484   709205   49   +   .   ID = 1568；Target = sp：P07547｜ARO1_EMENI
NC_001136.10   sp   gene   704499   709214   45   +   .   ID = 1573；Target = sp：B0D6H2｜ARO1_LACBS
NC_001136.10   sp   gene   704487   709247   72   +   .   ID = 1576；Target = sp：Q6CJC4｜ARO1_KLULA
NC_001136.10   sp   gene   704487   709247   72   +   .   ID = 1575；Target = sp：C5DN02｜ARO1_LACTC
```

ii. 同一蛋白质家族的不同成员在基因组上的匹配位置存在的重叠问题。

```
NC_001133.9   sp   gene   45929   47557   26   +   .   ID = 527；Target = sp：O74520｜YCPE_SCHPO
NC_001133.9   sp   gene   47036   47698   27   +   .   ID = 212；Target = sp：O94543｜YCD3_SCHPO
```

iii. 同一个蛋白质在基因组上的不同位置的高相似区域问题。

```
NC_001148.4   sp   gene   865241   866269   41   −   .   ID = 340；Target = sp：Q96WV9｜CDK9_SCHPO
NC_001148.4   sp   gene   492042   492932   38   −   .   ID = 310；Target = sp：Q96WV9｜CDK9_SCHPO
```

4. 同源搜索结果的评估

① 把 Sc_perl. gff3 文件中的"match"替换成"gene","HSP"替换成"exon",另存为一个新的文件,如 Sc_perl_modified. gff3。

② 把 Sc_python. gff3 文件中的"match_part"替换成"exon",另存为一个新的文件,如 Sc_python_modified. gff3。

③ 使用 gffcompare 工具将其与目标物种原始 GFF 注释文件进行比较,查看并解读统计结果。

```
#评估 Sc_perl_modified. gff3
gffcompare -V -r ./gDNA. gff ./Sc_perl_modified. gff3 -o ./Sc_perl
#评估 Sc_python_modified. gff3
gffcompare -V -r ./gDNA. gff ./Sc_python_modified. gff3 -o ./Sc_python
```

④ 对比分析两个不同程序的格式转换结果经由 gffcompare 评估输出的统计结果之间有何异同之处,尝试解释之。

五、　注意事项

① 从 UniProtKB 数据库下载已知蛋白质数据的时候,注意排除研究对象所属蛋白质。比如,所有真菌(Fungi)已知蛋白质,其检索表达式为"taxonomy:fungi AND reviewed:yes";但是其中包含了实验研究对象模式生物酿酒酵母,为了更加切合实际情况,需要将酿酒酵母的已知蛋白质排除,此时检索表达式为"taxonomy:fungi NOT(saccharomyces cerevisiae)AND reviewed:yes"。

② 如果选择下载 Bowtie2 比对时用到的参考基因组索引文件,需要特别注意基因组版本号前后一致;不同版本号的基因组索引文件是不通用的,因为创建它们的参考基因组序列存在差异。

③ 在进行 BLAST 比对结果的格式转换时,需要注意相似分值相关过滤参数设置的问题。程序会过滤掉相似分值低于某个阈值的高相似片段对(high-scoring segment pair,HSP)。然而,这种分值偏低的高相似片段,可能隶属于某个多外显子基因的部分单个外显子;也就是说,单个片段的相似分值虽然偏低,但是所有片段分值累加在一起可能很高,而且只有这个总分值才能代表其整体相似性。

④ 使用 Python 语言编写格式转换程序时,需要注意该程序脚本适用的 Python 版本。如果程序执行出错,需要在命令行前面加上 Python 指定版本的解释器,或者修改出错代码行使其适用于当前 Python 版本;此外,如果系统没有安装相应版本的 Python,则需要自行安装。

六、　问题与思考

① 现给出两组氨基酸残基,第一组是 D、E 和 K,为可电离的(charged)氨基酸;第二组

是 V、I 和 L,为疏水性(hydrophobic)氨基酸。基于 BLOSUM50 打分权重矩阵,试回答以下几个问题:

    i. 第一组 3 个可电离的氨基酸的平均分值是多少?

    ii. 第二组 3 个疏水性氨基酸的平均分值是多少?

    iii. 这两组氨基酸的平均分值是多少?

    iv. 通过解答上述 3 个问题,你可以看出什么规律? 试阐述原因。

    ② 假设给定间隙开放罚分 $d = 12$,间隙延伸罚分 $e = 2$,使用 BLOSUM50 打分权重矩阵,试编程计算下面两条序列片段的相似性分值:i. 一致残基得分;ii. 相似残基得分;iii. 错配残基得分;iv. 空位罚分;v. 这两条序列之间总的相似性得分。

```
Query:  179 ENGFRYIPFRIY-------------QTTTER--------PFIQKLFRPVAADGQLHTLGDL 218
                F+ IP RIY           T +R        F ++    A G   T
Subject:181 LESFKNIPLRIYTDDVRLHVHPETDFTDQRGRTKEEFGRFNGRIIDTCAQSGSFGTRIGA 240
```

    ③ 为什么同源基因搜索产生的"多外显子"基因数量要明显多于参考注释文件中的该参数数量?

    ④ 在使用 tblastn 程序进行全基因组的同源基因搜索时,"-max_target_seqs"参数设为 1 是否合适? 如果设为 1,则只返回与 1 条基因组序列的比对结果,也是最相似的结果,这样会减少冗余结果,但是可能会遗漏其他基因组序列上高相似的潜在基因家族的不同成员。如果不设为 1,则会返回与更多不同基因组序列的比对结果,这样会增加冗余,但是会包含更多潜在基因家族的不同成员。如何评估两种不同参数设置下的结果差异,及其对最终注释结果的敏感性和精确性的影响?

项目4 基因组注释之
从头预测与基因结构建模

一、基本原理

同源基因搜索方法可以找出近缘物种已知基因在目标物种基因组中潜在的同源基因。然而,该方法具有两个明显缺陷:一是无法获得精确的基因结构信息,只有粗略的基因组定位;不过该信息对于进一步基因结构建模具有很好的参考价值。二是无法预测目标物种的特有基因。此外,同源基因搜索方法还受到近缘物种已知基因数量的限制,而且已知基因的保守性高低亦会对同源搜索结果产生影响。从头计算预测基因(de novo gene prediction)方法可以较好地解决上述问题,它可以根据目标物种及其近缘物种有限的已知基因信息,训练基因结构特征模型参数,进而在目标物种基因组中进行基因结构预测。

1. 已知基因信息来源

已知基因信息来源主要包括:① 目标物种在以往研究中积累的已知基因、mRNA、蛋白质信息,但这方面信息一般较少,尤其是非模式生物的信息更加稀少。② 早期 DNA 测序方法获取的 EST/cDNA 序列文库信息,目前其已被基于 NGS 技术的测序策略所替代。③ 基于 NGS 技术测定的转录组序列数据,即 RNA-Seq 数据,这是目前最容易获得的数据且数据量足够大,它们比与基因组序列比对获得的基因定位和结构数据更为可靠,缺点是基因首尾数据可能不太准确;此外,该方法测得的转录组序列数量,受到个体因不同内外因素影响而导致的基因差异表达的影响。④ 近缘物种的已知基因结构数据,包括以其为出发数据在目标物种基因组中获得的同源搜索结果。

2. 从头计算预测基因方法

从头计算预测基因的基本思路是:首先,根据邻近基因的特殊序列和基因自身的序列特征,来获取代表各自特征的统计学属性或创建特征统计模型;然后,利用这些特征模型,在基因组中搜索符合该特征模型的区域;接着,筛选出达到阈值的区域,即基因候选区域;最后,根据基因结构特征模型来进一步分析这些基因候选区域,从而计算出最有可能的基因结构模型(图 1-14)。

(1) 邻近基因的特殊序列

最常用的就是基因上游调控区域的启动子(promoter)序列,其中包括 Pribnow 框(亦称TATA 框)、转录因子结合位点(transcription factor binding site, TFBS)等。无论原核还是真核生物,都有这样的特征序列。只是真核生物的启动子和调控信号更加复杂,且人类对其了解不足;不过其通常包括长短不一的 CpG 岛序列。此外,转录终止的特征信号——多聚腺苷酸(polyadenylation,polyA)和终止子(terminator),亦是如此。

(2)基因自身的序列特征

对于原核生物来说,其基因编码序列(coding sequence,CDS)特征,就是一个连续的开放阅读框(open reading frame,ORF)所具有的特征。例如,序列长度一般是几百到几千个碱基,而且序列是周期性的;还有就是终止密码子,通过统计终止密码子的分布,然后向其上游寻找起始密码子,即可初步确定基因可能的位置。不过,对于真核生物来说,问题就要复杂得多,因为真核生物的基因往往具有多个外显子。其中涉及外显子和内含子的剪接机制,也就是剪接位点的准确识别对于基因结构模型的建立至关重要。此外,这些外显子长度变化很大,通常不超过 200 bp,但是短的仅仅只有 20 ~ 30 bp。

从头计算预测基因方法,就是将这些不同信号特征的信息加以整合,创建一系列概率模型(probabilistic model),包括著名的隐马尔可夫模型(hidden Markov model,HMM),然后以此在基因组中进行基因预测。该方法一般包括如下过程:遮蔽重复序列、密码子偏好性的检测、检测 DNA 中的功能性位点,如启动子序列特征、外显子-内含子剪接位点等。这些构成了一个复合的基因语法分析。

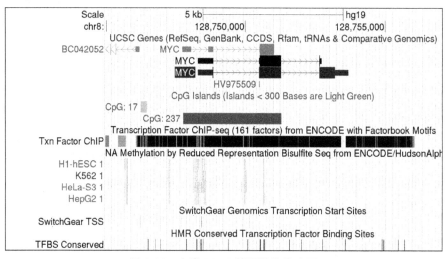

图 1-14　人类 MYC 基因结构模式图

(图片来自 UCSC genome browser)

3. 从头计算预测基因软件

(1)原核生物(prokaryote)

GLIMMER 是一种在微生物 DNA 中寻找基因的软件,尤其是细菌、古细菌和病毒的基因组;该软件使用内插马尔可夫模型(interpolated Markov model,IMM)来识别编码区,并将其与非编码区区分开来;它通常可以找到 98% ~ 99% 的较长的蛋白质编码基因。GeneMarkS 属于基因预测软件 GeneMark 家族,它使用一种自训练方法来预测微生物基因组中的基因起始。GeneMark.hmm 原核版则使用启发式模型来预测原核基因组中的基因。此外,还有一些自动注释工具,如 Prokka、RAST、Manatee 等。

（2）真核生物（eukaryote）

GENSCAN 是一个基于广义隐马尔可夫模型（generalized hidden Markov model，GHMM）的基因预测程序，可用在多种生物体（Vertebrate，Arabidopsis，Maize）的基因组序列中，预测基因位置及其外显子-内含子边界。Augustus 也是一个基于 GHMM 的预测真核基因组序列中基因的程序。GeneMark-ES/ET 是 GeneMark 家族中的真核基因预测软件；其中，GeneMark-ES 是一种利用无监督训练参数化模型的算法，它还为真菌基因组提供了一个特殊选项，以解释真菌特异性内含子组织类型；GeneMark-ET 使用 RNA-Seq 读段数据来改善训练数据。geneid 软件使用位置权重阵列（position weight array，PWA）对剪接位点、起始和终止密码子进行预测和评分。GlimmerHMM 是基于 GHMM 的预测软件，目前已经进行了几种物种的训练，包括 *Arabidopsis thaliana*、*Coccidioides immitis*、*Cryptococcus neoforman* 和 *Brugia malayi*。mSplicer 使用机器学习的方式来改进线虫基因组注释。CONTRAST 基于机器学习的最新进展来进行预测使用，同时判别训练技术，如支持向量机（support vector machine，SVM）和隐式半马尔可夫支持向量机（hidden semi-Markov support vector machine，HSMSVM）。FGENESH 是基于隐马尔可夫模型（HMM）的基因结构预测软件，在几个模式生物基因组的基因预测中表现优于 GENSCAN 和 HMMGene。

二、 目的和要求

① 加深对从头预测基因和基因结构建模相关理论知识的理解。

② 熟悉和掌握从头预测基因软件 Augustus 的使用方法，学会解读 Augustus 预测结果。

③ 熟悉使用命令行程序来处理 Augustus 预测结果的方法。

④ 熟悉和掌握 Samtools 子程序的使用方法。

⑤ 熟悉和掌握 bedtools 子程序的使用方法。

⑥ 熟悉和掌握 gffcompare 软件的使用方法，学会解读 gffcompare 分析结果。

三、 软件和数据库资源

① NCBI BLAST 系列软件（https：//blast. ncbi. nlm. nih. gov/Blast. cgi）。

② UniProtKB 数据库（https：//www. uniprot. org/）。

③ Augustus（http：//bioinf. uni-greifswald. de/augustus/）。

④ Samtools（http：//www. htslib. org/）。

⑤ bedtools （https：//sourceforge. net/projects/bedtools/）。

⑥ GFF 工具（http：//ccb. jhu. edu/software/stringtie/gff. shtml）。

四、 实验内容

1. 数据准备

① 基因组数据：本篇"项目 1"中下载的 FASTA 格式基因组序列以及相应的 GFF 格式

注释文件。

② 已知蛋白质序列：本篇"项目 3"中从 UniProtKB 数据库中搜索和下载的近缘物种的所有已知蛋白质序列。

2. 从头预测基因

① 软件选择：能够进行全基因组从头预测基因的软件很多，如 Augustus、GeneMarkES/ET 等；本实践项目将以 Augustus 软件进行后续的基因预测。

② 基因预测：使用 Augustus 软件对所选基因组序列进行基因预测，保存预测的 GFF 格式结果文件，以及预测基因的 FASTA 格式 CDS 或其编码的蛋白质序列（如果有的话）。本次实践将直接使用软件内建的物种模型参数进行基因预测；如果没有目标物种模型参数可用，则选择近缘物种的模型参数进行预测。这里我们使用 Augustus 软件，基于内建的酿酒酵母 S288C 菌株的模型参数，对所选的酵母基因组进行基因预测。统计预测出来的单外显子基因、多外显子基因和基因总数。

```
#以酿酒酵母 S288C 菌株的模型参数，进行从头计算预测基因，输出结果为 GFF3 格式
augustus --gff3 = on --outfile = augustus_out. gff3 --species = saccharomyces_cerevisiae_S288C gDNA. fna
```

3. 从头预测基因结果的鉴别

（1）提取预测基因或蛋白质序列

① 使用 bedtools 工具集中的 getfasta 程序，根据输出的 GFF3 结果文件中的"gene"特征行，直接从基因组序列中提取基因序列。

```
#切换到工作目录后，创建基因组序列(gDNA. fna)的索引文件
samtools faidx gDNA. fna
#根据输出的 GFF3 文件，从基因组序列中提取目标基因序列
bedtools getfasta -fi gDNA. fna -bed augustus_out. gff3 -fo genes. fa
#这样直接执行获得的结果有问题，详见注意事项
#需要先从 Augustus 预测的 GFF3 结果文件中提取"gene"特征行信息
awk -F'\t' '｛if($3 =="gene") print $0｝' augustus_out. gff3 > augustus_out_genes. gff3
#根据提取的"gene"特征行信息，从基因组序列中提取目标基因序列
bedtools getfasta -fi gDNA. fna -bed augustus_out_genes. gff3 -fo genes. fa
```

② 从 Augustus 软件预测的 GFF3 结果文件中直接提取蛋白质序列。Augustus 软件预测输出的 GFF3 文件中，包含了预测基因编码的蛋白质序列；其基本数据格式如下所示。

```
...（更多内容略）
# start gene g1
NC_001133.9    AUGUSTUS    gene 1807 2169 1        –    .        ID = g1
NC_001133.9    AUGUSTUS    transcript      1807 2169 1    –    .        ID = g1. t1;Parent = g1
NC_001133.9    AUGUSTUS    stop_codon      1807 1809 .    –    0        Parent = g1. t1
NC_001133.9    AUGUSTUS    CDS 1810 2169 1    –    0    ID = g1. t1. cds;Parent = g1. t1
NC_001133.9    AUGUSTUS    start_codon      2167 2169 .    –    0        Parent = g1. t1
```

```
# protein sequence = [MVKLTSIAAGVAAIAATASATTTLAQSDERVNLVELGVYVSDIRAHLAQYYMFQAA
HPTETYPVEVAEAVFNYGDFTT
# MLTGIAPDQVTRMITGVPWYSSRLKPAISSALSKDGIYTIAN]
# end gene g1
...（更多内容略）
```

更多格式内容详见"常用软件使用手册"部分的 Augustus 使用说明。根据其格式规范,利用 awk 和 sed 指令编写批处理脚本,从中提取蛋白质序列,并保存为 FASTA 格式文件。

```
#首先提取带有"#"的注释行,其中就包含蛋白质序列行
awk -F'|if($1 == "#") print $0|' augustus_out.gff3 > augustus_out_proteins.gff3
#使用命令行管道模式,过滤其他非蛋白质序列行,只保留基因编号和蛋白质序列行
sed -n '/# start gene/, $ p' augustus_out_proteins.gff3 |
sed 's/# start gene / >/g' |
awk '! /# end gene g/' |
awk '! /command line/' |
awk '! /augustus/' |
sed 's/# protein sequence =//g' |
sed 's/# //g' |
sed 's/\[//g' |
sed 's/\]//g' > proteins.fa
#最终过滤结果输出为 FASTA 格式文件
```

当然,这一步并非限定只能使用命令行管道脚本来提取,我们亦可利用自身所擅长的编程语言,如 Python,编写程序解析 Augustus 预测输出的结果文件,并从中提取预测基因编码的蛋白质序列。

（2）创建本地 BLAST 数据库

使用 makeblastdb 程序,对来自 UniProtKB 数据库的已知蛋白质序列进行处理,建立本地 BLAST 数据库。

```
#创建本地 BLAST 数据库
makeblastdb -in uniprot_pr.fa -input_type fasta -title uniprot_pr -dbtype prot -out uniprot_pr
```

（3）预测基因的鉴别

根据上述提取的序列类型,选择合适的 BLAST 程序,将预测基因或蛋白质序列与已知蛋白质进行比对,以此来鉴别预测基因可能编码的蛋白质,并统计被鉴别出来的基因数量。

```
#将上述提取的基因序列,与已知蛋白质进行比对
blastx -query genes.fa -db uniprot_pr -out blastx.outfmt6 -evalue 1e-5 -outfmt 6 -max_target_seqs 1
#将上述提取的蛋白质序列,与已知蛋白质进行比对
blastp -query proteins.fa -db uniprot_pr -out blastp.outfmt6 -evalue 1e-5 -outfmt 6 -max_target_seqs 1
```

（4）结果整合

将上述 BLAST 鉴别结果与第 2 步 Augustus 预测基因获得的 GFF3 结果文件进行整合。首先，按照 GFF3 格式规范，在"gene"特征行第 9 列增加基因名称属性（Name），并赋值为相似蛋白质的缩写名称；同时，增加 UniProtKB_ID、UniProtKB_Name、UniProtKB_OS、BLASTX_Score 等属性，用来记录相似蛋白质的其他描述信息和相似性打分；最后，将整合后的结果保存为一个新的 GFF3 文件，如 augustus_blast_merged. gff3。以下是一个鉴别成功的案例。

```
scaffold_1    AUGUSTUS    gene       3579 4202 0.95  -    .    ID = g2;Name = VRTJ;Full_Name
= Aldolase vrtJ;UniProtKB_ID = D7PHZ0;UniProtKB_Name = VRTJ_PENAE;UniProtKB_OS = Penicillium
aethiopicum;BLASTX_Score = 154
scaffold_1    AUGUSTUS    transcript   3579 4202 0.95  -    .    ID = g2. t1;Parent = g2
scaffold_1    AUGUSTUS    stop_codon   3579 3581  .    -    0    Parent = g2. t1
scaffold_1    AUGUSTUS    CDS        3582 4202 0.95  -    0    ID = g2. t1. cds;Parent = g2. t1
scaffold_1    AUGUSTUS    start_codon  4200 4202  .    -    0    Parent = g2. t1
```

注：该案例中，由于第 9 列添加的属性较多，"gene"特征行的内容自动换行后占据了前 3 行，实际上在原始的 GFF3 文件中，其只占据 1 行。

4. 从头预测基因结果的评估

① 利用 gffcompare 工具将第 2 步从头预测基因的 GFF3 结果文件或第 3 步整合的 GFF3 结果文件，与第 1 步下载的目标物种原始 GFF 格式注释文件进行比较，尝试解读输出的统计结果。

```
#以下指令二选一
gffcompare -V -r gDNA. gff augustus_out. gff3
gffcompare -V -r gDNA. gff augustus_blast_merged. gff3
```

② 将本次实践的 gffcompare 统计结果，与本篇"项目 3"中的 gffcompare 统计结果进行对比，分析它们之间的异同之处。

五、　注意事项

① 使用 bedtools 工具集中的 getfasta 程序，根据给定 GFF3 格式文件，从基因组中提取基因序列时，对于 Augustus 预测产生的原始 GFF3 文件来说，该程序执行后获得的序列是有问题的。该程序会把所有特征类型序列都提取出来。实际上，每个基因只需提取对应的"gene"特征行相关的序列即可；但是该程序会把后面 4 个特征行的相关序列都提取出来，从而造成了结果冗余，并对随后的 BLAST 鉴别产生不利影响，甚至出现错误结果。故而，需要先对 Augustus 预测产生的原始 GFF3 文件进行处理，可以使用"awk"指令或其他工具，提取该文件中的"gene"特征行。以下是 Augustus 预测产生的原始 GFF3 文件中一个基因的所有相关特征记录行。

NC_001133.9	AUGUSTUS	gene	1807	2169	1	–	.	ID = g1
NC_001133.9	AUGUSTUS	transcript	1807	2169	1	–	.	ID = g1．t1；Parent = g1
NC_001133.9	AUGUSTUS	stop_codon	1807	1809	.	–	0	Parent = g1．t1
NC_001133.9	AUGUSTUS	CDS	1810	2169	1	–	0	ID = g1．t1．cds；Parent = g1．t1
NC_001133.9	AUGUSTUS	start_codon	2167	2169	.	–	0	Parent = g1．t1

② 使用 bedtools 工具集中的 getfasta 程序所提取的序列的起始位置会发生改变，区间编号外移 1 位；这是由于 GFF3 中的坐标体系与 bedtools 工具支持的坐标体系不一致，详见附录部分。建议先将 GFF3 格式转成 BED 格式再来提取序列。

③ 在对从头计算预测的基因或蛋白质进行 BLAST 鉴别时，注意每条查询序列只保留相似性打分最高的一个结果，即参数"– max_target_seqs"要设为 1；否则，每个预测基因或蛋白质可能会得到很多冗余的高相似性匹配结果，这会给后续的结果整合带来困难。实际上，每次预测只需要最相似的那个结果即可，因为只有它才是预测基因或蛋白质最有可能的同源蛋白质。

```
#不同预测蛋白质匹配到同一个已知蛋白质,其中 g3 和 g2431 相关的两个 HPSs 存在区间重叠
g3      sp|Q59Y31|YWP1_CANAL   42.20  109  63  0  413  521   221  329   3e – 14   75.9
g3      sp|Q59Y31|YWP1_CANAL   33.33  117  64  1  342  458   266  368   1e – 08   57.8
g2431   sp|Q59Y31|YWP1_CANAL   41.03  117  69  0  842  958   213  329   2e – 14   77.0
g2431   sp|Q59Y31|YWP1_CANAL   33.06  124  62  1  772  895   266  368   2e – 09   61.6
g3263   sp|Q59Y31|YWP1_CANAL   39.05  105  56  1  933  1037  272  368   6e – 09   60.1
#预测蛋白质与已知蛋白质之间存在两个间断的 HSPs
g46     sp|O74842|FFT2_SCHPO   53.99  576  256 7  557  1129  535  1104  0.0       614
g46     sp|O74842|FFT2_SCHPO   25.32  154  97  3  252  404   384  520   9e-12     69.7
```

④ 在 BLAST 鉴别过程中，某个预测基因或蛋白质与某个已知蛋白质比对时，如果有多个 HSPs，那么很有可能是多外显子和/或局部比对方法本身所造成的。此时，两者之间的总体相似性分值应该是这些 HSPs 的相似性分值之和。当然，这种多 HSPs 的情况也不能完全排除是由可能存在的低复杂度重复片段所造成的。即使这样，由于这些 HSPs 指向的已知蛋白质是同一个，故而此种情况不影响鉴别结果，只是会影响总体相似性分值的计算。

⑤ BLAST 鉴别结果中的冗余问题：同一个预测基因或蛋白质，在参数"– max_target_seqs"设为 1 的情况下，仍然出现两行或更多行的 HSPs。这里"1"是限制报告高相似目标蛋白质的数量为 1，而不是限制预测基因或蛋白质只有 1 行比对结果。毕竟 BLAST 软件采用的是局部比对策略，两条序列中间可能存在多个 HSPs；当然，其中可能就存在冗余问题。如果不进行去冗余处理，直接合并结果，应该不影响 Augustus 预测结果的鉴别，也就是 GFF3 文件第 9 列的新增属性中。高相似蛋白质名称等描述信息不受影响，但是会影响到总体相似性分值的计算。

⑥ BLAST 鉴别结果中真假冗余的区分：查看预测基因或蛋白质与已知蛋白质之间的 HSPs 跨越区间的重叠情况。不同 HSPs 中，若预测基因或蛋白质的区间存在重叠，则此种情况是真冗余，这可能是因为进化过程中，出现了保守结构域或功能域的"重复"突变；不

同 HSPs 中,若预测基因或蛋白质的区间不存在重叠,则此种情况是假冗余。不同 HSPs 中,已知蛋白质的区间存在重叠,说明该蛋白质中存在"重复的"保守结构域或功能域。而多个源自不同基因组区域的预测基因或蛋白质,与同一个已知蛋白质之间存在高相似匹配,则其很可能是同一个基因家族的不同成员。

⑦ 以上有关 BLAST 鉴别时出现的冗余问题解释,其前提是基因组组装序列没有问题,否则另当别论。

⑧ 该实践项目中的演示案例,使用 Augustus 进行全基因组的从头计算预测基因时,在使用单核 CPU(G4400,3.30 GHz)和 8 GB 内存的个人电脑上,所需时间大约为 10 分钟。在对 Augustus 预测基因进行 BLAST 鉴别时,所需时间大约为 90 分钟。建议将指令挂载到后台运行"nohup ＜command＞ &"。

六、 问题与思考

① 从头计算预测基因的软件有很多,我们在实际使用中应该如何选择所需的软件?

② 从头计算预测基因这个实践项目,为什么要增加 BLAST 鉴别这个环节?

③ 从头计算基因预测软件一般会内建多个物种的基因特征数据模型,但是通常都是针对模式生物或是研究较多的常用物种的;很多物种仍缺乏基因特征数据模型,尤其是非模式生物。此时该怎么办?

④ 在对从头计算预测的基因或蛋白质进行 BLAST 鉴别时,某个预测基因或蛋白质与某个已知蛋白质进行比对,在参数"-max_target_seqs"设为 1 的情况下,结果中仍然出现多个 HSPs。这是为什么?

⑤ 使用 Augustus 进行从头计算预测基因时,选用不同物种的基因模型参数,会对预测结果产生何种影响? 为什么?

项目 5　基因组注释之 DNA 元件预测

一、基本原理

基因组注释不仅是对基因的种类、数量、定位和结构等特征进行描述,还有一项与基因密切相关的特征需要注释,即基因上游调控区域的各种 DNA 元件,包括启动子(promoter)和转录因子结合位点(trascription factor binding site,TFBS)等。这些特征区域的组成和分布有一定的规律可循,目前最常用的方法就是用基于隐马尔可夫模型(hidden Markov model,HMM)构建的特征参数统计模型进行分析和预测。为此,我们首先需要学习有关隐马尔可夫模型的理论知识。以下内容是对隐马尔可夫模型及其在 DNA 序列分析中应用的简要描述。

早在 1906 年,俄国数学家 Andrey Andreyevich Markov(1856—1922),就在其提出的随机过程理论中引入了马尔可夫链(Markov chain)。他的研究领域后来被称为马尔可夫过程(Markov process)和马尔可夫链。苏联物理学家、工程师和概率论学者 Ruslan Leont′evich Stratonovich(1930—1997),基于条件马尔可夫过程(conditional Markov process)的理论解决了最佳非线性滤波(optimal non-linear filtering)问题。他也是第一个描述"前向-后向"过程(forward-backward procedure)的人。美国数学家 Leonard Esau Baum(1931—2017)与美国信息理论学家和应用数学家 Lloyd Richard Welch,以 Baum-Welch 算法(Baum-Welch algorithm)而闻名;20 世纪 60 年代末至 70 年代初,Baum 在一系列文章中描述了该算法和隐马尔可夫模型。在电气工程、计算机科学、统计计算和生物信息学中,Baum-Welch 算法可用于查找 HMM 的未知参数,它也利用了"前向-后向"算法。Andrew James Viterbi 于 1967 年提出 Viterbi 算法(Viterbi algorithm),他也是美国高通公司(Qualcomm Inc.)的共同创办人。Viterbi 算法是一种动态规划算法(dynamic programming algorithm),可以在给定观察到的输出序列的情况下,有效地计算 HMM 潜在变量的最可能的隐藏状态。该算法被用作嘈杂数字通信链路上卷积码(convolution codes)的解码算法。20 世纪 70 年代末至 80 年代初,自动语音识别(automatic speech recognition,ASR)领域,也从基于模板和频谱距离测量的简单模式识别方法,转变到基于 HMM 的语音处理的统计方法上。HMM 最早的主要应用之一就是语音处理。在 20 世纪 80 年代,HMM 逐渐成为分析生物系统和信息,尤其是遗传信息的有用工具。从那时起,HMM 就成为基因组序列概率建模中的重要工具。隐马尔可夫模型目前已经广泛应用到各行各业,比如语音识别、语音合成、手写识别、人脸识别、车牌识别、人类活动(手势和身体动作)识别、密码分析、机器翻译、天气预报、时间序列分析、生物序列比对、基因预测、单分子动力学分析、变异病毒检测、蛋白质折叠、DNA 模体发现等。

隐马尔可夫模型是一种统计模型,它假设要建模的系统是一个参数未知的马尔可夫过程,其中最大的挑战在于从可观察参数中确定隐藏参数(图 1-15)。

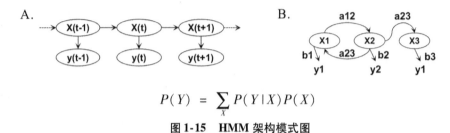

$$P(Y) = \sum_X P(Y|X)P(X)$$

图 1-15　HMM 架构模式图

图 A 是状态转移模型,随机变量 $X(t)$ 是时间 t 处隐藏变量的值,随机变量 $y(t)$ 是在时间 t 观察到的变量值。其中,变量 y 发生概率依赖于变量 X 的发生。图 B 是简单的马尔可夫链,X 代表隐藏状态(hidden state),y 代表可观察输出(observable output),a 代表不同节点间隐藏状态的转移概率(transition probability),b 是不同隐藏状态 X 下各种可观察输出 y 的输出概率(emission probability)。

在 HMM 中,一条状态序列(state sequence)称为一条路径,而该路径本身构成一条简单的马尔可夫链。路径中第 i 个状态称为 $\pi[i]$,那么该链中的转移概率定义为:$a[k][l] = P(\pi[i]=l|\pi[i-1]=k)$。特别定义 $a[0][k]$ 为从起始状态到状态 k 的转移概率。每个状态会产生一个输出标志,其输出概率定义为:$e[k](b) = P(x[i]=b|\pi[i]=k)$,即当第 i 个状态为 k 时,输出标志 b 的概率。一个长度为 L 的观察序列 x 和一个状态序列 π 的联合概率(joint probability)可以使用如下公式计算:

$$P(x,\pi) = a[0][\pi_1] \cdot \prod_{i=1}^{L} e[\pi_i](x_i)a[\pi_i][\pi_{i+1}]。$$

基于 HMM 的特征模型的创建和使用都有相应的成熟算法,主要包括:① Baum-Welch 算法,给定一个或一组输出序列,找到最有可能的状态转移和输出概率集;换句话说,就是在给定序列数据集的情况下,训练 HMM 参数 a 和 b。② 前向算法,给定 HMM 参数,计算特定输出序列的概率。③ Viterbi 算法,给定 HMM 参数,找到生成某个特定输出序列的最可能的隐藏状态序列。如果将 HMM 延伸到生物序列分析中,可以这样来描述:给定一组同源基因序列或某个蛋白质家族各个成员序列,以此来训练一个可以代表这组序列特征的 HMM 参数;然后,利用该模型参数去识别一个新序列是否属于该模型所代表的同源基因或蛋白质家族,并给出可能性的概率大小。

1. 天气与行为的关联模型

(1)HMM 的构建

假设天气有"rainy""sunny"两种状态,某人每天的出行方式有"walk""shop""clean"三种类型,天气状态会影响这个人的出行。经过一段时间的观察和记录,统计出这个人在不同天气状态下的出行规律,即构建天气与行为关联的隐马尔可夫模型(HMM)(图 1-16)。

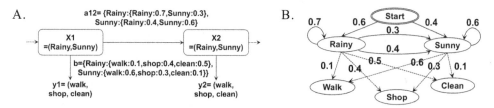

图 1-16　天气与行为关联的隐马尔可夫模型（HMM）的两种展示模式图

图 A 是天气转移模型，图 B 是简单的天气-行为关联的马尔可夫链。图中的"Start"节点代表起始概率，可以通过统计一段时间内两种天气的总体比例来获得。

（2）HMM 的应用

基于该 HMM 参数，可以根据这个人在一段时间内的行为来预测该时间段内最有可能的天气变化。假设在某一周内，观察到这个人的行为规律为：walk—shop—shop—clean—walk—clean—shop。那么，如何推算出这一周内最有可能的天气变化情况？此时就需要利用 Viterbi 算法，详细推算过程不在此赘述，请参见相关算法的文献资料。

2. HMM 在 DNA 序列分析中的应用

（1）DNA 元件的 HMM 示例

真核生物启动子数据库（eukaryotic promoter database，EPD）中，收集了大量的已知 DNA 元件数据，并构建了相应的高阶 HMM 概率矩阵。以下是根据 134 个植物启动子序列训练获得的代表植物 TATA 框特征的高阶 HMM 位点碱基概率分布矩阵（表 1-4）。

表 1-4　植物 TATA 框 HMM 位点碱基概率分布矩阵

位置	1	2	3	4	5	6	7	8	9	10	11	12
%A	31.6	16.3	2.0	90.8	0.0	94.9	57.1	100	27.6	69.4	11.2	24.5
%C	24.5	60.2	3.0	2.1	0.0	0.0	0.0	0.0	0.0	3.1	39.8	52.0
%G	15.3	10.2	0.0	2.0	1.0	0.0	0.0	0.0	2.0	13.3	37.8	21.4
%T	28.6	13.3	94.9	5.1	99.0	5.1	42.9	0.0	70.4	14.3	11.2	2.1
一致序列	—	—	T	A	T	A	W	A	W	A	—	—

注：该数据表来自 EPD 数据库（https://epd.epfl.ch//promoter_elements.php）。

（2）HMM 在 CpG 岛分析中的应用

分别利用 CpG 阳性和阴性序列数据集构建CpG+ 和CpG- HMM。通过统计所有序列中两个相邻碱基的转移情况，即可获得如下两个 HMM 碱基转移概率矩阵（表 1-5）。

表 1-5　CpG + 和 CpG - HMM 碱基转移概率矩阵

CpG +	A	C	G	T	CpG -	A	C	G	T
A	0.180	0.274	0.426	0.120	A	0.300	0.205	0.285	0.210
C	0.171	0.368	0.274	0.188	C	0.322	0.298	0.078	0.302
G	0.161	0.339	0.375	0.125	G	0.248	0.246	0.298	0.208
T	0.079	0.335	0.384	0.182	T	0.177	0.239	0.292	0.292

注：上述数据来自于 Durbin 等（1998）。Biological sequence analysis：probabilistic models of proteins and nucleic acids。

在 CpG 岛模型中,我们观察到的是碱基本身,因此其输出概率与上述"天气－行为的关联模型"有所不同;该值要么都是 0,要么都是 1。对于一个具体序列来说,其每个碱基的输出概率值全部为 1,即联合概率计算公式中的 $e[\pi_i](x_i)$ 在 CpG 岛模型的应用计算中均为 1。以序列 CGCG 为例,基于 CpG+ 和 CpG- 这两个 HMM,计算鉴别最佳状态路径(Viterbi 算法)以及该路径的输出概率:对于序列第一位点的碱基出现概率,强制定义为 $1/8 = 0.125$;因为在 CpG+/- 模型中每个位点共有 8 种可能性,即{A+,C+,G+,T+,A-,C-,G-,T-};具体计算过程如图 1-17 所示。从图 1-17 可以看出,该序列共有"C+ G+ C+ G+ "和"C- G- C- G- "两条状态路径;其中,"C+ G+ C+ G+ "路径的联合概率远大于"C- G- C- G- ",由此可以判定序列 CGCG 属于 CpG 岛阳性序列。

v		C	G	C	G
B	1	0	0	0	0
A+	0	0	0	0	0
C+	0	1/8 = 0.125	0	0.034*1*0.339 = 0.012	0
G+	0	0	0.125*1*0.274 = 0.034	0	0.012*1*0.274 = 0.0032
T+	0	0	0	0	0
A-	0	0	0	0	0
C-	0	1/8 = 0.125	0	0.010*1*0.246 = 0.0026	0
G-	0	0	0.125*1*0.078 = 0.010	0	0.0026*1*0.078 = 0.00021
T-	0	0	0	0	0

图 1-17　CGCG 序列的联合概率计算过程

在联合概率计算时,随着序列长度的增加,联合概率值会呈指数级减小,这在实际运算中可能会造成向下溢出(underflow)的错误。解决方法很简单,即将 HMM 中的转移概率进行对数转换。这样,原联合概率计算公式将由累乘转变成累加,从而避免联合概率值向下溢出。

3. 启动子与转录因子

启动子(promoter)是基因组中非常重要的 DNA 元件,它与转录因子一起调控邻近基因的表达。从广义上来说,启动子不仅包括紧邻基因转录起始位点的核心 DNA 元件,如 TATA 框,还包括与各种转录因子结合的远端保守序列等。

(1)原核生物启动子

Harley 等在 1987 年分析了大肠杆菌基因中具有已知转录起始位点(transcription start site,TSS)的数百个启动子。通过将启动子序列对齐,他们发现在转录起始位点上游" -10"和" -35"处的六聚体中,所有碱基均高度保守;在其他原核生物中亦是如此。其中," -10"处序列对于原核生物的转录起始是必要的,称为 Pribnow 框,通常由六个核苷酸 TATAAT 组成,故亦称为 TATA 框(图 1-18)。

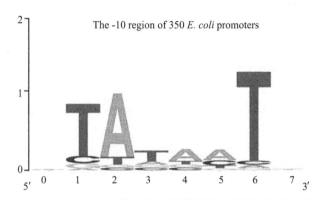

位点	1	2	3	4	5	6
T	**82**	7	**52**	14	19	**89**
G	7	1	12	15	11	2
C	8	3	10	12	21	5
A	3	**89**	26	**59**	**49**	3
一致序列	T	A	T	A	A	T

图 1-18 大肠杆菌启动子中 TATA 框保守模式和位点频率矩阵

（Harley 等,1987）

（2）真核生物启动子

在真核生物中,调控基因转录的启动子产生了极端分化。它们通常位于基因的上游,并且可能具有距离 TSS 几千个碱基的调控元件。在真核生物中,转录因子与 DNA 元件结合形成的复合物可导致 DNA 向后弯曲,从而允许将调控元件置于远离实际 TSS 的位置。许多真核启动子都含有一个 TATA 框。该 TATA 框与一个 TATA 结合蛋白结合,从而有助于 RNA 聚合酶转录复合物的形成。TATA 框通常位于非常接近 TSS 的位置,一般在 50 个碱基以内(图 1-19)。

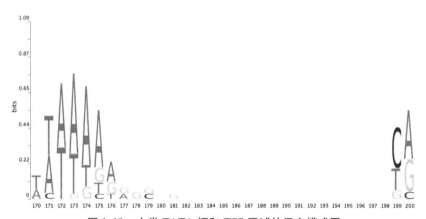

图 1-19 人类 TATA 框和 TSS 区域的保守模式图

（Ramzan 等,2017）

真核生物启动子按其生物学功能可分为三类。① RNA 聚合酶 I 识别和结合的 I 类启动子,只控制 rRNA 前体基因的转录,转录产物经切割和加工后产生各种成熟 rRNA。其核心启动子（core promoter）位于转录起点“－45 ~ +20”区域,上游控制元件（upstream control element, UCE）位于“－180 ~ －107”区域。② RNA 聚合酶 II 识别的 II 类启动子,催化 mRNA 和大多数核内小 RNA（snRNA）合成,主要包括:i. 与 RNA 聚合酶 II 定位有关的 TATA 框;ii. 转录起点位置处的起始子（initiator）;iii. 上游元件,如 CAAT 框、GC 框和八聚体框等;iv. 应答元件,被特定内外环境条件诱导调节产生的转录激活因子所识别与结合,进而调控下游基因转录。③ RNA 聚合酶Ⅲ识别的Ⅲ类启动子,涉及一些小分子 RNA 的转录,包括 5S rRNA 前体、tRNA 前体以及其他细胞核和胞质小 RNA 前体;根据其功能特征,可进一步分为类型 1 基因内启动子、类型 2 基因内启动子和上游启动子三个子类,它们的保守元件及功能特征亦有所不同。

4. 常用启动子和转录因子数据库和分析工具

目前,专门收集启动子核心元件以及转录因子结合位点(TFBS)序列的数据库已有很多。原核生物相关的数据库有 PRODORIC、PromBase、RegulonDB 等。真核生物相关的数据库有 Eukaryotic Promoter Database(EPD)、Gene Regulation、TRANSFAC、TRED、ENCODE 等。基于启动子核心元件和 TFBS 保守序列模型的分析工具亦有很多,如 Neural Network Promoter Prediction(NNPP)、Promoter 2.0、FPROM、TSSW、TFSEARCH、Cister 等。更多相关数据库和分析工具,可以通过互联网搜索引擎或专业文献数据库检索获得。如此之多的数据库和分析工具,想要全部熟练掌握显然是不可能的,亦无必要;可以根据研究目标和需求,有针对性地选择部分数据库和分析工具来辅助完成研究工作。

本实践项目将从现有启动子和 TFBSs 相关数据库中,搜集某个 DNA 元件的 HMM 参数;然后基于该 HMM 参数,在对应物种的基因组中进行分析和预测;最后将预测结果与已知基因进行位置关联分析。

二、 目的和要求

① 加深对隐马尔可夫模型的认知和理解。
② 加深对基因启动子和转录因子的认知和理解。
③ 熟悉常用真核启动子和转录因子数据库(EPD、TRANSFAC、ENCODE)的使用。
④ 学会利用已有的隐马尔可夫模型参数,独立编程计算鉴别未知启动子或转录因子结合位点。
⑤ 学会使用 R 语言进行统计分析和可视化绘图。

三、 软件和数据库资源

① EPD(https://epd.epfl.ch/promoter_elements.php)。
② TRANSFAC(Public 版),需从 Gene Regulation 主页(http://gene-regulation.com/pub/databases.html)进入。
③ ENCODE(https://www.encodeproject.org/)。
④ Python 语言和 BioPython 模块,或其他编程语言。
⑤ R 语言软件(https://www.r-project.org/)。

四、 实验内容

1. 数据准备

（1）基因组数据

本篇"项目1"中下载的目标物种的 FASTA 格式基因组序列及其 GFF 格式注释文件。

（2）启动子相关 DNA 元件的 HMM 数据

① 阳性 HMM 数据：从 EPD 数据库中下载任意一种启动子相关 DNA 元件的阳性 HMM 参数矩阵；亦可从 TRANSFAC 或 ENCODE 等数据库搜索并下载一个常见转录因子结合位点的保守模式数据，然后将其转换成相对比例矩阵，相当于阳性 HMM 参数矩阵。以下是转录因子 Myc 结合位点的保守矩阵数据。

```
AC   M00118
XXID   V$MYCMAX_01
XXDT   18.05.1995（created）; ewi. DT   18.10.1995（updated）; ewi. CO   Copyright（C）, Biobase GmbH.
XXNA   c-Myc: Max
XXDE   c-Myc: Max heterodimer
XXBF   T00140 c-Myc; Species: human, Homo sapiens. BF   T00141 c-Myc; Species: chick, Gallus
gallus. BF   T00142 c-Myc; Species: rat, Rattus norvegicus. BF   T00143 c-Myc; Species: mouse, Mus
musculus. BF   T00489 Max1; Species: human, Homo sapiens.
```

	XXPO	A	C	G	T
01	25	31	13	31	N
02	28	7	47	18	N
03	70	3	21	6	A
04	10	69	19	2	C
05	0	100	0	0	C
06	100	0	0	0	A
07	0	100	0	0	C
08	0	0	100	0	G
09	0	0	0	100	T
10	0	0	100	0	G
11	2	19	69	10	G
12	6	21	3	70	T
13	18	47	7	28	N
14	31	13	31	25	N

```
XXBA   34 selected binding sequences for Myc/Max dimers
XXCC   cumulative analysis of bound sequences after 7 and 8 rounds of selection and amplification; only
sequences with CACGTG core were taken, the flanking regions were analysed as 68 NNNNCAG half-sites and
are mirrored for this matrix; figures are percentages
XXRN   [1]; RE0002937. RX PUBMED: 8265351. RA Solomon D. L. C., Amati B., Land H. RT Distinct
DNA binding preferences for the c-Myc/Max and Max/Max dimersRL Nucleic Acids Res.
21:5372 - 5376（1993）.
XX
//
```

② 阴性 HMM 数据：根据所选 DNA 元件 HMM 中给出的保守区间长度，自行编写命令行脚本或 Python 程序，随机从基因组序列的不同位置提取若干条长度一样的序列片段，然后构建阴性 HMM。这一步不是必需的。以下是从基因组序列文件提取序列的辅助指令示例。

```
#创建基因组序列文件索引
samtools faidx gDNA. fna
head -n5 gDNA. fna. fai #查看前 5 行内容
NC_001133.9      230218      76        80      81
NC_001134.8      813184      233249    80      81
NC_001135.5      316620      1056676   80      81
NC_001136.10     1531933     1377332   80      81
NC_001137.3      576874      2928491   80      81
#从基因组 gDNA. fna 中提取指定序列 NC_001133.9 中区间 101 – 114 的序列
samtools faidx gDNA. fna NC_001133.9;101 – 114
```

建议编写程序从 gDNA. fna. fai 文件中提取前 2 列数据：第 1 列是序列名称，第 2 列是序列长度；然后对序列名称随机抽样，再根据其序列长度限制随机生成一个区间起始位点；最后调用 samtools faidx 指令或自编程序提取序列。

2. DNA 元件的计算鉴别

（1）基因组遍历

根据所选 DNA 元件的 HMM 参数，编写程序对上述基因组序列进行遍历；根据 HMM 长度，截取 DNA 片段，步移长度为 1 个碱基；然后计算每个片段及其互补链的联合输出概率；同时设定相应变量记录当前片段所在基因组位置、正负链等重要信息。

（2）阳性 DNA 元件的判定

① 仅有阳性 HMM 的判定方案：在联合输出概率的同时，随机打乱（shuffle）当前序列片段 N 次，获得一个模拟的伪阴性数据集；然后计算该集合中每个片段的联合输出概率，并与原始片段的概率值进行比较，记录大于原始概率值的片段数量 n。这里有一个统计假设，当前片段是阳性的，它的组成和分布符合阳性 HMM 所代表的保守序列特征；而随机打乱之后，该特征将会消失，联合输出概率应会小于原始片段的概率值。当前片段属于阳性的统计显著性 p 值计算方法：$p = n/N$。接下来，可以根据计算出来的 p 值进行判定。

② 同时使用阴性和阳性 HMM 的判定方案：在 2（1）基因组遍历中，基于阳性模型和阴性模型分别计算出当前片段的两个联合输出概率，分别记为 S_p 和 S_n；如果 $S_p > S_n$，则判定为阳性；否则判定为阴性。统计显著性的简易计算公式：$p = 1 - S_p/(S_p + S_n)$，更为复杂的计算方法可以基于阳性和阴性的联合输出概率分布进行估计。

（3）阳性 DNA 元件的初步筛选

根据上述计算出来的 p 值大小进行过滤，设置 p 值筛选阈值，至少为 0.05；保留 p 值低于该阈值的 DNA 片段的联合输出概率、p 值、基因组位置、正负链等重要信息，并将其保存为一个以制表符（TAB）分隔字段的文本文件，如 TATA. gff3，字段如下。

sequence：参考基因组序列名称。
source：HMM_prediction。
type：DNA 元件名称，如 TATA-box。
start：基因组定位，该元件的起始位点。
end：基因组定位，该元件的终止位点。
score：联合输出概率。
strand：DNA 元件位于基因组序列的哪一条链。
phase：这里记为"．"。
attributes：这里暂时只记录根据上述方法计算出来的 p 值，格式为 pvalue = ＜ value ＞。

3. DNA 元件最邻近基因的查询

（1）基本要求

把上述 DNA 元件分析结果与基因组的基因注释信息进行对比，分析这些 DNA 元件预测结果与已知基因的位置关系，找到每一个 DNA 元件下游最邻近基因（图 1-20）。然后在上述结果文件的第 9 列（attributes）中再增加两个属性：邻近基因 ID（Adjacent_GeneID）及距离（distance）。

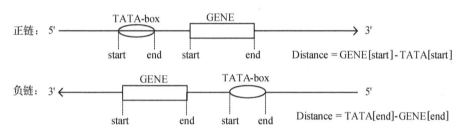

图 1-20　基于基因组位置的 DNA 元件邻近基因查找

正链上的基因特征起始位置（start）就是该基因的转录起始位点，负链上的基因转录起始位点则是基因特征结束位置（end）。

（2）查找策略

查找策略是本次实践的重点，亦是难点。

① DNA 元件数据预处理：首先将其按照所在基因组序列名称和正负链的不同进行分组，然后按其所在位置（start）升序排列。

② GFF3 格式基因注释文件预处理：首先提取第 3 列为"gene"的特征行，然后按照同样的方式进行排序。

③ 以下遍历查找策略，仅供参考。

分组遍历：以某个基因组序列的正链为例
--外层循环：遍历基因信息（gene = 1.. n）
----内层循环：遍历 DNA 元件（element = start.. m）
------遍历从"起始标记 start"开始，初始为 1，即第一个 DNA 元件
------如果 Distance ＞0，则记录该 DNA 元件的邻近基因为当前基因及其距离
------同时记录当前基因上游的 DNA 元件个数
------当前遍历到第 k 个 DNA 元件时，如果 Distance <=0，则跳出内层循环
------同时设置内层循环"起始标记 start"为 k，即下一个基因的 DNA 元件将从 k 开始

```
----继续内层循环
--继续外层循环
```

> 注：这里的"Distance"判断阈值是 0,但是考虑到真核生物基因表达调控区域可能涉及其 5′端的部分区域,故而可以设置为某个负值;建议将该阈值设为变量,以便随时调整和对比分析不同阈值的筛选结果。

④ 整个遍历完成之后,将会输出一个新的 DNA 元件结果文件,如 TATA. new. gff3,其中的第 9 列(attributes)中增加两个新属性:邻近基因 ID 及距离。同时,输出一个由制表符(TAB)分隔字段的文本文件,其中包括两列数据:联合输出概率(score)和距离(distance)。此外,还有一个结果文件是基因上游 DNA 元件个数统计表,基于这个统计表,可以了解到哪些基因上游预测出 DNA 元件,哪些没有预测出来。

4. DNA 元件预测结果的统计分析和可视化

(1) 相关性分析

利用 R 语言,对上述预测 DNA 元件的联合输出概率(score)与其邻近基因距离(distance)之间的相关性进行分析。Pearson 相关系数(Pearson correlation coefficient)是用来衡量两个数据集合是否在一条线上,即定距变量间的线性关系;取值范围为 $-1 \sim 1$。其绝对值越大,相关性越强;负值代表负相关,正值代表正相关,0 代表没有相关性。

```R
#R 语言示例脚本
#定义工作目录
workdir = "/media/bioinformatics/实验五/"
#设置工作目录
setwd(workdir)
#读取数据文件
data = read. table("score_data. txt", head = TRUE, sep = "\t")
#查看数据
head(data)
#计算 Pearson 相关系数及其统计显著性
cor. test(data$distance,data$score, method = "pearson")
#终端窗口回显
    Pearson's product-moment correlation
data:    data$distance and data$score
t = -3.3147, df = 11529, p-value = 0.0009201
alternative hypothesis: true correlation is not equal to 0
95 percent confidence interval:
-0.04908139 -0.01261109
sample estimates:
        cor
-0.03085651
```

（2）散点图绘制

利用 R 语言或其他数据绘图工具,对 DNA 元件预测结果文件中的关键数据列进行可视化。横坐标为预测 DNA 元件距离,纵坐标为联合输出概率或其对数值;以此来探讨 DNA 元件预测结果的分布趋势。

```
#R 语言示例脚本
png(file = "plot_scatter. png")
plot(data$distance, data$score, type = "p", pch = 20, cex = 0.1)
dev. off()
```

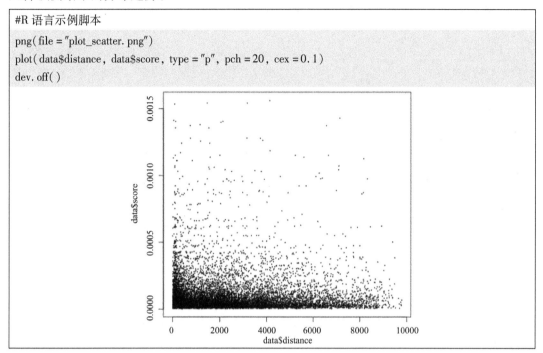

（3）预测 DNA 元件联合输出概率的频数分布

```
#R 语言示例脚本,同时标注一些常用统计指标
x1 <-min(data$score, na. rm = TRUE)    #计算最小值
x2 <-max(data$score, na. rm = TRUE)    #计算最大值
ave <-mean(data$score,na. rm = TRUE)    #计算均值
med <-median(data$score, na. rm = TRUE)    #计算中位数
#连续分布的众数定义为其分布的密度函数峰值对应的取值
ds = density(data$score,na. rm = TRUE)
mode  <- ds$x[which. max(ds$y)]
#计算四分位数(0% ,25% ,50% ,75% ,100% )
quan <-quantile(data$score,na. rm = TRUE)
#定义图片文件
png(file = "plot_hist_score. png")
#绘制频率分布直方图
hist(data$score, freq = F, breaks = 100)
#绘制概率分布曲线
```

```
curve(dnorm(x,mean(data$score,na.rm = TRUE),sd(data$score,na.rm = TRUE)),xlim = c(x1,x2),
col = "blue",lwd = 3,add = TRUE)
 abline(v = ave,lty = 3,lwd = 3,col = "red")    #增加均值线
 abline(v = med,lty = 3,lwd = 3,col = "purple")   #增加中位数线
 abline(v = mode,lty = 3,lwd = 3,col = "green")    #增加众数线
 abline(v = quan,lty = 3,lwd = 3,col = "blue")    #增加四分位数线
dev.off()
```

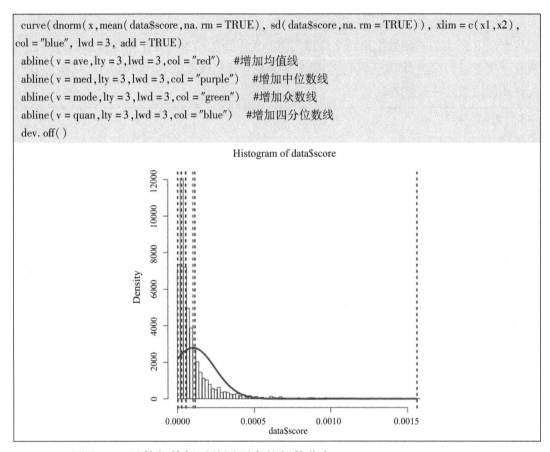

（4）预测 DNA 元件与其邻近基因距离的频数分布

```
#R 语言示例脚本,同时标注一些常用统计指标

x1 <-min(data$distance, na.rm = TRUE)   #计算最小值
x2 <-max(data$distance, na.rm = TRUE)   #计算最大值
ave <-mean(data$distance,na.rm = TRUE)    #计算均值
med <-median(data$distance,na.rm = TRUE)   #计算中位数

#连续分布的众数定义为其分布的密度函数峰值对应的取值

ds = density(data$distance,na.rm = TRUE)
mode  <- ds$x[which.max(ds$y)]

#计算四分位数(0%,25%,50%,75%,100%)

quan <-quantile(data$distance,na.rm = TRUE)

#定义图片文件

png(file = "plot_hist_distance.png")

#绘制频率分布直方图

hist(data$distance, freq = F, breaks = 100)

#绘制概率分布曲线
```

```
curve(dnorm(x,mean(data$distance,na. rm = TRUE), sd(data$distance,na. rm = TRUE)),xlim = c(x1,
x2),col = "blue", lwd = 3,add = TRUE)
abline(v = ave,lty = 3,lwd = 3,col = "red")    #增加均值线
abline(v = med,lty = 3,lwd = 3,col = "purple")    #增加中位数线
abline(v = mode,lty = 3,lwd = 3,col = "green")    #增加众数线
abline(v = quan,lty = 3,lwd = 3,col = "blue")    #增加四分位数线
dev. off()
```

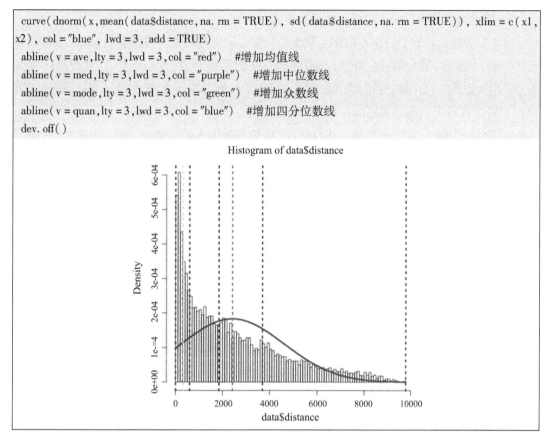

（5）联合输出概率和距离阈值的探讨

根据上述统计分析和图示结果,结合真核生物启动子数据库（EPD）中目标物种相关或近缘物种相关的启动子 DNA 元件数据资料,进一步确定联合输出概率和邻近基因距离的筛选阈值。

5. DNA 元件预测结果的二次筛选

根据第 4 步（5）中确定的阈值,对第 3 步中 DNA 元件的初步筛选结果进行进一步的筛选,并将筛选结果按照 GFF3 格式保存为一个新的文件。

五、　注意事项

① 在建模或预测过程中,从基因组中提取的序列片段可能会包含"N"碱基,这是由测序间隙造成的;这样的序列片段只要有一个"N"碱基存在,则直接丢弃。

② 在遍历基因组,根据给定 DNA 元件的 HMM 参数计算其联合输出概率时,建议编写一个独立的计算函数,输入变量为 DNA 片段和 HMM 参数,输出结果为联合输出概率。

③ 在仅有阳性 HMM 时,对于某个 DNA 片段的判定过程,需要注意以下问题。

i. 随机打乱的有效次数:在随机打乱当前片段时,两次随机打乱获得的新片段可能是一样的,这种冗余片段需要排除。

ii. 联合输出概率为 0 的 DNA 片段无须进行评估。

iii. 为了降低计算量,建议采用逐步逼近的策略来进行评估:先把随机打乱次数(N)设置小一点(如 10),进行第一轮评估;然后选择一个合适的 p 值(如小于 0.2)进行第一轮筛选;对于满足条件的片段,进行第二轮评估,此时的 N 值可以设置较大(如 100),筛选时可以把 p 值设置得更严格一点(如小于 0.05)。

④ 在查询 DNA 元件的最邻近基因时,注意某些基因上游可能有多个 DNA 元件,而有的基因则没有。换句话说,有些基因上游成功地预测出目标 DNA 元件,而有些基因则没有预测出来。这也是对整体预测结果的评判指标之一。

⑤ 绘制联合输出概率与其邻近基因距离的关联图时,所有数据都绘制在一张图上,不要按染色体分开绘制。

六、 问题与思考

① 在 HMM 架构中,如果 X 代表的是生物系统中基因表达情况,y 代表的是个体或细胞的表型、生理生化指标,那么如何解读这个结构体系?

② 如何根据已有气象资料,训练如图 1-16 所示的 HMM 参数?

③ 基于图 1-16 所示的天气与行为关联模型,给定一段时间内的天气变化,如何预测某人在这段时间内最有可能的行为规律?

④ 给你一段序列 ACTGCACGCGCGATCGAGAC,利用前面建立的 CpG 岛 HMM 参数(表 1-5),如何计算鉴别该序列中是否存在 CpG 阳性序列片段?

⑤ 如何从基因组中提取某个特征序列,比如 CpG、基因、外显子/内含子剪接识别位点、转录起始位点和终止位点、各种 DNA 元件序列等,然后训练其 HMM 参数,并测试其预测的准确性?

⑥ 某人通过不同途径调研,获得某个基因多个长短不同的启动子序列,从而无法决断选择哪个来进行实验研究,你能帮他解决这个问题吗?

⑦ 给你一条基因组序列片段,你能根据来自 TRANSFAC 的转录因子结合位点的保守矩阵(matrix)数据,通过计算判定该序列中哪些区域可能是该转录因子的结合位点吗? 可能性有多大?

⑧ 如何获知某个物种基因组中的 TATA 框、TFBS 等 DNA 元件的真实分布情况? 如果获知这些数据,如何运用它们来判定上述 DNA 元件预测结果的可靠性?

项目6 基因组数据可视化

一、基本原理

前几次实践,从多个不同角度对全基因组序列进行了基因注释分析,产生了大量的注释数据。接下来,就是如何发布、分享和使用这些注释数据。通常需要创建一个管理这些注释信息的数据库,继而开发可视化应用,将注释信息直观地展示给用户。此外,最好提供关键词搜索功能,以便用户访问这些注释数据。当然,可以进行可视化展示的不仅仅是这些基因注释信息,还可以是其他组学层面的数据,比如基因组变异、转录组水平的基因表达及调控信息等。

目前针对基因组数据可视化的工具有很多。几个经典的基因组数据库网站都有各自内建的可视化引擎,比如 NCBI 的基因组数据查看器(genome data viewer,GDV)、UCSC 的基因组浏览器、Ensembl 基因注释信息查看器以及 JGI 基因查看器。然而,这几个可视化引擎只能在其各自网站上查看其内建物种的基因组注释数据,对于其他物种的基因组数据,就需要依赖第三方可视化工具,如 IGV、Genome View、Artemis、JBrowse Genome Browser、Apollo、NCBI Genome Workbench、BioViz Genome Viewer、GenomeD3Plot、pileup. js 和 Biodalliance 等。这些第三方可视化工具通常允许用户下载到本地安装和使用。用户可以基于这些工具创建更加适用于自有物种基因组草图序列及其注释信息的可视化应用。这些第三方工具的功能特色各有千秋,以下是对它们的简要描述。

Integrative Genomics Viewer(IGV)是一种高性能、易于使用的基因组数据可视化交互式探索工具。它支持所有常见类型的基因组数据和元数据(metadata),可从本地或云资源加载。IGV 有多种发布形式,包括原始的 IGV-Java 桌面应用程序、IGV-Web 网络应用程序、可以嵌入网页的 JavaScript 组件 igv. js。GenomeView 是独立运行的基因组浏览器和编辑器,它提供序列、注释、多重比对、同线映射(synteny mapping)、短读段比对等数据的交互式可视化,同时支持多种标准文件格式,并且可以使用插件系统添加新功能。Artemis 是一个用 Java 编写的、可用于 UNIX、Macintosh 和 Windows 系统的基因组浏览器和注释工具,它可以对不同类型的 NGS 数据集进行集成可视化和计算分析,可以读取 EMBL 和 GenBank 数据库条目和以 FASTA、索引 FASTA 或原始格式存储的序列,亦支持 EMBL、GenBank 或 GFF 格式的其他序列特征。JBrowse 是一款用于可视化和集成生物数据的开源平台,它包括功能齐全的 Web 应用程序、面向开发人员的可嵌入组件以及桌面应用程序。Apollo 是一个基于 Web 的协作式实时基因组注释编辑器。该程序的应用包括基于 Grails 的 Java Web 应用程序和作为 JBrowse 插件在 Web 浏览器中运行的 Javascript 客户端。NCBI Genome

Workbench 为研究人员提供了一套丰富的集成工具,用于研究和分析遗传数据。用户可以探索和比较多个不同来源的数据,包括 NCBI 数据库或用户自己的数据。用户可以运用这些工具来创建系统发育树,开展差异比对、表格视图等。该软件提供了大量常用序列比对工具和结果的可视化查看工具,并支持多种序列及其比对结果相关的数据格式。此外,该软件还提供了一个序列编辑包,允许用户创建、编辑、校验和提交基因组序列至 GenBank。BioViz 的集成基因组浏览器(integrated genome browser,IGB)是一款快速、灵活且开源的基因组浏览器,可用于探索和直观分析基因组大规模数据集。用户可以下载 IGB 到本地电脑上运行,其支持加载本地或远程服务器的数据文件。GenomeD3Plot(以前称为 Islandplot)是利用 Javascript 的 D3 项目编写的一个基于 SVG 的基因组查看器。该软件包含三部分:环状基因组查看器、线性基因组查看器和线性画笔元素。用户只须在 Web 页面中包含所需元素的 js 文件即可使用它。Pileup. js 是一个基于浏览器的基因组查看器,专为嵌入 Web 应用程序而设计。它是基于 Javascript 开发的,通过使用 SVG 和 CSS 对轨道进行样式设置和定位,这更易于 Web 开发人员使用。Pileup. js 的开发借鉴了两个现有的基因组浏览器:Biodalliance 和 IGV。它可以从各种来源加载基因组数据并对其进行可视化。Biodalliance 是一种快速、交互式的基因组可视化工具,易于嵌入网页和应用程序。它支持各种来源的数据,并且支持常见的基因组数据文件格式,包括 bigWig、BAM 和 VCF 等。

本实践项目利用这些第三方工具,对前几次实践项目获得的多个基因组注释数据进行可视化,在熟悉和掌握这些工具使用方法的同时,也让我们从一个完全不同的角度来查看这些注释数据。

二、 目的和要求

① 加深对全基因组注释信息可视化意义的理解和认知。
② 熟悉和掌握可视化工具 IGV 的安装和使用方法。
③ 熟悉和掌握可视化工具 JBrowse 安装和使用方法。
④ 学会基因组注释数据的可视化预处理和 JBrowse 数据轨道配置文件的编写。
⑤ 熟悉和掌握基于 XAMPP 搭建基因组 Web 可视化环境。

三、 软件和数据库资源

① IGV(http://software. broadinstitute. org/software/igv/)。
② JBrowse(http://jbrowse. org;https://jbrowse. org/jbrowse1. html)。
③ XAMPP(https://www. apachefriends. org/zh_cn/download. html)。

四、 实验内容

1. 基于 IGV 的基因组可视化
① 运行桌面版 IGV,打开程序窗口。

② 加载基因组序列：选择 IGV 菜单栏"Genomes—Load Genome from File"，打开本篇"项目 1"中下载的 FASTA 格式基因组序列文件。

③ 加载原始注释文件：选择 IGV 菜单栏"Files—Load from File"，打开本篇"项目 1"中下载的 GFF 格式基因组注释文件。

④ 加载同源基因搜索结果：选择 IGV 菜单栏"Files—Load from File"，打开本篇"项目 3"中的全基因组同源基因搜索结果的 GFF3 格式文件。

⑤ 加载从头计算基因预测结果：选择 IGV 菜单栏"Files—Load from File"，打开本篇"项目 4"中从头计算基因预测软件 Augustus 的计算结果与 BLAST 鉴别整合后的 GFF3 格式文件。

⑥ 加载启动子元件预测结果：选择 IGV 菜单栏"Files—Load from File"，打开本篇"项目 5"中启动子元件预测结果的 GFF3 格式文件。

⑦ 浏览可视化效果：随机选取不同基因组区域查看，并对比不同数据轨道之间的差异；尤其关注同时包含多个来源注释信息的多外显子基因区域。

2. 基于 JBrowse 的基因组可视化

① 基于 Web 服务器架设组件 XAMPP，安装 Web 版 JBrowse。

② 加载 FASTA 格式基因组序列：在 JBrowse 目录下，通常有个默认的子目录 data；如果没有，可以在该目录下打开终端窗口，运行"mkdir data"指令来创建，这是 JBrowse 的基因组及其注释数据存放目录。可以直接把目标物种基因组相关数据文件复制到该目录下，但是不建议这么做。JBrowse 平台的基因组数据目录是作为一个变量传递给程序的。也就是说，用户可以在默认 data 目录下创建多个不同物种基因组存放目录；然后，只要将某个物种基因组数据文件所在目录传递给 JBrowse，即可查看该物种的基因组可视化效果。

```
cd /opt/lampp/htdocs/JBrowse/data
mkdir test
#复制目标物种基因组及其注释数据文件到 test 目录中
cd test
#创建基因组序列(gDNA.fasta)的索引文件
samtools faidx gDNA.fasta
```

接下来，在 test 目录下创建数据轨道配置文件"tracks.conf"，内容如下。

```
[GENERAL]
refSeqs = gDNA.fasta.fai
[tracks.refseq]
urlTemplate = gDNA.fasta
storeClass = JBrowse/Store/SeqFeature/IndexedFasta
type = Sequence
```

③ 加载 GFF3 格式注释文件：以本篇"项目 4"的从头预测基因结果文件"augustus_out. gff3"为例。将该文件复制到 test 目录下，然后对其进行排序并创建索引文件。

```
sort -k1,1 -k4,4n augustus_out. gff3 > augustus_out. sorted. gff3 #排序
bgzip augustus_out. sorted. gff3 #压缩
tabix -p gff augustus_out. sorted. gff3. gz #创建索引
```

然后，修改数据轨道配置文件"tracks. conf"，增加内容如下。

```
[tracks. augustus]
urlTemplate = augustus_out. sorted. gff3. gz
storeClass = JBrowse/Store/SeqFeature/GFF3Tabix
type = CanvasFeatures
```

按照上述方法，添加前几次基础实践项目中的注释文件，主要包括：目标物种原始注释、全基因组同源搜索结果、从头计算预测基因结果、启动子 DNA 元件预测结果。

④ 创建基因名称索引：为了激活 JBrowse 可视化页面的基因搜索功能，需要利用"JBrowse/bin"目录下的 Perl 脚本程序"generate-names. pl"，对注释文件中的基因名称创建索引。

```
#假定终端命令行的当前工作目录为"JBrowse/data/test"
../../bin/generate-names. pl --out ./
```

⑤ 测试可视化效果：使用任意浏览器，访问 http://localhost/JBrowse/?data = data/test；选取同时包含多个来源注释信息的多外显子基因区域来查看，并对比分析不同数据轨道之间的异同之处。

比较上述两种方案的功能特征，试阐述它们各自的优缺点。

五、 注意事项

① Web 服务器架设组件 XAMPP 的 5. x、7. x 等版本，由于包含的组件版本差异较大，可能存在不兼容的情况。这会导致某些 Web 页面在有的版本中打开正常，有的打开异常，此时可以考虑更换一个不同版本的 XAMPP。

② JBrowse2 与 JBrowse1 之间存在较大差异，本次实践内容给出的脚本示例是基于 JBrowse1. x 版本的，不一定适用于 JBrowse2。

③ 基因注释文件越大、数量越多，创建基因名称索引就越慢，亦会产生大量 JSON 格式的基因名称索引文件。

④ 基因组可视化过程中，原始参考注释文件的数据轨道默认显示模式可能会有问题，就是从头到尾只有一个整合的结构，而没有把不同基因分开显示。这一点可以通过调整数据轨道的显示模式来解决，或者直接删除注释文件中跨越整条染色体序列的"region"特征行，该特征行通常是每条序列的第一个特征。

六、 问题与思考

① 基于 Web 的基因组可视化工具,与本地运行的可视化工具有何异同? 其意义何在?

② 基因组注释信息多种多样,这些注释信息的可视化对于实验研究人员的研究工作到底有何帮助?

第二篇　扩展实践

基础实践项目的学习和训练,主要针对基因组测序、组装、注释和可视化这一系列分析流程相关的理论知识、数据库和软件工具等,让大家对其有个总体的认知和理解。然而,这些内容还远远不够。这一套分析流程的每一环节都涉及多种不同的方法策略和软件工具,而不同的分析方法和软件工具针对同一个基因组的计算结果,又存在或多或少的差异;这些差异的产生,可能与它们所采用的算法策略或训练数据集不同有关。故而,在分析某个物种的基因组时,我们需要对所采用的分析方法和软件工具有更多的了解,以便从中选择最为合适的方法和工具。扩展实践就是对基因组数据分析流程中所涉及的技术方法等加以扩展训练,进而拓展对相关理论知识的理解和认知,以及对相应数据库和分析软件的熟悉和掌握。

项目 1　高通量测序平台及模拟工具的对比

一、概述

"基础实践项目1"让我们熟悉和掌握了基因组测序模拟软件 ART 的使用方法,同时加深了对全基因组鸟枪法测序原理的理解,进一步了解到读长、覆盖度和片段长度对理论覆盖率的影响。但是,ART 仅仅是众多基因组测序模拟软件中的一个,尚有很多其他针对不同测序系统的模拟软件。高通量测序技术发展到现在,测序平台型号多样,所采用的测序方法也不尽相同。这些测序模拟软件所针对的测序平台型号和采用的统计模型也存在差异。因此,要想学懂弄通这些技术和方法,了解它们之间的异同之处,尚需更多的学习与实践。从高通量测序平台的调研,到测序模拟软件相关文献的查阅,再到这些软件的安装和使用练习等,都是必不可少的。对比这些软件的文献资料和模拟结果,能够让我们更加深入地理解和掌握其中深层次的理论知识,从而在实际应用中有目的地选择适用的模拟工具。

二、目的和要求

① 进一步加深对全基因组鸟枪法测序原理的认知和理解。

② 培养学生检索和阅读专业文献资料,提升学生自主学习能力。

③ 了解常用的高通量测序平台。

④ 培养学生独立安装测序模拟软件的操作技能。

⑤ 培养学生发现问题、分析问题和解决问题的能力。

三、　软件和数据库资源

① ART 软件(https://www.niehs.nih.gov/research/resources/software/biostatistics/art)。

② PubMed(https://pubmed.ncbi.nlm.nih.gov/)。

③ GenBank 的 SRA 数据库(https://www.ncbi.nlm.nih.gov/sra)。

④ NCBI SRA Toolkit(https://trace.ncbi.nlm.nih.gov/Traces/sra/sra.cgi?view=software)。

⑤ R 语言软件(https://www.r-project.org/)。

⑥ ggplot2(https://www.rdocumentation.org/packages/ggplot2/versions/3.3.3)。

⑦ Python(https://www.python.org/)等编程语言软件。

四、　实验内容

1. 常用高通量测序平台的调研

首先,查看 ART 软件中附带的常用测序平台信息,对其型号/名称有个初步了解。其次,通过互联网的公共搜索引擎查阅更多有关测序平台的文献资料。最后,汇总这些资料,并对每一个测序平台给出简要特征描述,主要包括:发布时间、平台型号/名称、样品用量、测试时长、读长、产生的数据量以及测序数据的准确性等。

2. 基因组测序模拟工具相关文献资料的调研

首先,利用互联网的公共搜索引擎或专业文献数据库(PubMed)搜索"sequencing simulator"等关键词,查阅其中有关基因组测序模拟工具的文献资料。然后,对这些模拟工具进行总结描述,主要包括如下内容:发布时间、工具名称、统计模型、适用的测序平台、功能特征描述、编程语言、适用的操作系统、可访问和/或下载网址。

3. 基因组测序模拟工具的安装与测试

首先,根据上述调研结果,自行下载和安装这些模拟工具。然后,阅读软件附带的使用手册和帮助信息或其官网发布的帮助文档,了解这些软件的使用方法。最后,使用不同的参数组合,对这些软件进行简单地使用测试,检查其运行是否正常。

4. 基因组测序模拟工具的对比

利用这些模拟工具,对同一个物种的基因组进行相同测序平台的测序模拟。继而,利用 FastQC、Bowtie2 和 Samtools 等软件,对这些模拟结果进行分析处理,对比它们的异同之处。

五、 注意事项

① 在安装和测试基因组测序模拟软件时，无论成功与否，都要记录整个安装过程。如果安装成功，则进行软件使用测试，并记录测试情况。如果安装失败，则记录出现的问题，然后上网查询该问题的可能解决方案，自行尝试解决；如果无法解决，请及时与指导老师沟通，探讨问题的原因所在，以及在当前软硬件条件下是否能够解决它。

② 在对这些模拟工具进行对比时，除了确保基因组对象和测序平台的一致性之外，就是要求模拟参数组合也尽量具有一致性要求。由于不同软件的统计模型和计算方法可能存在差异，故而无法要求参数设置完全一致；但是可以从测序模拟的原理上来对此加以限制，例如，测序深度、单/双末端测序、测序文库插入片段的平均长度和方差、读段总体质量、读段中的碱基位点错误率等等，使其尽量一致或相近。

六、 问题与思考

① 针对某个测序评估方法或工具，你是否能够选择适用的测序模拟工具，并模拟出适合的测序数据？

② 如何在测序模拟过程中，引入基因组突变数据，比如癌症患者中的基因组突变数据？

项目 2　基因组序列组装软件的对比

一、概述

"基础实践项目 2"的学习和练习,让大家了解了如何对高通量测序数据进行质控分析,熟悉了基因组序列组装软件 SOAPdenovo 的使用方法,并学会了如何利用 QUAST 软件对组装结果进行评估;对这些软件输出结果的解读,也促进了大家对序列组装原理的认知和理解。但是,不同物种的基因组碱基组成和分布偏好不同,测序平台和方法亦有差异,再加上不同组装软件所采用的组装策略和算法也不尽相同,这样就会导致对于同一组测序数据,不同组装软件处理得出的结果可能会存在差异。然而,这些因素所导致的差异到底有多大尚未可知,这需要进行大量的实践探索。本实践项目就是围绕这一问题,对多种基因组序列组装软件进行对比分析;在了解它们之间组装差异的同时,深入探究各自不同的参数组合对组装结果的影响,以便今后面对实际的基因组测序组装项目时,能够对组装软件作出合适的选择。

二、目的和要求

① 进一步加深对基因组序列组装策略和算法的认知和理解。

② 了解更多基因组序列组装软件的原理和方法。

③ 培养学生检索和阅读专业文献资料,提升学生自主学习能力。

④ 培养学生独立安装基因组序列组装软件的操作技能。

⑤ 熟悉和掌握更多基因组序列组装软件的使用方法。

⑥ 培养学生发现问题、分析问题和解决问题的能力。

三、软件和数据库资源

① PubMed(https://pubmed. ncbi. nlm. nih. gov)。

② GenBank 的 Genome 和 SRA 数据库(https://www. ncbi. nlm. nih. gov)。

③ NCBI SRA Toolkit(https://trace. ncbi. nlm. nih. gov/Traces/sra/sra. cgi?view = software)。

④ SOAPdenovo2、Velvet、ALLPATHS-LG 等基因组序列组装软件。

⑤ QUAST(http://bioinf. spbau. ru/quast)。

⑥ R 语言软件(https://www. r-project. org/)及绘图包 ggplot2(https://www. rdocumentation. org/packages/ggplot2)。

四、　实验内容

1.　序列组装软件相关文献检索和阅读

首先,在互联网的公共搜索引擎或 PubMed 数据库中,搜索"sequence assembly software"等关键词,查阅序列组装软件相关文献资料。然后,对这些组装软件的资料进行汇总,主要包括如下内容:发布时间、工具名称、组装策略或算法、适用的测序平台和/或数据类型、功能特征描述、编程语言、适用的操作系统、可访问和/或下载网址。

2.　序列组装软件的安装与测试

首先,根据上述调研结果,自行下载和安装基因组序列组装软件。然后,阅读其附带的使用手册和帮助信息或其官网发布的帮助文档,了解这些软件的使用方法。最后,使用各个组装软件配套的测试数据,进行组装练习与测试,检查其运行是否正常。

3.　单个组装软件的参数组合测试

首先,从 GenBank 的 Genome 数据库中搜索和下载某一个真核物种基因组序列数据和相应的基因注释文件。然后,从 GenBank 的 SRA 数据库下载该物种的适合某个组装软件的高通量测序数据集,或使用模拟工具模拟一组合适的测序数据集。继而,使用该组装软件,采用不同的参数组合设置,分别对其进行组装。随后,利用 QUAST 软件分别对这些组装结果进行评估。最后,对比这些 QUAST 评估结果,分析该软件不同参数组合下组装结果之间的差异,试阐述原因,同时找出该软件适合该物种的最佳参数组合。

4.　序列组装软件的对比

在第 3 步的基础上,分别利用这些组装软件,基于各自的最佳参数组合,对同一物种基因组的同一组测序数据集进行组装。利用 QUAST 软件分别对这些组装结果进行评估。如果第 3 步已有这部分结果,则可直接使用。最后,对比这些 QUAST 评估结果,分析不同软件组装结果之间的差异,试阐述原因,同时找出本次对比中最为适合该物种基因组序列组装的软件。

五、　注意事项

① 在安装和测试序列组装软件时,无论成功与否,都要记录整个安装过程。如果安装成功,则进行软件使用测试,并记录测试情况。如果安装失败,则记录出现的问题,然后上网查询该问题的可能解决方案,自行尝试解决。如果问题无法解决,请及时与指导老师沟通,探讨问题的原因所在,以及在当前软硬件条件下是否能够解决该问题。

② 在进行单个组装软件的参数组合测试时,建议将整个过程编写成一个批处理脚本;同时编写程序对 QUAST 评估结果进行解读和处理,通过对关键指标的对比分析,自动鉴别出某个组装软件适合目标物种的最佳参数组合。

③ 为了对比不同组装软件的组装效果,从 GenBank 的 SRA 数据库下载的数据集或模拟的数据集,除了属于同一物种之外,应尽量确保其测序策略、测序平台、测序深度等重要

因素的一致性,这样它们的组装结果才具有可比性。

④ 本实践项目只针对一个物种基因组来设计,大家可以将其拓展到不同分类(界、门、纲、目、科、属、种)的物种基因组,尝试看看结果如何。

六、　问题与思考

① 通过比较这些组装软件的结果差异,你能否根据实际研究对象的基因组大小、GC含量、测序平台等信息,推荐一个最为合适的组装策略和软件?

② 现有的这些基因组序列组装软件各有何缺陷? 有何弥补的方法吗?

③ 你能否独立编写一个组装效果达到现有组装软件的程序?

项目 3 RNA-Seq 数据从头组装软件的对比

一、 概述

随着下一代高通量测序(NGS)技术的发展、测序成本的下降及其可发现新转录本的特点,越来越多的研究人员,在研究基因表达时采用转录组测序(RNA-Seq)技术,这使得 RNA-Seq 数据的累积呈现指数级增加。基于 RNA-Seq 数据来探讨基因表达水平,通常都要与对应物种基因组进行比对,而且该物种的基因组要尽量完整且具有很好的基因注释信息,这是有参分析策略。然而,目前具有完善的基因注释信息的基因组数据,仅限于少数模式生物或常用研究物种;绝大多数物种基因组的完整度不足,更重要的是缺乏很好的基因注释信息。此时,RNA-Seq 数据分析就需要采用无参分析策略。该策略流程的第一个环节就是对 RNA-Seq 数据进行组装,以获得尽可能长的组装转录本。继而,以此组装转录本为参考序列,进行 RNA-Seq 数据的比对分析,以评估这些组装转录本的表达水平。转录组组装与基因组有所不同,两者的组装软件亦不通用,具体内容详见"基础实践项目 2"的基本原理内容。当然,即使是针对 RNA-Seq 数据专门设计优化的组装软件,由于各自所采用的具体策略和算法存在差异,对于相同 RNA-Seq 数据集的组装结果可能也会有所差异。本实践项目针对转录组从头组装软件进行对比探索,分析它们的异同之处。

二、 目的和要求

① 加深对转录组序列组装原理的认知与理解。
② 培养学生检索和阅读专业文献资料,提升学生自主学习能力。
③ 培养学生独立安装转录组序列组装软件的操作技能。
④ 熟悉和掌握更多转录组序列组装软件的使用方法。
⑤ 了解转录组组装结果的评估方法。
⑥ 培养学生发现问题、分析问题和解决问题的能力。

三、 软件和数据库资源

① PubMed(https://pubmed. ncbi. nlm. nih. gov/)。
② GenBank 的 Genome 和 SRA 数据库(https://www. ncbi. nlm. nih. gov)。
③ NCBI SRA Toolkit(https://trace. ncbi. nlm. nih. gov/Traces/sra/sra. cgi?view = software)。
④ FastQC(https://www. bioinformatics. babraham. ac. uk/projects/fastqc/)。

⑤ Trinity、Oases、trans-ABySS、SOAPdenovo-Trans 等常用转录组序列从头组装软件。

⑥ rnaQUAST、DETONATE、BUSCO、TransRate 等转录组序列组装评估工具。

四、实验内容

1. 转录组从头组装软件相关文献检索和阅读

首先,在互联网公共搜索引擎或 PubMed 数据库中,搜索"de novo transcriptome assembly"等关键词,查阅转录组从头组装软件相关文献资料。然后,对这些组装软件的资料进行汇总,主要包括如下内容:发布时间、软件名称、组装策略或算法、适用的物种分类、功能特征描述、编程语言、适用的操作系统、可访问和/或下载网址。

2. 转录组从头组装软件的安装与测试

首先,根据上述调研结果,自行下载和安装这些组装软件。然后,阅读其附带的使用手册和帮助信息或其官网发布的帮助文档,了解这些软件的使用方法。最后,使用各个组装软件配套的测试数据,进行组装练习与测试,检查其运行是否正常。

3. 单个组装软件的参数组合测试

首先,从 GenBank 的 Genome 数据库中搜索和下载某一个真核物种基因组序列数据和相应的基因注释文件。然后,利用 NCBI SRA Toolkit,从 GenBank 的 SRA 数据库下载该物种的适合某个组装软件的高通量测序数据集。继而,使用该组装软件,采用不同的参数组合设置,分别对其进行组装。随后,利用转录组组装评估软件分别对这些组装结果进行评估。最后,对比这些评估结果,分析该软件不同参数组合下组装结果之间的差异,试阐述原因;同时亦找出该软件适合该物种的最佳参数组合。

4. 不同组装软件的对比

在第 3 步的基础上,分别利用这些组装软件,基于各自的最佳参数组合,对同一物种基因组的同一组 RNA-Seq 数据集进行组装。然后,利用组装评估软件分别对这些组装结果进行评估。如果第 3 步已有这部分结果,则可直接使用。最后,对比这些评估结果,分析不同软件组装结果之间的差异,试阐述原因;同时找出本次对比中最为适合该物种基因组序列组装的软件。

五、注意事项

① 在安装和测试转录组序列组装软件时,无论成功与否,都要记录整个安装过程。如果安装成功,则进行软件使用测试,并记录测试情况。如果安装失败,则记录出现的问题,然后上网查询该问题的可能解决方案,自行尝试解决。如果问题无法解决,请及时与指导老师沟通,探讨问题的原因所在,以及在当前软硬件条件下是否能够解决该问题。

② RNA-Seq 数据组装任务对于内存资源的消耗和所需的计算时长,与 RNA-Seq 数据量直接相关,数据量越大消耗资源和时间越多;故而,对于计算服务器的配置要求较高。另外,将其挂载到服务器端后台运行"nohup ＜command＞ &",可以避免客户端电脑一直开启

终端命令行窗口等待任务结束的过程;用户可以关闭客户端电脑而不影响该组装任务的执行。之后,可以随时登录计算服务器查看该组装任务的进程。

③ 为了对比不同的转录组从头组装软件的组装结果,从 GenBank 的 SRA 数据库下载的目标物种 RNA-Seq 数据集,应尽量确保其测序策略、测序平台、测序深度等重要因素的一致性,这样它们的组装结果才具有可比性。

④ 本实践项目只针对一个物种转录组来设计,大家可以将其拓展到不同分类(界、门、纲、目、科、属、种)的物种转录组,尝试看看结果如何。

⑤ 不同的转录组从头组装软件的比较方法,可以模仿 Martin Hölzer 等于 2019 年发表在 *Gigascience* 中的论文"De novo transcriptome assembly: a comprehensive cross-species comparison of short-read RNA-Seq assemblers"。

六、 问题与思考

① 不同的转录组序列从头组装软件,针对同一物种的 RNA-Seq 数据的组装结果,是否存在差异? 为什么?

② 同一转录组序列从头组装软件,针对不同物种的 RNA-Seq 数据的组装结果,是否存在差异? 为什么?

③ 现有的转录组序列从头组装软件各有何优缺点? 有何弥补的方法吗?

④ 通过比较这些 RNA-Seq 数据从头组装软件的结果差异,今后你能否根据实际研究对象,推荐一个最为合适的组装策略和软件?

项目 4　从头计算预测基因软件的比较

一、概述

"基础实践项目3"的学习和实践,让大家加深了对从头计算预测基因方法的理解,熟悉了常用预测软件 Augustus 的使用方法,亦掌握了如果利用 gffcompare 来评估预测结果的可靠性。然而,目前针对真核生物基因组的从头计算预测基因软件有很多。尽管这些软件所采用的基本策略框架很类似,但是具体算法上仍有所差异;尤其是软件作者在开发时,由于各自关注点不同,使用的训练集可能存在较大差异,这样会导致这些基因预测软件所适用的物种范围不同。换句话说,不同的从头计算预测基因软件对相同物种基因组的预测结果可能会存在很大差异。那么,对于某个目标物种基因组来说,问题便是如何选择适用于它的从头预测基因软件,才能使得预测结果尽可能准确。本实践项目就是针对这一问题而设计,通过对不同软件预测结果进行比对分析,来对它们的差异和适用范围进行初步探索。

二、目的和要求

① 进一步加深对从头计算预测基因相关理论和方法的认知与理解。
② 培养学生检索和阅读专业文献资料,提升学生自主学习能力。
③ 培养学生独立安装从头计算基因预测软件的操作技能。
④ 熟悉和掌握更多从头计算基因预测软件的使用方法。
⑤ 培养学生发现问题、分析问题和解决问题的能力。

三、软件和数据库资源

① PubMed(https://pubmed. ncbi. nlm. nih. gov/) 。
② GenBank 的 Genome 数据库(https://www. ncbi. nlm. nih. gov/genome) 。
③ gffcompare(http://ccb. jhu. edu/software/stringtie/gff. shtml) 。
④ 各种从头计算预测基因软件。

四、实验内容

1. 从头计算预测基因软件相关文献检索和阅读
首先,在互联网的公共搜索引擎或 PubMed 数据库中,搜索" de novo gene predict"等关键词,查阅从头计算预测基因软件相关文献资料。然后,对这些文献资料进行汇总,主要包括如下内容:发布时间、软件名称、预测策略或算法、适用的物种分类、功能特征描述、编程语言、适用的操作系统、可访问和/或下载网址。

2. 从头计算预测基因软件的安装与测试

首先,根据上述调研结果,自行下载和安装从头计算预测基因软件。然后,阅读其附带的使用手册和帮助信息或其官网发布的帮助文档,了解这些软件的使用方法。最后,使用不同的参数组合,对这些软件进行简单的测试,检查其安装和运行是否正常。

3. 从头计算预测基因软件的对比

首先,从 GenBank 的 Genome 数据库中搜索和下载某一个真核物种基因组序列数据和相应的 GFF 格式基因注释文件。然后,分别使用这些基因预测软件,对目标物种基因组进行从头计算预测基因。随后,利用 QUAST 软件分别对这些预测结果进行评估。随后,利用 gffcompare 工具将上述从头预测基因结果文件,与所选物种的基因组注释文件进行比较,分别评估这些软件对于该物种的基因预测的敏感性和准确性等。最后,汇总这些基因预测软件的 gffcompare 评估结果,分析它们在基因、转录本、外显子/内含子、碱基等不同水平的差异,试阐述其原因;同时亦找出本次对比中最为适合该物种基因组的基因预测软件。

五、 注意事项

① 在安装和测试从头计算预测基因软件时,无论成功与否,都要记录整个安装过程。如果安装成功,则进行软件使用测试,并记录测试情况。如果安装失败,则记录出现的问题,然后上网查询该问题的可能解决方案,自行尝试解决。如果问题无法解决,请及时与指导老师沟通,探讨问题的原因所在,以及在当前软硬件条件下是否能够解决它。

② 为了对比不同从头计算基因软件的预测结果,考虑到不同软件的预测方法和适用物种范围存在差异,所选的物种要尽可能覆盖到各个不同分类层次(界、门、纲、目、科、属、种)。

③ 本实践项目只针对一个物种来设计,大家可以将其拓展到不同分类(界、门、纲、目、科、属、种)的物种基因组,尝试看看结果如何。

④ 不同从头计算基因预测软件的比较方法可以参考 Coghlan 等于 2008 年发表在 *BMC Bioinformatics* 的论文"GASP—the nematode genome annotation assessment project"。

六、 问题与思考

① 不同的从头计算预测基因软件,针对同一个物种基因组进行基因预测,是否存在差异? 为什么?

② 同一从头计算预测基因软件,针对不同物种基因组进行基因预测,是否存在差异? 为什么?

③ 现有的从头计算预测基因软件各有何优缺点? 有何弥补的方法吗?

④ 通过本次实践,在对某个物种基因组进行从头计算基因时,你可以确定选择哪一款预测软件吗?

⑤ 通过对比这些从头计算预测基因软件的基因预测结果,今后你能否根据实际研究对象,推荐一个最为合适的从头计算预测基因软件来对目标物种基因组进行基因预测?

项目 5　基于转录组数据的
新基因和转录变异体的发现

一、　概述

　　除了同源基因搜索和从头计算预测基因之外,基因组注释的基本策略还有另外一条不同的思路,即利用目标物种的转录组序列数据进行注释。早期的一代高通量测序产生的 EST/cDNA 文库序列是一个可用的数据来源。目前更为重要的数据来源是转录组测序(RNA-Seq)所产生的海量 RNA-Seq 数据。利用物种自身的 RNA-Seq 数据来进行基因组注释,与前两种策略相比,具有一个明显的优点,即匹配到的基因组区域和内部结构特征更加准确。当然,缺点也有,目标物种不同样本来源的 RNA-Seq 数据通常不会包含该物种所有基因的转录信息,即其所代表的基因信息不全面,首尾区域抑或不完整。但是,瑕不掩瑜,RNA-Seq 数据与基因组的比对,能够提供相应基因的精准定位及其内部的外显子/内含子结构信息。这一点已经足以让研究人员去关注它,何况 RNA-Seq 数据还可以用来训练从头计算预测基因软件的基因结构特征模型参数,进而改善从头计算预测基因软件在目标物种基因组中预测的准确性。

二、　目的和要求

① 进一步加深对全基因组注释策略的认知和理解。
② 了解 RNA-Seq 数据在全基因组注释中的作用和价值。
③ 熟悉基于 RNA-Seq 数据的新基因和转录变异体的发现方法。
④ 熟悉和掌握相关数据库和软件的使用。

三、　软件和数据库资源

① GenBank 的 Genome 和 SRA 数据库(https://www.ncbi.nlm.nih.gov)。
② Trinity(https://sourceforge.net/projects/trinityrnaseq/)。
③ NCBI BLAST 系列软件(https://blast.ncbi.nlm.nih.gov/Blast.cgi)。
④ BLAST 比对结果格式转换程序 blast92gff3.pl 等。
⑤ gffcompare(http://ccb.jhu.edu/software/stringtie/gff.shtml)。

四、 实验内容

1. 数据准备

首先,从 GenBank 的 Genome 数据库中搜索和下载某一个真核生物基因组序列数据和相应的 GFF3 格式基因注释文件。然后,利用 NCBI SRA Toolkit 从 GenBank 的 SRA 数据库下载该物种的 RNA-Seq 数据集。

2. RNA-Seq 数据的从头组装

首先,利用 Trinity 软件对 RNA-Seq 数据进行组装,保存最终组装转录本结果文件(Trinity. fasta)。Trinity 组装完成后,使用 TrinityStats. pl 程序统计 Trinity 输出的组装转录本结果文件,获取简要统计信息,并尝试解读其中的各项统计指标。

3. 创建本地 BLAST 数据库

使用 makeblastdb 程序,对上述 FASTA 格式的基因组序列进行处理,建立本地 BLAST 数据库。

4. 组装转录本的基因组映射

首先,使用 blastn 程序把上述组装转录本与基因组序列进行比对,设置参数限制每条转录本序列只返回一条最相似的比对结果,输出格式设为 6。然后,利用 blast92gff3. pl 程序,把 blastn 比对结果文件转成 GFF3 格式。

5. 结果评估

使用 gffcompare 将第 4 步的 GFF3 格式结果文件,与目标物种原始的 GFF3 格式基因注释文件进行比较,查看并输出结果文件,并从结果文件中找出那些与参考无重叠的潜在的新基因转录本或不完全重叠的转录变异体。有关 gffcompare 输出的结果文件的详细内容参加"常用软件使用手册"部分。

五、 注意事项

① 基于 RNA-Seq 数据的 Trinity 组装任务对于内存资源的消耗以及所需的计算时长,与 RNA-Seq 数据量直接相关,数据量越大消耗资源和时间越多;因此,对于计算服务器的配置要求较高。另外,将其挂载到服务器端后台运行"nohup ＜command＞ &",可以避免客户端电脑一直开启终端命令行窗口等待任务结束的过程;用户可以关闭客户端电脑而不影响该组装任务的执行。之后,可以随时登录计算服务器查看该组装任务的进程。

② 使用 blast92gff3. pl 程序对 BLAST 比对结果进行格式转换时,设置过滤分值为 0,即不过滤任何高相似片段对。

六、 问题与思考

① 基于 RNA-Seq 数据组装出来的基因和转录本的数量通常存在差异,为什么?

② 对基于 RNA-Seq 数据的 Trinity 组装任务，尝试重复执行多次。然后，对比每一次组装输出的转录本结果文件的简要统计信息，查看是否存在差异并阐述其原因。

③ 在使用 blastn 程序对 Trinity 组装转录本与基因组序列进行比对时，为什么每条组装转录本序列只需返回一条最相似比对结果即可？

项目 6 基因转录调控分析

一、概述

假设一项实验组和对照组的转录组对比研究发现,某基因在实验组中的表达水平显著上调。为了阐明该基因在实验组中表达上调的分子调控机制,接下来需要对该基因的启动子及其可能包含的转录因子结合位点(transcription factor binding site, TFBS)进行研究。然而,目前我们对该基因启动子一无所知。此时,应该怎么做? 首先,把解决问题的思路理清楚:① 查阅文献报道;② 其他启动子 DNA 元件相关的实验证据信息,如 ENCODE 计划中的 ChIP-Seq 数据等;③ 使用启动子核心 DNA 元件和 TFBSs 分析工具进行分析和预测;④ 基于上述资料确定该基因上游启动子的候选区域;⑤ 设计克隆引物,引入限制性核酸内切酶识别位点。随后,利用该引物对目标区域进行 PCR 扩增,继而将其克隆到启动子活性检测载体中。最后,通过重组载体中的荧光素酶报告系统进行启动子活性验证,接下来以 PNKP 基因为例对以上整个流程进行阐述。

1. 启动子相关文献报道的调研

众所周知,PubMed 是最权威的生物医学文献数据库之一。那么,直接使用基因名称"PNKP"在 PubMed 中检索是否可行? 实际上,"PNKP"这一基因名称是国际上人类基因组组织(Human Genome Organization, HUGO)主持的基因命名委员会(HUGO Gene Nomenclature Committee,HGNC),在人类基因组计划实施之后,对人类所有的 4 万多个基因进行统一规范化命名的产物,亦称为官方标志(official symbol);同时,每个基因还有一个官方全名(official full name)。PNKP 基因全名为"polynucleotide kinase 3′-phosphatase"。然而,在此类名称出来之前,对于该基因的研究报道使用的名称则是各个研究人员根据自身研究发现来定义的。因此,只用 PNKP 来检索获得的文献资料不够全面。我们还必须要找出该基因曾经使用过哪些名称。那么,如何才能查到 PNKP 基因曾经使用过的名称? 其实很简单,首先,只要在 GenBank 的 Gene 数据库中检索 PNKP,即可找到人类的 PNKP 基因。在该基因信息页面中可以找到该基因曾经使用过的各种名称,包括全名和缩写。然后,将这些名称作为关键词在 PubMed 数据库中检索其启动子研究情况,检索表达式为:(polynucleotide kinase 3′-phosphatase OR PNKP OR PNK OR AOA4 OR MCSZ OR CMT2B2 OR EIEE10)(promoter OR luciferase)。本案例中,通过阅读检索出来的所有文献,发现并没有 PNKP 基因启动子的研究报道。

2. 启动子相关实验数据的检索

目前最权威的启动子相关实验数据库资源是 ENCODE。UCSC Genome Browser 中整合了 ENCODE 的 ChIP-Seq 数据等。在 UCSC Genome Browser 内建的人类基因组(hg19)视图中,搜索 PNKP,选择展示 ENCODE ChIP-Seq 数据轨道,即可查看该基因转录起始位点附近的转录因子结合情况(图 2-1)。其中,最关键的核心启动子指示就是 RNA 聚合酶 Ⅱ(POLR2A)结合信号;当然,还有其他各种转录因子结合信号。以转录因子 GABPA 为例,打开其详细信息页面,其中有两个内容尤为重要:一是该转录因子在不同样本和实验条件下的检测数据(图 2-2);二是该转录因子结合位点的保守模体及矩阵(图 2-3)。这些数据可用于指导实验研究以及进一步深入的数据挖掘和分析。此外,这些转录因子结合信号区间也是对该基因启动子可能跨越的区域的指示。

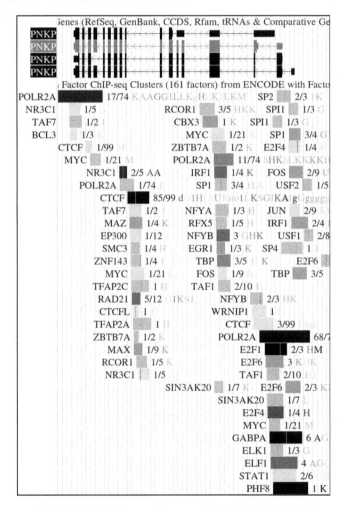

**图 2-1　UCSC Genome Browser 中人类 PNKP 基因的
ENCODE ChIP-Seq 数据轨道部分内容**

图中矩形框颜色深浅和宽度不一分别代表了结合强度和跨越区域。

#	signal	abr	cellType	factor	antibody	treatment	lab	more info
1	1000.00	A	A549	GABPA	GABP	EtOH_0.02pct	HudsonAlpha	metadata ▼
2	272.00	G	GM12878	GABPA	GABP	None	HudsonAlpha	metadata ▼
3	471.00	1	H1-hESC	GABPA	GABP	None	HudsonAlpha	metadata ▼
4	927.00	H	HeLa-S3	GABPA	GABP	None	HudsonAlpha	metadata ▼
5	1000.00	L	HepG2	GABPA	GABP	None	HudsonAlpha	metadata ▼
6	782.00	K	K562	GABPA	GABP	None	HudsonAlpha	metadata ▼

图 2-2　UCSC Genome Browser 中人类 PNKP 基因上游 GABPA 因子的 ChIP-Seq 实验数据表截图

其中每个数据列的含义分别为：signal 代表信号强度、abr 代表细胞株名称缩写、cellType 代表细胞株名称、factor 代表转录因子名称、antibody 代表抗体名称、treatment 代表实验处理条件、lab 代表提供数据的实验室、more info 代表元数据描述信息。

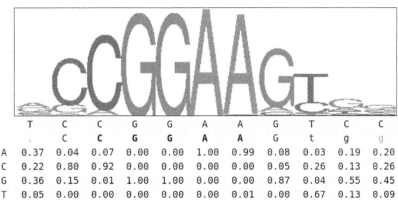

```
      T    C    C    G    G    A    A    G    T    C    C
      .    C    C    G    G    A    A    G    t    g    g
A   0.37 0.04 0.07 0.00 0.00 1.00 0.99 0.08 0.03 0.19 0.20
C   0.22 0.80 0.92 0.00 0.00 0.00 0.00 0.05 0.26 0.13 0.26
G   0.36 0.15 0.01 1.00 1.00 0.00 0.00 0.87 0.04 0.55 0.45
T   0.05 0.00 0.00 0.00 0.00 0.00 0.01 0.00 0.67 0.13 0.09
```

图 2-3　UCSC Genome Browser 中人类 PNKP 基因上游 GABPA 因子结合位点的保守模体和概率矩阵

3. 启动子区域的确定和序列提取

在对 PNKP 基因的启动子核心 DNA 元件和转录因子结合位点（TFBS）进行分析之前，首先需要获取该基因启动子区域序列。那么，如何获取启动子区域序列，获取多长启动子序列才合适？如果根据上述文献调研结果和数据库检索结果的指示，能够确定启动子可能区域，则直接利用已有数据库或工具来提取相应的启动子区域序列。反之，如果上述调研和检索结果都没有足够明确的区域指示，则需要根据目标物种其他基因启动子相关文献报道中的先验值进行提取。例如，人类绝大多数基因的启动子位于基因上游 2 kb 以内，一般不超过 5 kb，只有极少数可能达到 10 kb 范围。此外，还可以利用一些辅助信息来限定启动子可能的区间。在 UCSC Genome Browser 中，向 PNKP 基因上游延伸 2 kb 时，发现了另一个基因的存在（图 2-4），这就是一种辅助提示信息。人类 PNKP 基因启动子不太可能位于另一个基因内部，故而该信息可以辅助限定 PNKP 基因启动子的大概区间，随后即可根据该区间进行启动子序列提取。接下来，可以从 UCSC 基因组浏览器、GenBank 的 Gene 数据库和 GDV、EPD 数据库等多种来源中，获取目标基因 PNKP 的启动子区域序列。

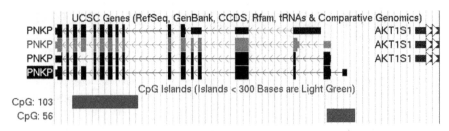

图 2-4 UCSC Genome Browser 中人类 PNKP 基因及其上游区域视图

4. 启动子核心 DNA 元件和转录因子结合位点的分析和预测

使用启动子和 TFBSs 分析工具对启动子序列进行分析和预测。如果无法确定最为合适的分析工具,可以多选择几个比较适合目标物种或其所在分类的分析工具,比如 NNPP、Promoter 2.0、TSSG、TSSW、FPROM 以及基于 TRANSFAC 数据库的分析工具 TFSEARCH 等。当然,如果有的话,应优先考虑 PubMed 文献报道的结果,其次是 ENCODE 数据库中的 ChIP-Seq 数据,最后才是这些软件预测结果。将这些分析结果汇总整理,以确定启动子最有可能的区域(图 2-5)。本案例中,我们结合转录组数据分析结果,找到了一个与 PNKP 同时上调的且在 PNKP 启动子区域具有结合位点的转录因子 DDIT3(DNA-damage-inducible transcript 3,别名 CHOP-C)。

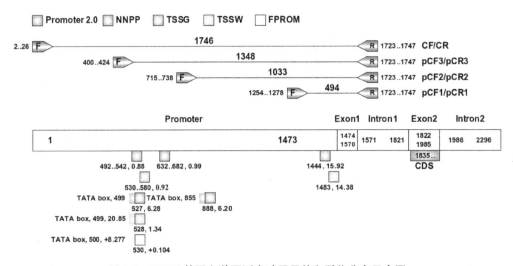

图 2-5 PNKP 基因上游预测启动子元件和引物分布示意图

5. 克隆引物设计

根据上述启动子序列和推定的几个可能区域,使用 Primer-BLAST 软件来设计扩增不同区域的特异性引物。该软件可以在设计引物的同时,将其与参考基因组序列进行比对筛选,以提高引物特异性,进而提高 PCR 扩增效率。引物设计完成后,引入限制性核酸内切酶识别位点。此时,需要先利用 NEBcutter 软件对启动子序列进行分析,以确定在目标扩增区域内无核酸内切酶候选者的切割位点。然后,根据在目的载体(如 pGL4.17)上具有特定切割位点的核酸内切酶来进一步筛选(表 2-1)。最后再分析这些候选内切酶切割位点的特异性和反应体系,尽量寻找高特异性且反应体系一致的核酸内切酶,这样后续的酶切实验通过一步酶切反应即可完成。本案例所选核酸内切酶就是表2-1中的 *Kpn* I 和 *Sac* I。

表 2-1　候选的限制性核酸内切酶

限制性核酸内切酶	近末端碱基对数	NEBuffer	反应条件	热失活	延长反应时间的适应性
Bg III	3	3	37 ℃	无	++ (<8 h)
Kpn I	2	1 + BSA	37 ℃	无	++ (<8 h)
Sac I	1	1 + BSA	37 ℃	65 ℃,20 min	+++ (>8 h)

接下来,根据这两个酶切位点在目的载体中的上下文位置关系,将其识别切割序列分别连接到上下游引物末端。然后,在新引物末端加上特定数量的保护碱基以确保酶切活性的正常发挥,而碱基类型则可以根据其在载体上切割位置的邻近碱基来确定。引物设计结果示例如下,其中,斜体字为核酸内切酶识别切割位点,左侧 5′ 末端是保护碱基,右侧是 Primer-BLAST 软件最初设计的引物序列。

```
CF：     CCGGTACCGTGAAGTGTGTTGTGAGTGTTCATT
CR：     CGAGCTCCCACTAGAAAGTTTCCCCACCATTA
pCF1：   CCGGTACCCCCTGGGATGAAAATTAGAAGTCAA
pCR1：   CGAGCTCCCACTAGAAAGTTTCCCCACCATTA
pCF2：   CCGGTACCAGACCACTACCGAAAGAATGCTAA
pCR2：   CGAGCTCCCACTAGAAAGTTTCCCCACCATTA
pCF3：   CCGGTACCCTTATGTGACCATGGAACCCAATCT
pCR3：   CGAGCTCCCACTAGAAAGTTTCCCCACCATTA
```

6. 实验验证

利用上文设计的几对引物扩增 PNKP 基因启动子的几个候选区域片段,随后将其克隆到目的载体中。继而,在两种不同细胞株中对该重组载体进行测试,一个是 PNKP 基因高表达的,一个则是不表达或弱表达的;再加上阴性(如 pGL4.17 空载体)和阳性(如 pGL4.51)对照组;然后,利用载体自带的双荧光素酶报告系统,可以很容易地检测出各个片段的启动子活性大小(图 2-6)。可以看出,PNKP 基因启动子最高活性区间就是第三对引物覆盖区域,与上文大多数软件的预测结果一致。

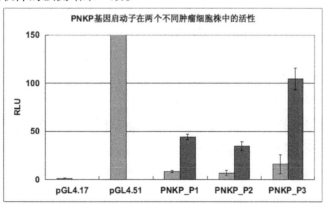

图 2-6　PNKP 基因启动子活性检测结果

经过上述生物信息学分析和实验验证,我们可以顺利地获取 PNKP 基因启动子最有可能的活性关键区域及其序列,这将为后续针对 PNKP 基因的分子调控机制的研究打下良好的基础。整个过程中的生物信息学分析为实验设计提供了很有用的指导性参考信息。本实践项目内容就是针对这一过程中所有生物信息学分析内容来设计的,期望通过本次学习和训练,使大家对生物信息学分析和实验研究之间的协作有一个初步的认知。

二、 目的和要求

① 进一步加深对基因启动子的认知和理解。

② 学会如何利用已有研究报道和数据库资源来推定基因的启动子区域,并获取其序列数据。

③ 熟悉和掌握多种不同启动子分析软件的使用方法。

④ 学会设计启动子克隆引物,并引入恰当的限制性核酸内切酶切割位点。

三、 软件和数据库资源

① GenBank 的 PubMed 和 Gene 数据库(https://www.ncbi.nlm.nih.gov/)。

② UCSC Genome Browser(http://genome-asia.ucsc.edu/cgi-bin/hgGateway)。

③ ENCODE(https://www.encodeproject.org/)。

④ EPD(https://epd.epfl.ch/promoter_elements.php)。

⑤ NNPP(http://www.fruitfly.org/seq_tools/promoter.html)。

⑥ Promoter 2.0(https://services.healthtech.dtu.dk/service.php?Promoter-2.0)。

⑦ TSSG、TSSW、FPROM(http://linux1.softberry.com/berry.phtml)。

⑧ Primer-BLAST(https://www.ncbi.nlm.nih.gov/tools/primer-blast/)。

⑨ NEBcutter 2.0(https://nc2.neb.com/NEBcutter2/)。

⑩ TFSEARCH(https://biogrid-lasagna.engr.uconn.edu/lasagna_search/)。

四、 实验内容

1. 目标基因的选择及其启动子相关资料的调研

首先,任选一个人类已知基因,在 GenBank 的 Gene 数据库中检索并确定其各种全名和缩写名称。然后,在 PubMed 数据库中检索该基因的启动子相关研究报道,收集、整理有关启动子活性区域和转录因子结合位点(TFBS)的信息。随后,在 UCSC 基因组浏览器中,检索并查看该基因转录起始位点(transcription start site, TSS),重点关注该基因上游5 kb 以内的转录因子结合情况,以及邻近基因的位置;整理汇总"ENCODE ChIP-Seq"数据轨道显示的该基因 TSS 邻近区域的 TFBSs 相关数据。最后,整理、汇总和分析这些检索结果,推定目标基因可能的启动子区域。

2. 目标基因启动子序列的获取

根据上一步推定的基因启动子候选区域,利用 UCSC 基因组浏览器、GenBank 的 Gene 数据库或 EPD 数据库等,检索并提取该基因的启动子序列,以 FASTA 格式保存序列数据。

3. 启动子核心 DNA 元件和 TFBSs 的分析和预测

首先,使用多种包含核心启动子元件分析和预测功能的软件,对这段启动子序列进行计算分析。其次,使用多种包含转录因子分析和预测功能的软件,对其进行计算分析;如果某个软件的分析结果太多,可自行修改阈值,适当地减少结果数量。整理汇总这些预测结果,注意分为两大类:启动子核心元件和 TFBSs。记录其位置、分值和其他重要的统计学指标数据。

4. 启动子区域结构模型图的绘制

使用自身擅长的绘图软件(如 ProcessOn),根据以上结果绘制目标基因启动子区域的结构模型图,在图上标注每个启动子元件和 TFBSs 预测结果的位置和分值等,让人能更加直观地查看其分布规律,以供后续引物设计参考。

5. PCR 引物设计

首先,根据上述绘制的启动子结构模型图,界定设计启动子引物的扩增区间。然后,利用 Primer-BLAST 软件设计扩增不同启动子区间的特异性引物,保存最佳的引物设计结果,并将引物设计结果(位置)添加至上述绘制的启动子区域结构模型图中。

6. 限制性核酸内切酶分析和选择

首先,选择将要克隆的目标载体(如 pGL4.17),查阅其核酸内切酶数据。继而,利用 NEBcutter2.0 分析目标基因的启动子序列,获取在序列内无特异性酶切位点的核酸内切酶数据。最后,结合两者的核酸内切酶数据,筛选出合适的核酸内切酶,尽量选择特异性高且反应体系一致的限制性核酸内切酶。

7. 克隆引物设计

首先,根据所选核酸内切酶在目标载体上的位置关系,将其特异性识别序列连接到相应的引物末端。然后,根据所选核酸内切酶在目标载体上的 5′端邻近碱基序列,以及确保其活性正常发挥所需的末端保护碱基数目,添加保护碱基至相应的引物末端。至此,获得完整的克隆引物,其 5′末端具有所选核酸内切酶识别和切割位点以及保护碱基,3′端则是第 5 步设计的 PCR 引物。

使用此引物可以扩增特定的启动子区间序列;然后可以使用所选核酸内切酶,切割 PCR 产物和载体,使其产生相同的末端;进而可以使用 DNA 连接酶,将二者连接起来,形成一个携带目标启动子序列的重组载体;将该重组载体转到高表达目标基因的宿主细胞中,通过载体自带的荧光素酶报告系统,即可检测目标启动子活性。

五、　注意事项

① 在提取目标基因启动子序列时,注意基因编码方向;负链编码基因的启动子序列,

不能直接提取正链序列,而是要获取其互补链序列;有些数据库和软件可以自动处理这一问题,有些需要自行处理;如果无法确定,可以使用序列比对工具(如 BLAST)将提取的启动子序列与基因组进行比对,查看比对结果中的定位和方向是否正确。

② 在提取目标基因启动子序列时,一般要包含第一个外显子甚至第一个内含子部分序列,即该基因转录起始位点(TSS)下游部分序列,因为真核生物基因的这部分通常也参与基因转录调控。

③ 在 UCSC 基因组浏览器中检索时,注意人类基因组版本的选择(如 hg19);目前最新版本是 hg38。不同版本的注释信息有所差异,看到的数据轨道信息可能不一致。实际应用中到底选择哪一个版本,依赖于自己的实际需要。

④ 有些启动子分析工具,可以同时分析启动子核心元件和转录因子结合位点(TFBS)。

六、 问题与思考

① 在针对启动子区域的引物设计中,多对 PCR 引物的下游引物位置可以不同吗? 为什么?

② 在启动子序列中存在有酶切位点的限制性核酸内切酶,是否可以使用? 为什么?

项目7　基因组测序可视化工具的对比

一、概述

全基因组的注释分析会产生大量的注释数据；接下来，我们要考虑的就是如何发布和分享这些注释数据。一般来说，首先需要创建一个管理这些注释的数据库；并在此基础上进行可视化处理，将其直观地展示给用户，以便用户的访问和使用。目前针对基因组可视化的平台或工具有很多。几个经典的基因组数据库网站都有各自内建的可视化引擎。此外，还有很多可以自由下载和使用的第三方基因组可视化工具，比如 IGV、Genome View、Artemis、JBrowse、Apollo、BioViz、GenomeD3Plot、pileup. js 和 Biodalliance 等。这些第三方工具的功能特色各有千秋，我们需要根据自身的基因组数据类型和使用需求，选择合适的可视化工具。本实践项目利用多种公开的基因组数据资源，对这些第三方基因组可视化工具进行对比测试，增加对其功能特色的了解，以便在今后的实际运用中，能够根据自身需求快速地选择适用的可视化工具。

二、目的和要求

① 进一步加深对基因组数据信息可视化意义的认知和理解。
② 了解更多基因组可视化工具的原理和方法。
③ 培养学生检索和阅读专业文献资料，提升学生自主学习能力。
④ 培养学生独立安装基因组可视化工具的操作技能。
⑤ 熟悉和掌握更多序列基因组可视化工具的使用方法。
⑥ 培养学生发现问题、分析问题和解决问题的能力。

三、软件和数据库资源

① XAMPP 或其他 Web 服务器架设软件。
② GenBank、UCSC、Ensembl、ENCODE 等数据库资源。
③ IGV、JBrowse、Genome View、Artemis、Apollo、BioViz IGB、GenomeD3Plot、pileup. js、Biodalliance 等基因组数据可视化工具。

四、 实验内容

1. 基因组可视化工具相关文献资料的检索和阅读

首先,在互联网的公共搜索引擎或 PubMed 数据库中,搜索"genome visualization"或"genome browser"等关键词,查阅基因组可视化工具相关文献资料。然后,对这些资料进行汇总,主要包括如下内容:发布时间、工具名称、功能特征描述、编程语言、运行方式(独立运行或基于浏览器)、适用的操作系统、可访问和/或下载网址。

2. 基因组可视化工具的安装与测试

首先,根据上述调研结果,自行下载和安装这些可视化工具。然后,阅读其附带的使用手册和帮助信息或其官网发布的帮助文档,了解这些工具的使用方法。最后,使用基础实践中产生的基因组注释数据,进行可视化的练习与测试,检查其运行是否正常。

3. 基因组可视化工具的对比

根据不同可视化工具所支持的基因组数据格式,从公开的基因组数据库中下载各种不同类型的注释数据,进行可视化测试与对比。比较这些基因组可视化工具的功能特征,包括运行方式、支持的数据类型、可视化效果、可操作性和易用性等等,试阐述它们各自的优缺点。

五、 注意事项

① 这些可视化工具的运行方式存在较大差异,有的可以独立运行,有的需要借助其他软件环境,有的只是某个工具的插件等;有的仅能本地运行和访问基因组可视化效果,有的则可以通过网络共享基因组信息。此外,运行方式的不同亦导致其安装和运行环境的配置的难易不同。这些都是需要相互比较的内容。

② 有的工具存在多个不同的可用版本,而不同版本的功能特征可能存在较大差异,比如 JBrowse2 与 JBrowse1,故而在比较的时候,不要将其混淆在一起,而是作为一个单独的工具进行比较。

③ 软件和数据库资源只列举了一部分,具体实践中更多的资源需要自行通过文献检索来获取。

④ Web 服务器架设组件 XAMPP 的 5.x、7.x 等版本,由于包含的组件版本差异较大,可能存在不兼容的情况。这会导致某些 Web 页面在有的版本中打开正常,有的打开异常,此时可以考虑更换一个不同版本的 XAMPP。

⑤ 在安装和测试这些可视化工具时,无论成功与否,都要记录整个安装过程。如果安装成功,则进行软件使用测试,并记录测试情况。如果安装失败,则记录出现的问题,然后上网查询该问题的可能解决方案,自行尝试解决。如果问题无法解决,请及时与指导老师沟通,探讨问题的原因所在,以及在当前软硬件条件下是否能够解决它。

六、　问题与思考

① 基于 Web 的基因组可视化工具的意义何在？

② 你认为这些基因组可视化工具在哪些方面对实验研究人员的研究有所帮助？

第三篇　综合实践

　　基础实践项目的学习和训练,让大家对基因组测序、组装、注释和可视化这一系列分析流程相关的理论知识、数据库和软件工具等,有了总体的认知和理解。扩展实践项目则更进一步,对这套流程的每一环节所涉及的多种不同的方法策略、软件工具,进行了更加深入的调研和对比分析;在拓宽知识面的同时,亦提升了对相应数据库和软件工具的熟悉和掌握程度。然而,这些主要还是停留在应用层面,仅仅是对现有数据库和软件工具的简单运用。我们对其尚需进一步深入理解和掌握,乃至融会贯通,继而能够针对具体问题自行设计分析方案,综合运用这些数据库资源和软件工具,甚至利用所掌握的编程语言自行编写程序来辅助解决一些现有软件无法解决的问题。一些实际问题的解决过程,可能涉及多个环节的分析方法和手段,甚至是不同专业课程的知识和技能。故此,设计一些综合实践项目,让大家综合运用所学的各种专业知识和技能,以及通过基础实践和拓展实践掌握的方法,来完成一些相对复杂的基因组数据分析工作,进而逐步实现对这些知识和技能的融会贯通。

项目 1　基因组测序模拟的编程实现

一、概述

　　通过基础实践和扩展实践的学习,大家对基因组测序模拟的原理、方法和相关软件有了更进一步的理解和掌握。基因组测序模拟的关键之处在于不同测序平台的测序错误经验分布,它基本上算是一种统计模型。学会解读乃至创建这样的统计模型,就是真正学懂弄通这些测序模拟技术和方法的核心。本次实践内容就是利用某个常用测序平台的测序数据来创建其测序错误的经验分布模型,并对其中的统计量进行解读,进而编程实现简单的测序模拟。

二、目的和要求

　　① 加深学生对测序模拟的核心技术和方法的认知和理解。

② 进一步加深学生对于统计学在基因组数据分析中的应用的认知和理解。

③ 培养学生选择合适统计方法和统计软件对特定实验数据进行统计分析的能力。

④ 加强学生的编程能力,能够独立或以协作的方式完成一个比较复杂的编程实践。

⑤ 培养学生模块化编程思想。

⑥ 培养学生发现问题、分析问题和解决问题的能力。

三、 软件和数据库资源

① PubMed(https://pubmed. ncbi. nlm. nih. gov/)。

② GenBank 的 SRA 数据库(https://www. ncbi. nlm. nih. gov/sra)。

③ NCBI SRA Toolkit(https://trace. ncbi. nlm. nih. gov/Traces/sra/sra. cgi?view = software)。

④ ART 软件(https://www. niehs. nih. gov/research/resources/software/biostatistics/art)。

⑤ R 语言软件(https://www. r-project. org/)。

⑥ ggplot2(https://www. rdocumentation. org/packages/ggplot2/versions/3. 3. 3)。

⑦ Python(https://www. python. org/)等编程语言软件。

四、 实验内容

1. 基因组测序模拟的统计模型的创建与分析

(1) 基因组测序数据搜索和下载

在 GenBank 的 SRA 数据库中,搜索目标物种(如 *Saccharomyces cerevisiae*)的某个常用测序平台(如 HiSeq 2500)的基因组测序结果。然后,从中挑选任意双末端测序结果数据。接着,利用 NCBI SRA Toolkit 下载和提取该测序数据。

```
#终端命令行脚本示例
#下载某双末端测序结果

fastq-dump --split-3 SRR6846984

#完成后在当前目录下生成两个 fastq 文件
#SRR6846984_1. fastq 和 SRR6846984_2. fastq
```

(2) 统计模型的创建

① 利用 ART 或其他软件中的模型创建程序(如 art_profile_illumina),根据下载的测序数据,创建相应测序平台的统计模型。

② 仿照 ART 等软件中的模型创建程序自行编程,根据下载的测序数据,创建相应测序平台的统计模型。

(3) 统计模型的查看

使用合适的文本文件编辑软件(如 gedit)来查看自建模型文件内容。

(4) 统计模型数据可视化

使用 R 或 Python 语言,尝试自行编写程序来对模型文件中的数据进行可视化绘图,尽量展示读段中不同位点碱基的质量分布规律。

（5）统计模型的比对分析

选择合适的统计方法，将自建模型与 ART 等软件中自带的相同测序平台的统计模型进行对比，分析它们之间是否存在显著差异。

2. 测序模拟程序编写

（1）FASTA 格式序列解析

自行编程解析 FASTA 格式的基因组序列。建议定义一个单独的 FASTA 格式序列解析类（class），其中包含序列基本信息，如序列名称和序列内容等，以及序列的基本输入输出函数。

（2）单条序列随机打断过程的模拟

首先，定义一个基本类和/或函数；输入参数为长度为 l_s 的序列、打断后的片段长度范围（$l_f \pm SD$）和片段数量（n_f）；输出为序列片段数组。然后，生成 n_f 个随机数的集合 A，范围为 $[1, l_s\text{-}l_f]$，此为片段在该序列中的起始位置集合；与此同时，对应于每个片段，随机生成一个长度位于 $[l_f \pm SD]$ 范围内的随机数集合 B，此为片段的长度集合。

（3）单/双末端测序模拟

首先，在 2（2）的基础之上，定义一个扩展类和/或函数；输入参数为基因组序列数组、测序模式（单/双末端测序）、覆盖度（f）、打断后的片段长度范围（$l_f \pm SD$）、读段长度（l_r，通常 $l_r < l_f$）；输出为测序模拟读段数据。然后，根据覆盖度、测序模式、读段长度和基因组总长度（L_g），计算所需读段数量（N_r），从而推算出所需片段总数量（N_f）。接着，遍历基因组序列数组，再用 2（2）定义的基本类和/或函数，获取序列片段的起始位置和长度集合。最后，根据这些序列片段的起始位置和长度，结合读段长度（l_r）和测序模式参数，以片段末端坐标为起点，从对应的基因组序列中截取序列子串，即测序读段。

（4）引入测序错误和质量信息

根据所选测序平台的统计模型，首先在这些模拟读段中，引入可能的测序错误；然后，模拟每个读段中每个碱基位点的质量数据等。换句话说，在 2（2）中定义的扩展类和/或函数，还要增加一个统计模型文件的输入参数，同时还需定义解读该文件的功能模块或函数，以及基于该统计模型数据在读段中引入测序错误和质量信息的功能模块或函数。

（5）输出模拟的读段数据

以 FASTQ 格式输出这些模拟的读段数据。

五、 注意事项

① 从 GenBank 的 SRA 数据库下载基因组测序数据时，注意数据记录页面对测序文库的描述，如测序策略和方法、测序平台、是否双末端测序数据等；然后，优先下载 raw data，此类数据包含了很多接头序列、测序错误等信息，如果没有就下载 clean data；此外，下载的 FASTQ 格式数据文件不能太小，否则构建的统计模型可能会存在较大偏差；最后，使用

fastq-dump 提取双末端测序数据时,注意参数设置,不能只提取一个 FASTQ 文件,这样双末端读段数据会混在一个文件中,有些软件不支持这种格式的双末端数据。

② 创建先验统计模型的时候,尚需考虑真实测序数据量对建模结果的影响。大家可以尝试对比不同数据量的建模结果。

③ 在模拟双末端测序的时候,左侧读段应该以"片段的起始位置"为起点,按照读段长度直接从相应的基因组序列中向右(下游)截取;而右侧读段,则应该以"片段的起始位置 + 长度-1"为起点,然后,按照读段长度从相应的基因组序列中向左(上游)截取。

④ 解读 art_illumina 等测序模拟软件中各测序平台相关的模型文件时,需要具备扎实的数理统计、生物信息专业知识和技能功底;而不同模型的数据对比更是需要熟悉和掌握一定的数理统计理论和方法。

⑤ 创建统计模型的 art_profiler_illumina 等工具,是一个 Perl 脚本程序,需要操作系统安装相应版本的 Perl 语言解释器才可正常运行。

六、 问题与思考

① 自建模型与 ART 软件自带的某个同平台模型是否存在明显差异? 为什么?

② 如何在测序模拟过程中,引入基因组突变数据(比如癌症患者中的基因组突变数据)?

项目 2 同源基因搜索指导的基因结构预测

一、 概述

在基因组注释策略中,同源基因搜索是一个非常有用的手段。同源基因搜索利用近缘物种已知基因和/或蛋白质,在目标物种基因组中进行相似性比对,从而很容易获得目标物种基因组中可能编码同源基因的区域。然而,该方法的缺点也很明显,它只能获得同源基因的大概基因组定位区域,而无法获得精确的基因结构。即使如此,同源搜索获得的结果也为进一步的基因结构建模提供了非常有价值的指导,它可以锁定候选的基因编码区域。该区域可以通过第三方基因预测和结构建模软件来进行进一步分析,从而获得精确的基因结构。此外,这些同源搜索获得的基因组区域,亦可用来训练从头计算预测基因的模型参数,进而提高基因预测结果的准确性。总而言之,本方法策略就是基于同源搜索结果,提取相应的基因组序列,然后使用基因建模软件对其进行结构建模,以获取精确的基因结构模型,最后将结果以 GFF3 格式输出,可直接用基因组可视化工具,如 IGV 或 JBrowse 等对其进行可视化。

二、 目的和要求

① 加深对同源基因搜索的认知和理解。
② 加深对同源基因搜索在基因组注释中的作用的认知和理解。
③ 加深对从头计算预测基因和基因结构建模的认知和理解。
④ 进一步熟悉和掌握相关数据库和软件的使用方法。
⑤ 能够利用所掌握的编程语言,独立完成实践中的编程处理环节。

三、 软件和数据库资源

① GenBank 的 Genome 数据库(https://www.ncbi.nlm.nih.gov/genome)。
② NCBI BLAST 系列程序(https://blast.ncbi.nlm.nih.gov/Blast.cgi)。
③ 从头计算预测基因软件,如 Augustus 或 GENSCAN 等。
④ UniProtKB 数据库(https://www.uniprot.org/)。
⑤ Python 等任意一个编程语言。
⑥ GFF 工具(http://ccb.jhu.edu/software/stringtie/gff.shtml)。

四、实验内容

1. 数据准备

首先,从 GenBank 等公开数据库,搜索并下载全基因组注释信息比较完善的某真核物种基因组序列及其基因注释文件。其次,根据基因组数据的来源物种,从 UniProtKB 数据库搜索和下载其近缘物种的所有已知蛋白质序列,记录已知蛋白质数量,同时以 FASTA 格式保存这些蛋白质序列。

2. 基因预测软件的下载和安装

选择最适合当前物种的从头计算预测基因软件下载和安装。如果无法确定最佳预测软件,则参照"扩展实践项目 4"先对多个软件进行对比分析。

3. 同源基因搜索

首先,使用 makeblastdb 程序,创建目标物种基因组序列的本地 BLAST 数据库。然后,利用 tblastn 程序,把已知蛋白质序列与该基因组进行比较,从而获取这些已知蛋白质在目标物种基因组中的高相似区域信息,即潜在的同源基因编码区域。

4. 同源基因搜索结果处理

自行编程对上述同源搜索结果进行处理,主要包括结果过滤、分组合并区间和候选基因的基因组序列提取。

（1）结果过滤

对 BLAST 比对结果进行过滤。过滤规则主要包括:

① tblastn 的比对结果中,过滤掉相似性分值(--score)低于 100 的数据。

② tblastn 的比对结果中,过滤掉一致性比例(--identity)低于 50% 的数据。

建议将这两条过滤规则中的筛选阈值设为变量,可以在使用过程中根据实际情况加以修改。

（2）分组合并区间

对同一个蛋白质的多个高相似片段对(HSPs)匹配的基因组区间进行合并。如果两个 HSPs 的跨越区间(--distance,设为变量)低于某个阈值,则认为其可能是同一个基因的不同外显子,故而将其跨越区间合并,作为该基因的跨越区间;同时记录其总体相似性分值,这将是后续鉴定的参考依据之一。如果两个 HSPs 的跨越区间超过该阈值或位于不同参考序列上,则认为它们属于不同基因,原因可能是该基因存在多个序列上高相似的家族成员。经过区间合并后的新区间,每一个都记作候选基因。

（3）候选基因的基因组序列提取

根据这些合并后的候选基因区间,向上下游各延伸指定长度(--step,设为变量);然后,从参考基因组中提取延伸后与候选基因区间对应的基因组序列,用于后续的基因结构预测。

5. 基因结构预测及结果判定

首先,利用从头计算预测基因软件(如 Augustus),分别对上述每一个候选基因所提取的基因组序列进行基因结构预测。然后,自行编程分析预测基因结构的完整性,主要是判断基因首尾结构标志是否已经出现。注意:不同软件输出的结果中,这种标志是不一样的。

（1）基因结构完整性分析

若预测基因结构不完整,则从第 4 步(3)开始,按照设定长度(--step)累加,重新延伸上下游区间,并提取基因组序列,再次进行基因结构预测,直至预测基因结构完整才结束这一循环迭代过程。注意:这里需要设置一个最大迭代次数(--max_iteration)和/或最大基因区间长度(--max_gene_length);如果基因结构预测一直不完整,也不能一直循环迭代下去;这个参数就是以防万一,一旦达到最大迭代次数,还无法构建出完整的基因结构模型,则终止基因结构预测过程,输出预测失败的结果提示。此外,在区间延伸和基因结构预测过程中,可能会获得一个与候选基因区间无重叠的完整的基因结构模型,这也属于预测失败。

（2）预测蛋白质的鉴定

分析结构预测成功的基因所编码的蛋白质与同源搜索所使用的起始蛋白质的一致性。在结构完整性验证通过之后,自行编程调用 blastp 程序对预测蛋白质和起始蛋白质进行比对,获取其总体相似性分值。然后,将该分值与同源搜索的相似性分值进行比对,达到阈值要求即认为建模成功;该阈值可以设定不小于"同源搜索的相似性分值×系数",系数最大为 1。该阈值默认值具体应该设为多少,需要对整体预测结果进行统计分析,相当于模型参数的训练。

一旦判定基因结构预测成功,则以 GFF3 格式输出预测基因结构信息,以及 FASTA 格式的预测蛋白质序列。同时,还要分别输出基因结构预测成功和失败的候选基因信息,主要包括候选基因区间、相似蛋白质和分值;然后,分别对这两组数据进行对比分析,找出两组之间的相似性分值差距,作为同源搜索结果过滤时设置相似性分值(--score)阈值的参考依据。

6. 冗余基因结构的排除

同一个蛋白质家族或不同物种的同源蛋白质,在基因组中匹配到相同区间,且都成功地预测出一个完整的基因结构,此时需要对此结果进行分析和排除。首先,按照参考基因组序列名称、正负链和基因区间起始位置对上述 GFF3 文件中的基因(gene)特征行进行排序。然后,分析参考基因组同一条链上的相邻基因区间是否存在重叠;如果存在重叠,则保留同源搜索时相似性分值最高的那个预测结果,其余的删除;排除冗余后的结果仍以 GFF3 格式输出。

7. 基因结构预测结果的评估

利用 gffcompare 软件,把排除冗余后的 GFF3 结果文件与原始基因注释文件进行对比,对同源基因搜索指导的基因结构预测结果进行评估。

五、　注意事项

① 建议用来测试的物种基因组最好是小规模基因组,如真菌(Fungi)。如果是大规模基因组,则只选择其中一条染色体来进行测试。否则,如果分析的目标基因组规模过大,所消耗的计算资源和时间都会很多。这一点可以根据所具备的软硬件条件来自行决定。

② 从 UniProtKB 数据库搜索和下载目标物种的近缘物种所有已知蛋白质序列时,为了测试更接近于真实情况,注意排除该物种自身的已知蛋白质。

③ 本次同源基因搜索的比对结果输出格式建议为7,该格式会把每个蛋白质的比对结果归纳在一起,便于后续的分组和去冗余处理。

④ 同一个蛋白质与参考基因组比对时,可能会出现多个 HSPs。其中一种情况是,这些 HSPs 距离很近,且依次有序排列,恰好组成一个完整的基因结构,此时每个 HSP 对应一个可能的外显子(exon)。另一种情况是,有些 HSPs 距离很远,甚至不在同一条参考基因组序列上;造成这种结果的原因,可能是该基因存在多个序列上高相似的家族成员。

⑤ 提取候选基因区间对应的基因组序列时,注意正负链问题。正链区间,直接按照区间坐标提取即可,而负链则需要考虑是否取其互补序列,这一点会影响后续结果的处理。对于正链候选基因,如果预测的基因结构位于负链时,可直接忽略;只有位于正链的基因结构预测结果才需进行后续的判定。对于负链候选基因,则分为两种情况:i. 如果提取的是正链序列,则后续处理只看其位于该序列负链的基因结构预测结果,正链上的则忽略;ii. 如果提取的是负链序列,则后续只看其正链预测结果,负链上的则忽略。

⑥ 提取候选基因的基因组序列时,根据其跨越的区间,向上下游各延伸指定长度(--step,设为变量),然后再提取相应的基因组序列,以便用于后续的基因结构预测。那么,这个指定长度(--step)设为多少比较合适也是一个问题。此时,可以利用原始注释信息,来训练目标物种的基因相关指标,如基因长度分布(包括外显子和内含子)、外显子和内含子的长度分布、一个基因的外显子和内含子数量等。然后,把同源预测基因所跨越的区间长度分布,与训练的基因长度分布加以比较,以此来确定该指定长度(--step);比如,利用两者的均值或众数之差来确定;当然最长不能超过最大基因区间长度(--max_gene_length)。

⑦ 为了便于结果的查看和评估,可设定一个统一的工作目录,用于输出上述所有过程计算的结果文件。主要包括:同源搜索的 BLAST 比对结果,过滤、合并后的区间信息,每个区间相应 HSPs 的相似性打分之和,最后基因结构预测成功时提取的基因组序列,基因结构预测软件的成功预测结果(基因结构信息和预测蛋白质序列),BLAST 鉴别结果,最终预测成功的基因结构信息(GFF3 格式),以及预测成功和失败的候选基因的简要统计信息。此外,还有程序运行的日志文件(--log),记录程序运行的各种参数设置信息,包括命令行本身,以及必要的命令行回显提示信息;如果没有设定输出日志参数,则直接回显到终端屏幕。

⑧ 建议编程对基因结构预测过程进行自动化处理,包括基因组序列提取和基因结构完整程度评估。如果基因结构不完整,则对基因组序列提取进行"区间延长—序列提取—结构预测—结构评估"的循环迭代。如果基因结构完整地预测出来,则输出基因结构预测

结果;如果迭代结束仍未有完整的基因结构预测出来,则输出当前候选基因结构预测失败的信息。然后,继续下一步候选基因结构预测。

⑨ 区间延伸和基因结构预测过程,可能会同时出现多个基因结构。有的结构完整,有的不完整,甚至分布在不同链上(正负链问题前面已阐述)。此时,可能会出现一个与候选基因区间无重叠的完整的基因结构模型,这就需要根据同源搜索及其跨越区域来加以判定,这样的预测结果不能算作成功,还需继续迭代。

六、 问题与思考

① 在提取候选基因的基因组序列时,为什么要向上下游延伸?

② 如何在同源搜索阶段有效地排除基因家族成员对于搜索结果的干扰,即排除冗余结果?(以下思路仅供参考。)

i. 同源基因搜索(BLAST):首先利用 BLAST 程序,把近缘物种所有已知蛋白质与目标基因组进行比对;然后把比对结果中的 HSPs 转成 GFF3 格式。

ii. 分组(group):遍历 GFF3 格式的同源搜索结果,根据参考基因组序列名称分组,再根据正负链分组,然后输出分组结果文档,如:scaffold_1_plus 表示序列 scaffold_1 正链上的所有 HSPs。

iii. 排序(sort):读取每个分组文档,构建 HSPs 数组,并按其在基因组中相似区域的起始位点排序,然后输出排序结果,如:scaffold_1_plus_sorted。

iv. 合并(merge):遍历排序结果,首先合并存在重叠(overlap)的 HSPs 区域;然后合并距离较小的区域,这里需要设定允许合并的最大距离参数变量。该参数大小,可以根据近缘物种已知基因或转录组数据训练内含子的长度分布来获知(训练模型参数),如最小内含子长度。当下一个 HSP 不满足合并条件时,本次合并操作结束,该合并区域为候选的同源基因跨越区间;然后开始下一轮合并操作。在合并的同时,同步保存当前合并区域涉及的相似蛋白质信息,包括蛋白质 ID 和相似分值;如果某个蛋白质有多个 HSPs 被合并,则相似分值为这些 HSPs 分值之和;当一轮合并结束后,以相似总分值最高的蛋白质作为该区域最有可能编码的同源蛋白质;最后,为该合并区域加上蛋白质 ID 和名称标记、相似分值以及对应的基因组区域起始和终止位置坐标。遍历结束后,输出合并区域信息,如:scaffold_1_plus_merged。这一步可以理解为候选外显子的鉴别。

v. 连接(connect):遍历上述合并结果,寻找距离处于合理的内含子长度范围,且编码相同蛋白质的合并区间(候选外显子),将其连接为一个候选基因;这些合并区间前后总的跨越区间,就是该候选基因的跨越区间;结果以 GFF3 格式输出,最后一列包含相似蛋白质信息,还要加上 exon 数量信息,如:scaffold_1_plus_connected。

③ 如果不利用第三方软件,而是自行编程进行同源搜索指导的基因结构预测,又该如何进行?(以下思路仅供参考。)

i. 基因结构特征建模(HMM):首先,使用近缘物种已知基因数据或目标物种已知蛋白质/转录本数据,训练目标物种的基因结构模型特征参数,包括:基因转录起始位点/起始密码子邻近区域、终止位点/终止密码子邻近区域、外显子-内含子剪接识别区域等;对于外显子-内含子剪接识别区域模型的训练,还可以使用目标物种已知的转录组数据,如:RNA-Seq 数据进行训练。

ii. 基因结构建模(model):利用这些基因结构特征参数,进行全基因组扫描,或根据同源搜索结果,只扫描高相似区域及其邻近区域的序列。对于单外显子基因,寻找其上游邻近的打分最高的转录起始位点,及下游邻近的打分最高的终止子信号。对于多外显子基因:第一个外显子的上游,寻找其上游邻近的打分最高的转录起始位点;最后一个外显子的下游,寻找邻近的打分最高的终止子信号;中间部分则需要寻找邻近打分最高的外显子-内含子剪接识别位点;然后,修改原候选外显子区域坐标等。如果两个候选外显子之间没有外显子-内含子剪接识别位点,则将其合二为一。最后,给建模成功的基因统一编号,并输出 GFF3 格式结果文档,包含基因和外显子区域信息,如:gene_model.gff3。

iii. 开放阅读框鉴别（ORF Finder）：遍历上述结果，根据每个基因的外显子信息，获取转录本序列；找其中可能的完整的 ORF，即包括起始和终止密码子；翻译成蛋白质序列，与第 9 列中对应的相似蛋白质进行比对，找出相似性与该蛋白质一致的 ORF；然后，增加基因结构特征描述，如：CDS、start_codon、stop_codon；最后，输出新的 GFF3 格式结果文档：gene_final_model. gff3。同时，输出 FASTA 格式的基因编码序列和蛋白质序列文档。

④ 如何对基因结构预测结果加以评估？（以下思路仅供参考。）

使用注释完善的模式物种基因组进行评估。首先,利用该物种部分已知基因或蛋白质训练模型参数；然后对其全基因组进行基因预测；接着,使用已有的适合该物种的软件进行全基因组的基因预测；最后,把这两个基因预测结果都与原始参考注释进行对比评估。

⑤ 同源基因搜索一般是针对编码蛋白质的基因预测,如果是非编码基因或其他基因组序列特征,应该如何进行预测？

项目 3　基于 RNA-Seq 数据的基因组注释

一、概述

目前基因组水平分析的工具有很多,但是大多集中于针对模式生物基因组进行过优化。对于很多非模式生物基因组序列,此类自动批处理工具却很少;在基因组注释方面,尤为如此。自从 RNA-Seq 技术普及以来,由于其对目标物种是否具有完善的基因组及注释文档没有要求,该技术在转录分析方面得到了快速的应用和发展。这也为基因组注释带来了福音,RNA-Seq 数据可以用来完善基因组注释。然而,目前大多方法只是将其用于完善从头计算预测基因结构,而忽视其本身亦是很重要的基因组注释信息——可以为不完善的基因组草图标注上某种条件下可能转录的基因及其表达水平,具有很重要的参考价值。

目前,RNA-Seq 数据组装软件,只能给出大量的长转录本序列,而无法明确这些转录本可能编码的基因。这一点阻碍了其在非模式生物基因组注释中的应用。不过,基于同源搜索的鉴别是一种可行的解决方案:基于近缘物种已知蛋白质进行相似性搜索,对这些组装转录本进行鉴别,从而推定其可能编码的蛋白质;这样可进一步提升其作为基因组注释信息的价值。

基于 RNA-Seq 数据的组装和基因组映射,可能会由于多种因素的影响,导致结果中存在不太准确或冗余的结果。例如,局部低复杂度重复序列,或同一个基因组家族的不同成员之间相似程度过高,这些都会导致组装和映射错误。但是,无论如何,一个转录本与其真实来源的基因组区域匹配程度肯定是最高的。通常,相似性搜索结果的一致性(identity)非常高,如果不考虑小概率的测序错误和个体变异,其一致性甚至能够接近或达到100%。每个高相似片段对(HSPs)的相似分值(bit_score)也比较高。故此,可以针对这两个相似性指标进行筛选,以便获得更为可靠的相似性搜索结果。"问题与思考"部分给出了几个实际案例,大家可以尝试解读并阐述其出现的可能原因。

在组装转录本鉴别时,部分转录本会出现多个高相似匹配结果。一方面,组装转录本可能存在局部重复序列(组装问题),使得两条序列之间存在部分重复匹配的区域,这是小概率情况,因为绝大多数编码基因序列中不包含重复序列。另一方面,组装转录本与目标蛋白质之间的相似程度不是很高,加上局部相似比对算法自身原因,两条序列被拆分成多个高相似性片段对;这种情况出现的多少,取决于已知蛋白质来源物种与目标物种之间的亲缘关系远近,以及蛋白质保守程度的高低。RNA-Seq 数据组装时的链特异性设置不明确,可能会导致转录本与已知蛋白质间的反向匹配。此外,一般还会有很大一部分组装转录本,无法被鉴别出来;这种情况很正常,毕竟近缘物种的已知蛋白质数据也是有限的,而且目标物种也会表达很多自身特有的基因转录本。

　　简而言之,RNA-Seq 数据在基因组注释中的作用是不容忽视的。本实践项目就是利用已有软件结合自行编程,对 RNA-Seq 数据从组装到鉴别这一过程进行探索,主要包括:RNA-Seq 数据组装、组装转录本的基因组映射、基于近缘已知蛋白质的鉴别,然后是映射和鉴别结果的整合,最后将整合信息按照 GFF3 格式存放,以便后续将其用于基因组可视化。

二、　目的和要求

　　① 加深对 RNA-Seq 数据在基因组注释中的作用的认知和理解。
　　② 熟悉和掌握 RNA-Seq 数据组装软件 Trinity 的使用。
　　③ 加深对相似性比对和同源搜索用途的理解和认知。
　　④ 进一步熟悉和掌握 BLAST 软件的使用方法,以及对比对结果的解读方法。
　　⑤ 能够利用所掌握的编程语言,独立完成实践中的编程处理环节。

三、　软件和数据库资源

　　① GenBank 的 Genome 和 SRA 数据库(https://www.ncbi.nlm.nih.gov)。
　　② Trinity(https://sourceforge.net/projects/trinityrnaseq)。
　　③ NCBI BLAST 系列软件(https://blast.ncbi.nlm.nih.gov/Blast.cgi)。
　　④ UniProtKB 数据库(https://www.uniprot.org)。
　　⑤ GFF 工具(http://ccb.jhu.edu/software/stringtie/gff.shtml)。
　　⑥ Python 等任意一门编程语言。

四、　实验内容

1. 数据准备

　　首先,从 GenBank 的 Genome 数据库,搜索并下载全基因组注释信息比较完善的某真核物种基因组序列及其基因注释文件。其次,从 GenBank 的 SRA 数据库,搜索并利用 NCBI SRA Toolkit 下载和提取该物种的 RNA-Seq 数据,优先选择双末端测序数据,保存为 FASTQ 格式。最后,根据基因组数据的来源物种,从 UniProtKB 数据库搜索和下载其近缘物种的所有已知蛋白质序列;记录已知蛋白质数量,同时以 FASTA 格式保存这些蛋白质序列。

2. 创建本地 BLAST 数据库

　　使用 makeblastdb 程序,分别对上述 FASTA 格式的基因组序列和已知蛋白质序列进行处理,建立两个本地 BLAST 数据库。

3. RNA-Seq 数据组装

　　首先,利用 Trinity 软件对 RNA-Seq 数据进行组装,保存最终组装转录本结果文件

（Trinity. fasta）。Trinity 组装完成后，使用 TrinityStats. pl 程序统计 Trinity 输出的组装转录本结果文件，获取简要统计信息，并尝试解读其中的各项统计指标。

4. 组装转录本的基因组映射

首先，使用 blastn 程序将 Trinity 组装转录本与参考基因组序列进行比对，限制每条转录本只保留最相似的一条比对结果，输出带有注释信息的格式 7 结果文件。接着，自行编写程序对上述 BLAST 比对结果进行分析处理，统计有多少个"# 0 hits found"结果条目，即有多少条组装转录本序列没有映射到参考基因组上。然后，编写程序对 BLAST 比对结果进行过滤。过滤时，设置一致性（identity）和相似分值（bit_score）的筛选阈值为变量，以便随时调整与测试。同时，设置一个过滤规则，例如，同一个组装转录本的比对结果中，将相似分值（bit_score）低于 100 和/或一致性（identity）低于 95% 的高相似片段对（HSPs）过滤掉。此外，将这些过滤掉的 HSPs，按照格式 7 原样输出到一个单独的文档中，以便检查校验。

5. BLAST 比对结果格式转换

自行编写程序将上述 BLAST 比对结果转成 GFF3 格式。每个"hit"对应一个基因座位（gene locus），其中的多个高相似片段对（HSPs）直接转成外显子（exons）。转换格式的过程中，主要流程、要求和注意事项如下。

① 遍历上述 BLAST 比对结果，每遍历到一个非零"hit"，就分别创建一个特征类型为"gene"和"mRNA"的注释行，其中"mRNA"隶属于"gene"，即其第 9 列的 Parent 属性为该"gene"的 ID。基因 ID 以组装转录本映射的参考序列名称和位置组成来创建。mRNA 的 ID 则在基因 ID 后面加上"_t"。原始 Trinity 组装 ID 可以作为附加属性放到第 9 列。

② 正负链的判定：读取并解析当前"hit"下的 HSPs 数据行，根据其所跨越的基因组区间的起始和结束位置来判定当前转录本映射的基因组链是正链还是负链。如果起始位置小于结束位置，则位于正链（ + ）；否则，即为负链（-）。这将记作所有特征类型的链字段值。

③ "gene"和"mRNA"跨越基因组区间的确定：读取并解析当前"hit"下的所有 HSPs 数据行，提取其所跨越的基因组区间的起始和结束位置数据，计算其中的最小值和最大值，即为"gene"和"mRNA"跨越区间的起始和结束位置。

④ 按照上述分析结果，首先输出当前"hit"所对应组装转录本的"gene"和"mRNA"注释行；然后，将其下所有 HSPs 转成 GFF3 格式输出，这些 HSPs 数据行的第 3 列特征类型记为"exon"。注意：如果是映射到基因组负链上的 HSPs，务必将其对应的基因组起始和结束位置互换顺序输出。换句话说，就是确保输出的基因组区间的起始位置小于结束位置。第 6 列存放各自的"evalue"值。此外，输出的特征行第 2 列，填入 Trinity-BLAST。其余数据列均按照 GFF3 格式规范来输出。

6. 合并重叠的基因区间

按行遍历上述 GFF3 结果文件，提取"gene"特征行，并依次按照参考序列名称、正负链和起始位置对"gene"特征行进行排序。然后，依次将位于相同链上的邻近"gene"特征行进行两两比较,判断其跨越的基因组区域是否存在重叠。如果存在重叠,则将其划分到同一个超级基因座位(super gene locus)。该超级基因座位所跨越的区间为两者的总跨越区域,然后将这两个"gene"的原有相关"mRNA"和"exon"注释行都归属于该超级基因座位,并分别定义为该超级基因座位的可变剪接转录本。接着,将该超级基因座位与下一个邻近"gene"特征行进行比较,直至没有重叠存在。继而,按照 GFF3 格式输出当前遍历的"gene"特征行,或超级基因座位,注意更新其属性。接下来,从与前面没有重叠的"gene"特征行开始新的一轮重叠分析;以此类推,直至所有"gene"特征行遍历结束。

7. 组装转录本的鉴别

首先,利用 blastx 程序将上述 Trinity 组装转录本,与第 2 步创建的已知蛋白质 BLAST 数据库进行比较,从而鉴别这些转录本可能编码的蛋白质,输出格式设置为 7。分析该比对结果文件,统计这些转录本的鉴别情况。通过搜索"# 0 hits found""# 1 hits found""# 2 hits found""# 3 hits found"……这类关键词,获得不同匹配情况的统计数据,并将其写入指定文件中,如 blastx_hit_stats.out。其中,"# 0 hits found"代表未能鉴别出来的组装转录本;而"hits"前数值大于 1 的比对结果,则表示该组装转录本与目标蛋白质之间存在多个 HSPs。

接着,解析 blastx 比对结果,从中提取已知蛋白质信息;对于具有多个 HSPs 结果的条目进行合并;并将其按照指定格式保存为一个新的文件,使得每个转录本的鉴别结果仅占据 1 行,以 TAB 键分隔字段,这些字段包括:query_id、UniProtKB_AC、UniProtKB_Name、Name、UniProtKB_OS、identity、alignment_length、blastx_score。具体解析过程、方法和要求如下。

① 已知蛋白质信息的提取:对 blastx 比对结果的第 2 列目标序列(subject id)进行解析,如 sp|O74539|MAK3_SCHPO。其中,O74539 为 UniProtKB_AC,MAK3_SCHPO 为 UniProtKB_Name,MAK3 同时亦为基因名称(即"gene"特征行第 9 列 Name 属性),SCHPO 为 UniProtKB_OS。这些信息都将整合到最终的 GFF3 结果文件的第 9 列,作为附加属性。

② 整体相似性指标的计算:主要针对一致性(identity)、队列长度(alignment_length)和相似分值(bit score)。对于单个 HSP 的比对结果,直接提取这 3 列数据即可。对于多个 HSPs 的比对结果,则需要将这些 HSPs 的相似指标进行加权处理:i. 总体一致性 = Σ(单个 HSP 一致性×队列长度)/Σ 队列长度;ii. 总体队列长度 = Σ 单个 HSP 队列长度;iii. 总体相似分值 = Σ 单个 HSP 相似分值。在随后的结果整合中,这些数据将记录到对应"mRNA"注释行的第 9 列作为附加属性。

以下是格式 7 的部分结果示例。

```
# BLASTX 2.9.0 +
# Query:sp|Q755Y0|AKR1_ASHGO Palmitoyltransferase AKR1 OS = Ashbya gossypii(strain ATCC 10895 /
CBS 109.51 / FGSC 9923 / NRRL Y-1056)OX = 284811 GN = AKR1 PE = 3 SV = 1
# Database:UniProtKB_Proteins
# Fields:query id, subject id, % identity, alignment length, mismatches, gap opens, q. start, q. end, s.
start, s. end, evalue, bit score
```

```
# 2 hits found
TRINITY_DN8_c0_g1_i1    sp|Q755Y0|AKR1_ASHGO    33.537  164  101  6  206  682  93  253
    2.94e-10  62.4
TRINITY_DN8_c0_g1_i1    sp|Q755Y0|AKR1_ASHGO    32.749  171  104  6   95  586  89  255
    5.70e-10  61.6
```

前4行重复(略)

```
# 2 hits found
TRINITY_DN29_c0_g1_i1   sp|Q9P931|PGM_EMENI    70.270   74   22  0  374  153  10   83
    2.62e-47  112
TRINITY_DN29_c0_g1_i1   sp|Q9P931|PGM_EMENI    79.245   53   11  0  160    2  81  133
    2.62e-47  92.8
```

前4行重复(略)

```
# 2 hits found
TRINITY_DN62_c0_g1_i1   sp|O60156|SEN34_SCHPO   48.077  104   49  1  115  426   4  102
    1.60e-21  96.3
TRINITY_DN62_c0_g1_i1   sp|O60156|SEN34_SCHPO   50.485  103   42  2  745 1026 180  282
    2.92e-17  83.6
```

前4行重复(略)

```
# 4 hits found
TRINITY_DN1256_c0_g2_i1  sp|O74539|MAK3_SCHPO   22.427 1302  885 33 5472 1756 407 1646
    8.16e-63  240
TRINITY_DN1256_c0_g2_i1  sp|O74539|MAK3_SCHPO   30.699  329  189  9 6939 5953  52  341
    1.67e-29  130
TRINITY_DN1256_c0_g2_i1  sp|O74539|MAK3_SCHPO   31.278  227  141  5 1668 1018 1781 2002
    3.98e-23  109
TRINITY_DN1256_c0_g2_i1  sp|O74539|MAK3_SCHPO   28.916  166   95  6  909  463 2174 2333
    1.51e-07  58.2
```

8. 结果整合

编写程序把第6步获得的GFF3结果文件和第7步的转录本鉴别结果进行整合,主要是将第7步的转录本鉴别结果中的几个已知蛋白质信息和相似性指标,作为额外的属性附加到第6步获得的GFF3文件的第9列。参考流程如下:遍历第6步获得的GFF3结果文件。如果当前注释行不是"mRNA"特征行,则直接原样将其输出到一个新的GFF3文件中。如果当前注释行是"mRNA"特征行,则从第9列提取Trinity组装ID,然后把该ID作为唯一检索关键词,在第7步输出文件的每一行的第一个字段中进行检索;如果检索成功,则将其余字段作为当前"mRNA"特征行的额外属性附加到GFF3文件的第9列,然后输出到新的GFF3文件中;如果检索失败,则直接原样输出。

9. 结果评估

使用gffcompare工具将第8步输出的新GFF3格式结果文件,与目标物种原始GFF3格式注释文件进行比较,查看并解读评估结果。注意:比较时要带上"-R"参数。

10．可视化测试

利用 IGV 或 JBrowse 等基因组可视化工具,对目标物种的基因组、原始注释文件和本次实践获得的 GFF3 格式结果文件进行可视化测试。

五、 注意事项

① Trinity 组装任务对于内存资源的消耗以及所需的计算时长,与 RNA-Seq 数据量直接相关,数据量越大消耗资源和时间越多;故而,对于计算服务器的配置要求较高。另外,将其挂载到服务器端后台运行"nohup ＜command＞ &",可以避免客户端电脑一直开启终端命令行窗口等待任务结束的过程;用户可以关闭客户端电脑而不影响该组装任务的执行。之后,可以随时登录计算服务器查看该组装任务的进程。

② 同一个转录本与参考基因组比对时,可能会出现多个高相似片段对。对于真核生物基因来说,这属于正常现象。对于多外显子基因来说,这些 HSPs 中的每一个通常对应一个外显子,它们恰好组成一个比较完整的基因结构,只是缺少首尾信息。

③ 同一个转录本与参考基因组比对时,出现多个高相似片段对;但是,其中有的打分(bit socre)低于 100,有的一致性低于 95%。这很可能是因为该基因存在多个高相似的家族成员,在组装基因组草图或转录本时,不同家族成员存在序列混用现象。

④ 同一个转录本与参考基因组比对时,出现多个高相似片段对;有些局部相似区域可能会重复出现多次高相似片段对,这些高相似片段对对应的查询序列区间和目标序列区间存在较大比例的重叠。这样的高相似片段对并不是真正的多外显子结构;此时该转录本的整体相似分值,亦不可通过这些高相似片段对的相似性分值的简单相加获得。

⑤ 建议整个实践过程,分段编写脚本和程序。先进行小规模数据测试,成功后再从基因组映射开始,串联成一个自动批处理管道程序。同时,对整个程序设定输入输出标准,主要包括:输入的基因组序列、组装转录本和已知蛋白质序列;每个处理模块的输出(包括程序运行日志)统一到当前工作目录下的结果子目录中,并设定输出结果文件的统一前缀命名等。此外,尚需添加数据校验和错误提示等,以提高程序的友好性。

六、 问题与思考

① 基于 RNA-Seq 数据组装出来的基因和转录本数量,为什么不一样? 提示:多倍体和可变剪接。

② 使用 Trinity 组装 RNA-Seq 数据时,没有指定链特异性会导致什么后果?

③ 在进行组装转录本的基因组映射和鉴别时,为什么要限制每条转录本只保留最相似的 1 条比对结果(即设置 BLAST 程序参数项"-max_target_seqs"为 1)?

④ RNA-Seq 数据均源于目标物种自身,由此组装获得的转录本理论上应该都可以映射到目标物种的参考基因组上。那么,如何解释部分组装转录本映射失败的情况? 提示:间隙(gap)。

⑤ 以下是几条组装转录本在某个非模式生物基因组草图上的映射结果示例,尝试对其进行解读。

```
# 6 hits found
TRINITY_DN719_c0_g2_i1 scaffold_2 96.9961598 0 1 1 1550 1384200 1382603 0.0 2704
TRINITY_DN719_c0_g2_i1 scaffold_2 84.106151 23 1 3 153 1049391 1049242 7.96e-39 161
TRINITY_DN719_c0_g2_i1 scaffold_2 85.606132 19 0 1 132 134518 134649 4.12e-36 152
TRINITY_DN719_c0_g2_i1 scaffold_2 81.757148 26 1 1 147 1566013 1566160 7.46e-33 141
TRINITY_DN719_c0_g2_i1 scaffold_2 83.69692 15 0 1 92 1690940 1691031 7.97e-20 98.7
TRINITY_DN719_c0_g2_i1 scaffold_2 72.593135 31 4 16 148 1063132 1063262

# 6 hits found
TRINITY_DN5486_c0_g1_i1 scaffold_4 100.000 2601 0 0 448 3048 1994203 1991603 0.0 4691
TRINITY_DN5486_c0_g1_i1 scaffold_4 99.342456 3 0 1 456 1994709 1994254 0.0 809
TRINITY_DN5486_c0_g1_i1 scaffold_4 100.000 352 0 0 3296 3647 1991229 1990878 0.0 636
TRINITY_DN5486_c0_g1_i1 scaffold_4 99.605253 1 0 3047 3299 1991538 1991286 7.51e-126 452
TRINITY_DN5486_c0_g1_i1 scaffold_4 67.816261 84 0 2890 3150 428616 428356 8.06e-18 93.3
TRINITY_DN5486_c0_g1_i1 scaffold_4 67.279272 89 0 1927 2198 429594 429323 9.81e-17 89.7

# 6 hits found
TRINITY_DN4948_c0_g2_i1 scaffold_2 100.000 843 0 0 9 851 499283 498441 0.0 1521
TRINITY_DN4948_c0_g2_i1 scaffold_2 100.000 316 0 0 852 1167 498376 498061 3.50e-162 571
TRINITY_DN4948_c0_g2_i1 scaffold_2 84.868456 69 0 418 873 499102 498647 2.88e-144 511
TRINITY_DN4948_c0_g2_i1 scaffold_2 84.259432 68 0 190 621 498874 498443 7.23e-133 473
TRINITY_DN4948_c0_g2_i1 scaffold_2 80.263228 45 0 646 873 499102 498875 4.58e-53 208
TRINITY_DN4948_c0_g2_i1 scaffold_2 79.412204 42 0 190 393 498646 498443 2.22e-44 179

# 6 hits found
TRINITY_DN5181_c0_g1_i4 scaffold_1 88.1561790 2 6 208 1788 1894967 1893179 0.0 2435
TRINITY_DN5181_c0_g1_i4 scaffold_1 89.056466 0 1 1883 2297 1892881 1892416 0.0 652
TRINITY_DN5181_c0_g1_i4 scaffold_1 99.592245 1 0 2327 2571 1891750 1891506 1.16e-121 437
TRINITY_DN5181_c0_g1_i4 scaffold_1 100.000 215 0 0 1 215 1895239 1895025 5.28e-107 389
TRINITY_DN5181_c0_g1_i4 scaffold_1 100.000 96 0 0 1781 1876 1893126 1893031 2.11e-42 174
TRINITY_DN5181_c0_g1_i4 scaffold_1 100.000 30 0 0 2298 2327 1891851 1891822
```

⑥ 为什么有些组装转录本在基因组映射时,出现多个高相似片段对?

⑦ 为什么有些组装转录本在 BLAST 鉴别时,出现多个高相似片段对?

⑧ 为什么有些组装转录本在 BLAST 鉴别时,出现反向匹配?

⑨ 为什么有些组装转录本在 BLAST 鉴别时,无法鉴别出来?

⑩ 组装转录本在 BLAST 鉴别后,是否所有包含多个 HSPs 的结果条目,其整体相似分值都可以通过直接相加这些高相似片段对的相似性分值来计算?

⑪ 本次实践最后使用 gffcompare 评估结果时,为什么要带上"-R"参数?

⑫ 如何为参考基因组增加基于 RNA-Seq 数据的基因表达水平注释?

项目 4　基于多重数据源的基因结构特征训练和应用

一、概述

从头计算预测基因软件目前已有很多。然而,由于这些软件所采用的计算策略和训练数据集等各不相同,它们所适用的物种范围也有所差异,对于同一物种基因组的基因预测结果亦有不同。有些软件内建部分物种的已训练好的基因结构特征模型参数(如Augustus),但多为模式生物或常用生物,且数量偏少。对于绝大多数的非模式生物基因组草图来说,这些模型参数不一定适用。故而,训练目标物种自身基因结构特征的模型参数,就显得必不可少。

基因结构特征模型参数的训练,需要目标物种自身已知基因和/或蛋白质序列数据。早些时候,由于实验技术手段的限制,绝大多数物种自身已知基因和/或蛋白质序列数据偏少,不常用的非模式生物更是如此。在这种情况下,就有必要使用近缘物种的已知基因和/或蛋白质数据来尝试分析和提取可能的基因编码区序列,即基于同源搜索策略来训练目标物种的基因结构特征模型参数。近年来,随着转录组测序(RNA-Seq)技术的应用和推广,获取目标物种已知基因序列变得轻而易举,而且数据量足够大。这些数据成为改良基因预测结果的不可或缺的重要依据。

本实践项目就是根据多种不同数据源来训练目标物种的基因结构特征模型参数,并对其进行对比分析,以期达到改良基因结构预测结果的目的。

二、目的和要求

① 加深对基因结构特征以及相关模型参数的认知和理解。

② 进一步加深对从头计算预测基因基本原理的认知和理解。

③ 熟悉和掌握已有基因结构特征模型参数训练软件的使用方法。

④ 能够独立地运用所掌握的编程语言,编写程序来创建和使用基因结构特征模型。

三、软件和数据库资源

① PubMed(https://pubmed.ncbi.nlm.nih.gov/)。

② GenBank 的 Genome 和 SRA 数据库(https://www.ncbi.nlm.nih.gov/genome)。

③ NCBI SRA Toolkit(https://trace.ncbi.nlm.nih.gov/Traces/sra/sra.cgi?view=software)。

④ NCBI BLAST 系列程序(https://blast.ncbi.nlm.nih.gov/Blast.cgi)。

⑤ Augustus 等从头计算基因预测软件。

⑥ GFF 工具(http://ccb.jhu.edu/software/stringtie/gff.shtml)。

⑦ Python 等任意一门编程语言。

四、实验内容

1. 数据准备

首先,从 GenBank 的 Genome 数据库下载酿酒酵母的 FASTA 格式基因组序列以及相应的 GFF3 格式基因注释文件。其次,从 GenBank 的 SRA 数据库,搜索并利用 NCBI SRA Toolkit 下载和提取该物种的 RNA-Seq 数据,优先选择双末端测序数据,保存为 FASTQ 格式。然后,从 GenBank 的核酸或蛋白质数据库中搜索和下载该物种的已知基因转录本或蛋白质序列,保存为 FASTA 格式。最后,根据基因组数据的来源物种,从 UniProtKB 数据库搜索和下载其近缘物种的所有已知蛋白质序列;记录已知蛋白质数量,同时以 FASTA 格式保存这些蛋白质序列。

2. 已有基因结构特征模型参数的解读

查阅 Augustus 等从头计算基因预测软件的相关算法文献资料,结合软件内建的基因结构特征模型参数文件,尝试对参数进行解读,了解各个参数的含义及用法。

3. 从头计算预测基因

首先,利用 Augustus 等从头计算基因预测软件,选择软件内建的酿酒酵母基因结构特征模型参数,对酿酒酵母基因组进行基因结构预测。然后,选择软件内建的真菌类非酿酒酵母的基因结构特征模型参数,对酿酒酵母基因组进行基因结构预测。

4. 基因结构特征模型参数的训练与应用

首先,需要了解 Augustus 等从头计算基因预测软件自带的训练模块所支持的数据类型和格式要求。然后,根据要求对上述下载的基因转录本和/或蛋白质序列进行预处理。例如,对 RNA-Seq 数据进行组装和基因组映射操作,或者利用 BLAST 软件将下载的基因转录本和/或蛋白质序列与基因组进行比对,并将结果按照特定格式保存。随后,利用这些软件的训练模块,基于这些先验数据对目标物种的基因结构特征模型参数进行训练。接着,将训练获得的模型参数与软件内建的模型参数进行比对,分析两者之间的异同之处;如有差异,试阐述其原因。最后,利用训练获得的模型参数,对目标物种进行全基因组的基因结构预测。

5. 基因结构预测结果的评估与比较

首先,利用 gffcompare 工具将上述三种基因结构特征模型参数下的基因结构预测结果,分别与目标物种的原始 GFF3 格式基因注释文件进行对比评估。然后,对 gffcompare 评估结果进行对比分析,试阐述它们之间的差异及其原因;重点关注基于自训练模型与软件内建的非酿酒酵母模型参数下的基因预测结果之间的差异。

五、　注意事项

①　在基因结构特征模型的参数训练中,三联体密码子偏好性等组成和分布规律的训练所需使用的已知蛋白质数据,尽量不要选择物种自身的数据,而是使用近缘物种的数据;对于物种自身的已知蛋白质,可以随机选取一小部分。

②　基因结构特征模型参数中基因区域的碱基组成和分布规律、外显子-内含子剪接识别位点、外显子和内含子的长度分布等的训练,可以使用物种自身的转录组数据,如 RNA-Seq、EST/cDNA/mRNA 序列数据等。

六、　问题与思考

①　不同类型的训练数据集,在基因结构特征模型参数的训练中发挥了什么样的作用?换言之,你是否可以针对所要训练的某个结构特征参数,选择合适的训练数据集?

②　通过本次实践,你如何评价不同类型的训练数据集对于目标物种的基因结构预测的改良程度?

③　如果以同源基因搜索结果为指导,你是否可以通过自行编程构建基因结构特征模型,并运用该模型进行基因结构预测?

项目 5　基因结构特征模型参数的编程实践

一、概述

通过先前一系列基因预测相关的实践训练,大家对一些常用的从头计算预测基因软件的使用方法有了更深入的理解和掌握,包括软件内建的基因模型参数训练模块。然而,仅仅学会熟练使用已有软件来进行基因预测是不够的;对于这些软件到底是如何实现基因模型参数的创建以及从头计算预测基因的,尚缺少更深层次的体会,亦未掌握其算法核心和具体实现方法。这就需要我们自己动手编写程序来实现这些基因预测流程。

在之前的实践训练中,通过解读已有软件所创建的基因模型参数文件,我们可以进一步深入理解这些软件中训练模块所产生的基因模型参数类型;在此基础上,再结合理论课程所讲授的相关知识,可以梳理出不同基因模型参数训练所需数据源和可行性训练方案。本实践项目就是基于公开的注释良好的多种不同数据源,让学习者利用自身所掌握的编程语言,编写一些常用的基因模型参数的训练程序,进行训练建模;继而,基于该模型参数进行全基因组的基因结构预测。

二、目的和要求

① 进一步加深对基因组不同区域结构特征的认知与理解。

② 进一步加深对基因预测基本原理的理解。

③ 进一步加深对基因结构模型参数的认知与理解。

④ 能够独立编写程序分析基因组不同区域的序列分布特征,即创建基因结构特征模型。

⑤ 能够独立编写程序,基于自行创建的基因结构模型参数,进行全基因组基因结构预测。

三、软件和数据库资源

① GenBank 的 Genome 和 SRA 数据库(https://www.ncbi.nlm.nih.gov)。

② NCBI SRA Toolkit(https://trace.ncbi.nlm.nih.gov/Traces/sra/sra.cgi?view=software)。

③ NCBI BLAST 系列程序(https://blast.ncbi.nlm.nih.gov/Blast.cgi)。

④ 转录组测序数据组装软件 Trinity(https://sourceforge.net/projects/trinityrnaseq)。

⑤ Augustus 等从头计算基因预测软件。

⑥ GFF 工具（http://ccb. jhu. edu/software/stringtie/gff. shtml）。

⑦ Python 和 R 等编程语言。

四、实验内容

1. 数据准备

首先，从 GenBank 的 Genome 数据库下载酿酒酵母的 FASTA 格式基因组序列以及相应的 GFF3 格式基因注释文件。其次，从 GenBank 的 SRA 数据库，搜索并利用 NCBI SRA Toolkit 下载和提取该物种的 RNA-Seq 数据，优先选择双末端测序数据，保存为 FASTQ 格式。然后，从 GenBank 的核酸或蛋白质数据库中搜索和下载该物种的已知基因转录本或蛋白质序列，保存为 FASTA 格式。最后，根据基因组数据的来源物种，从 UniProtKB 数据库搜索和下载其近缘物种的所有已知蛋白质序列；记录已知蛋白质数量，同时以 FASTA 格式保存这些蛋白质序列。

2. 基因组不同特征区域的序列提取和特征分析

① 根据目标物种的基因组序列文件和基因注释文件，编写程序提取以下特征序列：i. 基因间序列；ii. 包括外显子和内含子的基因全序列；iii. 转录起始位点（TSS）上下游邻近序列；iv. 编码蛋白质的基因编码序列；v. 外显子序列；vi. 内含子序列；vii. 外显子-内含子剪接识别位点上下游邻近序列。这些序列将分别用于统计分析各自的碱基组成和分布特征，训练相应的模型参数。其中，基因间序列训练出来的各种参数，在分析预测中，可作为阴性模型使用。

② 基于同源搜索的基因定位和序列提取：利用 BLAST 软件，将已知蛋白质与目标物种基因组进行比对，获取可能的同源基因编码区域。然后，根据比对结果提取相应的基因组序列，统计其中的三联体密码子偏好性。

③ 基于 RNA-Seq 数据的基因定位和序列提取：首先，利用 Trinity 软件对 RNA-Seq 数据进行组装，保存最终组装结果（Trinity. fasta）。然后，寻找这些组装转录本中的开放阅读框（open reading frame，ORF），寻找成功的则提取其对应的 ORF 序列单独保存。接着，利用 BLAST 程序将组装结果与目标物种基因组进行比对，获得该组装转录本在基因组上的定位和结构信息。随后，根据比对结果提取外显子-内含子剪接识别位点上下游邻近序列，统计其中的碱基组成和分布特征。这些序列将分别用于统计分析各自的碱基组成和分布特征，训练相应的模型参数。

3. 基因不同特征区域的长度分布

首先，分别对上述提取的所有分组序列的特征区域长度进行统计，并统计不同长度区间的频数和比例分布；然后，利用 R 语言对其进行可视化绘图。

4. 基因不同特征区域和基因间区域的碱基组成和分布特征的对比分析

首先，分别对上述提取的所有分组序列，进行单碱基、双碱基和三碱基等不同长度的碱基片段组成比例的统计。然后，选择合适的统计检验方法，对它们两两之间进行对比分析，看看是否存在显著差异,尤其是基因间区域与其他基因特征区间之间的差异。接着,对上述几组序列,进行邻近的两个单碱基、双碱基和三碱基等的分布规律的统计,建立代表其各自特征的 HMM 概率矩阵,并对其进行类似的对比分析,看看它们之间是否存在显著差异。

5. 基因转录起始位点(TSS)和基因间序列的碱基组成和分布特征的对比分析

首先,对所有等长的 TSS 上下游邻近序列,按照位点统计四个碱基的比例。然后,分析各个位点的保守性,从两端开始去除没有明显保守趋势的碱基位点;余下的即为 TSS 及其上下游序列的碱基组成和分布特征的 HMM 概率矩阵。接着,对基因间序列亦按照同样长度截取序列片段,并构建一个 HMM 概率矩阵。最后,对二者进行对比分析,看看它们之间是否存在显著差异。

6. 三联体密码子偏好性的对比分析

首先,自行编程分别对上述提取的几组序列(① 基于目标物种基因组的基因注释文件获取的基因间序列、基因全序列和基因编码序列;② 基于同源搜索获取的候选基因序列;③ 基于 RNA-Seq 组装转录本提取的 ORF 序列)进行密码子频数统计(WordSize = 3,step = 3)。统计完成之后,将其转换成相对比例,查看它们之间是否存在差异。然后,选择合适的统计检验方法,对它们两两之间进行对比分析,看看是否存在显著差异。

7. 外显子-内含子剪接识别位点的碱基分布规律

首先,对外显子-内含子剪接识别位点上、下游邻近序列,按照位点统计 4 个碱基的比例。然后,分析各个位点的保守性,从两端开始去除没有明显保守趋势的碱基位点;余下的即为外显子-内含子剪接识别位点上、下游邻近序列的碱基组成和分布特征的 HMM 概率矩阵,按照其对应的内含子位置,可分别记为 Intron_5 和 Intron_3 两类。接着,对基因间序列亦按照同样长度截取序列片段,分别构建对应于 Intron_5 和 Intron_3 的阴性 HMM 概率矩阵。最后,对其进行对比分析,看看它们之间是否存在显著差异。

8. 基因不同特征区域的计算鉴别

(1)同时使用阳性和阴性 HMM 的判定方案

首先,随机提取一段基因组序列,按照某个特征 HMM 长度进行遍历。然后,基于阳性模型和阴性模型分别计算出当前片段的两个联合输出概率,记为 S_p 和 S_n。如果 $S_p > S_n$,则判定为阳性;否则判定为阴性。统计显著性的简易计算公式为:$p = 1 - S_p/(S_p + S_n)$。更为复杂的计算方法可以基于阳性和阴性的联合输出概率分布进行估计。

(2)仅有阳性 HMM 的判定方案

首先,根据阳性 HMM,分别计算阳性和阴性序列集的联合输出概率,获得先验分值集合 $SS_p = \{S_{p1}, S_{p2}, \ldots, S_{pi}, \ldots, S_{pn}\}$ 和 $SS_n = \{S_{n1}, S_{n2}, \ldots, S_{nj}, \ldots, S_{nm}\}$。然后,随机提取一段基因组序列,按照该特征 HMM 长度进行遍历,计算所截取片段的联合输出概率(S_x)。随后,使用距离法加以判定:

$$D = \frac{\sum_{i=1}^{k} \mathrm{abs}(S_x - S_i)}{k}$$

其中，S_i 属于某个先验分值集合，如果是阳性先验分值集合 SS_p，可以将距离记为 D_p；如果是阴性先验分值集合 SS_n，则记为 D_n。如果 $D_p < D_n$，则判定片段属于阳性集合所代表的类别，概率 $p = 1 - D_p / (D_p + D_n)$。这是一种最简单的决策方法。

9．基因结构预测

首先，采用基于同源搜索指导的基因结构预测策略，根据 2(2) 的结果提取候选基因序列。然后，一方面使用 Augustus 进行基因结构建模，另一方面使用上述构建的几个 HMM 进行基因结构预测。具体方案参照本篇"项目 2"。

10．基因结构预测结果的评估与比较

首先，利用 gffcompare 工具将第 9 步的两种不同方法的基因预测结果，分别与目标物种的原始 GFF3 格式基因注释文件进行对比评估。然后，对它们的 gffcompare 评估结果进行对比分析，阐述它们之间的差异及原因。

五、 注意事项

① 本实践项目中所需使用的已知蛋白质数据，尽量不要选择物种自身的数据，而是使用近缘物种的数据；对于物种自身的已知蛋白质，可以随机选取一小部分。

② 本实践项目中，第 2 步提取的各种序列集，将分别用于统计分析各自的碱基组成和分布特征，训练相应的模型参数。这些特征可以是单碱基、双碱基、三碱基，甚至更多碱基片段的组成，也可以是相邻两个"N 碱基"片段的转移概率等。

③ 在构建 TSS 和外显子-内含子剪接识别位点上下游邻近序列的特征模型时，由于并不知道其保守区域长度范围，故而起始截取序列范围可以长一点，甚至可以设成一个变量，以便调整。

④ 外显子-内含子剪接识别位点的保守序列模式，不仅仅只有"GT…AG"模式；提取序列时可以根据是否为"GT…AG"模式分别输出和建模。

六、 问题与思考

① 如何评价这些基因结构特征模型在基因结构预测中的作用？

② 如何提高各种序列特征模型的预测准确性？

③ 如果某物种的基因外显子-内含子剪接识别位点存在多种保守序列模式，且在同一个多外显子基因中混用，此时该如何处理？如何提高基因结构预测的准确性？

项目 6 多重证据联合的基因结构建模

一、 概述

基于同源搜索的基因预测方法对于近缘物种的基因结构建模来说非常有用。然而,一个物种除了存在与其他物种基因序列结构和功能相似的同源基因之外,还有很多自身特有的基因。此外,同源搜索也不适用于远缘物种或保守性低的基因结构预测。从头计算预测基因方法可以构建出完整的基因结构模型,包括自身特有的和非特有的,但其敏感性和准确性受限于训练基因结构特征模型参数的数据集大小,而且预测基因是否真实表达亦未可知。源自物种自身的 RNA-Seq 数据,通过基因组映射即可获得真实转录的基因结构信息;但其缺点明显:一是通常缺少首尾信息、结构不完整;二是物种某次测得的 RNA-Seq 数据,只能代表某个特定条件下的基因转录情况,不是所有基因都表达。换句话说,就是 RNA-Seq 数据只能获得部分基因的转录本信息。通过前面实践内容的学习,我们知道,这些不同的策略、方法及其相关的数据可以互为补充,进而改良各自的基因结构预测结果。既然如此,将这些不同计算策略的基因结构预测方法结合起来,并对其分析结果进行整合,这样或许可以获得更佳的基因结构预测效果。本实践项目就是针对这一问题来设计的,从多个不同的角度对目标物种进行基因结构预测,然后再整合这些预测结果,以期进一步改善目标物种全基因组的基因注释结果。

二、 目的和要求

① 进一步加深对基于同源搜索的基因组注释的认知和理解。
② 进一步加深对 RNA-Seq 数据在基因组注释中作用的认知和理解。
③ 进一步熟悉和掌握同源搜索相关数据库和软件的使用方法。
④ 进一步熟悉和掌握 RNA-Seq 数据的基因组注释相关数据库和软件的使用方法。
⑤ 进一步熟悉和掌握从头计算预测基因软件的使用方法。
⑥ 能够利用自身所掌握的编程语言,独立完成实践中的编程处理环节。

三、 软件和数据库资源

① GenBank 的 Genome 和 SRA 数据库(https://www.ncbi.nlm.nih.gov)。
② UniProtKB 数据库(https://www.uniprot.org)。
③ Trinity(https://sourceforge.net/projects/trinityrnaseq)。

④ NCBI BLAST 系列软件(https://blast.ncbi.nlm.nih.gov/Blast.cgi)。

⑤ Augustus 等从头计算预测基因软件。

⑥ GFF 工具(http://ccb.jhu.edu/software/stringtie/gff.shtml)。

⑦ Python 等任意一门编程语言。

四、实验内容

1. 数据准备

首先,从 GenBank 的 Genome 数据库下载酿酒酵母的 FASTA 格式基因组序列以及相应的 GFF3 格式基因注释文件。其次,从 GenBank 的 SRA 数据库,搜索并利用 NCBI SRA Toolkit 下载和提取该物种的 RNA-Seq 数据,优先选择双末端测序数据,保存为 FASTQ 格式。然后,从 GenBank 的核酸或蛋白质数据库中搜索和下载该物种的已知基因转录本或蛋白质序列,保存为 FASTA 格式。最后,根据基因组数据的来源物种,从 UniProtKB 数据库搜索和下载其近缘物种的所有已知蛋白质序列,以及随机抽取的一小部分酿酒酵母已知蛋白质序列,以 FASTA 格式保存这些序列。

2. 基于同源搜索的基因结构预测

首先,利用 BLAST 软件,将已知蛋白质与目标物种基因组进行比对,获取可能的同源基因编码区域。然后,使用某个从头预测基因软件对这些同源基因的编码区域进行基因结构预测。详细方案参见本篇"项目 2"。

3. 基于 RNA-Seq 数据的基因组注释

首先,利用 Trinity 软件对 RNA-Seq 数据进行组装,保存最终组装结果(Trinity.fasta)。然后,利用 BLAST 程序将组装结果与目标物种基因组进行比对,获得该组装转录本在基因组上的定位和结构信息,并将其转成 GFF3 格式保存。随后,利用 BLAST 软件,将已知蛋白质与组装转录本进行比对,以鉴别其可能编码的蛋白质,并将鉴别结果整合到先前的组装转录本映射到基因组的 GFF3 结果文件中,以附加属性添加到被鉴别出来的转录本特征行第 9 列。详细方案参见本篇"项目 3"。

4. 从头计算预测基因

首先,利用 Augustus 等从头计算基因预测软件,选择软件内建的酿酒酵母基因结构特征模型参数,对酿酒酵母基因组进行基因结构预测。然后,选择软件内建的真菌类非酿酒酵母的基因结构特征模型参数,对酿酒酵母基因组进行基因结构预测。这两种方法的预测结果只用作对比评估。接下来,利用这些从头计算基因预测软件的训练模块,基于上述 RNA-Seq 数据和近缘物种已知蛋白质等先验数据,对目标物种的基因结构特征模型参数进行训练;继而,使用该训练的模型参数对目标物种进行全基因组的从头计算预测基因结构。详细方案参见本篇"项目 4"。

5. 基于多重证据源的基因结构建模

首先,利用 gffcompare 对上述几种通过不同计算方法获得的基因结构预测结果进行合并,将合并后的基因结构信息保存为 GFF3 格式。然后,自行编程对上述几种通过不同计算方法获得的预测结果进行整合,具体合并策略可以参照 gffcompare 以及 SCGPred 相关文献资料。

6. 基因结构预测结果的评估与比较

首先,利用 gffcompare 工具将上述通过不同计算方法获得的基因预测结果和两种整合结果,分别与目标物种的原始 GFF3 格式基因注释文件进行对比评估。然后,对 gffcompare 评估结果进行对比分析,试阐述它们之间的差异及其原因;重点关注整合前后的基因结构预测结果之间的差异。

7. 基因结构预测结果的可视化对比

首先,利用 JBrowse 或 IGV 等基因组注释信息可视化工具,对上述几种通过不同方法获得的全基因组基因结构预测结果进行可视化。然后,查看不同基因的多重证据源整合效果,直观地了解整合前后的基因结构差异。

五、 注意事项

① 不同方法和软件计算输出的基因结构特征行的描述可能存在差异,在进行多重证据源整合构建基因结构模型时,这些差异可能会导致整合结果出现问题。故而,有必要在整合前对这些通过不同方法的基因结构预测结果进行预处理。

② 在对基因组某个区域的多重来源的基因结构预测结果进行整合时,它们各自与已知蛋白质的 BLAST 比对结果,有时会显示这些预测基因可能编码的蛋白质存在差异,这种情况可能是由高相似的基因家族成员造成的;或其 BLAST 比对结果都是弱相似性的,它们仅与已知蛋白质的某个保守结构域或功能域存在局部的弱相似性。此时,可选择保留 BLAST 比对分值最高的结果作为其可能编码的蛋白质。当然,也可以选择在整合后对所有预测基因关联转录本的阅读框进行分析和鉴别。

六、 问题与思考

① 一组 RNA-Seq 数据集只能代表该物种在某种特定状态下的基因表达情况,那么如何获取尽可能多的基因转录本数据?

② gffcompare 软件整合是有缺陷的,会存在重叠的基因区域,而实际上这可能是同一个基因的不同剪接模式。如何修正这一问题? 换句话说,如何自行编程来完成多重证据源的预测结果的整合,进而构建出更加完善的基因结构模型?

③ 在进行多重证据源的预测结果的整合时,有些基因可能是仅由某一种方法预测出来的,有些可能是几种不同方法预测出来的。那么,在整合时采用什么策略来对基因结构重叠区域进行合并或取舍? 此外,如何评估整合后某个基因结构模型的可靠性?

项目 7　转录因子调控机制分析

一、概述

每个生物体都有成千上万的基因,它们各自承担着不同的生物学功能。有的编码至关重要的结构蛋白,如肌动蛋白(actin)、组蛋白(histone)等;有的编码转录因子(transcription factor,TF),其会特异性识别和结合到某些基因启动子的特定区域,从而调控其表达,如E2F1、GABPA、MYC 等;有的编码蛋白激酶(protein kinase),它们可以与特定蛋白质相互作用,通过将其磷酸化激活下游信号通路,如 PKA、PKC 等;有的编码代谢相关的蛋白酶,它们可以参与糖、蛋白质、脂肪、核酸等物质的代谢。这些在生物体中担任不同角色的基因,其功能研究方法亦不尽相同。

对于一个编码转录因子的基因来说,一般可以通过"DNA-蛋白质免疫共沉淀"的实验方法来研究其下游调控基因。一般过程如下:① 提取基因组 DNA,并通过物理手段(如超声)将其碎片化,当然也可以购买商业化的 CpG-DNA 文库;② 将基因组 DNA 与目标蛋白质或核蛋白提取物混合,得到 DNA-蛋白质复合物;③ 将 DNA-蛋白质复合物与目标蛋白质抗体混合,获得 DNA-目标蛋白质-抗体复合物;④ 对该沉淀复合物进行清洗,去除非特异性结合;⑤ 解除复合物交联,获得该蛋白质特异性识别和结合的 DNA 片段;⑥ 对 DNA 片段进行 PCR 扩增、克隆和测序分析。

该方法与二代高通量测序技术相结合,就有了现在得到广泛应用的染色质免疫共沉淀测序(chromatin immunoprecipitation sequencing,ChIP-Seq)技术。其基本原理是:首先通过染色质免疫共沉淀技术(ChIP),富集目标蛋白质特异性结合的 DNA 片段,并对其进行纯化、扩增和文库构建;然后对其进行高通量测序。研究人员通过将测得的序列与基因组进行比对,获得其基因组映射位置;继而根据目标物种全基因组的基因注释信息,分析出这些目标蛋白质结合位点的邻近基因,这些基因就很可能是直接受到该转录因子调控的靶基因。此外,还有与芯片技术相结合的染色质免疫共沉淀-芯片(chromatin immunoprecipitation with DNA microarray,ChIP-on-chip 或 ChIP-chip)技术,亦广泛用于特定转录因子靶基因的高通量分析。

在基于 ChIP-Seq 技术的转录因子调控机制的研究过程中,关键步骤之一就是对 ChIP-Seq 数据的分析,这属于生物信息学的技术范畴,也是本实践项目的重要内容。

二、目的和要求

① 加深对基因表达调控的认知和理解。

② 了解基因表达调控的研究方法。

③ 了解 ChIP-Seq 数据在分析转录因子调控机制中的作用。

④ 熟悉相关数据库和软件的使用方法。

⑤ 能够利用自身所掌握的编程语言,独立完成实践中的编程处理环节。

三、 软件和数据库资源

① GenBank 的 Genome 和 SRA 数据库(https://www. ncbi. nlm. nih. gov/)。

② UCSC Genome Browser(http://genome-asia. ucsc. edu/)。

③ ENCODE(https://www. encodeproject. org/)。

④ 人类基因组索引文件(http://bowtie-bio. sourceforge. net/bowtie2/index. shtml)。

⑤ MEME (http://meme-suite. org/tools/meme) 或 其 GALAXY 整合版 (https://usegalaxy. org/)。

⑥ FIMO (http://meme-suite. org/tools/fimo) 或 其 GALAXY 整合版 (https://usegalaxy. org/)。

⑦ Bowtie2(http://bowtie-bio. sourceforge. net/bowtie2/index. shtml)。

⑧ Samtools(http://www. htslib. org/)。

⑨ R 语言(https://www. r-project. org/)。

⑩ ENCODExplorer 等 R 语言工具包。

⑪ SOAPdenovo2 等组装软件。

⑫ ChIP-Seq 数据分析流程相关的 R 语言/Bioconductor 工具包或其他工具。

⑬ RNA-Seq 数据的有参分析流程相关工具,如 TopHat2、Cufflings、HISAT2 等。

⑭ Python 等任意一门编程语言。

四、 实验内容

1. 数据准备

首先,从 GenBank 的 Genome 数据库下载人类的 FASTA 格式基因组序列以及相应的 GFF3 格式基因注释文件;从 GenBank 的 SRA 数据库,搜索并利用 NCBI SRA Toolkit 下载和提取人类的某个转录因子过表达或敲除前后的 RNA-Seq 数据,优先选择双末端测序数据,保存为 FASTQ 格式。接着,从 Bowtie2 主页下载人类基因组索引文件(hg19 版本);从 ENCODE 数据库搜索并下载人类的该转录因子的 ChIP-Seq 数据,包括原始测序数据(FASTQ 格式)和处理后的数据文件(BED 格式)。最后,从 UCSC Genome Browser 检索和提取该转录因子结合位点的保守模体(motif)数据(图 3-1)。

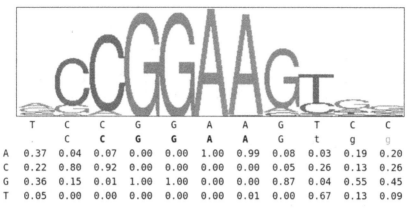

	T	C	C	G	G	A	A	G	T	C	C
	C	**C**	**G**	**G**	**A**	**A**	G	t	g	g
A	0.37	0.04	0.07	0.00	0.00	1.00	0.99	0.08	0.03	0.19	0.20
C	0.22	0.80	0.92	0.00	0.00	0.00	0.00	0.05	0.26	0.13	0.26
G	0.36	0.15	0.01	1.00	1.00	0.00	0.00	0.87	0.04	0.55	0.45
T	0.05	0.00	0.00	0.00	0.00	0.00	0.01	0.00	0.67	0.13	0.09

图 3-1　UCSC Genome Browser 中人类 PNKP 基因上游 GA 结合蛋白
转录因子 A(GABPA)结合位点的保守模体和概率矩阵

以下是利用基于 R 语言的 ENCODExplorer 工具包在 ENCODE 数据库中查询并下载 stat3 相关的 ChIP-Seq 数据的示例脚本。

```
#设定工作目录
setwd("/home/zhanggaochuan/")
#加载库文件 ENCODExplorer
library(ENCODExplorer)
#加载 encodeDF 数据库
data(encode_df, package = "ENCODExplorer")
#模糊搜索 stat3 = > 终端窗口回显 Results: 60 files, 7 datasets
fuzzy_results <- fuzzySearch(searchTerm = c("stat3"), database = encode_df)
write.table(fuzzy_results,"stat3.txt") #输出搜索结果
#查询 stat3 的 ChIP-Seq 数据,其中 BED 格式的结果文档有多少
query_results <- queryEncode(df = encode_df, assay = "ChIP-seq", target = "stat3", file_format = "bed", fixed = FALSE)
#输出查询结果
write.table(query_results,"Step3-8-stat3-ChIP-seq-bed.txt")
#查询其中已释放(released)数据
query_results <- queryEncode(df = encode_df, assay = "ChIP-seq", target = "stat3", file_format = "bed", file_status = "released", status = "released", fixed = FALSE)
#下载结果文档
downloadEncode(query_results, df = encode_df)
```

2. ChIP-Seq 数据分析

首先,利用 Bowtie2 将上述 ChIP-Seq 数据与人类参考基因组索引文件进行比对;接着,利用 Samtools 工具对比对结果进行简单的统计分析,获取测序深度数据;随后,计算非零覆盖区域的平均覆盖度等统计指标,并据此过滤其中覆盖度偏低的位点;最后,根据覆盖的基因组位点进行聚类,获取覆盖区间数据,包括染色体或序列名称、起始和结束位点、平均深度等指标。

其次,利用现有的 ChIP-Seq 分析流程,对上述 ChIP-Seq 数据进行分析,获取其基因组

覆盖区间数据。

再次,利用 SOAPdenovo2 或其他合适的序列组装软件,对所下载的 ChIP-Seq 数据进行组装;随后,一方面将组装结果与参考基因组进行比对,以获取基因组覆盖区间信息,另一方面对测序数据组装结果进行比对和统计分析,以获取测序深度数据。

最后,将这几种通过不同方法获取的分析结果,与从 ENCODE 数据库下载的处理后的数据文件(BED 格式)进行比对,分析其异同之处,试阐述原因。

3. 基于 ChIP-Seq 数据分析结果的邻近基因检索

根据第 2 步的分析结果,结合人类基因组的基因注释文件,自行编程检索最邻近基因;记录该邻近基因 ID、名称等,以及距离和正负链信息。当然,亦可利用基于 R 语言的 ENCODExplorer 工具包,从 ENCODE 数据库检索和下载相关数据;然后,利用 ChIPpeakAnno 和 TSS. human. NCBI36 对数据进行注释分析;继而,利用 biomaRt 获取更多有关基因的信息。

以下是利用 R 语言相关工具包进行邻近基因检索、注释等的示例脚本。

```
#设定工作目录
setwd("/home/zhanggaochuan/")
#加载相关 R 语言工具包
library(ChIPpeakAnno); data(TSS. human. NCBI36); library(biomaRt)
#连接 Ensembl 服务器上的人类基因数据库
ensembl = useMart("ensembl", dataset = "hsapiens_gene_ensembl")
#手动编辑 PeakFiles 变量,这个可以根据第 1 步示例脚本中的查询结果来获取
PeakFiles <-c ('ENCFF002CPP. bed', 'ENCFF002CTH. bed', 'ENCFF002CZE. bed', 'ENCFF002CZH.
bed', 'ENCFF002CZI. bed', 'GM12878_STAT3_narrowPeak. bed', 'HeLaS3_STAT3_narrowPeak. bed',
'MCF10a-ErSrc_STAT3_ETOH36_narrowPeak. bed', 'MCF10a-ErSrc_STAT3_TAM36_narrowPeak. bed',
'MCF10A-ErSrc_STAT3_TAM12_narrowPeak. bed')
FileCount = length(PeakFiles)
#开始循环遍历每个 Peak 文件
for(i in 1:FileCount)
   myPeakbed = read. table(PeakFiles[i], header = FALSE, sep = "\t")
   #将 BED 格式数据转成 Granges 对象,并对其进行注释
   myPeakGR = GRanges(seqnames = myPeakbed[,1], ranges = IRanges(start = myPeakbed[,2], end =
   myPeakbed[,3]))
   annotatedPeak = annotatePeakInBatch(myPeakGR, AnnotationData = TSS. human. NCBI36)
   #定义注释结果输出文件,并将结果写入该文件;这样每个 Peak 文件会输出一个注释结果文件
   outfile1 = paste("stat3-ChIP-seq-bed-neareast-gene-loci", PeakFiles[i], sep = "-")
   write. table(annotatedPeak, outfile1)
   #根据注释结果中的 Ensembl 基因 IDs,检索更多基因相关信息
   Peaks = as. data. frame(annotatedPeak); ensembl_gene_ids = Peaks[,7]
   genes = getBM(attributes = c('ensembl_gene_id', 'entrezgene', 'hgnc_symbol', 'chromosome_name', '
   start_position', 'end_position'), filters = 'ensembl_gene_id', values = ensembl_gene_ids, mart = ensembl)
```

```
#定义基因信息检索结果输出文件,每个 Peak 文件会输出一个检索结果文件
outfile2 = paste("stat3-ChIP-seq-bed-neareast-gene-name",PeakFiles[i], sep = "-")
write. table(genes,outfile2)
}
```

4. 基于 ChIP-Seq 数据的 TFBS 保守模体分析

基于 ChIP-Seq 数据的组装结果序列或其基因组覆盖区间序列,对该转录因子结合位点(TFBS)的保守模体(motif)进行计算分析。利用自身所掌握的编程语言和/或 MEME 工具,分析该转录因子结合位点(TFBS)的保守模体。然后,将其与第 1 步下载的保守模体进行比对,分析其异同之处,试阐述其原因。

5. 基于多数据源的转录因子调控机制分析

（1）基于 RNA-Seq 数据的差异表达基因分析

基于第 1 步下载的 RNA-Seq 数据和参考基因组索引,选择一个常用的有参分析流程,分析目标转录因子过表达或敲除前后的差异表达基因,从而获取可能受到该转录因子直接或间接调控的下游基因。

（2）差异表达基因启动子的获取

利用基于 R 语言的 biomaRt 工具包获取第 5 步(1)中通过计算获得的差异表达基因的启动子序列。以下是利用基于 R 语言的 biomaRt 工具包提取基因启动子序列的示例脚本。

```
#设定工作目录
setwd("/home/zhanggaochuan/")
#进入 R 语言环境,加载 biomaRt
library(biomaRt)
#连接 Ensembl 服务器上的人类基因数据库
ensembl = useMart("ensembl",dataset = "hsapiens_gene_ensembl")
#定义 Entrez 基因 IDs 的输入文件,并读取之
file  <- "DEGs-entrez-gene-IDs. txt"
entrez_genes = read. table(file,head = FALSE)
#如果是根据基因芯片获得的差异表达基因信息,则为芯片探针 IDs,可以通过以下方式进行转换
#定义基因探针 IDs 的输入文件,并读取之
file  <- "DEGs-probe-IDs. txt"
probes = read. table(file,head = FALSE)
#查询这些探针 IDs 对应的 Entrenz 基因 IDs,假设该基因芯片型号为 affy_hg_u133_plus_2
entrezgene = getBM ( attributes = 'entrezgene', filters = 'affy _hg _u133 _plus _2', values = probes, mart = ensembl)
#进行变量类型转换
entrez_genes = apply(entrez_genes,1,as. character)
#根据上面的 Entrez 基因 IDs 信息检索其上游 1 000 bp 的启动子序列
```

```
promoter_seq = getSequence( id = entrez_genes, type = "entrezgene", seqType = "coding_gene_flank", upstream
= 1000, mart = ensembl)
#输出序列
outfile = "/home/zhanggaochuan/protomter_seq-by-biomaRt-from-ensembl.txt"
write.table( promoter_seq, outfile)
```

（3）差异表达基因启动子序列中目标转录因子结合位点的计算鉴别

自行编程和/或利用 FIMO 工具,基于第 1 步下载和/或第 4 步计算所获得的保守模体的碱基位点概率矩阵（HMM）,对这些基因启动子序列分别进行分析,计算鉴别其可能具有的该转录因子结合位点（TFBS）。

（4）多数据源的交集分析

一方面,可以对第 3 步的邻近基因检索结果与第 5 步（1）中的差异表达基因分析结果进行交集分析,获得两者的共同基因;由于两者均是基于实验证据获得的结果,故而这些基因很有可能受到目标转录因子的直接调控,即目标转录因子识别并结合到这些共同基因上游启动子特定区域,进而调控这些基因的表达。另一方面,可以对第 3 步的邻近基因检索结果与第 5 步（3）中的计算结果进行交集分析,获得两者的共同基因;由于（3）中的结果是基于计算鉴别的,故相对而言,共同基因的可靠性要低于前者;但是在缺少 ChIP-Seq 数据的情况下,这不失为可选策略之一。对比两种方法获得的共同基因的异同之处,试阐述其差异原因。

五、 注意事项

① 注意不同数据的样本类型和处理方法的差异,尽可能让 RNA-Seq 和 ChIP-Seq 两组数据的来源样本类型一致。

② 在检索转录因子结合位点（TFBS）邻近基因的过程中,需要注意区分上下游基因或正负链编码基因问题,即对于某个 TFBS,分别计算其下游正链编码基因和上游负链编码基因的距离,其中距离绝对值更小的基因为该 TFBS 关联的邻近基因。此外,这个距离大小亦可设定一个阈值,如距离过大,则判定该 TFBS 没有关联的邻近基因。

③ 由于不同数据库资源之间的差异,在上述数据库检索过程中,并不是每个 Ensembl 基因 ID 都能够在其他数据库中检索出基因相关信息,比如 Entrez 基因相关信息。

六、 问题与思考

① 如果存在多个不同样本类型来源的 ChIP-Seq 数据,那么应该如何处理由此查询获取的多个不同的邻近基因集合?

② 在上述第 5 步（3）中,根据 TFBS 保守模体数据计算鉴别目标转录因子结合位点的思路,可以应用于何种场景?

③ 对于缺乏完善的基因组注释信息和 ChIP-Seq 数据的非模式生物,如何进行转录因子调控机制分析?

其他综合实践设想

基因组数据类型多种多样,分析技术和方法也千差万别。以上实践内容均为编者根据自身课堂教学和科研活动来设计的,未能包含基因组数据分析的方方面面,更多分析内容有待大家自行探索。以下是其他方面分析内容的概述,仅供参考。

本教程的很多实践项目均与基因组注释和可视化有关,只是注释内容仅仅局限于编码基因结构信息和个别启动子元件。然而,与基因组有关的注释信息可远远不止于此,比如非编码 RNA 基因、重复序列、各种变异信息、表型及其研究报道、来自基因芯片和 RNA-Seq 数据的基因表达水平、来自 ENCODE 的基因表达调控信息以及比较基因组学等。这些信息都可以进行可视化展示,这其中涉及不同数据类型的分析和可视化结果的格式化处理。因此,可以针对这方面内容,开展一个不同类型数据的全基因组注释及可视化实践项目。

针对正常人群和某种疾病患者的全基因组测序分析,可能更为关注两者之间的差异,包括点突变、插入和缺失、基因组结构变异和基因扩增等。基于这类数据,可以通过差异分析,找出患者特异性的变异信息,以此作为该疾病的分子诊断标记。这属于全基因组关联分析(genome-wide association studies,GWAS)。当然,此类分析并非一定是基于全基因组测序数据的,还可以是全外显子测序(whole exome sequencing,WES),即旨在鉴别编码基因区域的差异。针对此类基因组数据进行分析,可以开展诸如"基于基因组突变数据的肿瘤分型"之类的实践项目。

此外,还有全基因组甲基化测序(methylation sequencing,Methyl-Seq 或 bisulfite sequencing),它是一种以单核苷酸分辨率理解全基因组甲基化的强大工具。该技术可以用来区分不同群体之间全基因组甲基化图谱的差异,尤其是基因启动子区域的甲基化水平差异。针对此类基因组数据进行分析,可以开展诸如"肿瘤特异性甲基化位点及其关联基因的分析"之类的实践项目。

总而言之,基因组学层面的数据类型及分析方法多种多样,要想深入理解并熟练掌握相关分析手段,不仅需要花费时间和精力来阅读相关文献资料,还需要学习相关数据库和软件工具的使用方法,并基于实际数据案例开展必要的实践练习。只有这样才能有效地掌握这些数据的分析方法和手段,进而达到融会贯通。

第四篇 常用软件使用手册

基因组信息学的实践项目,涉及大量专业软件的使用。为了帮助初学者更快地学习和掌握这些软件的使用,更好地完成前面的实践内容,编者根据软件开发人员提供的英文使用说明、软件自带的帮助信息以及相关的文献资料,结合自己的专业知识,总结整理出此部分内容。本部分内容所涉及的软件安装和测试平台,如没有特别说明,均为 Ubuntu 16.04 及以上版本。

1．ART

一、 简介

ART 是一组模拟工具,它通过使用内置的基于大量重新校准的测序数据集的经验错误模型(empirical error model)或质量谱(quality profile)配置文件,来模拟下一代测序(next-generation sequencing,NGS)过程,生成模拟的 NGS 读段数据。该工具允许使用用户自定义的读段错误模型参数和质量谱配置文件。它可以模拟三个主要商业测序平台(illumina Solexa、Roche 454、Applied Biosystems SOLiD)的单末端(single-end)、双末端(paired-end)和配对(mate-pair)测序读段,并可输出 FASTQ 格式的读段数据、ALN/SAM/BED 格式的比对结果。ART 工具还可用于测试或评估各种 NGS 数据分析方法和工具,包括读段比对、从头组装、SNP 和结构变异发现;亦可与基因组变异模拟工具(如 VarSim)联用,用于评估变异调用工具或方法。该工具也是千人基因组计划(1000 Genomes Project)模拟研究的主要工具。

二、 下载与安装

首先,从 ART 官网下载最新的预编译版本,解压缩后可直接使用。在终端命令行窗口中,切换到软件所在目录,然后使用"./"模式执行指令,如"./art_illumina"。当然,亦可将该目录下所有文件复制到"/usr/bin"或其他系统程序目录下"sudo cp -a ./*/usr/bin/";然后,即可在终端窗口中直接运行程序,如 art_illumina。从其官网下载源码进行编译安装是另一条途径。以 Ubuntu 16 系统为例,安装在"/usr/local/bin"目录中。

```
#下载源码
wget https://www.niehs.nih.gov/research/resources/assets/docs/artsrcmountrainier2016.06.05linux.tgz
#解压缩
tar zxvf artsrcmountrainier2016.06.05linux.tgz
#切换到源码目录
cd art_src_MountRainier_Linux/
#设定安装目录;不指定安装目录,则默认安装到/usr/local/bin 目录中
#./configure --prefix = /path/to/install
#编译安装
make & sudo make install
```

三、用法与参数说明

1. art_illumina

（1）基本用法

在终端命令行窗口中,直接运行 art_illumina,程序将回显主要用法。

```
art_illumina [ options ] -ss < sequencing_system > -sam -i < seq_ref_file > -l < read_length > -f < fold_coverage > -o < outfile_prefix >
```

```
art_illumina [ options ] -ss < sequencing_system > -sam -i < seq_ref_file > -l < read_length > -c < num_reads_per_sequence > -o < outfile_prefix >
```

```
art_illumina [ options ] -ss < sequencing_system > -sam -i < seq_ref_file > -l < read_length > -f < fold_coverage > -m < mean_fragsize > -s < std_fragsize > -o < outfile_prefix >
```

```
art_illumina [ options ] -ss < sequencing_system > -sam -i < seq_ref_file > -l < read_length > -c < num_reads_per_sequence > -m < mean_fragsize > -s < std_fragsize > -o < outfile_prefix >
```

（2）参数说明

-c|--rcount：每条序列或扩增子生成的读段或读段对的数量,不可以与"-f | --fcov"联用。

-f|--fcov：模拟的读段覆盖度倍数。

-i|--in：输入的 DNA/RNA 序列文件名,基因组测序模拟就是基因组序列文件。

-l|--len：模拟的读段长度。

-m|--mflen：双末端测序模拟的 DNA/RNA 片段的平均长度。

-o|--out：输出文件名的前缀。

-p|--paired：设定双末端测序模拟。

-s|--sdev：双末端测序模拟中的 DNA/RNA 片段长度的标准差。

-sam|--samout：设定生成 SAM 格式的比对结果文件。

-amp|--amplicon：设定扩增子测序模拟。

-mp|--matepair：设定配对测序模拟。

-nf|--maskN：对基因组中的"N"是否进行屏蔽，设定在一个读段中出现的 N 频数阈值，超过这个阈值进行屏蔽。

-ef|--errfree：表示生成零测序错误的 SAM 文件以及常规文件。注意：零错误 SAM 文件中的读段具有与常规 SAM 文件中相同的比对位置，但没有任何测序错误。

-qs|--qShift：设定第 1 个读段质量分数的偏移量。

-qs2|--qShift2：设定第 2 个读段质量分数的偏移量。

> 注：对于-qs/-qs2 参数来说，正数将提高质量分数（最大为 93），即减少测序错误；负数将降低质量分数，即增加测序错误。如果设置为 x，则错误率将是默认配置文件的 1/（10^（x/10））。

-ss|--seqSys：设定模拟的 illumina 测序系统编号。测序系统编号/名称如下。

```
GA1-GenomeAnalyzer I (36 bp,44 bp)
GA2-GenomeAnalyzer II (50 bp, 75 bp)
HS10-HiSeq 1000 (100 bp)
HS20-HiSeq 2000 (100 bp)
HS25-HiSeq 2500 (125 bp, 150 bp)
HSXn-HiSeqX PCR free (150 bp)
HSXt-HiSeqX TruSeq (150 bp)
MinS-MiniSeq TruSeq (50 bp)
MSv1-MiSeq v1 (250 bp)
MSv3-MiSeq v3 (250 bp)
NS50-NextSeq500 v2 (75 bp)
```

（3）常见用法示例

① 10×单末端（single-end）测序模拟，HiSeq 2500 平台，150 bp 读段

```
art_illumina -ss HS25 -sam -i reference. fa -l 150 -f 10 -o single_dat
```

② 20×双末端（paired-end）测序模拟，DNA/RNA 片段大小为 200 bp ± 10 bp

```
art_illumina -ss HS25 -sam -i reference. fa -p -l 150 -f 20 -m 200 -s 10 -o paired_dat
```

③ 20×配对（mate-pair）测序模拟，HiSeq 1000 平台，100 bp 读段

```
art_illumina -ss HS10 -sam -i reference. fa -mp -l 100 -f 20 -m 2500 -s 50 -o matepair_dat
```

④ 10×扩增子（amplicon）测序模拟 5′单末端测序，GenomeAnalyzer II 平台

```
art_illumina -ss GA2 -amp -sam -na -i amp_reference. fa -l 50 -f 10 -o amplicon_5end_dat
```

⑤ 10×扩增子测序模拟双末端测序

```
art_illumina -ss GA2 -amp -p -sam -na -i amp_reference. fa -l 50 -f 10 -o amplicon_pair_dat
```

⑥ 10×扩增子测序模拟配对测序

```
art_illumina -ss MSv1 -amp -mp -sam -na -i amp_reference. fa -l 150 -f 10 -o amplicon_mate_dat
```

⑦ 模拟双末端测序，生成一个"零测序错误"的 SAM 文档

```
art_illumina -ss HSXn -ef -i reference. fa -p -l 150 -f 20 -m 200 -s 10 -o paired_twosam_dat
```

⑧ 将替换错误率降低到默认配置文件的十分之一

art_illumina -i reference.fa -qs 10 -qs2 10 -l 50 -f 10 -p -m 500 -s 10 -sam -o reduce_error

⑨ 关闭对包含未见核苷酸"N"的基因组区间的屏蔽

art_illumina -ss HS20 -nf 0 -sam -i reference.fa -p -l 100 -f 20 -m 200 -s 10 -o paired_nomask

⑩ 屏蔽在 50 bp 读长中出现 >= 5 个"N"的基因组区间

art_illumina -ss HSXt -nf 5 -sam -i reference.fa -p -l 50 -f 20 -m 200 -s 10 -o paired_maskN5

2. art_454

（1）基本用法

在终端命令行窗口中，直接运行 art_454，程序将回显主要用法。

#单末端测序模拟

art_454 [-s] [-a] [-t] [-r rand_seed] [-p read_profile] [-c num_flow_cycles] < INPUT_SEQ_FILE > < OUTPUT_FILE_PREFIX > < FOLD_COVERAGE >

#双末端测序模拟

art_454 [-s] [-a] [-t] [-r rand_seed] [-p read_profile] [-c num_flow_cycles] < INPUT_SEQ_FILE > < OUTPUT_FILE_PREFIX > < FOLD_COVERAGE > < MEAN_FRAG_LEN > < STD_DEV >

#扩增子测序模拟

art_454 [-s] [-a] [-t] [-r rand_seed] [-p read_profile] [-c num_flow_cycles] < -A | -B > < INPUT_SEQ_FILE > < OUTPUT_FILE_PREFIX > < #_READS/#_READ_PAIRS_PER_AMPLICON >

（2）参数说明

INPUT_SEQ_FILE：设定 FASTA 格式的 DNA/RNA 参考序列文件名。

OUTPUT_FILE_PREFIX：设定输出的读段数据文件（*.fq）和队列文件（*.aln）的名称前缀或目录。

FOLD_COVERAGE：设定读段覆盖在参考序列上的倍数。

MEAN_FRAG_LEN：设定双末端测序模拟时的平均 DNA/RNA 片段大小。

STD_DEV：设定双末端测序模拟时的 DNA/RNA 片段大小的标准偏差。

#READS_PER_AMPLICON：设定每个扩增子读段数量，针对 5′端扩增子测序。

#READ_PAIRS_PER_AMPLICON：设定每个扩增子读段对数量，针对双末端扩增子测序。

-A：设定程序执行单末端扩增子测序模拟。

-B：设定程序执行双末端扩增子测序模拟。

-M：设定程序使用 CIGAR 'M'代替' = /X'来表示队列中的匹配/错配。

-a：设定程序输出 ALN 格式队列文件。

-s：设定程序输出 SAM 格式队列文件。

-d：设定程序输出警告信息，用以调试。

-t：设定程序根据内置的 GS FLX Titanium 配置文件模拟测序读段。默认：GS FLX 配置文件。

-r：指定一个固定的随机种子来进行测序模拟，这样执行多次都会生成相同的数据集。

-c：指定测序仪的流循环环数（flow cycles）。默认：GS-FLX 为 100，GS-FLX Titanium 为 200。

-p：指定用户自定义读段配置文件，用于测序模拟；该参数是包含读段配置数据文件的目录。

（3）常见用法示例

① 20×的单末端测序模拟
art_454 -s seq_reference. fa . /outdir/single_dat 20
② 模拟 GS-FLX Titanium 测序平台的 10×双末端测序，DNA/RNA 片段大小为 1 500 bp ± 20 bp
art_454 -s -t seq_reference. fa . /outdir/paired_dat 10 1500 20
③ 使用一个固定的随机种子来模拟 10×双末端测序
art_454 -s -r 777 seq_reference. fa . /outdir/paired_fxSeed 10 2500 50
④ 模拟单末端扩增子测序，每个扩增子 10 个读段
art_454 -A -s amplicon_ref. fa . /outdir/amp_single 10
⑤ 模拟双末端扩增子测序，每个扩增子 10 个读段对
art_454 -B -s amplicon_ref. fa . /outdir/amp_paired 10

3. art_SOLiD

（1）基本用法

在终端命令行窗口中，直接运行 art_SOLiD，程序将回显主要用法。

#单末端（single-end）测序模拟（5′端-F3 读段）
art_SOLiD［ options ］< INPUT_SEQ_FILE > < OUTPUT_FILE_PREFIX > < LEN_READ > < FOLD_COVERAGE >
#配对（mate-pair）测序模拟（F3-R3 读段对）
art_SOLiD［ options ］< INPUT_SEQ_FILE > < OUTPUT_FILE_PREFIX > < LEN_READ > < FOLD_COVERAGE > < MEAN_FRAG_LEN > < STD_DEV >
#双末端（paired-end）测序模拟（F3-R3 读段对）
art_SOLiD［ options ］< INPUT_SEQ_FILE > < OUTPUT_FILE_PREFIX > < LEN_READ_F3 > < LEN_READ_F5 > < FOLD_COVERAGE > < MEAN_FRAG_LEN > < STD_DEV >
#扩增子（amplicon）测序模拟
art_SOLiD［ options ］-A s < INPUT_SEQ_FILE > < OUTPUT_FILE_PREFIX > < LEN_READ > < READS_PER_AMPLICON >
art_SOLiD［ options ］-A m < INPUT_SEQ_FILE > < OUTPUT_FILE_PREFIX > < LEN_READ > < READ_PAIRS_PER_AMPLICON >
art_SOLiD［ options ］-A p < INPUT_SEQ_FILE > < OUTPUT_FILE_PREFIX > < LEN_READ_F3 > < LEN_READ_F5 > < READ_PAIRS_PER_AMPLICON >

（2）参数说明

除了与 art_454 具有部分相同的参数（INPUT_SEQ_FILE、OUTPUT_FILE_PREFIX、FOLD_COVERAGE、MEAN_FRAG_LEN、STD_DEV、READS_PER_AMPLICON、READ_PAIRS_PER_AMPLICON、-A、-M、-s、-r、-p）之外，该程序还有几个特有的参数，如下所示。

LEN_READ：设定 F3/R3 读段长度。

LEN_READ_F3：设定双末端测序模拟时的 F3 读段长度。

LEN_READ_F5：设定双末端测序模拟时的 F5 读段长度。

-f：指定调整错误率的比例因子,如"-f 0"代表零错误率模拟。

（3）常见用法示例

① 10×单末端 25 bp 读段模拟

art_SOLiD -s seq_reference. fa . /outdir/single_dat 25 10

② 20×单末端 75 bp 读段模拟,使用用户自己的错误配置文件

art_SOLiD -s -p . . /SOLiD_profiles/profile_pseudo . /seq_reference. fa . /dat_userProfile 75 20

③ 20×配对 35 bp（F3-R3）读段模拟,DNA/RNA 片段大小为 2 000 bp±50 bp

art_SOLiD -s seq_reference. fa . /outdir/matepair_dat 35 20 2000 50

④ 使用固定的随机种子进行 10×配对 50 bp 读段模拟,DNA/RNA 片段大小为 1 500 bp±50 bp

art_SOLiD -r 777 -s seq_reference. fa . /outdir/matepair_fs 50 10 1500 50

⑤ 20×双末端读段(75 bp F3,35 bp F5)模拟,DNA/RNA 片段大小为 250 bp±10 bp

art_SOLiD -s seq_reference. fa . /outdir/paired_dat 75 35 20 250 10

⑥ 扩增子测序模拟,25 bp 单末端读段,每个扩增子 100 个读段

art_SOLiD -A s -s amp_reference. fa . /outdir/amp_single 25 100

⑦ 扩增子测序模拟,50 bp 配对读段,每个扩增子 80 个读段对

art_SOLiD -A m -s amp_reference. fa . /outdir/amp_matepair 50 80

⑧ 扩增子测序模拟,双末端读段(35 bp F3,25 bp F5),每个扩增子 50 个读段对

art_SOLiD -A p -s amp_reference. fa . /outdir/amp_pair 35 25 50

4. art_profiler_illumina

（1）基本用法

art_profiler_illumina output_profile_name input_fastq_dir fastq_filename_extension [max_number_threads]

（2）参数说明

output_profile_name：指定程序生成的读段质量谱文件名称。

input_fastq_dir：指定输入的 FASTQ 文件所在目录,可以是压缩格式。

fastq_filename_extension：指定测序文件扩展名。fq 为 FASTQ,fq. gz 为压缩的 FASTQ。

max_number_threads：指定程序运行时可以使用的线程数或 CPU 核数。默认:所有核。

注意:对于双末端测序产生的 FASTQ 文档,第 1 个读段文件命名必须是" * _1. fq/ * _1. fq. gz"或" * . 1. fq/ * . 1. fq. gz";第 2 个读段文件命名必须为" * _2. fq/ * _2. fq. gz"或" * . 2. fq/ * . 2. fq. gz"。

（3）常见用法示例

① 根据 fastq_dat_dir 目录中所有 * . fq. gz 文档创建 hiseq2k 质量谱

/usr/bin/ART_profiler_illumina/art_profiler_illumina HiSeq2k fastq_dat_dir fq. gz

② 根据 fastq_dat_dir 目录中所有 *.fq 文档创建 hiseq2k 质量谱,使用 20 个核
/usr/bin/ART_profiler_illumina/art_profiler_illumina HiSeq2k fastq_dat_dir fq 20
③ 利用自己从 GenBank 的 SRA 数据库下载的酵母基因组的 HiSeq 2500 数据,创建数据模型
mkdir SRA_Sc_HiSeq2500
cd SRA_Sc_HiSeq2500
#下载某双末端测序结果
fastq-dump --split-3 SRR6846984
#Read 2752000 spots for SRR6846984
#Written 2752000 spots for SRR6846984
#完成后在当前目录下生成两个 FASTQ 文件:SRR6846984_1.fastq 和 SRR6846984_2.fastq
#下面命令行中的"."代表当前目录
/usr/bin/ART_profiler_illumina/art_profiler_illumina MyHS25.txt . fastq 1
#终端窗口回显如下
processing ./SRR6846984_1.fastq
processing ./SRR6846984_2.fastq
The read profile file ./MyHS25.txtR1.txt has been created
The read profile file ./MyHS25.txtR2.txt has been created

四、 使用案例

1. 模拟 HiSeq 2500 平台的双末端测序

本案例利用 art_illumina 程序,针对酵母基因组(FASTA 格式文件,12.3 MB),模拟 HiSeq 2500 平台的双末端测序,覆盖倍数为 10,读段长度为 125 bp,DNA/RNA 片段大小为 200 bp ± 10 bp。结果输出到当前工作目录中,输出文件名称前缀为"pair"。在终端命令行窗口中,执行如下指令。

```
art_illumina -ss HS25 -sam -i gDNA.fna -p -l 125 -f 10 -m 200 -s 10 -o pair
#程序运行成功后,将会在终端命令行窗口中回显以下内容(摘录部分)
Total CPU time used: 20.37 #上述指令运行时间
The random seed for the run: 1568175233 #上述指令运行时的随机种子
Parameters used during run #上述指令的运行参数
  Read Length:   125
  Genome masking 'N' cutoff frequency:   1 in 125
  Fold Coverage:                10X
  Mean Fragment Length:     200
  Standard Deviation:       10
  Profile Type:             Combined
  ID Tag:
Quality Profile(s) #上述指令运行时所调用的内建质量谱配置文件
  First Read:   HiSeq 2500 Length 126 R1 (built-in profile)
  First Read:   HiSeq 2500 Length 126 R2 (built-in profile)
Output files #输出结果文件
  FASTQ Sequence Files: #FASTQ 格式的读段文件,双末端测序有两个
    the 1st reads: ./pair1.fq
    the 2nd reads: ./pair2.fq
```

```
    ALN Alignment Files：#ALN 格式的队列文件,双末端测序有两个
        the 1st reads：./pair1. aln
        the 2nd reads：./pair2. aln
    SAM Alignment File：#SAM 格式的队列文件,所有读段与基因组比对结果合并在一个文件中
        ./pair. sam
#查看结果文档

ll -o --block-size = M ./pair*

#终端窗口回显如下
-rw-rw-r-- 1 bioinformatics 138M 9 月    10 14：52 ./pair1. aln
-rw-rw-r-- 1 bioinformatics 128M 9 月    10 14：52 ./pair1. fq
-rw-rw-r-- 1 bioinformatics 137M 9 月    10 14：52 ./pair2. aln
-rw-rw-r-- 1 bioinformatics 128M 9 月    10 14：52 ./pair2. fq
-rw-rw-r-- 1 bioinformatics 293M 9 月    10 14：52 ./pair. sam
```

2. 模拟 HiSeq 2500 平台的配对测序

本案例利用 art_illumina 程序,参数设置与上一个案例类似,仅将"-p"改为"-mp";结果输出文件名称前缀设为"mpair"。程序运行成功后,终端命令行窗口中将会回显以下内容,可以看出回显内容与上一个案例几乎一样。

```
art_illumina -ss HS25 -sam -i gDNA. fna -mp -l 125 -f 10 -m 2500 -s 50 -o mpair

#程序运行成功后,将会在终端命令行窗口中回显以下内容(摘录部分)
Total CPU time used：20. 17
The random seed for the run：1568175122
Parameters used during run
    Read Length：   125
    Genome masking 'N' cutoff frequency：   1 in 125
    Fold Coverage：        10X
    Mean Fragment Length：    2500
    Standard Deviation：      50
    Profile Type：        Combined
    ID Tag：
Quality Profile(s)
    First Read：   HiSeq 2500 Length 126 R1（built-in profile）
    First Read：   HiSeq 2500 Length 126 R2（built-in profile）
Output files
    FASTQ Sequence Files：
        the 1st reads：./mpair1. fq
        the 2nd reads：./mpair2. fq
    ALN Alignment Files：
        the 1st reads：./mpair1. aln
        the 2nd reads：./mpair2. aln
    SAM Alignment File：
        ./mpair. sam
```

```
#查看结果文档
ll -o --block-size = M ./mpair*
#终端窗口回显如下
-rw-rw-r-- 1 bioinformatics 138M 9 月    10 14:54 ./mpair1.aln
-rw-rw-r-- 1 bioinformatics 128M 9 月    10 14:54 ./mpair1.fq
-rw-rw-r-- 1 bioinformatics 137M 9 月    10 14:54 ./mpair2.aln
-rw-rw-r-- 1 bioinformatics 128M 9 月    10 14:54 ./mpair2.fq
-rw-rw-r-- 1 bioinformatics 293M 9 月    10 14:54 ./mpair.sam
```

3. 模拟 Roche 454 平台的单末端测序

本案例利用 art_454 程序,针对酵母基因组,模拟 Roche 454 平台的单末端测序,覆盖倍数为 10,不输出 ALN 格式(-a)而是输出 SAM 格式(-s)的队列文件。结果输出到当前工作目录中,输出文件名称前缀为"art_454_single"。在终端命令行窗口中,执行如下指令。

```
art_454 -s gDNA.fna art_454_single 10
#程序运行成功后,将会在终端命令行窗口中回显以下内容(摘录部分)
#由于是单末端测序,故而 FASTQ 文件只有一个,另外还输出了一个读段覆盖度文件
Total CPU time used: 70.78
The random seed for the run:   1567842380
Parameters Settings
     number of flow cycles:          100
     fold of read coverage:          10X
454 Profile for Simulation
     the built-in GS-FLX profile
Output Files
  FASTQ Sequence File:
     ./art_454_single.fq
  SAM Alignment File:
     ./art_454_single.sam
  Read Coverage File: #读段覆盖度文件
     ./art_454_single.stat
#查看结果文档
ll -o --block-size = M ./art_454_single*
#终端窗口回显如下
-rw-rw-r-- 1 bioinformatics 238M 9 月    7 15:47 ./art_454_single.fq
-rw-rw-r-- 1 bioinformatics 279M 9 月    7 15:47 ./art_454_single.sam
-rw-rw-r-- 1 bioinformatics 144M 9 月    7 15:47 ./art_454_single.stat
```

4. 模拟 Roche 454 平台的双末端测序

本案例利用 art_454 程序,针对酵母基因组,模拟 Roche 454 平台的双末端测序,覆盖倍数为 10,DNA/RNA 片段大小为 500 bp ± 20 bp,输出 ALN 格式(-a)和 SAM 格式(-s)的队列文件。结果输出到当前工作目录中,输出文件名称前缀为"art_454_pair"。在终端命令行窗口中,执行如下指令。

```
./art_454 -a -s ./Sc_gDNA.fna ./art_454_pair 10 500 20
#程序运行成功后,将会在终端命令行窗口中回显以下内容(摘录部分)
#与 art_illumina 的双末端测序模拟结果非常类似,只是多输出了一个读段覆盖度文件
Total CPU time used:91.13
The random seed for the run:    1567842657
Parameters Settings
        number of flow cycles:                100
        fold of read coverage:                10X
        fragment length
            mean:        500
            std:         20
454 Profile for Simulation
        the built-in GS-FLX profile
Output Files
    FASTQ Sequence Files:
        the 1st reads:./art_454_pair1.fq
        the 2nd reads:./art_454_pair2.fq
    ALN Alignment Files:
        the 1st reads:./art_454_pair1.aln
        the 2nd reads:./art_454_pair2.aln
    SAM Alignment File:
        ./art_454_pair.sam
    Read Coverage File:
        ./art_454_pair.stat
#查看结果文档
```

```
ll -o --block-size = M ./art_454_pair*
```

```
#终端窗口回显如下
-rw-rw-r-- 1 bioinformatics 184M 9 月        7 15:52 ./art_454_pair1.aln
-rw-rw-r-- 1 bioinformatics 149M 9 月        7 15:52 ./art_454_pair1.fq
-rw-rw-r-- 1 bioinformatics 179M 9 月        7 15:52 ./art_454_pair2.aln
-rw-rw-r-- 1 bioinformatics 144M 9 月        7 15:52 ./art_454_pair2.fq
-rw-rw-r-- 1 bioinformatics 384M 9 月        7 15:52 ./art_454_pair.sam
-rw-rw-r-- 1 bioinformatics 142M 9 月        7 15:52 ./art_454_pair.stat
```

5. 输出的结果文档

（1）*.fq

FASTQ 格式读段数据文档。双末端模拟结果会在第 1 个读段文档名称后追加"*1.fq",第 2 个文档则是"*2.fq";而且,两个文档中的读段编号也是一一对应的,也就是说,来自同一个片段的两个读段编号基本一致,只是后缀有"-1"和"-2"这样的区分。此外,每个读段信息包括 4 行:第 1 行以"@"开头,是编号;第 2 行是序列;第 3 行是符号"+";第 4 行是测序质量分数代码。详细说明见附录部分。

```
pair1.fq

  @NC_001133.9 Saccharomyces cerevisiae S288c chromosome I, complete sequence_1-1
  GTAAAGGTGTCAGGGTAGTGCAAGTATAGGTTACCAGAGACGATGTTGATTGTACGTTTCCAGAA
  +
  AA7..BBI<=4I222EI?HF1==A?C8:CC==F--C6C9I?A<IIII0A11IGDEI/,,HHI???
  @NC_001133.9 Saccharomyces cerevisiae S288c chromosome I, complete sequence_2-1
  TTATTTTTTTTTTTCGATTAATTGAATTAGGGGACTATGAACCTAATTGTTAATTTTT
  +
  >;C...........1AD00?@IIC77FF5DDDDADD66;11FFB77:;IFFII,,,,,
  @NC_001133.9 Saccharomyces cerevisiae S288c chromosome I, complete sequence_3-1
  GAACCTGCACCGTGTGTGCGCCATAGGGGCCCTGTGCCGCCGTCTCTGGTGTG
  +
  A56??FIIADDCFBECEI<4IIII=0000@@?IF>:))ADD6IBD7/FF,=@F


pair2.fq

  @NC_001133.9 Saccharomyces cerevisiae S288c chromosome I, complete sequence_1-2
  TGCCGGTGGTAAGTTGACTTTACTTGACGGTGAAAAATACGTCTTCTCATCTGATCTAAAAGTTCACGGTGATTTGGTTGTC
  +
  @;HHCCCDDICC?<<0<I??:8FDD<CHII8377766C=3:F61139B704/IA<D@2222C66FE@773.7DDDFF--GCI
  @NC_001133.9 Saccharomyces cerevisiae S288c chromosome I, complete sequence_2-2
  CACAATTGATTTAAGCACGCAGTGTTGGGAAGAACATAAAATTACTCTGTCCAAGAAGGAAGACGATGAGGACA
  +
  E>2DDAA?CFFFDDA6AB7DIA>CIICCC55DFH?=F,,,,<=.DIDIIAII22@:=GGCCI3C<F<@500C;F
  @NC_001133.9 Saccharomyces cerevisiae S288c chromosome I, complete sequence_3-2
  CAACTGGAACGCGCATATATATACAAGACACACATAACATAGAAGCACACCCACGACAATAACCACACGACAATAACCACAC
  +
  1GGH3DDFF?<A=ID6BBACFDE1DD0FIDDHEAFIGDE=1FFF>IG/2,,,;=.F5--HIIIIIA?4DF7DDCDDIIF0FE
```

（2）＊.aln

ALN 格式读段比对结果文档。双末端模拟结果文档命名分别追加"＊1.aln"和"＊2.aln"。以"##"开头的区间部分是头部注释行,其中以"@"开头的是参考基因组序列信息,每个"＞"后是每个读段与基因组比对数据行。

```
pair1.aln

   1 ##ART_Illumina  read_length    125
   2 @CM      art_illumina -ss HS25 -sam -i ./Sc_gDNA.fna -p -l 125 -f 10 -m 200 -s 10 -o ./Sc_paired -rs 1617376197
   3 @SQ      NC_001133.9 Saccharomyces cerevisiae S288C chromosome I, complete sequence     230218
   4 @SQ      NC_001134.8 Saccharomyces cerevisiae S288C chromosome II, complete sequence    813184
   5 @SQ      NC_001135.5 Saccharomyces cerevisiae S288C chromosome III, complete sequence   316620
   6 @SQ      NC_001136.10 Saccharomyces cerevisiae S288C chromosome IV, complete sequence   1531933
   7 @SQ      NC_001137.3 Saccharomyces cerevisiae S288C chromosome V, complete sequence     576874
   8 @SQ      NC_001138.5 Saccharomyces cerevisiae S288C chromosome VI, complete sequence    270161
   9 @SQ      NC_001139.9 Saccharomyces cerevisiae S288C chromosome VII, complete sequence   1090940
  10 @SQ      NC_001140.6 Saccharomyces cerevisiae S288C chromosome VIII, complete sequence  562643
  11 @SQ      NC_001141.2 Saccharomyces cerevisiae S288C chromosome IX, complete sequence    439888
  12 @SQ      NC_001142.9 Saccharomyces cerevisiae S288C chromosome X, complete sequence     745751
  13 @SQ      NC_001143.9 Saccharomyces cerevisiae S288C chromosome XI, complete sequence    666816
  14 @SQ      NC_001144.5 Saccharomyces cerevisiae S288C chromosome XII, complete sequence   1078177
  15 @SQ      NC_001145.3 Saccharomyces cerevisiae S288C chromosome XIII, complete sequence  924431
  16 @SQ      NC_001146.8 Saccharomyces cerevisiae S288C chromosome XIV, complete sequence   784333
  17 @SQ      NC_001147.6 Saccharomyces cerevisiae S288C chromosome XV, complete sequence    1091291
  18 @SQ      NC_001148.4 Saccharomyces cerevisiae S288C chromosome XVI, complete sequence   948066
  19 @SQ      NC_001224.1 Saccharomyces cerevisiae S288c mitochondrion, complete genome      85779
  20 ##Header End
  21 >NC_001133.9     NC_001133.9-18410/1-1   219047   -
  22 ACATAAAGTTTGTAAATGCCAAGAAAAATACTATTTATCCAATTAATAAACAAGTTGTGAAAATCTTAGGTAAACACCCACGTAGTCTTTTTTTATAACCTCTAATATCTCAGTGACTTTATGTT
  23 ACATAAAGTTTGTAAATGCCAAGAAAAATACTATTTATCCAATTAATAAACAAGTTGTGAAAATCTTAGGTAAACACCCACGTAGTCTTTTTTTATAACCTCTAATATCTCAGTGACTTTATGTT
  24 >NC_001133.9     NC_001133.9-18408/1-1   13923    -
  25 TTTGCAAAAATTTCAAACATTGTTGTTTGAATGCAGCTAATTTTTATAGAGTACAGAGCTCAATGCTTTACATGTGCTTTATTTCCGGTACTTTTCTTAAAATGTCTACATTTTCTCTCAGGACT
  26 TTTGCAAAAATTTCAAACATTGTTGTTTGAATGCAGCTAATTTTTATAGAGTACAGAGCTCAATGCTTTACATGTGCTTTATTTCCGGTACTTTTCTTAAAATGTCTACATTTTCTCTCAGGACT
  27 >NC_001133.9     NC_001133.9-18406/1-1   80598    +
  28 AAAAAGTATGTGCTATGATATGATGTATGTATTCACGAATGTATTATGTAGAAAAATGCTAAAAAATTGGATAAAAGAAAACCATGTTTAAAATGCATACCACCATGTGTATTATAAGTACTTCG
  29 AAAAAGTATGTGCTATGATATGATGTATGTATTCACGAATGTATTATGTAGAAAAATGCTAAAAAATTGGATAAAAGAAAACCATGTTTAAAATGCATACCACCATGTGTATTATAAGTACTTCG
```

```
pair2. aln
 1 ##ART_Illumina read_length      125
 2 @CM     art illumina -ss HS25 -sam -i ./Sc_gDNA.fna -p -l 125 -f 10 -m 200 -s 10 -o ./Sc_paired -rs 1617376197
 3 @SQ     NC_001133.9 Saccharomyces cerevisiae S288C chromosome I, complete sequence      230218
 4 @SQ     NC_001134.8 Saccharomyces cerevisiae S288C chromosome II, complete sequence     813184
 5 @SQ     NC_001135.5 Saccharomyces cerevisiae S288C chromosome III, complete sequence    316620
 6 @SQ     NC_001136.10 Saccharomyces cerevisiae S288C chromosome IV, complete sequence    1531933
 7 @SQ     NC_001137.3 Saccharomyces cerevisiae S288C chromosome V, complete sequence      576874
 8 @SQ     NC_001138.5 Saccharomyces cerevisiae S288C chromosome VI, complete sequence     270161
 9 @SQ     NC_001139.9 Saccharomyces cerevisiae S288C chromosome VII, complete sequence    1090940
10 @SQ     NC_001140.6 Saccharomyces cerevisiae S288C chromosome VIII, complete sequence   562643
11 @SQ     NC_001141.2 Saccharomyces cerevisiae S288C chromosome IX, complete sequence     439888
12 @SQ     NC_001142.9 Saccharomyces cerevisiae S288C chromosome X, complete sequence      745751
13 @SQ     NC_001143.9 Saccharomyces cerevisiae S288C chromosome XI, complete sequence     666816
14 @SQ     NC_001144.5 Saccharomyces cerevisiae S288C chromosome XII, complete sequence    1078177
15 @SQ     NC_001145.3 Saccharomyces cerevisiae S288C chromosome XIII, complete sequence   924431
16 @SQ     NC_001146.8 Saccharomyces cerevisiae S288C chromosome XIV, complete sequence    784333
17 @SQ     NC_001147.6 Saccharomyces cerevisiae S288C chromosome XV, complete sequence     1091291
18 @SQ     NC_001148.4 Saccharomyces cerevisiae S288C chromosome XVI, complete sequence    948066
19 @SQ     NC_001224.1 Saccharomyces cerevisiae S288c mitochondrion, complete genome       85779
20 ##Header End
21 >NC_001133.9    NC_001133.9-18410/2    10970    +
22 TTTTCTTTTCCATTGGCTTGGATATAAATTTTTCGCTGAGAAACTTCTCTGCATTTTTTAAGCATTAAGCGTACATAACATAAAGTCACTGAGATATTAGAGGTTATAAAAAAAGACTACGTGGG
23 TTTTCTTTTCCATTGGCTTGGATATAAATTTTTCGCTGAGAAACTTCTCTGCATTTTTTAAGCATTAAGCGTACATAACATAAAGTCACTGAGATATTAGAGGTTATAAAAAAAGACTACGTGGG
24 >NC_001133.9    NC_001133.9-18408/2    216096    +
25 CACGCGAACTACATCACTCACCACTATCGTCTTAGGAACTCAAGATTTTATAGTAATGCAGCCGAAGACATTCAAGTCCTGAGAGAAAATGTAGACATTTTAAGAAAAGTACCGGAAATAAAGCA
26 CACGCGAACTACATCACTCACCACTATCGTCTTAGGAACTCAAGATTTTATAGTAATGCAGCCGAAGACATTCAAGTCCTGAGAGAAAATGTAGACATTTTAAGAAAAGTACCGGAAATAAAGCA
27 >NC_001133.9    NC_001133.9-18406/2    149404    -
28 GCCCAAAAAGCCTGTAGGATCGACGTTAATAAAGCATCAAGACTATTCCAAGCTTTCGAGAAGGTTGGCTGGCTACAGGATTCGAATTTTACGAAGTACTTATAATACACATGGTGGTATGCATT
29 GCCCAAAAAGCCTGTAGGATCGACGTTAATAAAGCATCAAGACTATTCCTAGCTTTCGAGAAGGTTGGCTGGCTACAGGATTCGAATTTTACGAAGTACTTATAATACACATGGTGGTATGCATT
```

（3）＊. sam

SAM 格式比对结果文档。以"@"开头的是注释行，之后才是读段与基因组比对数据行。详细说明见附录部分。

```
pair. sam
 1 @HD      VN:1.4  SO:unsorted
 2 @SQ      SN:NC_001133.9 Saccharomyces cerevisiae S288c chromosome I, complete sequence    LN:230218
 3 @PG      ID:02   PN:ART_454    CL:./art_454 -s ./mydata/NC_001133.9.fa ./mydata/paired 50 500 20
 4 NC_001133.9 Saccharomyces cerevisiae S288c chromosome I, complete sequence_1    83      NC_001133.9 Saccharomyces cerevisiae S288c
   chromosome I, complete sequence 221744 99      10=1D55=        =       221309  -500
   TTCTGGAAACGTACAATCAACATCGTCTCTGGTAACCTATACTTGCACTACCCTGACACCTTTAC      ???IHH,,/IEDGI11A0IIII<A?I9C6C--F==CC:8C?A==1FH?
   IE222I4=<IBB..?AA
 5 NC_001133.9 Saccharomyces cerevisiae S288c chromosome I, complete sequence_1    163     NC_001133.9 Saccharomyces cerevisiae S288c
   chromosome I, complete sequence 221309 99      175=  =       221744  500
   TGCCGGTGGTAAGTTGACTTTACTTGACGGTGAAAAATACGTCTTCTCATCTGATCTAAAAGTTCACGGTGATTTGGTTGTCGAAAAGTCTGAAGCAAGCTACGAAGGTACCGCGTTCGACGTTTCTGGTGAGACTT
   @;HHCCCDDICC7<<0<I??:8FDD<CHII8377766C=3:F61139B7D4/IA<D@2222C66FE@773.7DDDFF--GCI5////?8?5=FFIF::9F?<IF??CCDF66ECC44D6F?8FFF9F;;@I5F:?
   0000F44E<<<DD==F<<F22FID3:AD=FFDFFFFAAAE
 6 NC_001133.9 Saccharomyces cerevisiae S288c chromosome I, complete sequence_2    83      NC_001133.9 Saccharomyces cerevisiae S288c
   chromosome I, complete sequence 42042 99      44=1D14=        =       41640   -460
   AAAAATTAACAATTAGGTTCATAGTCCCCTAATTCAATTAATCGAAAAAAAAAAATAA      ,,,,IIFFI;:77BFF11;66DDADDDD5FF77CII@?00DA1..........C;>
```

（4）＊. stat

读段覆盖度文档。每行包含 3 个用制表符分隔的字段：参考位置、从该位置起始的读段数量、覆盖到该位置的读段数量。

2．Augustus

一、 简介

Augustus 是一款针对真核生物基因组序列进行从头计算预测基因的开源软件。该软件可以下载到本地进行编译、安装和运行，亦可在其官网提供的远程 Web 服务器上运行。Augustus 可以结合外部数据源，如 EST/cDNA、mRNA、RNA-Seq、同源蛋白质比对和同系基因组比对结果，来改善基因结构预测结果。Augustus 现支持蛋白质谱扩展文件（PPX），允许使用蛋白质家族特有的保守模块配置文件（block profile）来鉴定其成员以及外显子-内含子结构；该保守模块配置文件可以通过蛋白质多序列比对来获得。随发行版本一起下载的软件包中，提供了全自动注释程序；用户只需将序列，包括基因组和 ESTs 或 454 读段提供给该程序，即可得到全基因组范围的基因预测结果；在此期间，基因模型参数的训练也是自动完成的。该软件的基因预测结果可以在基因组浏览器 Gbrowse 中自动显示。Augustus 还可以预测可变剪接和可变转录本，以及 5′UTR（untranslated region，非翻译区）和 3′UTR 等，这些均可通过指定参数来控制。Augustus 会报告大量的替代基因，包括转录本以及每个外显子和内含子的概率。用户亦可让 Augustus 预测次优基因结构，还可以通过调整命令行参数来调节报告的替代基因数量。

Augustus 预测基因的模型参数是可再训练的。该软件提供了一个训练程序，可以根据一组已知基因的数据来训练参数。它还带有优化脚本，该脚本试图查找元参数的值，以优化预测精度。Augustus 利用该训练程序，内建了许多物种的基因模型参数；用户可以通过执行指令"augustus --species = help"来获取已训练的物种。Augustus 对于其所训练的物种，最准确的通常是属一级的从头预测程序。在线虫基因组注释评估项目（the nematode genome annotation assessment project，nGASP）中，该软件是从头计算和基于转录本预测类别中最好的。

二、 下载与安装

首先，从 Augustus 官网提供的 GitHub 网址下载 Augustus 程序最新版本源码，亦可以从其托管服务器下载不同版本的 Augustus 源码、参数文件、辅助脚本等。

```
#可选择以下任意一种下载方式
#GitHub 克隆模式下载
git clone https://github.com/Gaius-Augustus/Augustus
```

```
#使用 wget 从 GitHub 下载压缩包
wget https://github.com/Gaius-Augustus/Augustus/archive/master.zip
#使用 wget 从官网下载压缩包
wget http://bioinf.uni-greifswald.de/augustus/binaries/old/augustus-3.3.tar.gz
```

其次,在编译安装 Augustus 之前,尚须安装很多系统依赖库。对于 zip 压缩格式的输入文件,需要 libboost-iostreams-dev 和 zlib1g-dev 库。如果不需要此功能或所需的库不可用,可在"common.mk"中将 ZIPINPUT 设置为 false。对于多物种的比较基因组预测,需要多个系统库支持,包括 libgsl-dev、libboost-all-dev、libsuitesparse-dev、liblpsolve55-dev、libsqlite3-dev、libmysql++-dev。如果这些库不可用,可在"common.mk"中将 COMPGENEPRED 设置为 false。此外,对于 libsqlite3-dev 库,还须将 SQLITE 设置为 false;对于 libmysql++-dev 库,还须将 MYSQL 设置为 false。这样编译安装的 Augustus 只能支持单基因运行模式。编译 bam2hints 和 filterBam 功能模块,需要 libbamtools-dev 库。编译 utrrnaseq 模块,需要版本不能低于 1.49.0 的 libboost-all-dev 库。编译 bam2wig 模块,则需要安装 HTSlib 1.10 或以上版本。对于 Ubuntu 16 及以上版本,直接执行指令"sudo apt install samtools libhts-dev",即可自动安装 HTSlib。此外,不带 bam2wig 模块编译 Augustus 应该不是问题。实际上,bam2wig 模块的功能,可以简单地通过 bamToWig.py 来完成。简言之,在编译安装 Augustus 之前,应先安装上述依赖系统库。

```
sudo apt install libboost-iostreams-dev zlib1g-dev libgsl-dev libboost-all-dev libsuitesparse-dev liblpsolve55-dev
libsqlite3-dev libmysql++-dev libbamtools-dev libhts-dev samtools
```

接下来,就是编译安装 Augustus 程序。假设下载的是 Augustus-3.3 源码压缩包,在终端命令行窗口依次执行如下指令即可安装成功。

```
#解压缩
tar -xzf augustus-3.3.tar.gz
#切换到解压后的 augustus 目录
cd augustus
#编译
make
#安装,默认安装到:/usr/local/bin/augustus
sudo make install
```

三、 用法与参数说明

1. 基本用法

```
augustus [parameters] --species = SPECIES query_file_name
```

其中,"query_file_name"是包含查询序列的 FASTA 格式文件名称,包括相对路径;"SPECIES"是物种标识符,可以使用"augustus --species = help"来查看程序内建的物种列表。

2. 参数说明

--strand：设定预测哪一条链上的基因［both/forward/backward］；可以设定为两条链（both）、正向链（forward）或反向链（backward），默认：both。

--genemodel：设定预测的基因模型分类。

> partial：允许预测序列边界处的不完整基因（默认）。
> intronless：只预测单外显子基因。
> complete：只预测完整的基因。
> atleastone：预测至少一个完整基因。
> exactlyone：准确地预测一个完整的基因。

--singlestrand：设定是否独立预测每条链上的基因，即是否允许相反链上有重叠基因［true/false］。默认情况下，此选项是关闭的［false］。

--hintsfile：设定外部提示信息文件。使用此选项时，将考虑启用有外部提示信息的基因预测。该文件应该包含 GFF 格式的提示信息。

--extrinsicCfgFile：指定包含已用的提示信息来源列表的文件。如果未指定，则使用配置目录"$AUGUSTUS_CONFIG_PATH"中的文件"extrinsic. cfg"。

--maxDNAPieceSize：该参数指定输入序列将被切成的片段长度的最大值，该值直接用于 Viterbi 核心算法的运行和预测。默认：200 000。Augustus 试图将这些片段的边界放置在基因间区域，这一点会通过初步预测来推断。如果该物种"/Constant/decomp_num_steps >1"，则为每个 DNA 片段选择与 GC 含量相关的参数。

--protein，--introns，--start，--stop，--cds，--codingseq：设定是否输出相关预测结果［on/off］。这些选项分别设定输出预测的蛋白质序列、内含子、起始密码子、终止密码子、编码区及编码序列。注意：CDS 排除终止密码子，除非"stopCodonExcludedFromCDS = false"。

--AUGUSTUS_CONFIG_PATH：设定配置目录的路径；如果未指定，则为系统环境变量。

--alternatives-from-evidence：当有外部提示信息时，是否报告其他可变转录本［true/false］。

--alternatives-from-sampling：报告通过概率抽样产生的可变转录本［true/false］。

--sample = n，--minexonintronprob = p，--minmeanexonintronprob = p，--maxtracks = n：见"抽样"部分。

--proteinprofile：设定蛋白质配置文件（protein profile）。

--predictionStart，--predictionEnd：设定进行预测的序列范围。

--gff3：设定是否输出 GFF3 格式结果文件［on/off］。

--UTR：设定在预测编码序列的同时，是否还要预测非翻译区［on/off］；该选项仅对部分物种有效。

--outfile：设定结果输出文件；如果不设定，则输出到"标准输出（std）"，即终端窗口回显。

--noInFrameStop：设定是否报告带有框架内（in-frame）终止密码子的转录本［true/false］。默认：false。否则，可能会出现跨内含子的终止密码子。

--noprediction：设定是否进行预测［true/false］。如果设为"true"并且输入为 GenBank

格式,则不会进行预测;这可用于获取带注释的蛋白质序列。

　　--contentmodels:设定是否启用基因内容模型[on/off]。默认为开启(on)。如果设为
"off",则禁用基因内容模型,此时所有输出概率统一为1/4。基因内容模型包括:编码区马
尔可夫链、编码区中的初始 k-mer、内含子和基因间区域马尔可夫链。此选项适用于仅须根
据信号模型判断基因结构的特殊应用,如用于预测 SNP 或突变对剪接的影响。对于所有典
型的基因预测,该选项都应该是开启的。

　　--uniqueGeneId = true/false:设定是否输出基因标识符[true/false],如:seqname. gN。

3. 抽样:可变剪接转录本和后验概率

可变剪接转录本(alternative splicing trascript)的预测一直是个难点问题,Augustus 采用
了一种抽样的方式来预测可变剪接,后面还有一种基于外源提示信息的方法。

(1) 可变剪接转录本(来自抽样)

当在命令行上设定"--alternatives-from-sampling = true",或在配置文件中设定该参数为
"true"时,则 Augustus 可能会对每个预测基因报告多个转录本。然后将基因定义为一组转
录本,其编码序列存在重叠。Augustus 报告的某个基因的可变剪接转录本数量,取决于哪
些是可能的可变剪接。如果该区域可能只有一个转录本,那么也只有一个转录本被报告。
可以使用以下参数调整 Augustus 的默认行为。

```
--minexonintronprob = p
--minmeanexonintronprob = p
--maxtracks = n
```

预测转录本中的每个外显子和内含子的后验概率(posterior probability)不可低于
"minexonintronprob"设定的最小概率值,否则不报告该转录本。"minexonintronprob = 0. 1"
是一个合理的设置。此外,所有外显子和内含子的概率几何均值不能低于
"minmeanexonintronprob"设定的最小平均概率值。"minmeanexonintronprob = 0.4"是一个合
理的设置。当在基因组浏览器中显示时,最大轨道数为"maxtracks",如果设定"maxtracks
= -1",表示不限制。如果某个基因的所有转录本在某个位置重叠,则这也是该基因的最大
转录本数量。建议增加参数"maxtracks"以提高灵敏度;将"maxtracks"设置为 1,并增加
"minmeanexonintronprob"和/或"minexonintronprob",可以提高特异性。

(2) 后验概率

Augustus 会报告外显子、内含子、转录本和基因的后验概率。外显子的后验概率是在
给定输入序列的情况下,在该链上的随机基因结构具有这些相同坐标的外显子的条件概
率。像外显子得分一样,它不仅依赖于外显子本身范围内的序列,而且还受到诸如兼容的
相邻外显子的影响。内含子得分也与此类似。转录本概率是剪接变体与给定转录本中的
变异体完全相似的概率。基因概率是 SOME 编码序列在报告链上的报告范围内的概率,与
确切的转录本无关。

Augustus 使用抽样算法估计后验概率。参数"--sample = n"调整抽样迭代次数。"n"越

高,估计越准确,但非常准确的后验概率通常并不重要。每30次抽样迭代与不进行抽样的程序运行时间大约相同。"--sample = 60"所花费的时间大约是"--sample = 0"的三倍。其默认值是"100"。如果不需要后验概率或可变剪接转录本,设成"0"即可。请注意,抽样是伪随机的,预测结果可能因计算设备而异。以上参数设置有3种常见应用场景方案。

```
#只需输出以前版本中最可能的基因结构即可,而不要后验概率和可变剪接
--sample = 0 --alternatives-from-sampling = false
#输出最可能的基因结构并报告后验概率
--sample = 100 --alternatives-from-sampling = false
#输出可变剪接转录本并报告后验概率
--sample = 100 --alternatives-from-sampling = true
```

（3）Heating

Augustus 的概率模型可以看作是对真实情况的粗略近似。后果是强外显子（如 Viterbi 算法计算的外显子）的后验概率往往大于实际测得的精度值（特异性）。例如,在默认值 "--sample = 100"下,人类中,只有94.5%的预测外显子的后验概率 >= 98%的真实外显子。如果抽样的目的是产生一组多样化的、敏感的基因结构集,则可以使用此参数: --temperature = t。这里的 t 是 0 ~ 7 之间的任意整数。然后,将模型的所有概率取为"(8-t)/8"的幂。t = 0 时,不做任何改变（默认值）。t 越大,抽样的可变剪接越多。t = 3 是一个比较好的折中方案;此时,可以获得高灵敏度,但总体上不会有太多的外显子抽样。对于 t = 3,94.5%的人类外显子的后验概率 >= 98%的真实外显子。

4. 使用外部提示信息

Augustus 可以使用外部提示信息进行基因结构预测。目前支持的提示信息特征类型有 16 种：start、stop、tss、tts、ass、dss、exonpart、exon、intronpart、intron、CDSpart、CDS、UTRpart、UTR、irpart、nonexonpart。这些提示信息必须以 GFF3 格式存储在文件中,每行包含一个提示信息。

HS04636	mario	exonpart	500	506	.	-	.	source = M
HS04636	mario	exon	966	1017	.	+	0	source = P
HS04636	AGRIPPA	start	966	968	6.3e-239	+	0	group = gb|AAA35803.1;source = P
HS04636	AGRIPPA	dss	2199	2199	1.3e-216	+	.	group = gb|AAA35803.1;source = P
HS04636	mario	stop	7631	7633	.	+	0	source = M
HS08198	AGRIPPA	intron	2000	2000	0	+	.	group = ref|NP_000597.1;source = E
HS08198	AGRIPPA	ass	757	757	1.4e-52	+	.	group = ref|NP_000597.1;source = E

该示例中,这些提示是关于两条序列的。第 1 个字段是序列名称,第 2 个字段给出提示信息的程序,第 3 个是提示类型,第 4 和第 5 两列指定了起始和结束位置（1-based 坐标体系）,第 6 列是分值,第 7 列是链,第 8 列是阅读框相位。第 9 列包含任意其他信息,但必须包含字符串"source = X",其中 X 是提示的源标识符。文件"augustus/config/extrinsic. cfg"指定了 X 的可能值,如 X = M,E 或 P。Augustus 可以遵循这些提示,即预测与之兼容的基因结构;或者忽略提示,即预测与之不兼容的基因结构。运行 Augustus 时使用"--hintsfile"

选项即可引入提示文件。用户可以使用自己的配置文件作为"--extrinsicCfgFile"选项参数，来替代默认的"augustus/config/extrinsic. cfg"文件；如果用户未设定"--extrinsicCfgFile"选项，程序会默认读取上述文件。

```
augustus --species = human --hintsfile = hints. gff --extrinsicCfgFile = config/extrinsic. cfg genome. fa
```

使用重复提示信息的最佳方法是通过软遮蔽(soft-masking)，即重复区域中的碱基使用小写字母 acgt 代替 ACGT；这需要设置参数"--softmasking = 1"，将被遮蔽区域解释为"非外显子"证据。软遮蔽比硬遮蔽(hard-masking)——带有 N 的遮蔽，要更加准确一些，后者会丢失原始碱基信息。设定"--softmasking = 1"时，Augustus 程序对人类序列的基因预测速度比使用硬遮蔽的序列要快两倍以上。

（1）extrinsic. cfg 文件格式说明

① ［SOURCES］。

包含提示信息的 GFF/GTF 文件，必须在最后一列的某处包含条目"source = ?"，其中"?"是列在［SOURCES］行之后的代表外部信息源类型的标识字符。

```
M：手动锚点(必填)。
P：蛋白质数据库命中。
E：EST 数据库命中。
C：EST/蛋白质数据库联合命中。
D：Dialign。
R：逆转录基因( retroposed genes)。
T：跨越映射的参考序列( transMappedrefSeqs)。
```

当相同类型的提示具有不同可靠性时，需要使用不同的来源标识符，如：来自 ESTs 的外显子提示和进化保守信息的外显子提示。

② ［GENERAL］。

```
第 1 列:提示信息特征类型。
第 2 列:指定用于遵守提示的奖励。
第 3 列:指定对于预测任何提示不支持特征的惩罚。
第 4 列:提示信息源的标识字符。
第 5 列:分数类别数(n)。
从第 6 列开始,指定分隔类别的分数边界(n-1 个阈值),然后为每个分数类别的奖励指定乘法修正系数(n 个因子)。
```

增加奖励可以使 Augustus 服从更多的提示，而减少惩罚则可以使 Augustus 预测一些提示不支持的特征；惩罚有助于增加特异性。例如：Augustus 预测的外显子，在缺乏 ESTs、mRNAs、蛋白质数据库、序列保守性、跨越映射(transMapped)的表达序列证据时，这样的预测结果显然是可疑的。将惩罚设置为 1.0 将禁用这些惩罚，将奖励设置为 1.0 将禁用奖励。

start：翻译起始(起始密码子)，指定一个包含起始密码子的区域。区域可以大于 3 bp,在这种情况下,该区域中的每个 ATG 都会获得奖励。最高奖励是在该区域中间的 ATG;而越往两端,奖励会逐渐消失。

stop：翻译结束(终止密码子)。

tss：转录起始位点。

tts：转录终止位点。

ass：受体(3′)剪接位点,内含子最后位置,只能指定一个大约已知的区域。

dss：供体(5′)剪接位点,内含子第一个位置,只能指定一个大约已知的区域。

exonpart：生物学意义上的外显子的一部分。奖励仅适用于包含提示区域的外显子,只是重叠就没有任何奖励。惩罚适用于外显子的每个碱基,因此外显子的惩罚是外显子长度的指数,即 malus = exonpartmalus^length。故而,惩罚应该接近1,例如 0.99。

exon：生物学意义上的外显子。只有与提示完全匹配的外显子才能获得奖励。例外:包含起始密码子和终止密码子的外显子。这种惩罚不依赖于其长度而适用于完整的外显子。

intronpart：编码和非编码外显子之间的内含子。奖励适用于提示区域内的每个内含子碱基。

intron：当且仅当其与提示中的内含子完全相同时,才能获得奖励。

CDSpart：外显子的部分编码区域。CDS 是编码序列(coding sequence)的缩写。

CDS：具有精确边界的外显子编码部分。对于多外显子基因的内部外显子,CDS 与其生物学边界相同。对于第一个和最后一个编码外显子,CDS 边界是其编码序列的边界(开始、结束)。

UTR：UTR 外显子或部分编码外显子未翻译部分的确切边界。

UTRpart：提示区域必须包含在外显子的 UTR 部分中。

irpart：奖励适用于基因间区域的每个碱基。如果打开了 UTR 预测(--UTR = on),则认为 UTR 是属于基因的。如果在配置文件中,选择 irpart 的奖励比1小得多,则可以强制 Augustus 在指定区域内不预测基因间区域。只有想表明 Augustus 两个距离遥远的外显子属于同一个基因时,这样设定才有用,此时 Augustus 不会将该基因分割成较小的基因。

nonexonpart：基因间区域或内含子。奖励适用于与提示区域重叠的非外显子碱基。该重叠部分的长度是几何级的,因此选择接近 1.0 即可。这可作为一种较弱的遮蔽使用。例如:反转录基因不太可能包含编码区,但又不想完全禁止此类基因的外显子预测。

genicpart：非基因间区域的所有部分,即内含子、外显子或 UTR(如果适用)。奖励适用于与提示间隔区域重叠的每个基因的碱基。如果通过实验确定 a 和 b 是同一基因的一部分,例如来自同一克隆的 EST,该提示就显得格外有用,它可以使 Augustus 预测位置在 a 和 b 之间的一个基因。别名:nonirpart。

内含子、外显子、CDS、UTR、dss 类型的任何提示,都可以用来让 Augustus 预测具有 GC 的供体剪接位点,而不是更常见的 GT 供体剪接位点。除非有提示,否则 Augustus 默认不会预测 GC 型供体剪接位点。

前 3 列信息示例为:CDS　1000　0.7。

该示例的意思是,当 Augustus 搜索最可能的基因结构时,完全具有提示中给出的 CDS 的每个基因结构都将获得 1 000 的奖励因子。此外,对于每个不支持该 CDS 的基因结构的概率也将得到 0.7 的惩罚因子。

以下是从第 4 列开始的几个示例。

示例 1: M 1 1e + 100。

该示例表示,对于手动提示(M),只有一个分数类别,这种提示的奖励乘以 10^{100}。这实际上就是让 Augustus 遵守所有手动提示。

示例 2：T 2 1.5 1 5e29。

该示例表示,对于跨越映射提示(T),分为两个分数类别,分别是分数低于 1.5 和高于 1.5 的两类。分数低于 1.5 的提示奖励不变,分数高于 1.5 的提示奖励则乘以 5×10^{29}。

示例 3：D 8 1.5 2.5 3.5 4.5 5.5 6.5 7.5 0.58 0.4 0.2 2.9 0.87 0.44 0.31 7.3。

该示例是针对 Dialign 提示信息的,共设定了八个分数类别。Dialign 提示给出 CDSpart 提示的得分、链和阅读框信息。链和阅读框通常是正确的,但还不足以完全依靠。为了解决这个问题,为一条链和阅读框的所有 6 种组合生成提示,然后使用 $2 \times 2 \times 2 = 8$ 个不同的得分类别：{低分,高分} × {Dialign 链,相反链} × {Dialign 阅读框,其他阅读框}。该示例亦同时说明分数不一定是单调变化的。分数越高,不一定意味着奖励越高。它们仅是将提示按照所希望的形式进行分类的一种方式。这样,就可以通过一个来源的提示信息,区分更多分数等级,从而获得不同来源的效果。

（2）基于证据的可变剪接转录本

Augustus 可以根据提示信息中的证据来预测可变剪接转录本。该方法非常有用,例如,当不能用一个转录本解释基因组同一区域的两个 ESTs 比对结果时,那么 Augustus 会预测一个具有两种不同剪接形式的基因,每一种剪接形式对应一个 EST 比对结果。

分组提示：在 GFF 格式的最后一列,通过指定属性" group = goupname；"或" grp = goupname；",可以为每个提示信息指定一个分组名称。这可用于给同一序列与基因组比对的所有提示进行分组。分组是为了表明 Augustus 中哪些提示信息可归为一组。理想情况下,预测转录本应遵守一组的所有提示。假设有一个名为 abc 的 EST 序列与基因组比对,具有两个分离的高相似区域,中间的缺口暗示其可能是一个内含子,据此设定提示信息如下。

```
Chr1   blat2hints   exonpart   1000   1500   .   +   .   group = abc；source = E
Chr1   blat2hints   intron     1501   2000   .   +   .   group = abc；source = E
Chr1   blat2hints   exonpart   2001   2200   .   +   .   group = abc；source = E
```

优先排序：在 GFF 格式的最后一列,通过指定" priority = n；"或" pri = n"来对某些提示或提示组进行优先级排序。当两个提示或提示组相互矛盾时,优先级较低的提示将被忽略。未指定优先级时,其默认设置为-1。

```
Chr1   blat2hints   exonpart   500   800   .   +   .   priority = 2；source = E
Chr1   blat2hints   intron     700   900   .   +   .   priority = 5；source = mRNA
```

当使用"--alternatives-from-evidence = false"运行 Augustus 时,所有提示均同时提供给 Augustus,Augustus 将选择最可能的转录变异体。当 Augustus 以"--alternatives-from-evidence = true"运行时,Augustus 将根据提示所建议的可变剪接方案来预测可变转录本。该方案可以是任何形式的可变剪接,包括其他基因内含子中包含的嵌套基因、重叠基因、可变翻译起点和 UTR 变异等。

5. 使用 cDNA 进行预测

通过整合 ESTs 或 mRNA 数据,可以改善预测结果。假设 cdna.fa 是一个包含 ESTs 和/

或 mRNA 的 FASTA 格式文件,按照如下指令执行,可以完成此操作。

```
blat -minIdentity = 92 genome. fa cdna. fa cdna. psl
pslCDnaFilter -maxAligns = 1 cdna. psl cdna. f. psl
blat2hints. pl --in = cdna. f. psl --out = hints. E. gff
augustus --species = human --hintsfile = hints. E. gff --extrinsicCfgFile = extrinsic. ME. cfg genome. fa
```

BLAT 是 Jim Kent 提供的快速拼接比对程序。blat2hints. pl 是 Augustus 程序目录中的一个脚本程序。文件 extrinsic. ME. cfg 声明了包含提示信息的参数。一些 ESTs 通常会与基因组中的很多位置对齐,这些匹配中的大多数不对应于真实的蛋白质编码基因结构。因此,最好在 BLAT 运行后,再使用 pslCDnaFilter 程序过滤 cDNA 队列,仅报告每个 cDNA 得分最高的剪接拼接队列。然后,使用过滤后的文件 cdna. f. psl 来创建提示文件。

6. AUGUSTUS-PPX:使用蛋白质谱进行预测

Augustus 可以基于蛋白质谱(protein profile)进行预测,该蛋白质谱可以由多序列比对(multiple sequence alignment,MSA)生成。通过指定参数"--proteinprofile"将蛋白质谱配置文件传递给 Augustus。

```
msa2prfl. pl fam. aln > fam. prfl
augustus --proteinprofile fam. prfl genome. fa
```

该配置文件由一组位置特定的频率矩阵组成,这些矩阵可对 MSA 中的保守区域进行建模,而不会删除或插入内容。指定配置文件后,Augustus 将进行额外的分析来预测与该配置文件相似的基因,例如特定目标蛋白质家族成员。这些基因的预测准确性通常会通过蛋白质模型中的额外信息得到增强。

从多个序列比对创建蛋白质谱:根据给定的 FASTA 或 CLUSTAL 格式的多序列队列,脚本 msa2prfl. pl 通过计算比对中至少包含 6 个无间隙列的所有区块的 20 种氨基酸残基频率,来创建蛋白质谱。最小区块宽度可通过参数"--width"更改。脚本 blocks2prfl. pl 可将来自 BLOCKS 数据库的包含蛋白质家族保守区块信息的平面文件(flat file)转换为蛋白质谱。

准备核心队列:如果给定的多序列队列中没有足够多的无间隙列,则可能无法用区块谱(block profile)来表示。此时,可以根据相似性对序列进行聚类,挑选出更为相似的子集,或者从比对中丢弃无法覆盖大多数保守区块的序列,从而获得更为相似的多序列队列子集。程序 prepareAlign 可以对 FASTA 格式的 MSA 进行此操作,环境变量 PA_FULL_COL_WEIGHT、PA_SKIP_COL_WEIGHT、PA_MINSIZE、PA_MIN_COL_COUNT 可控制该程序行为。

```
prepareAlign < input. fa > output. fa
```

蛋白质谱文件的格式:首先是"[name]"部分,后面为家族名称。然后是"[dist]"和"[block]"的交替部分。每个"[dist]"部分均包含一行数值,定义块之间的最小(min)和最大距离(max);可以将"max"指定为"*",以表示不限制最大距离。每个"[block]"部分都包含一个频率矩阵;每一行对应于多序列队列中的一列,总行数与相应的保守区块长度一致;每行包含21个制表符分隔的值,第1个值是保守区块的列索引,其他20个值是频率,顺序为"GDERKNQSTAVLIFYWHMCP",代表该列中这些氨基酸残基的出现概率,加起来的总和为1。此外文中所有以"#"开头的都是注释行。

```
[name]
DHC
# Dynein heavy chain

[dist]
614    1533

[block]
# block no. 0 follows, 16 sequences, length 24
name = HsDHC_F
# note: PSSM column 0 corresponds to original block column 2
# <colnr> <probs for GDERKNQSTAVLIFYWHMCP>
#  G    D    E    R    K    N    Q    S    T    A    V    L    I    F    Y    W    H    M    C    P
0  0.01703  0.01464  0.01829  0.10333  0.02499  0.01216  0.01207  0.02104  0.01755
   0.02655  0.01704  0.02351  0.01481  0.00772  0.00692  0.00164  0.00703  0.04575
   0.00502  0.60290
1  0.01835  0.01149  0.01437  0.01477  0.01739  0.01056  0.01062  0.02218  0.04673
   0.10237  0.10187  0.37163  0.16154  0.02763  0.01279  0.00393  0.00642  0.02442
   0.01050  0.01046
2  0.01051  0.00804  0.00964  0.01037  0.01201  0.00718  0.00735  0.01272  0.01883
   0.02448  0.18120  0.34687  0.27485  0.02276  0.01032  0.00306  0.00449  0.02000
   0.00813  0.00718
3  0.03030  0.03024  0.09223  0.03226  0.07904  0.02641  0.07339  0.11867  0.10635
   0.06836  0.05343  0.07887  0.11819  0.01860  0.01332  0.00407  0.01268  0.01620
   0.01018  0.01722
......
```

运行 AUGUSTUS-PPX:该程序的运行时间与蛋白质谱文件的大小成正比。对于蛋白质谱文件,建议使用"--predictionStart"和"--predictionEnd"来限制预测。该程序的重要参数如下。

/ProteinModel/allow_truncated:是否允许在右侧截断的基因中产生蛋白质谱匹配(默认:yes)。
/ProteinModel/block_threshold_spec:控制判定保守区块命中时的特异性(默认:4.0)。
/ProteinModel/block_threshold_sens:控制判定保守区块命中时的敏感性(默认:0.4)。
/ProteinModel/weight:设定蛋白质模型对联合得分的影响,可以对其进行加权(默认:1,即均等贡献)。该值越高,会导致越多的预测基因结构更接近蛋白质的保守区块模型。
/ProteinModel/blockpart_threshold_spec:区块前缀或后缀的特异性(默认:4.5)。
/ProteinModel/blockpart_threshold_sens:区块前缀或后缀的敏感性(默认:2.0)。

增加敏感性和降低特异性都将导致更多区块命中的发现以及更多具有区块命中的基因预测结果,但同时也会带来更多的假阳性命中。当不能同时满足要求时,将从用于预测的蛋白质谱文件中丢弃一个区块。特异性和敏感性以预期得分的标准偏差为单位给出,百分比通过高斯分布函数来计算。例如,默认值 2.5 对应于 99.3% 的估计特异性,相当于 1 000 个碱基中有 7 个假阳性命中。降低其中一个参数可以防止从蛋白质谱文件中丢弃保守区块,这同样适用于被内含子断开的区块。

AUGUSTUS-PPX 输出:如果某个基因是一个蛋白质谱命中后的预测结果,则将以下行添加到 GFF 输出中。

① protein_match:每个区块映射到 DNA 的特征。如果该区块被一个内含子断开,则是区块部分的映射特征。如果指定"--gff3 = on",则在属性列中给出目标区块和蛋白质的位置。

```
chr1 AUGUSTUS    protein_match    161494506 161494595  7.54  +  0
    ID = pp. g2. t1. PF00012. 13_A;Target = PF00012. 13_A 1 30;Target_start = 19
```

② interblock_region:基因中未映射到区块的每个外显子部分的特征。

```
chr1 AUGUSTUS    interblock_region    161494449 161494505  .  +  0  ID = pp. g2. t1. iBR0
```

③ each:如果指定"--protein = on",则将与区块匹配的翻译蛋白质序列作为注释行输出。

```
# sequence of block PF00012. 13_A    19 [VGVFQQGRVEILANDQGNRTTPSYVAFTDT] 49
```

快速区块搜索以确定用于基因预测的区域:如果给出了蛋白质谱和基因组,则可以使用程序 fastBlockSearch 进行初步搜索,以便确定与蛋白质谱配置文件相关的区域。该程序将输出蛋白质谱命中的位置。然后,可以将 AUGUSTUS-PPX 运行限制在包含这些位置的基因组区域中。该程序应使用与执行 AUGUSTUS-PPX 时相同的参数来运行。此外,可以使用参数"--cutoff"来指定阈值,该阈值控制所显示的蛋白质谱命中数。程序 fastBlockSearch 找到的蛋白质谱匹配区域,可能并不包含所有区块。在这种情况下,可以通过执行脚本程序 del_from_prfl. pl 来修改蛋白质谱,从而改善预测;其中,"2,3,5"将被替换为那些将要从蛋白质谱中删除的区块列表。

```
fastBlockSearch --cutoff = 0. 5 genome. fa fam. prfl
del_from_prfl. pl fam. prfl 2,3,5
```

7. Augustus 再训练

Augustus 所使用的特定物种的基因预测模型参数,例如,编码区域和非编码区域的马尔可夫链转移概率,可以使用 GenBank 格式的基因注释训练集进行训练。这些参数存储在 config 目录的 3 个文件中,其中包含与外显子、内含子和基因间区域相关的参数,如 human_exon_probs. pbl、human_intron_probs. pbl、human_igenic_probs. pbl。对于每个物种,还有诸如马尔可夫链的顺序或用于剪接位点模型的窗口大小之类的参数,称之为元参数(meta parameter),这些元参数存储在单独的文件中,如 human_parameters. cfg。

程序 etraining 从". cfg"文件和带有基因注释信息的 GenBank 文件中读取元参数,并将其他物种特定的参数写入 3 个". pbl"文件中。

```
etraining --species = SPECIES train. gb
```

操作步骤如下。

（1）编辑一套训练和测试基因集

训练 Augustus，首先需要一组具有准确基因结构的序列，而且其中的多外显子基因越多越好；尤为重要的是正确注释了起始密码子，而不是终止密码子。用于训练的序列集应该是非冗余的，最好其中的任意两个基因在氨基酸水平上的一致性都没有超过 70%，这对于避免过拟合以及在测试集上测试准确性都非常重要。序列集中的每条序列可以包含一个或多个基因，这些基因可以在任一条链上；但是，基因不得重叠，且每个基因仅允许有一个转录本。最后，将序列及其注释以 GenBank 格式存储成两个文件，分别为训练集和测试集。为了使测试准确性在统计上有意义，测试集还应该足够大（100 ~ 200 个基因）。可以将大型 GenBank 文件随机分割为两个集合。Augustus 脚本目录中的"randomSplit. pl"脚本程序可以正确执行这项工作。除了完整的基因外，还可以指定一组剪接位点序列用于训练。下面是一些可用于编辑基因结构数据集的选项。

```
GenBank。
ESTs 与基因组序列的拼接比对结果，例如 PASA。
相关物种蛋白质序列与基因组序列的剪接比对结果，例如 GeneWise。
相关物种的其他已知基因数据。
使用预测基因进行反复迭代训练。
```

训练数据不足或仅提供编码序列：如果想对 X 物种进行训练，但没有足够的 X 物种的训练数据，则可以考虑使用近缘物种 Y 的信号模型和长度分布来训练 X 物种的编码内容模型。这通常需要足够的来自近缘物种 Y 的训练数据（200 ~ 300 个基因）。首先，将所拥有的 X 物种的所有编码序列连接起来，记为 s；然后，创建一个人工基因组序列 g，如下所示。

```
…来自 X 的非编码序列… ATG sssssssssssssssss TAA …来自 X 的非编码序列…
（n 个 s 的拷贝）
```

之后，将这个人工基因组序列 g 和所有来自 X 物种的可用训练数据，添加到序列 Y 的训练集中，并使用此扩展训练集来训练 Augustus。Augustus 将训练内含子和外显子的长度分布、剪接位点模式、翻译起始模式、分支点区域等。如果 n 足够大，则 g 中的编码序列数量将超过 Y 中的编码序列数量，因此，Augustus 使用的是近似 X 物种的编码内容。如果 s 太短，则 n 不应太大，否则会导致 s 中序列模型的过拟合。

（2）创建目标物种的元参数文件

这些元参数包括剪接位点模型的窗口大小和马尔可夫模型元参数的顺序等。假设现在要训练一种叫"mysp"的物种。首先，将参数文件 generic_parameters. cfg 复制到 mysp_param. cfg，将文件 generic_weightmatrix. cfg 复制到 mysp_weightmatrix. cfg。然后，根据文件中的注释来调整 mysp_param. cfg 中的内容，该参数文件对预测基因的所有关键参数进行了设定。

① 基本参数：定义进行基因预测的最大序列片段长度(maxDNAPieceSize)、是否在输入和输出的 CDS 中排除终止密码子(stopCodonExcludedFromCDS)。

② GFF 输出参数：定义是否输出(on/off)预测的蛋白质序列(protein)、编码序列(codingseq)、外显子类型名称(exonnames,如 single、initial、terminal、internal)、内含子(introns)、起始密码子(start)、终止密码子(stop)、转录起始位点(tss)、转录终止位点(tts)、5′UTR 和 3′UTR(print_utr)、GFF3 格式(gff3)、准确度(checkExAcc)。

③ 可变剪接转录本和后验概率相关参数：定义抽样迭代次数(sample)、是否输出可变剪接转录本(alternatives-from-sampling)、所有外显子的最小后验概率(minexonintronprob)、内含子和外显子后验概率的最小几何平均值(minmeanexonintronprob)、在相同序列位点重叠的转录本最大数量(maxtracks,设为-1 表示不限制)、是否报告 Viterbi 算法预测的所有转录本(keep_viterbi)。

④ 全局常量：这些参数主要用于训练,切记不要打乱。这里定义了转录起始窗口、内含子剪接位点、GC 含量等相关参数。在人类中,GC 含量在长序列延伸中始终保持高于或低于平均值。Augustus 可以为每个查询序列片段(默认情况下 maxDNAPieceSize = 200 kb)使用不同的参数,这些参数将调整为该查询片段的碱基组成。这就是 GC 含量依赖性。"/Constant/decomp_num_steps"考虑的是不同水平 GC 含量的数量,即 Augustus 使用"/Constant/decomp_num_steps"个不同的参数集,每个参数用于不同的 GC 含量,1 到 10 之间的值较为有用。GC 含量范围限定在"/Constant/gc_range_min"和"/Constant/gc_range_max"之间。这些参数可以在元参数文件中设置。给定目标 GC 含量,对于训练集中的每条序列,根据其 GC 含量与目标 GC 含量的相似程度对其进行加权,权重为 1 到 10 之间的整数。权重越高,表明训练序列的 GC 含量与目标 GC 含量越接近。"/BaseCount/weighingType"定义加权类型：1 = equalWeights、2 = gcContentClasses、3 = multiNormalKernel;对于类型 3,还使用"/BaseCount/weightMatrixFile"定义加权矩阵文件(myspecies_weightmatrix.txt)。该矩阵文件通常不需要更改。

⑤ 其他参数：接下来就是基因间模型(IGenicModel)、外显子模型(ExonModel)、内含子模型(IntronModel)和非翻译区模型(UtrModel)参数,主要是设定相关概率参数文件。在内含子模型(IntronModel)中,由"/IntronModel/splicefile"给出文件名的可选文件(myspecies_splicefile.txt),可能包含已知剪接位点序列的列表,格式如下所示。其中,dss 代表 5′端供体剪接位点(5′ donor splice site),40 碱基 + gt +40 碱基。ass 代表 3′端受体剪接位点(3′ acceptor splice site),40 碱基 + ag +40 碱基。"-"代表未知碱基。

```
dss gccgagaactccgctcgttctgtgcgttctcctgtcccaggtagggaagaggggctgccgggcgcgctctgcgccccgtttc
dss cgtgattgtcgggggaaagacatccagggctccttgcaggtaacacatctgtttgagataacttgggttcaaggaggacat
dss agagaatcagagacagcctttcccaagagatgttggcaaggtaagtcagacaaacagcaaatgacaaaaacatgtttttatg
dss cattgtcactgttgtgtcacctgcgctgctggaccgagaggtgagctgaaaagaataccactttcttttcacgagaatagaa
dss tgacaaaaatgatcactcaccaaaattcaccaagaaagaggtaaacccctgtgccaaacaccaaccaccactgtggtcacag
ass gttagtatgcttctttaatttttttttctccctgaaattataggaaccagatgttaaaaaattagaagaccaacttcaaggcg
ass -------------------------ggctttgtctttgcagaatttatagagcggcagcacgcaaagaacaggtattacta
ass gattccttgtgtgattagcctctcttgctcctttctccaccagcaaagtcgaccaagaaattatcaacattatgcaggatcgg
ass aaccgtagtaaacagcatgaatcgtgttttgtttttgaacagaccactggccttgtgggattggctgtgtgcaatactcctc
```

(3) 元参数优化

脚本程序 optimize_augustus.pl 调用程序 augustus 和 etraining,通过调整 mysp_param.cfg 文件中的元参数来优化预测准确性。

```
optimize_augustus.pl --metapars = mysp_param.cfg --species = myspecies train.gb
```

在评估步骤中,该脚本执行以下 10 倍交叉验证。首先,它将设置的"train.gb"随机拆分为 10 个大小为"±1 等长"的集合。然后,使用 10 个集合中的 9 个进行训练,使用余下的 1 个来评估预测准确性。这样轮流抽取 9 个来训练,1 个来评估。最终目标是计算要优化的单个目标值。该目标就是碱基、外显子和基因水平上的敏感性和特异性的加权平均值。该脚本针对元参数的不同值重复上述评估步骤。如果发现目标值有所改善,它将调整 mysp_param. cfg 文件中相应的元参数值。该脚本程序将为该参数不停尝试新值,直到得不到更多改进为止。然后,它将继续优化下一个元参数。当它对所有元参数完成一轮优化后,将从第一个元参数重复上述优化过程,最多可以进行 5 轮优化。优化完成后,mysp_param. cfg 文件有望具有适合目标物种和训练集的元参数。

　　在 optimize_augustus. pl 执行完成之后,还必须使用它优化后的元参数来训练 Augustus 程序(etraining)。如果有测试集,可以通过运行以下 Augustus 命令来检查该测试集的预测准确性。输出结果的末尾将包含预测准确性的摘要。如果基因水平的敏感性低于20% ,则可能是因为训练集不够大、质量不好或该物种在某种程度上是"特殊的"。

```
etraining --species = mysp train. gb
augustus --species = mysp test. gb
```

(4) 特殊情况

　　有些生物具有不同的遗传密码,解决方案是在物种元参数文件中设置变量 translation_table,使 Augustus 使用不同的密码子翻译表,尤其是使用一组不同终止密码子的翻译表。例如:

```
translation_table 6
/Constant/amberprob 0 # Prob( stop codon = tag) , if 0 tag is assumed to code for amino acid
/Constant/ochreprob 0 # Prob( stop codon = taa) , if 0 taa is assumed to code for amino acid
/Constant/opalprob 1 # Prob( stop codon = tga) , if 0 tga is assumed to code for amino acid
```

　　对于四膜虫(*Tetrahymena*),TAA 和 TAG 编码谷氨酰胺(Q)。Augustus 会选择与此对应的 6 号密码子翻译表。"translation_table = 1"是默认值,为带有终止密码 TAA、TGA、TAG 的标准密码子表。如果目标物种使用标准遗传密码,则无须设定"translation_table"变量。如果目标物种使用的密码子未包含在下表中,请按照下面的密码子格式设定带有 64 个单字母氨基酸代码的字符串注释。

translation a a a a a a a a a a aa aa ac c c c c c c c c c c c c c c c g g g g g g g g g g g g g g g g g t t t t t t t t t tt t t t t t t
table a a a a c c c c g g g g t tt t a a a a c c c c g g g g t t t t a a a a c c c c g g g g t t t t a a a a c c c c g g g g t t t t
number a c g t a c g t a c g t a c g t a c g t a c g t a c g t a c g t a c g t a c g t a c g t a c g t a c g t a c g t a c g t a c g t
1　　 K N K N T T T T R S R S I I M I Q H Q H P P P P R R R R L L L L E D E D A A A A G G G G V V V V * Y * Y S S S S * C W C L F L F
2　　 K N K N T T T T * S * S M I M I Q H Q H P P P P R R R R L L L L E D E D A A A A G G G G V V V V * Y * Y S S S S W C W C L F L F
3　　 K N K N T T T T R S R S M I M I Q H Q H P P P P R R R R T T T T E D E D A A A A G G G G V V V V * Y * Y S S S S W C W C L F L F
4　　 K N K N T T T T R S R S I I M I Q H Q H P P P P R R R R L L L L E D E D A A A A G G G G V V V V * Y * Y S S S S W C W C L F L F
5　　 K N K N T T T T S S S S M I M I Q H Q H P P P P R R R R L L L L E D E D A A A A G G G G V V V V * Y * Y S S S S W C W C L F L F
6　　 K N K N T T T T R S R S I I M I Q H Q H P P P P R R R R L L L L E D E D A A A A G G G G V V V V Q Y Q Y S S S S * C W C L F L F
9　　 N N K N T T T T S S S S I I M I Q H Q H P P P P R R R R L L L L E D E D A A A A G G G G V V V V * Y * Y S S S S W C W C L F L F
10　 K N K N T T T T R S R S I I M I Q H Q H P P P P R R R R L L L L E D E D A A A A G G G G V V V V * Y * Y S S S S C W C L F L F
11　 K N K N T T T T R S R S I I M I Q H Q H P P P P R R R R L L L L E D E D A A A A G G G G V V V V * Y * Y S S S S * C W C L F L F
12　 K N K N T T T T R S R S I I M I Q H Q H P P P P R R R R L L S L E D E D A A A A G G G G V V V V * Y * Y S S S S * C W C L F L F
13　 K N K N T T T T G S G S M I M I Q H Q H P P P P R R R R L L L L E D E D A A A A G G G G V V V V * Y * Y S S S S W C W C L F L F
14　 N N K N T T T T S S S S I I M I Q H Q H P P P P R R R R L L L L E D E D A A A A G G G G V V V V Y Y * Y S S S S W C W C L F L F
15　 K N K N T T T T R S R S I I M I Q H Q H P P P P R R R R L L L L E D E D A A A A G G G G V V V V * Q Y S S S S * C W C L F L F
16　 K N K N T T T T R S R S I I M I Q H Q H P P P P R R R R L L L L E D E D A A A A G G G G V V V V * Y L Y S S S S * C W C L F L F
21　 N N K N T T T T S S S S M I M I Q H Q H P P P P R R R R L L L L E D E D A A A A G G G G V V V V * Y * Y S S S S W C W C L F L F
22　 K N K N T T T T R S R S I I M I Q H Q H P P P P R R R R L L L L E D E D A A A A G G G G V V V V * Y L Y * S S S * C W C L F L F
23　 K N K N T T T T R S R S I I M I Q H Q H P P P P R R R R L L L L E D E D A A A A G G G G V V V V * Y * Y S S S S * C W C * F L F

8. Augustus 准确性

Augustus 可用于许多基因组注释项目,以下是与其他程序相比的一些精度值,使用灵敏度(Sn)和特异性(Sp)作为准确性的度量。对于基因特征——编码碱基(coding base)、外显子(exon)、转录本(transcript)、基因(gene),灵敏度定义为正确预测的特征数除以注释的特征数。特异性是正确预测的特征数除以预测的特征数。如果一个外显子的两个剪接位点均位于外显子的注释位置,则该预测的外显子被认为是正确的。如果一个转录本所有外显子均已正确预测且注释中没有其他外显子,则该预测转录本被认为是正确的。如果预测的任意一个转录本是正确的,即该基因至少有一个预测异构体(isoform)与参考注释中的完全一样,则认为该预测基因是正确的。Augustus 提供了可下载的数据资源(http://augustus.gobics.de/datasets/),以供用户练习和测试(表4-1 至表4-3)。

表 4-1　秀丽隐杆线虫(*C. elegans*)的 nGASP 评估准确度结果:基于转录本

program	base		exon		transcript		gene	
	Sn	Sp	Sn	Sp	Sn	Sp	Sn	Sp
AUGUSTUS	99.0	90.5	92.5	80.2	68.3	47.1	80.1	51.8
Fgenesh ++	97.6	89.7	90.4	80.9	65.5	53.4	78.3	54.2
MGENE	98.7	91.9	91.0	80.6	57.7	48.0	70.6	51.1
EUGENE	98.5	85.1	92.1	70.3	60.8	31.5	68.8	36.1
ExonHunter	93.7	92.0	81.2	76.9	37.2	39.7	45.6	40.5
Gramene	98.2	95.4	88.5	71.8	41.7	19.6	48.7	37.2
MAKER	92.9	88.5	80.7	66.3	41.3	19.6	50.7	47.6

注:上述数据来自 Coghlan 等(2008)。nGASP:the nematode genome annotation assessment project。

表 4-2　秀丽隐杆线虫(*C. elegans*)的 nGASP 评估准确度结果:从头预测(ab initio)

program	base		exon		transcript		gene	
	S_n	S_p	S_n	S_p	S_n	S_p	S_n	S_p
AUGUSTUS	97.0	89.0	86.1	72.6	50.1	28.7	61.1	38.4
Fgenesh	98.2	87.1	86.4	73.6	47.1	34.6	57.8	35.4
GeneMark.hmm	98.3	83.1	83.2	65.6	37.7	24.0	46.3	24.5
MGENE	97.2	91.5	84.6	78.6	44.6	40.9	54.8	42.3
GeneID	93.9	88.2	77.0	68.6	36.2	22.8	44.4	25.1
Agene	93.8	83.4	68.9	61.1	9.8	13.1	12.0	14.1
CRAIG	95.6	90.9	80.2	78.2	35.7	36.3	43.8	37.8
EUGENE	94.0	89.5	80.3	73.0	49.1	28.8	60.2	30.2
ExonHunter	95.4	86.0	72.6	62.5	15.5	18.6	19.1	19.2
GlimmerHMM	97.6	87.6	84.4	71.4	47.3	29.3	58.0	30.6
SNAP	94.0	84.5	74.6	61.3	32.6	18.6	40.0	19.1

注:上述数据来自 Coghlan 等(2008)。nGASP:the nematode genome annotation assessment project。

表 4-3　人类 ENCODE 区域从头预测的准确度结果

long human sequences	program				
	AUGUSTUS	**GENSCAN**	**geneid**	**GeneMark**	**GeneZilla**
base level sensitivity	78.65%	84.17%	76.77%	76.09%	87.56%
base level specificity	75.29%	60.60%	76.48%	62.94%	50.93%
exon level sensitivity	52.39%	58.65%	53.84%	48.15%	62.08%
exon level specificity	62.93%	46.37%	61.08%	47.25%	50.25%
gene level sensitivity	24.32%	15.54%	10.47%	16.89%	19.59%
gene level specificity	17.22%	10.13%	8.78%	7.91%	8.84%

注：上述数据来自 Guigó 等（2006）。EGASP：the human ENCODE Genome Annotation Assessment Project。

四、使用案例

以模式生物酿酒酵母 S288C 菌株的全基因组序列（12.3 MB）为例进行从头基因预测。由于该基因组规模不大，计算消耗资源不多；使用 1 个 CPU（Intel Core i5-2430M CPU @ 2.40GHz），运行大约 15 分钟，整个预测即可完成，输出的 GFF3 格式结果文件大小约 5.3 MB。

```
augustus --gff3 = on --outfile = augustus_out. gff3 --species = saccharomyces_cerevisiae_S288C gDNA. fna
```

该结果文件中，按照基因组序列顺序，以 GFF3 格式依次输出预测基因及其特征区域；并对预测基因按照预测顺序进行编号，如 g1、g2、g3 等。同时，还给出该预测基因编码的蛋白质序列。部分摘录结果如下。

```
# ----- prediction on sequence number 1 (length = 230218, name = NC_001133.9) -----
#
# Predicted genes for sequence number 1 on both strands
# start gene g1
NC_001133.9    AUGUSTUS    gene 1807 2169 1      -      .      ID = g1
NC_001133.9    AUGUSTUS    transcript  1807 2169 1    -      .      ID = g1. t1 ;Parent = g1
NC_001133.9    AUGUSTUS    stop_codon 1807 1809 .    -      0      Parent = g1. t1
NC_001133.9    AUGUSTUS    CDS 1810 2169 1    -      0      ID = g1. t1. cds ;Parent = g1. t1
NC_001133.9    AUGUSTUS    start_codon 2167 2169 .    -      0      Parent = g1. t1
# protein sequence = [MVKLTSIAAGVAAIAATASATTTLAQSDERVNLV
# ELGVYVSDIRAHLAQYYMFQAAHPTETYPVEVAEAVFNYGDFTT
# MLTGIAPDQVTRMITGVPWYSSRLKPAISSALSKDGIYTIAN]
# end gene g1
```

3. BamTools

一、 简介

BamTools 是一个读写和操作 BAM 格式基因组比对文件的工具集。该软件提供了 C++API和命令行工具包两种发行版本。

二、 下载与安装

（1）可以从 GitHub 网站下载源码文件进行编译安装

```
#使用 git clone 下载
git clone https://github.com/pezmaster31/bamtools.git
#使用 wget 下载
wget https://github.com/pezmaster31/bamtools/archive/refs/heads/master.zip
#BamTools 编译需要 CMake 版本 >=3.0
cmake --version
#切换到 BamTools 目录,然后执行以下指令进行编译,并将其安装到"/usr/bin"目录
mkdir build
cd build
cmake -DCMAKE_INSTALL_PREFIX=/usr/bin
make
sudo make install
```

（2）Ubuntu 系统中,可以直接使用 apt 指令进行安装

```
sudo apt install bamtools
```

三、 用法与参数说明

1. 基本用法

直接在终端命令行窗口执行 bamtools 即可获知该软件的简要用法和帮助信息。

```
用法:bamtools [--help] COMMAND [ARGS]
```

其中,"COMMAND"包含如下子命令。

convert：将 BAM 转成其他格式：BED、FASTA、FASTQ、JSON、Pileup、SAM、YAML。

count：输出 BAM 文件中队列的数量。

coverage：根据输入的 BAM 文件，输出覆盖度统计数据。

filter：根据用户指定的规则，过滤 BAM 文件。

header：输出 BAM 标题信息。

index：创建 BAM 文件索引。

merge：将多个 BAM 文件合并为一个文件。

random：从已有 BAM 文件中随机选择队列，更多的是用作测试工具。

resolve：解析双末端读段，其必须标记了 IsProperPair 标识。

revert：删除重复标记，恢复原始碱基质量。

sort：根据某个规则，对 BAM 文件进行排序。

split：根据用户指令属性，拆分 BAM 文件，并为发现的每个值创建一个新的 BAM 文件。

stats：根据输入的 BAM 文件，输出一些基本的统计数据。

"[ARGS]"是相应子命令参数，可以使用"bamtools[--help]COMMAND"来进一步获取指定子命令的帮助和参数信息。

2. 共同参数

-in ＜BAM file＞：指定输入的 BAM 文件。如果工具接受多个 BAM 文件作为输入，则每个文件在命令行中都有自己的"-in"选项。如果未提供"-in"选项，该工具将尝试从标准输入(stdin)读取 BAM 数据。

```
#使用单个"-in"选项，读取单个 BAM 文件
bamtools *tool* -in myData1. bam …ARGS…
#使用多个"-in"选项，读取多个 BAM 文件
bamtools *tool* -in myData1. bam -in myData2. bam …ARGS…
#忽略"-in"选项，则从标准输入(stdin)读取 BAM 数据
bamtools *tool* …ARGS…
```

-out ＜BAM file＞：指定输出的 BAM 文件名。如果未提供"-out"选项，该工具将输出到标准输出(stdout)。请注意，不是所有的工具都输出 BAM 数据，如 count、header 等。

-region ＜REGION＞：设定感兴趣的区间。许多工具都支持该选项，它允许用户只对与该区间重叠的队列进行相应的操作。这个重叠是指队列的任意部分与其左/右边界相交。

区间(REGION)的字符串格式：一个合适的区间字符串可以是如下案例中的任意一种。其中的"chr1"是参考序列的名称，而不是其 ID。

```
-region chr1：在参考序列 chr1 上的队列。
-region chr1:500：与参考序列 chr1 上从位置 500 开始，直至结束的区间存在重叠的队列。
-region chr1:500..1000：与参考序列 chr1 上从 500 到 1 000 的区间存在重叠的队列。
-region chr1:500..chr3:750：与参考序列 chr1:500 到 chr3:750 的区间存在重叠的队列。
```

注：最后一个案例的前提是，在输入文件中，参考序列 chr1 和 chr3 也是按照这样的先后顺序出现的。对于一个排序的 BAM 文件，区间"chr4:500..chr2:1500"将出现错误结果。此外，大多数工具接受区间字

符串后,可以无须索引文件来执行,但是代价是执行效率会大大降低,因为程序必须遍历整个文件来查找指定的区间。故而,为了确保执行效率,一般要提供可用的索引文件。

-forceCompression:强制压缩 BAM 输出。当多个工具以"管道"方式一起执行时,默认关闭压缩,这样就无须频繁地解压/压缩,从而极大地提高执行效率。每当使用"-out"指定输出 BAM 文件时,都会忽略此选项。

3. "管道"运行方式

BamTools 的大多数工具都可以用"管道"方式一起执行。任何接受标准输入(stdin)的工具都可以通过管道输入,任何可以输出到标准输出(stdout)的工具都可以通过管道传输。

4. 过滤器属性

BamTools filter 工具允许用户使用扩展过滤器脚本来定义复杂的过滤行为,该脚本使用的规则是以 JSON 语法实现的。一个经典的过滤器属性定义形式为"propertyName":"value"。BamTools 可识别的属性如下:alignmentFlag、cigar、insertSize、isDuplicate、isFailedQC、isFirstMate、isMapped、isMateMapped、isMateReverseStrand、isPaired、isPrimaryAlignment、isProperPair、isReverseStrand、isSecondMate、mapQuality、matePosition、mateReference、name、position、queryBasesreference、tag。

逻辑属性:使用"true"或"false"来定义,如"isMapped":"true"。

数值属性:可以使用比较运算符(>, >=, <, <=,!),如"mapQuality":">=75"。

字符串属性:亦可使用上述比较运算符,还可以使用"*"通配符进行一些基本的模式匹配操作。

```
"reference": "ALU*" // reference starts-with 'ALU'
"name": "*foo" // name ends-with 'foo'
"cigar": "*D*" // cigar contains a 'D' anywhere
```

注:参考(reference)属性是指参考序列的名称,不是数字 ID。

标签(tag)属性存在额外的嵌套层,如"tag":"XX:value"。这里的"XX"是 2 字符的 SAM/BAM 标签,"value"就是该标签值。比较运算符仍然可以使用,比如:

```
"tag": "AS:>60"
"tag": "RG:foo*"
```

过滤器(filter)就是一个包含上述这些属性的 JSON 容器,这些属性可通过"AND"运算相加在一起。

```
{ "reference": "chr1", "mapQuality": ">50", "tag": "NM:<4" }
```

注:该过滤器就是筛选出参考序列 chr1 上映射质量大于 50,且编辑距离小于 4 的队列,并将其输出为一个 BAM 文件。这就是一个单一的未命名的过滤器脚本,将其保存为一个文件,然后使用"-script"参数来调用它。

用户还可以定义多个过滤器,只需要使用"过滤器("filters")"关键字和 JSON 数组语法。

```
{
  "filters" :
  [
    { "reference" : "chr1",    "mapQuality" : " > 50" },
    { "reference" : "chr1",    "isReverseStrand" : "true" }
  ]
}
```

注:这些过滤器默认进行"OR"运算。该过滤器用于筛选参考序列 chr1 上映射质量大于 50 或者映射在反向链上的队列。当然,这个默认的"OR"运算规则,可以通过设定过滤器 ID,并使用"rule"关键词来描述这些过滤器之间的逻辑关系来加以改变。规则(rule)运算符包括 &、| 和!,分别对应逻辑与(and)、逻辑或(or)和逻辑非(not)运算。

```
{
  "filters" : [
    { "id" : "inAnyErrorReadGroup",    "tag" : "RG:ERR*" },
    { "id" : "highMapQuality",    "mapQuality" : " >= 75" },
    { "id" : "bothMatesMapped",    "isMapped" : "true",    "isMateMapped" : "true" }
  ],
  "rule" : " ! inAnyErrorReadGroup & (highMapQuality | bothMatesMapped) "
}
```

注:该案例表示只保留那些映射质量不低于 75 的配对映射队列,而排除那些以"ERR"开头的读段组队列。

四、 使用案例

(1) 将输入的 BAM 文件转成 JSON 格式输出

```
bamtools convert -format json -in myData. bam -out myData. json
```

(2) 对两个 BAM 文件中映射质量大于 50 的队列进行计数

```
bamtools filter -in data1. bam -in data2. bam -mapQuality " > 50" | bamtools count
```

4．BCFtools

一、 简介

BCFtools 是一组用于变异调用（与 Samtools 结合）的实用程序集，用于操作变异调用格式（variant call format，VCF）及其对应的二进制 BCF 文件。该程序集旨在替换 VCFtools 中基于 Perl 的工具。该程序中的所有命令都可以处理 VCF 和 BCF 文件，无论是未压缩的还是 BGZF 压缩的文件。大多数命令可以接受并自动检测 VCF、BGZF 压缩的 VCF 和 BCF 类型文件。已索引的 VCF 和 BCF 适用于所有情况。未索引的 VCF 和 BCF 在大多数情况下都可以使用。通常，当同时读取多个 VCF 文件时，它们必须是已被索引和压缩的。BCFtools 可以输出流数据；它将输入文件"-"视为标准输入（stdin），并输出到标准输出（stdout）。因此，可以将多个 BCFtools 命令与 Unix 管道（pipeline）模式结合使用。

二、 下载与安装

1．下载

BCFtools 工具集的下载有多个途径：Samtools 官网、Surceforge 和 Github。可以通过如下几种方式之一下载 BCFtools 源码。

```
wget https://github.com/samtools/bcftools/releases/download/1.12/bcftools-1.12.tar.bz2
git clone https://github.com/samtools/bcftools.git
git clone --recurse-submodules git://github.com/samtools/htslib.git
```

2．系统要求

编译 BCFtools 和 HTSlib，需要在当前系统中安装以下系统扩展库。

```
BCFtools：
  zlib        < http://zlib.net >
  gsl         < https://www.gnu.org/software/gsl/ > （可选，用于 polysomy 指令）
  libperl     < http://www.perl.org/ > （可选，用于支持 Perl 过滤用法）

HTSlib：
  zlib        < http://zlib.net >
  libbz2      < http://bzip.org/ >
  liblzma     < http://tukaani.org/xz/ >
  libcurl     < https://curl.haxx.se/ > （可选，但强烈推荐安装，用于网络访问）
  libcrypto   < https://www.openssl.org/ > （可选，用于支持 Amazon S3；macOS 上不需要）
```

注：macOS 和一些 Linux 发行版将这些系统库本身分开打包。上述依赖库中，如果不需要完整的 CRAM 支持，可以删除 bzip2 和 liblzma 依赖项。有关详细信息，请参阅 HTSlib 的安装文件。

软件安装还需要 GNU make 和 C 编译器,如 gcc 或 clang。此外,构建配置脚本需要用到 autoheader 和 autoconf。运行配置脚本则需要使用 awk 以及许多标准 UNIX 工具(cat、cp、grep、mv、rm、sed 等)。这些工具操作系统通常都是安装好的。运行测试工具(make test)要用到 bash 和 perl。如果不确定这些依赖库和工具是否已安装,可使用"./configure"来检测和诊断可能需要在机器上安装哪些扩展包来提供它们。

不同系统的特定要求:安装先决条件取决于系统,并且有不止一种正确的方法来满足这些条件,包括从源代码下载、编译和安装。对于具有超级用户访问权限的人,下面提供了一组示例命令,用于在各种操作系统发行版上安装依赖项。当然,对于不同的发行版本,依赖项可能存在差异,或示例中的依赖项还需依赖其他的扩展包,这就需要在安装的时候,注意终端命令行窗口的及时反馈和提示信息等。

```
#(1)Debian/Ubuntu

sudo apt-get update
sudo apt-get install autoconf automake make gcc perl zlib1g-dev libbz2-dev liblzma-dev libcurl4-gnutls-dev
libssl-dev libperl-dev libgsl0-dev

#注意:libcurl4-openssl-dev 可以作为 libcurl4-gnutls-dev 的替代品。
#(2)RedHat/CentOS

sudo yum install autoconf automake make gcc perl-Data-Dumper zlib-devel bzip2 bzip2-devel xz-devel curl-
devel openssl-devel gsl-devel perl-ExtUtils-Embed

#(3)Alpine Linux

sudo apk update
sudo apk add autoconf automake make gcc musl-dev perl bash zlib-dev bzip2-dev xz-dev curl-dev libressl-dev
gsl-dev perl-dev

#注意:要安装 gsl-dev,可能需要在"/etc/apk/repositories"中启用"社区(community)"存储库。
#(4)OpenSUSE

sudo zypper install autoconf automake make gcc perl zlib-devel libbz2-devel xz-devel libcurl-devel libopenssl-
devel gsl-devel
```

3. 构建配置文件

仅当 configure.ac 已更改或 configure 文件不存在时才需要此步骤。例如,用 git clone 下载源码安装。配置脚本和 config.h.in 可以通过如下指令来构建。

```
autoheader
autoconf -Wno-syntax
#如果电脑上安装了一个完整的 GNU autotools 工具,可以直接运行
autoreconf
```

如果通过下载源码压缩包安装(非 GitHub 来源),BCFtools 发行版本中包含 HTSlib 副本,它将用于构建 BCFtools。如果使用另一个不同的 HTSlib 源码或已经安装的 HTSlib,可通过配置脚本的"--with-htslib"选项进行设置:使用"--with-htslib = DIR"指向 HTSlib 源代码树或安装在"DIR"中的 HTSlib,或使用"--with-htslib = system"指向系统安装的 HTSlib。从

GitHub 下载的版本，没有给出"--with-htslib"选项，目录"../htslib"被使用。

可选的 Perl 编译："-i"和"-c"选项可以采用外部 perl 脚本进行复杂的过滤，可在运行 make 之前，通过提供"--enable-perl-filters"选项来启用此种编译方式。

```
./configure --enable-perl-filters
```

可选的 GSL 编译："polysomy"命令依赖于 GNU 科学库（GNU Scientific Library，GSL），默认情况下不启用。为了对它进行编译，在运行 make 之前可通过提供"--enable-libgsl"选项来配置。

```
./configure --enable-libgsl
```

GNU 科学库依赖于 cblas 库。配置脚本将按顺序查找 libcblas 和 libgslcblas。如果安装了多个版本的 cblas 并希望覆盖之前选择，可以通过使用"--with-cblas = cblas"或"--with-cblas = gslcblas"来实现。

4. 安装

如果下载的源码压缩包，在编译安装之前需要先解压缩。

```
#切换到 bcftools 源码所在目录
cd bcftools-1.12
#仅当 configure.ac 已更改或 configure 文件不存在时，否则忽略以下指令
autoheader && autoconf
#检查环境配置
./configure
#编译
make
#默认安装在/usr/local 中
sudo make install
```

使用这种编译安装的方式，BCFtools 的可执行文件和使用手册将分别安装到"/usr/local/"的"bin"和"share/man"子目录中。如果要修改安装路径，可以通过使用配置脚本的"--prefix"选项进行更改。

```
#安装到/usr 中
./configure --prefix = /usr
```

为了使用 BCFtools 插件，必须设置相关环境变量并指向正确的位置。

```
export BCFTOOLS_PLUGINS = /path/to/bcftools/plugins
```

如果还要包含 polysomy 命令或对 Perl 过滤规则的支持，则编译指令会有所不同，请参阅上述的 GSL 可选编译和 Perl 可选编译部分内容。

```
./configure --enable-libgsl --enable-perl-filters
```

此外，bgzip 和 tabix 实用程序由 HTSlib 提供。如果系统还没有单独安装 HTSlib，可以

直接将"bcftools-1.x/htslib-1.x/{bgzip,tabix}"复制到安装 bcftools 等的同一个 bin 目录中即可。

三、用法与参数说明

1. 基本用法

> bcftools [--version|--version-only] [--help] < command > < argument >

此处的"< command >"是指 BCFtools 工具集中某个子程序指令的名称,"< argument >"则是对应子程序指令的参数选项。在命令行直接执行 bcftools,会显示 BCFtools 版本号、版权信息以及 BCFtools 使用的重要库,同时显示一个简短的使用帮助信息,并列出可用的 bcftools 命令。如果要获知某个命令特定的详细用法信息,可以执行"bcftools help view"或"bcftools --help view"。执行"bcftools --version"或"bcftools -v",则只显示 BCFtools 版本号、版权信息以及 BCFtools 使用的重要库。而执行"bcftools --version-only",则以机器可读的格式显示完整的 BCFtools 版本号,如 1.12 + htslib-1.12。

2. 变体调用

早期 samtools mpileup 命令被设计用来进行变异调用(variant calling)操作,该命令的输出可以被 bcftools call 命令读取。新版本中,samtools mpileup 命令被 bcftools mpileup 取代。在 Samtools 0.1.19 及早期版本中,变异调用是通过 bcftools view 命令来完成的。

3. 子命令简介

（1）创建索引(indexing)

> index：索引 VCF/BCF 文件。

（2）VCF/BCF 操作

> annotate：注释和编辑 VCF/BCF 文件。
> concat：连接来自同一组样本的 VCF/BCF 文件。
> convert：将 VCF/BCF 文件转换为不同的格式并返回。
> isec：VCF/BCF 文件的交集。
> merge：合并来自非重叠样本集较大的 VCF/BCF 文件。
> norm：左对齐(left-align)和标准化插入缺失(indels)。
> plugin：用户定义的插件。
> query：将 VCF/BCF 转换为用户定义的格式。
> reheader：修改 VCF/BCF 头部,更改样本名称。
> sort：VCF/BCF 文件排序。
> view：VCF/BCF 格式文件的转换、查看、子集化和过滤。

（3）VCF/BCF 分析

call:SNP/indel 调用。
consensus:利用 VCF 变异创建一致序列。
cnv:HMM CNV 调用。
csq:调用变异结果。
filter:使用固定阈值过滤 VCF/BCF 文件。
gtcheck:检查样品一致性,检测样品交换(swap)和污染(contamination)。
mpileup:产生基因型可能性的多路堆积(multi-way pileup)。
polysomy:检测污染和全染色体畸变(whole-chromosome aberrations)。
roh:鉴别同合性(autozygosity)移动(runs),HMM。
stats:产生 VCF/BCF 统计数据。

此外,还有一个辅助程序脚本与 bcftools 代码捆绑在一起。例如,用于给统计输出结果绘图的 plot-vcfstats。

4.通用选项

以下选项对于许多 bcftools 命令都是通用的。参数项中的 FILE,可以是 VCF 或 BCF 文件,文件可以是未压缩的或 BGZF 压缩的。文件"-"为标准输入(stdin)。某些工具可能需要 tabix 或 CSI 索引的文件。

-c, --collapse *snps|indels|both|all|some|none|id*：控制如何处理具有重复位置的记录和定义跨多个输入文件的兼容记录。这里的"兼容(compatible)"是指被工具视为相同的记录。例如,在执行线形交叉(line intersection)分析时,可能希望将具有匹配位置的所有位点视为相同的(bcftools isec -c all),或仅具有匹配变异类型的位点是相同的(bcftools isec -c snps -c indels),或仅具有所有等位基因的位点是相同的(bcftools isec -c none)。

none:只有具有相同 REF 和 ALT 等位基因的记录才是兼容的。
some:只有 ALT 等位基因的某些子集匹配的记录才是兼容的。
all:无论 ALT 等位基因是否匹配,所有记录都是兼容的。对于位置相同的记录,只有第一个会被考虑并出现在输出中。
snps:无论 ALT 等位基因是否匹配,任何 SNP 记录都是兼容的。对于重复的位置,只会考虑第一个 SNP 记录并显示在输出中。
indels:无论 REF 和 ALT 等位基因是否匹配,所有 indel 记录都是兼容的。对于重复的位置,只会考虑第一个 indel 记录并出现在输出中。
both:"-c indels -c snps"的缩写。
id:只有具有相同 ID 列的记录才是兼容的。仅用于 bcftools merge 指令。

-f, --apply-filters *LIST*：跳过 FILTER 列不包含 LIST 中列出的任何字符串的位点。例如,只要包含未设置过滤器的位点,即可设置"-f .,PASS"。

--no-version：不要将版本和命令行信息附加到输出的 VCF 的头部区。

-o, --output *FILE*：当输出由单个流数据组成时,将其写入指定 FILE 而不是标准输出(stdout)。默认情况下会写入标准输出(stdout)。

-O, --output-type b|u|z|v：指定输出文件的格式类型:输出压缩 BCF（b）、未压缩 BCF

（u）、压缩 VCF（z）、未压缩 VCF（v）。在 bcftools 子命令之间进行管道传输时，使用"-O u"选项，通过去除不必要的压缩/解压缩和 VCF-BCF 转换过程，可以提高处理性能。

-r，--regions *chr*｜*chr*:*pos*｜*chr*:*beg-end*｜*chr*:*beg-*［，…］：逗号分隔的区域列表，另见"-R，--regions-file"。与仅检查 POS 坐标的"-t/-T"选项不同，即使起始坐标在区域之外，也会匹配重叠记录。请注意，"-r"不能与"-R"结合使用。

-R，--regions-file *FILE*：可以在命令行、VCF、BED 或制表符分隔文件（默认）中指定区域。以制表符分隔的文件格式包含 CHROM、POS 和 END（可选）3 列，其坐标体系是"1-based，inclusive"模式。制表符分隔的 BED 文件格式类似，也为 CHROM、POS 和 END（尾随列被忽略），但坐标体系是"0-based, half-open"模式。BED 格式文件必须具有".bed"或".bed.gz"后缀（不区分大小写）。未压缩的文件存储在内存中，而 bgzip 压缩和 tabix 索引的区域文件是流式传输的。序列名称必须完全匹配，"chr20"与"20"是不同的序列。另外，处理过程将遵守 FILE 中的染色体排序，VCF 将按照染色体首次出现在 FILE 中的顺序进行处理。但是，在染色体内，无论 VCF 出现在 FILE 中的顺序如何，都将始终按照基因组坐标升序进行处理。请注意，FILE 中的重叠区域可能会导致输出中出现重复的乱序位置。此选项需要已索引的 VCF/BCF 文件。"-R"不能与"-r"结合使用。

-s，--samples［^］*LIST*：设定要包含的以逗号分隔的样本列表；如果以"^"为前缀，就是设定排除样本列表。更新样本顺序以反映命令行上给出的顺序。通常不会更新诸如 INFO/AC、INFO/AN 等对应子集样本的标签。命令 bcftools view 例外，此命令下某些标签将被更新，除非使用"-I，--no-update"选项。要在另一个命令中为子集使用更新的标签，可以从 view 命令以管道方式输送到该命令。

```
bcftools view -Ou -s sample1,sample2 file.vcf | bcftools query -f %INFO/AC\t%INFO/AN\n
```

-S，--samples-file *FILE*：设定要包含的样本名称文件；如果以"^"为前缀，则是设定要排除的样本。文件中每行一个样本。样本顺序会更新以反映输入文件中给出的顺序。命令 bcftools call 接受可选的第 2 列，此列用于指示染色体倍性（ploidy），如 0、1 或 2；或性别，由"--ploidy"定义，如"F"或"M"。文件内容格式示例如下。

sample1	1	或	sample1	M
sample2	2		sample2	F
sample3	2		sample3	F

如果第 2 列不存在，则假定性别为"F"。使用"bcftools call -C trio"命令，则需要 PED 文件。程序忽略第 1 列，最后一列表示性别（1 = 男性，2 = 女性），例如：

ignored_column	daughterA	fatherA	motherA	2
ignored_column	sonB	fatherB	motherB	1

-t，--targets［^］*chr*｜*chr*:*pos*｜*chr*:*from-to*｜*chr*:*from-*［，…］：与"-r，--regions"类似，但通过流式传输整个 VCF/BCF，而不是使用"tbi/csi"索引来访问下一个位置。"-r"和"-t"选项可以同时应用："-r"使用索引跳转到一个区域，"-t"丢弃不在目标区域中的位置。与"-r"不同

的是,"-t"可以"^"为前缀来请求逻辑补码。例如,"^X,Y,MT"表示跳过序列 X、Y 和 MT。"-t/-T"和"-r/-R"之间的另一个区别是"-r/-R"检查适当的重叠并考虑 POS 和 indel 的结束位置,而"-t/-T"仅考虑 POS 坐标。请注意,"-t"不能与"-T"结合使用。

-T, --targets-file [^] *FILE*:作用与"-t,--targets"相同,但是从文件中读取区域。请注意,"-T"不能与"-t"结合使用。

使用"call -C alleles"命令,目标文件的第 3 列必须是以逗号分隔的等位基因列表,并从参考等位基因开始。请注意,文件必须经过压缩和索引。可以使用以下方法从 VCF 创建此类文件。

```
bcftools query -f'% CHROM\t% POS\t% REF,% ALT\n' file. vcf |
bgzip -c > als. tsv. gz && tabix -s1 -b2 -e2 als. tsv. gz
```

--threads *INT*:除主线程外,用于输出压缩的线程数(默认:0),仅当"--output-type"为 b 或 z 时有效。

5. 常用子命令详解

(1) annotate

```
用法:bcftools annotate [OPTIONS] FILE
```

增加和删除注释。

参数说明:

-a, --annotations *FILE*:带有注释的 bgzip 压缩的和 tabix 索引的文件。该文件可以是 VCF、BED 或制表符分隔的文件,其中包括必须列 CHROM、POS 或者 FROM 和 TO,可选列 REF、ALT 以及任意数量的注释列。BED 文件应具有". bed"或". bed. gz"后缀,否则假定为制表符分隔的文件。当存在 REF 和 ALT 时,只会注释匹配的 VCF 记录。当注释文件中存在多个以逗号分隔的等位基因列表形式给出的 ALT 等位基因时,至少有一个必须与相应 VCF 记录中的一个等位基因匹配。同样,注释文件中必须存在来自多等位基因 VCF 记录的至少一个替代等位基因。可以通过提供"."添加缺失值来代替实际值。请注意,标志类型(如"INFO/FLAG")可以通过一个包含不同值的字段来注释:"1"是设置标志,"0"是删除标志,"."是保留现有标志。另请参阅"c, --columns"和"-h, --header-lines"参数项。

```
# Sample annotation file with columns CHROM, POS, STRING_TAG, NUMERIC_TAG
1    752566    SomeString        5
1    798959    SomeOtherString   6
# etc.
```

--collapse *snps|indels|both|all|some|none*:控制如何将注释文件中的记录匹配到目标 VCF。仅当"-a"为 VCF 或 BCF 时有效。有关更多信息,请参阅共同参数选项。

-c, --columns *LIST*:以逗号分隔的列或标签列表,已从注释文件中保留下来(另见"-a, --annotations")。如果注释文件不是 VCF/BCF,则列表描述注释文件的列,并且必须包括 CHROM 和 POS(或者 FROM 和 TO),以及可选的 REF 和 ALT。要忽略的未使用列可以用

"-"表示。如果注释文件是 VCF/BCF，则只有编辑过的列/标签必须存在，而它们的顺序无关紧要。ID、QUAL、FILTER、INFO 和 FORMAT 列可以编辑，其中 INFO 标签可以写为"INFO/TAG"或简化的"TAG"，FORMAT 标签可以写为"FORMAT/TAG"或"FMT/TAG"。导入的 VCF 注释可以重命名为"DST_TAG：= SRC_TAG"或"FMT/DST_TAG：= FMT/SRC_TAG"。要保留所有 INFO 注释，请使用"INFO"。要添加除"TAG"之外的所有 INFO 注释，请使用"^INFO/TAG"。默认情况下，将替换现有值。要在不覆盖现有值的情况下添加注释，即添加缺失的标签或将值添加到具有缺失值的现有标签，请使用"＋TAG"而不是"TAG"。要附加到现有值，而不是替换或保持不变，请使用"＝TAG"，而不是"TAG"或"＋TAG"。如仅替换现有值而不修改缺失的注释，请使用"-TAG"。如果注释文件不是 VCF/BCF，则必须通过"-h，--header-lines"选项定义所有新注释。另请参阅"-l，--merge-logic"选项。

-C，--columns-file *FILE*：从给定文件中读取目标列的列表（通常通过"-c，--columns"选项给出）。"-"表示跳过注释文件的一列。每行一个列名，可以使用额外的空格或制表符分隔的字段来指示合并逻辑（通常通过"-l，--merge-logic"选项给出）。当一次添加许多注释时，该选项十分有用。

-e，--exclude *EXPRESSION*：排除 EXPRESSION 为真的位点。关于有效表达式的内容，请参阅 EXPRESSIONS。

--force：即使遇到解析错误，例如未定义的标签，程序也会继续。请注意，这可能是不安全的操作，并且有可能导致 BCF 文件损坏。如果使用此选项，请确保彻底检查结果。

-h，--header-lines *FILE*：指定添加到 VCF 的头部。参见"-c，--columns"和"-a，--annotations"。

```
##INFO = < ID = NUMERIC_TAG, Number = 1, Type = Integer, Description = "Example header line" >
##INFO = < ID = STRING_TAG, Number = 1, Type = String, Description = "Yet another header line" >
```

-I，--set-id［＋］*FORMAT*：即时分配 ID。格式与 query 命令中的格式相同。默认情况下，所有现有 IDs 都会被替换。如果格式字符串前面有"＋"，则只会设置缺少的 ID。例如：

```
bcftools annotate --set-id + '% CHROM\_% POS\_% REF\_% FIRST_ALT' file. vcf
```

-i，--include *EXPRESSION*：仅包括 EXPRESSION 为真的位点。关于有效表达式的内容，请参阅 EXPRESSIONS。

-k，--keep-sites：保留未通过"-i"和"-e"表达式的位点，而不是丢弃它们。

-l，--merge-logic *TAG*：'first'｜append｜append-missing｜unique｜sum｜avg｜min｜max［，…］：如果多个区域与单个记录重叠，则该选项定义了在目标文件中设置标记时如何处理多个注释值。

first：使用第一个遇到的值，忽略其余。

append：追加允许重复。

append-missing：即使缺少附加值，也要附加，即附加一个点。

unique：追加丢弃重复值。

sum：对值求和（仅限数字字段）。

avg：平均值。

min：使用最小值。

max：使用最大值。

注：此选项仅用于 BED 或 TAB 分隔的注释文件。此外，它仅在存在 REF 和 ALT 或 BEG 和 END --columns 时有效。多个规则可以用逗号分隔的列表形式给出，也可以多次给出该选项。目前，这是一个实验性功能。

-m，--mark-sites *TAG*：使用新的 INFO/TAG 标签，注释"-a"文件中存在" + "或不存在"-"的位点。

--rename-annots *FILE*：根据文件中的映射重命名注释。"old_name new_name\n"由空格分隔，每行一对。旧名称必须以注释类型为前缀：INFO、FORMAT 或 FILTER。

--rename-chrs *FILE*：根据文件中的映射重命名染色体。"old_name new_name\n"由空格分隔，每行一对。

-s，--samples ［^］*LIST*：要注释的样本子集，另请参阅通用选项。

-S，--samples-file *FILE*：要注释的样本子集。如果样本在目标 VCF 和"-a，--annotations VCF"中的命名不同，则名称映射可以用"src_name dst_name\n"的形式给出，中间由空格分隔，每行一对。

--single-overlaps：使用此选项可以在使用非常大的注释文件时，保持较低的内存占用。但是请注意，这是有代价的，此种模式只考虑单个重叠间隔。这是早期版本的默认模式。

-x，--remove *LIST*：指定要删除的注释列表。使用"FILTER"删除所有过滤器，或使用"FILTER/SomeFilter"删除特定过滤器。同样，"INFO"可用于删除所有 INFO 标签，"FORMAT"可用于删除除 GT 之外的所有 FORMAT 标签。要想删除"FOO"和"BAR"之外的所有信息标签，请使用"^INFO/FOO,INFO/BAR"（格式和过滤器类似）。"INFO"可以缩写为"INF"，"FORMAT"可以缩写为"FMT"。

该指令还支持以下通用选项。

--no-version

-o，--output FILE

-O，--output-type b｜u｜z｜v

-r，--regions chr｜chr:pos｜chr:from-to｜chr:from-［,…］

-R，--regions-file FILE

--threads INT

（2）call

用法：bcftools call ［OPTIONS］FILE

该命令替换了以前的 bcftools view 指令的"caller"功能,可以使用"-c"选项调用原始调用模型(calling model)。

① 文件格式选项。

--ploidy ASSEMBLY[?]: 预定义倍体数,使用列表(或任何其他未使用的词)打印所有预定义组件的列表。附加一个问号以打印实际定义。另请参阅"--ploidy-file"选项。

--ploidy-file FILE: 倍体数定义是以空格/制表符分隔的 CHROM、FROM、TO、SEX、PLIDY 列表形式给出的。SEX 代码是任意的,对应于"--samples-file"使用的代码。可以使用带星号的记录(见下文)给出默认倍体数,未列出的区域倍体数为 2。默认倍体数定义如下。

```
X 1 60000            M  1
X 2 699521 154931043 M  1
Y 1 59373566         M  1
Y 1 59373566         F  0
MT 1 16569           M  1
MT 1 16569           F  1
*  * *               M  2
*  * *               F  2
```

② 输入输出选项。

-A, --keep-alts: 输出比对中存在的所有替代等位基因,即使它们没有出现在任何基因型中。

-f, --format-fields LIST: 为每个样本输出以逗号分隔的 FORMAT 字段列表。目前支持 GQ 和 GP 字段。方便起见,字段可以用小写字母给出。以"^"为前缀表示去除仅对调用(calling)有用的辅助标签。

-F, --prior-freqs AN, AC: 利用群体等位基因频率的先验知识。工作流程如下所示。

```
#从现有的 VCF 文件中提取 AN 和 AC 值,如千人基因组计划(1000Genomes)

bcftools query -f'% CHROM\t% POS\t% REF\t% ALT\t% AN\t% AC\n' 1000Genomes. bcf | bgzip -c >
AFs. tab. gz

#如果标签 AN 和 AC 不存在,则使用 +fill-tags 插件

bcftools + fill-tags 1000Genomes. bcf | bcftools query -f'% CHROM\t% POS\t% REF\t% ALT\t% AN\t% AC\
n' | bgzip -c > AFs. tab. gz
tabix -s1 -b2 -e2 AFs. tab. gz

#创建 VCF 标题描述,并将标签命名为 REF_AN 和 REF_AC

cat AFs. hdr
##INFO = < ID = REF_AN, Number = 1, Type = Integer, Description = "Total number of alleles in reference
genotypes" >
##INFO = < ID = REF_AC, Number = A, Type = Integer, Description = "Allele count in reference genotypes for
each ALT allele" >
```

#在调用之前,通过"bcftools annotate"流式传输原始 mpileup 输出来添加频率

bcftools mpileup [...] -Ou | bcftools annotate -a AFs. tab. gz -h AFs. hdr -c CHROM,POS,REF,ALT,REF_ AN,REF_AC -Ou | bcftools call -mv -F REF_AN,REF_AC [...]

-G, --group-samples *FILE*|-:默认情况下,假定所有样本都来自单个总体。此选项允许将样本分组到总体中,并在总体内而不是跨总体应用 HWE 假设。FILE 是一个以制表符分隔的文本文件,第 1 列是样本名称,第 2 列是组名。如果给出"-",则不进行 HWE 假设即执行单样本调用。请注意,在低覆盖率数据中,这会增加假阳性率。"-G"选项要求使用"bcftools mpileup -a QS(或-a AD)"生成的每个样本存在 FORMAT/QS 或 FORMAT/AD 标签。

-g, --gvcf *INT*:输出纯合 REF 调用的 gVCF 区块信息。参数 INT 是在非变异区块中包含位点所需的每个样本的最小深度。

-i, --insert-missed *INT*:输出被 mpileup 遗漏但存在于"-T, --targets-file"中的位点。

-M, --keep-masked-ref:输出 REF 等位基因为 N 的位点。

-V, --skip-variants *snps*|*indels*:跳过 indel/SNP 位点。

-v, --variants-only:只输出变异位点。

③ 共识/变异调用选项。

-c, --consensus-caller:使用原始的 samtools/bcftools 调用方法,与"-m"选项冲突。

-C, --constrain *alleles*|*trio*:*alleles*:调用给定等位基因的基因型。另请参阅"-T, --targets-file"。*trio*:调用给定"父-母-子(father-mother-child)"约束的基因型。另请参阅"-s, --samples"和"-n, --novel-rate"。

-m, --multiallelic-caller:使用多等位基因和稀有变异调用的替代模型,该模型旨在克服"-c"调用模型中的已知限制,与"-c"选项冲突。

-n, --novel-rate *FLOAT*[,...]:约束"-C trio"调用的新突变的可能性。trio 基因型调用最大化父、母和子的特定基因型组合的可能性:$P(F = i, M = j, C = k) = P(\text{unconstrained}) \times P_n + P(\text{constrained}) \times (1 - P_n)$。通过提供 SNPs、缺失和插入三个值,明确设置突变率 P_n。如果给出两个值,第一个为 SNPs 的突变率,第二个根据其长度用于计算 indel 的突变率:$P_n = \text{float} \times \exp(-a\text{-}b \times \text{len})$。其中,对于插入(insertion),$a = 22.8689, b = 0.2994$;对于缺失(deletion),$a = 21.9313, b = 0.2856$(PubMed:23975140)。如果仅给出一个值,则对 SNPs 和插入缺失(indel)使用相同的突变率 P_n。

-p, --pval-threshold *FLOAT*:与"-c"联用,接受 P(ref|D) < float 的变异。

-P, --prior *FLOAT*:设置期望替代率(substitution rate),如设为 0 则禁用先验替代率。仅与"-m"联用。

-X, --chromosome-X:男性样本的单倍体输出,需要提供"-s"设定的 PED 文件。

-Y, --chromosome-Y:男性的单倍体输出(跳过女性),需要提供"-s"设定的 PED 文件。该指令还支持以下通用选项。

```
--no-version
-o, --output FILE
-O, --output-type b|u|z|v
-r, --regions chr|chr:pos|chr:from-to|chr:from-[,…]
-R, --regions-file FILE
-s, --samples LIST
-S, --samples-file FILE
-t, --targets LIST
-T, --targets-file FILE
--threads INT
-t, --targets chr|chr:pos|chr:from-to|chr:from-[,…]
```

（3）cnv

用法：bcftools cnv［OPTIONS］FILE

该命令用于调用拷贝数变异（copy number variation，CNV），需要使用 illumina 的 B 等位基因频率（B-allele frequency，BAF）和 LogR 比率（LogR Ratio，LRR）值注释的 VCF 文件。HMM 考虑以下拷贝数状态：CN2（正常）、1（单拷贝丢失）、0（完全丢失）、3（单拷贝增益）。

① 常规选项。

-c, --control-sample *STRING*：可选的对照样品名称。如果给定，则执行成对调用，并且可以使用"-P"选项。

-f, --AF-file *FILE*：读取以 TAB 键分隔字段 CHR、POS、REF、ALT、AF 的文件中的等位基因频率。

-o, --output-dir *PATH*：指定输出目录。

-p, --plot-threshold *FLOAT*：调用 Matplotlib 生成染色体图，用于变异调用的可视化检查。使用"-p 0"，将生成所有染色体图。如果没有给出，一个 Matplotlib 脚本将被创建但不会被调用。

-s, --query-sample *STRING*：查询样本名称。

② HMM 选项。

-a, --aberrant *FLOAT*［,*FLOAT*］：设定查询和对照样本中异常细胞的比例。重复和污染的标志是杂合标记的 BAF 值，它取决于异常细胞的比例。"-a"设置越低，对异常细胞比例越敏感，但是其代价就是会增加错误发现率（false discovery rate，FDR）。

-b, --BAF-weight *FLOAT*：BAF 的相对贡献。

-d, --BAF-dev *FLOAT*［,*FLOAT*］：查询和对照样本中的 BAF 期望误差，即在数据中观察到的噪声。

-e, --err-prob *FLOAT*：统一错误概率（uniform error probability）。

-l, --LRR-weight *FLOAT*：LRR 的相对贡献。对于噪声数据，此选项会对变异调用数量产生很大影响。在真正的随机噪声中，该选项应设置为较高的值（1.0）；但在存在系统噪声的情况下，当 LRR 不提供信息时，将该选项设置为一个较低的值（0.2），将会获得更干净的变异调用结果。

-L，--LRR-smooth-win *INT*：通过应用移动所给定的窗口大小均值来减少 LRR 噪声。

-O，--optimize *FLOAT*：迭代估计异常细胞的分数，直到给定的分数。将此值从默认值 1.0 降低到 0.3,可以发现更多事件,但也会增加噪声。

-P，--same-prob *FLOAT*：设定查询和对照样本的先验概率是否相同。设置为0,则在两者中独立调用变异信息;设置为 1,则会强制在两者中使用相同的拷贝数状态进行变异调用。

-x，--xy-prob *FLOAT*：设定转移到另一个拷贝数状态的 HMM 概率。增加该值会导致更小和更频繁的调用。

该指令还支持以下通用选项。

```
-r, --regions chr|chr:pos|chr:from-to|chr:from-[ ,… ]
-R, --regions-file FILE
-t, --targets LIST
-T, --targets-file FILE
--no-version
-o, --output FILE
-O, --output-type b|u|z|v
-r, --regions chr|chr:pos|chr:from-to|chr:from-[ ,… ] ( Requires -a, --allow-overlaps )
-R, --regions-file FILE ( Requires -a, --allow-overlaps )
--threads INT
```

（4）consensus

用法：bcftools consensus〔OPTIONS〕FILE

通过将 VCF 格式变异应用于参考序列文件来创建共识序列。默认情况下,程序会将所有替代(ALT)变异应用于参考序列以获得共识序列。请注意,该程序不充当原始变体调用者,并忽略等位基因深度信息,如 INFO/AD 或 FORMAT/AD。

参数说明：

-c，--chain *FILE*：写一个链文件,用于"liftover"操作。

-e，--exclude *EXPRESSION*：排除表达式(EXPRESSION)为真的位点。

-f，--fasta-ref *FILE*：设定 FASTA 格式的参考序列。

-H，--haplotype *1|2|R|A|I|LR|LA|SR|SA|1pIu|2pIu*：从 FORMAT/GT 字段中选择要使用的等位基因(代码不区分大小写)。

1:第一个等位基因,无论定相(phasing)如何。

2:第二个等位基因,无论定相如何。

R:REF 等位基因(在杂合基因型中)。

A:ALT 等位基因(在杂合基因型中)。

I:所有基因型的 IUPAC 代码。

LR, LA:更长的那个等位基因。如果两者长度相同,请使用 REF 等位基因(LR)或 ALT 等位基因(LA)。

SR, SA:更短的那个等位基因。如果两者长度相同,请使用 REF 等位基因(SR)或 ALT 等位基因(SA)。

1pIu, 2pIu:定相基因型的第一/第二等位基因和非定相基因型的 IUPAC 代码;此选项需要"-s",除非 VCF 中只存在一个样本。

-i, --include *EXPRESSION*:包含表达式(EXPRESSION)为真的位点。

-I, --iupac-codes:以 IUPAC 歧义代码的形式输出变体。

--mark-del *CHAR*:插入 CHAR 表示删除(deletions),而不是删除序列。

--mark-ins *uc|lc*:以大写(uc)或小写(lc)突出显示插入的序列,序列的其余部分保留原样。

--mark-snv *uc|lc*:以大写(uc)或小写(lc)突出显示替换(substitutions),序列的其余部分保留原样。

-m, --mask *FILE*:BED 文件或 TAB 文件中的区域,替换为 N(默认值)或由下一个"--mask-with"选项指定。有关文件格式的详细信息,请参阅通用选项中的"--regions-file"。

--mask-with *CHAR|lc|uc*:使用 CHAR 替换"--mask"选项中指定的序列,跳过重叠变体或更改为大写(uc)或小写(lc)。

-M, --missing *CHAR*:输出字符 CHAR(例如"?"),不是跳过丢失的基因型。

-o, --output *FILE*:输出到指定 FILE。

-s, --sample *NAME*:应用给定样本的变体。

(5)gtcheck

用法:bcftools gtcheck [OPTIONS] [-g genotypes. vcf. gz] query. vcf. gz

该命令用于检查样本一致性(identity)。该程序可以在两种模式下运行。如果提供了"-g"选项,则会根据"-g"文件中的样本检查来自 query. vcf. gz 的样本一致性(identity)。如果没有"-g"选项,则会对 query. vcf. gz 中的样本执行多样本交叉检查(multi-sample cross-check)。

参数说明:

--distinctive-sites *NUM[,MEM[,DIR]]*:查找可以区分至少 NUM 个样本对的位点。如果数字小于或等于1,则将其解释为样本对的比例。可选的 MEM 字符串设置用于排序的最大内存,DIR 是外部排序的临时目录。此选项还需要设置"--pairs"选项。

--dry-run:在第一次记录后,停下来估计所需的时间。

-e, --error-probability *INT*:从概率上解释基因型和基因型可能性。INT 值表示使用 GT 标签时的基因型质量,例如,Q=30 表示 1 000 个基因型中有 1 个错误,Q=40 表示 10 000

个基因型中有 1 个错误。不过该值在使用 PL 标签时易被忽略,在这种情况下,可以提供任意非零整数。如果设置为 0,则不一致性等于比较基因型(GT *vs.* GT)时不匹配基因型的数量。设置为 0 可以获得更快的运行速度,但结果不太准确。

-g, --genotypes *FILE*:设定一个带有要比较的参考基因型的 VCF/BCF 文件。

-H, --homs-only:仅纯合基因型,适用于低覆盖率数据,还需要设置"-g,--genotypes"选项。

--n-matches *INT*:仅打印每个样本最高的前 INT 个匹配项,0 表示无限制。使用负值,则按 HWE 概率进行排序。用于确定最高匹配项的平均分数,而不是绝对值。

--no-HWE-prob:禁用 HWE 概率的计算。在量非常大的样本对之间进行比较时,这样可以减少内存需求。

-p, --pairs *LIST*:设定要比较的样本对列表,使用逗号分隔。当给出"-g"选项时,第 1 个样本必须来自查询文件,第 2 个来自"-g"文件,第 3 个来自查询文件,以此类推(qry,gt[,qry,gt..])。如果没有"-g"选项,这些样本对的创建方式相同,但它们均来自查询文件(qry,qry[,qry,qry..])。

-P, --pairs-file *FILE*:设定一个以制表符分隔的样本对文件,用来进行比较。当给出"-g"选项时,样本对中的第 1 个样本必须来自查询文件,第 2 个来自基因型文件。

-s, --samples [*qry|gt*]:*'LIST'*:设定查询样本列表,或参考基因型样本列表(-g)。如果"-s"和"-S"都没有给出,则比较所有可能的样本对组合。

-S, --samples-file [*qry|gt*]:*'FILE'*:设定一个包含要比较的查询或参考基因型样本(-g)的文件。如果"-s"和"-S"都没有给出,则比较所有可能的样本对组合。

-u, --use *TAG1*[,*TAG2*]:指定要在查询文件(TAG1)和"-g"文件(TAG2)中使用的标签。默认情况下,查询文件中使用 PL 标签,"-g"文件中使用 GT 标签。

该指令还支持以下通用选项。

```
-r, --regions chr|chr:pos|chr:from-to|chr:from-[,...]
-R, --regions-file FILE
-t, --targets FILE
-T, --targets-file FILE
```

(6) index

```
用法:bcftools index [OPTIONS] in.bcf|in.vcf.gz
```

该命令为 bgzip 压缩的 VCF/BCF 文件创建索引。默认创建的是坐标排序索引(coordinate-sorted index,CSI)。CSI 格式支持对长达 2^{31} 的染色体进行索引。Tabix 索引(tabix index,TBI)文件,支持高达 2^{29} 的染色体长度,可以使用"-t/--tbi"选项或使用 htslib 打包的 tabix 程序创建。加载索引文件时,bcftools 会先尝试 CSI,然后是 TBI。

① 索引选项。

-c, --csi:为 VCF/BCF 文件生成 CSI 格式索引(默认)。

-f, --force：强制覆盖已有索引。

-m, --min-shift *INT*：将 CSI 索引的最小间隔大小设置为 2^INT。默认：14。

-o, --output *FILE*：设定输出文件名。如果未设置，则使用输入文件名加上".csi"或".tbi"扩展名创建索引文件。

-t, --tbi：为 VCF 文件生产 TBI 格式索引。

② 统计选项。

-n, --nrecords：根据 CSI 或 TBI 索引文件打印记录数。

-s, --stats：根据 CSI 或 TBI 索引文件，打印每个重叠群（contig）统计信息。输出格式是三个制表符分隔的列：重叠群名称、重叠群长度（如果未知，则打印"."）和重叠群的记录数。不打印零记录的重叠群。

（7）isec

用法：bcftools isec ［OPTIONS］ A.vcf.gz B.vcf.gz ［…］

创建 VCF 文件的交集、并集和补集。

参数说明：

-C, --complement：输出仅出现在第 1 个文件中，而在其他文件中缺失的位置。

-e, --exclude -|*EXPRESSION*：排除表达式（EXPRESSION）为真的位点。如果"-e"或"-i"只出现一次，则相同的过滤表达式将应用于所有输入文件。否则，必须为每个输入文件指定"-e"或"-i"。要想指定不对某个文件执行过滤，须使用"-"代替表达式（EXPRESSION）。

-i, --include *EXPRESSION*：仅包含表达式（EXPRESSION）为真的位点。

-n, --nfiles ［+-=］*INT*|~ *BITMAP*：输出存在于 INT 个文件(= INT)、不少于 INT 个文件(+ INT)、不多于 INT 个文件(-INT)或完全相同的文件(~ BITMAP)中的位置。其中，BITMAP 使用的是对于文件顺序的逻辑标志 0 和 1,0 代表不存在于指定文件中，而 1 则代表存在于指定文件中，比如，~ 1100 表示存在于第 1 个和第 2 个文件中，而不存在于第 3 和第 4 个文件中。

-o, --output *FILE*：参见通用选项。当输出多个文件时，它们的名称由"-p"控制。

-p, --prefix *DIR*：如果给出该选项，则相应地对每个输入文件进行子集化输出。另请参阅"-w"选项。

-w, --write *LIST*：设定要输出的输入文件列表，以"1-based"的索引形式给出。使用"-p"且不使用"-w"，则输出所有文件。

该指令还支持以下通用选项。

```
-c, --collapse snps|indels|both|all|some|none
-f, --apply-filters LIST
-O, --output-type b|u|z|v
-r, --regions chr|chr:pos|chr:from-to|chr:from-[,...]
-R, --regions-file FILE
-t, --targets chr|chr:pos|chr:from-to|chr:from-[,...]
-T, --targets-file FILE
```

（8）mpileup

用法：bcftools mpileup［OPTIONS］-f ref.fa in.bam［in2.bam［…］］

该命令为一个或多个队列文件（BAM 或 CRAM）生成包含基因型可能性（genotype likelihoods）的 VCF 或 BCF。样本个体是以@RG 标题行中的 SM 标签标识的；如果样本标识符不存在，则每个输入文件被视为一个样本。

① 输入选项。

-6，--illumina1.3+：指定质量采用 illumina 1.3+编码。

-A，--count-orphans：变体调用中，不要跳过异常读段对。

-b，--bam-list *FILE*：输入队列文件列表，每行一个文件（默认：null）。

-B，--no-BAQ：禁用重对齐，不要计算碱基对齐质量（base alignment quality，BAQ）。应用此选项有助于减少由错误比对引起的假 SNPs。

-C，--adjust-MQ *INT*：设定用于降低包含过多错配的读段映射的质量系数。给定从映射位置生成的具有 Phred 标度概率 q 的读段，新的映射质量约为：sqrt［(INT-q)/INT］* INT。默认：0，即禁用此功能。

-D，--full-BAQ：对所有读段运行 BAQ 算法，而不仅仅是那些有问题的区域。这与 BCFtools 1.12 及更早版本的行为相匹配。默认情况下，mpileup 使用启发式算法（heuristics）来决定何时应用 BAQ 算法。

-d，--max-depth *INT*：在某个位置，每个输入文件最多读取 INT 次读段。默认：250。

-E，--redo-BAQ：动态地重新计算 BAQ，忽略现有的 BQ 标签。

-f，--fasta-ref *FILE*：设定 FASTA 格式的 faidx 索引的参考文件。该文件可以选择通过 bgzip 进行压缩。默认情况下参考文件是必需的，除非设置了"--no-reference"选项。

--no-reference：不需要"--fasta-ref"选项。

-G，--read-groups *FILE*：如果以"^"为前缀，则是设定要包含或排除的读段组列表。每行一个读段组，以空格分隔字段。通过将新样本名称设为第 2 个字段，此文件还可用于为读段组分配新样本名称，例如："read_group_id new_sample_name"。如果读段的组名不是唯一的，也可以包含 BAM 文件名："read_group_id file_name sample_name"。如果队列文件中的所有读段都应视为单个样本，则可以使用星号（*）通配符："* file_name sample_name"。没有读段组 ID 的队列可以与"?"匹配。

```
RG_ID_1
RG_ID_2    SAMPLE_A
RG_ID_3    SAMPLE_A
RG_ID_4    SAMPLE_B
RG_ID_5    FILE_1.bam    SAMPLE_A
RG_ID_6    FILE_2.bam    SAMPLE_A
*          FILE_3.bam    SAMPLE_C
?          FILE_3.bam    SAMPLE_D
```

-q, --min-MQ *INT*：设定要使用的队列的最低映射质量（默认:0）。

-Q, --min-BQ *INT*：设定要考虑的碱基的最低碱基质量（默认:13）。

* --max-BQ * *INT*：设定碱基质量的最大值（默认:60）。此项对于那些会产生过于乐观的高质量测序结果，从而导致过多误报或错误基因型分配的技术十分有用。

-r, --regions *chr*｜*chr*:*pos*｜*chr*:*from-to*｜*chr*:*from*-［,…］：仅在给定区域生成 mpileup 输出。需要对队列文件进行索引。如果与"-l"结合使用，则考虑交集。

-R, --regions-file *FILE*：相对于"-r,--regions"选项，其区域设置信息从 FILE 中读取。

--ignore-RG：忽略 RG 标签。将一个比对文件中的所有读段视为一个样本。

--rf, --incl-flags *STR*｜*INT*：设定必需标志，跳过掩码位未设置的读段（默认:null）。

--ff, --excl-flags *STR*｜*INT*：设定过滤器标志，跳过指定掩码位设置的读段［UNMAP, SECONDARY, QCFAIL, DUP］。

-S, --samples-file *FILE*：如果以"^"为前缀，则是设定要包含或排除的样本名称文件。每行一个样本，以空格分隔字段。通过将新样本名称设为第 2 列，该文件还可用来重命名样本，如"old_name new_name"。如果样本名称包含空格，则可以使用反斜杠（\）对空格进行转义。

-x, --ignore-overlaps：禁用读段对重叠检测。

--seed *INT*：设置在次级采样（sub-sampling）深度区域时使用的随机数种子（默认:0）。

该指令还支持以下通用选项。

```
-r, --regions chr｜chr:pos｜chr:from-to｜chr:from-［,…］
-R, --regions-file FILE
-s, --samples LIST
-t, --targets LIST
-T, --targets-file FILE
```

② 输出选项。

-a, --annotate *LIST*：设定要输出的以逗号分隔的 FORMAT 和 INFO 标签列表（默认:null）。不区分大小写，"FORMAT/"前缀是可选的，并且使用"?"能在命令行上列出可用的注释。

```
FORMAT/AD      .. Allelic depth (Number = R, Type = Integer)
FORMAT/ADF     .. Allelic depths on the forward strand (Number = R, Type = Integer)
FORMAT/ADR     .. Allelic depths on the reverse strand (Number = R, Type = Integer)
FORMAT/DP      .. Number of high-quality bases (Number = 1, Type = Integer)
FORMAT/SP      .. Phred-scaled strand bias P-value (Number = 1, Type = Integer)
FORMAT/SCR     .. Number of soft-clipped reads (Number = 1, Type = Integer)

INFO/AD        .. Total allelic depth (Number = R, Type = Integer)
INFO/ADF       .. Total allelic depths on the forward strand (Number = R, Type = Integer)
INFO/ADR       .. Total allelic depths on the reverse strand (Number = R, Type = Integer)
INFO/SCR       .. Number of soft-clipped reads (Number = 1, Type = Integer)

FORMAT/DV      .. Deprecated in favor of FORMAT/AD; Number of high-quality non-reference bases
(Number = 1, Type = Integer)
FORMAT/DP4     .. Deprecated in favor of FORMAT/ADF and FORMAT/ADR; Number of high-quality ref-
forward, ref-reverse, alt-forward and alt-reverse bases (Number = 4, Type = Integer)
FORMAT/DPR     .. Deprecated in favor of FORMAT/AD; Number of high-quality bases for each observed
allele (Number = R, Type = Integer)
INFO/DPR       .. Deprecated in favor of INFO/AD; Number of high-quality bases for each observed allele
(Number = R, Type = Integer)
```

-g, --gvcf INT[,…]：输出纯合 REF 调用的 gVCF 区块，深度（DP）范围由给定的整数列表指定。例如，设定"5,15"，会将位点划分成两种类型的 gVCF 区块，一种是样本位点最小深度（DP）位于区间 [5,15)，另一种则是最小深度不低于 15。在此示例中，每个样本最小深度小于 5 的位点将作为单独的记录打印，位于 gVCF 区块之外。

-o, --output *FILE*：输出到指定文件 FILE，而不是默认的标准输出（standard output, stdout）。相同的短选项用于"--open-prob"和"--output"。如果"-o"参数包含除前导" + "或"-"符号以外的任何非数字字符，则将其解释为"--output"。通常只有文件扩展名才需要处理这个问题，但是要设定完全数字形式的文件名，请使用"-o ./123"或"--output 123"。

-U, --mwu-u：设定来自 1.12 及更早版本的 Mann-Whitney U 检验分数。这是一个概率分数，但重要的是它将高于或低于所需分数的概率折算成相同的 P。新的 Mann-Whitney U 检验分数是"Z 分数（Z score）"，表示偏离均值的标准差的数量。它同时保留正值和负值。这对于某些错误不对称的检验十分重要。此选项将生成的 INFO 字段名称改回早期 BCFtools 版本使用的名称。例如，BQBZ 变为 BQB。

③ SNP/INDEL 基因型似然计算的选项。

-X, --config *STR*：指定特定于平台的配置文件。配置文件应该是 1.12、illumina、ont 或 pacbio-ccs 之一。不同平台应用设置如下。

```
1.12          -Q13 -h100 -m1
illumina      默认值
ont           -B -Q5 --max-BQ 30 -I
pacbio-ccs    -D -Q5 --max-BQ 50 -F0.1 -o25 -e1 -M99999
```

--ar, --ambig-reads *drop* | *incAD* | *incAD0*：如何处理不跨越整个短串联重复区域的不明确 indel 读段：i. 从调用中丢弃不明确读段，并且不增加高质量 AD 深度计数器（drop）；ii. 从调用中排除但按比例增加 AD 计数器（incAD）；iii. 从调用中排除并增加 AD 计数器的第 1 个值（incAD0）。默认：drop。

-e, --ext-prob *INT*：Phred 标度的间隙延伸测序错误概率。减少 INT 会导致更长的插入缺失（indels）。默认：20。

-F, --gap-frac *FLOAT*：间隙读段的最小比例。默认：0.002。

-h, --tandem-qual *INT*：用于模拟均聚物（homopolymer）误差的系数。给定长为 l 的均聚物行程（run），大小为"s"的插入删除（indel）的测序错误建模为"INT * s/l"（默认：500）。增加该值就是告知调用者，长均聚物中的插入缺失更有可能是真实的，而不太可能是测序错误。因此，增加"tandem-qual"将导致更高的召回率和更低的精度。BCFtools 1.12 及更早版本的默认值为 100，它是围绕更容易出错的工具来进行调试的。更改此设置可能对 SNP 调用也会有轻微影响。为了最大化 SNP 识别准确度，最好将其调低，尽管这会对插入缺失产生不利影响。

--indel-bias *FLOAT*：向上或向下倾斜 indel 分数，在召回（低假阴性）与精度（低假阳性）之间进行交易（默认：1.0）。如果需要对变异进行大量过滤，只选择质量最好的（即偏向于精确度），建议将其设置得较低（如 0.75）；反之，则设置得高一点。

-I, --skip-indels：不执行 INDEL 调用。

-L, --max-idepth *INT*：如果每个样本的平均深度高于 INT（默认：250），则跳过 INDEL 调用。

-m, --min-ireads *INT*：设定插入删除（indel）候选者的最小间隔读段数 INT（默认：1）。

-M, --max-read-len *INT*：BAQ 算法允许的最大读段长度（默认：500）。变异仍会在较长读段中调用，但它们不会通过 BAQ 方法传递。设置此限制是为了防止 BAQ 耗时过长和过高的内存使用率。如果使用"-D"启用部分 BAQ，则提高此参数可能不会产生显著的 CPU 消耗。

-o, --open-prob *INT*：Phred 标度的间隙开放测序错误概率。减少 INT 会导致更多 indel 调用。相同的短选项用于"--open-prob"和"-output"。当"-o"参数只包含 1 个可选的"+"或"-"符号，后跟数字 0 到 9 时，它被解释为"--open-prob"。默认：40。

-p, --per-sample-mF：对每个样本应用"-m"和"-F"阈值以提高调用的灵敏度。默认情况下，这两个选项都应用于从所有样本中汇集的读段。

-P, --platforms *STR*：设定以逗号分隔的平台列表（由 @ RG-PL 确定），从中获取 indel 候选。建议从 illumina 等 indel 错误率低的测序技术中收集 indel 候选者。默认：all。

该指令还支持以下通用选项。

```
--no-version
-O, --output-type b | u | z | v
--threads INT
```

（9）query

用法：bcftools query [OPTIONS] file. vcf. gz [file. vcf. gz [...]]

从 VCF 或 BCF 文件中提取字段，并按照用户自定义格式输出。

参数说明：

-e，--exclude *EXPRESSION*：排除表达式为真的位点。

-f，--format *FORMAT*：该指令使用以下的保留词来提取相应的字段详细信息。

% CHROM：CHROM 列。其他列也类似：POS，ID，REF，ALT，QUAL，FILTER。
% END：REF 等位基因的结束位置。
% END0：REF 等位基因的结束位置(0-based 坐标体系)。
% FIRST_ALT：% ALT{0} 别名。
% FORMAT：打印所有 FORMAT 字段，或打印使用"-s"或"-S"的样本子集。
% GT：基因型，例如 0/1。
% INFO：打印整个 INFO 列。
% INFO/TAG：INFO 列中的任意标签。
% IUPACGT：将基因型转换为 IUPAC 歧义代码，例如 M 代替 C/A。
% LINE：打印整行。
% MASK：表示该位在其他文件中的存在(有多个文件)。
% N_PASS(expr)：通过过滤表达式的样本数。
% POS0：0-based 坐标体系中的位置(POS)。
% PBINOM(TAG)：计算 Phred 标度的二项式概率，等位基因指数由 GT 确定。
% SAMPLE：样本名称。
% TAG{INT}：大括号中是要打印的第 INT 个子字段，索引从 0 开始。例如 INFO/TAG{1}。
% TBCSQ：翻译 FORMAT/BCSQ，参见 csq 指令。
% TGT：翻译基因型。
% TYPE：变异类型(REF，SNP，MNP，INDEL，BND，OTHER)。
[ ]：格式字段必须括在方括号中以循环遍历所有样本。
\n：新行。
\t：制表符。

注：其他所有内容都是逐字打印的。

-H，--print-header：打印标题。

-i，--include *EXPRESSION*：仅包含表达式为真的位点。

-l，--list-samples：列出样本名称，并退出。

-u，--allow-undef-tags：如果格式字符串中有未定义的标签，不要抛出错误，而是打印"."。

-v，--vcf-list *FILE*：处理 FILE 中列出的多个 VCFs。

该指令还支持以下通用选项。

```
-o, --output FILE
-r, --regions chr|chr:pos|chr:from-to|chr:from-[,…]
-R, --regions-file FILE
-s, --samples LIST
-S, --samples-file FILE
-t, --targets chr|chr:pos|chr:from-to|chr:from-[,…]
-T, --targets-file FILE
```

（10）sort

用法:bcftools sort［OPTIONS］file.bcf

该指令用于对指定文件内容排序。

参数说明:

-m，--max-mem *FLOAT*［*kMG*］：设定程序要使用的最大内存。

-T，--temp-dir *DIR*：指定存储临时文件的目录。

该指令还支持以下通用选项。

```
-o, --output FILE
-O, --output-type b|u|z|v
```

（11）stats

用法:bcftools stats［OPTIONS］A.vcf.gz［B.vcf.gz］

解析 VCF 或 BCF 文件,并生成适合机器处理的文本文件统计信息,可以使用 plot-vcfstats 进行绘制。当给出两个文件时,程序会为交集和补集生成单独的统计信息。默认情况下只比较位点,"-s/-S"选项必须给定,还包含样本列。当在命令行上指定一个 VCF 文件时,将打印非参考等位基因频率(non-reference allele frequency)、深度分布、质量和每个样本(per-sample)计数的统计数据、单例(singleton)统计数据等。当给出两个 VCF 文件时,还会打印诸如一致性(非参考等位基因频率的基因型一致性、样本的基因型一致性、非参考等位基因频率的基因型不一致性)和相关性等统计数据。在"--verbose"模式中,每个位点的不一致性(per-site discordance,PSD)也被打印输出。

参数说明:

--af-bins *LIST*|*FILE*：设定等位基因频率箱(bin)。该值可以是一个以逗号分隔的列表,如 0.1,0.5,1;亦可以是一个列出了等位基因频率箱(bin)的文件,每行一个,如 0.1\n0.5\n1(其中\n 代表换行)。

--af-tag *TAG*：设定用于分箱(binning)的等位基因频率 INFO 标签。默认情况下,如果 AC/AN 标签可用,则用其估计等位基因频率;如果没有,则直接从基因型(GT)估计。

-1，--1st-allele-only：仅考虑多等位基因位点的第 1 个替代等位基因。

-d，--depth *INT*,*INT*,*INT*：设定深度分布范围,箱(bin)的 min、max 和 size。

--debug：生成详细的每个位点(per-site)和每个样本(per-sample)的输出。

-e，--exclude *EXPRESSION*：排除表达式为真的位点。

-E，--exons *file.gz*：指定存有外显子的文件，用于 indel 移码统计。该文件使用制表符分隔列（CHR，FROM，TO），包含"1-based"坐标体系的位置信息。该文件经过 BGZF 压缩，并使用 tabix 索引。

```
tabix -s1 -b2 -e3 file.gz
```

-F，--fasta-ref *ref.fa*：指定 faidx 索引的参考序列文件以确定 INDEL 上下文。

-i，--include *EXPRESSION*：仅包含表达式为真的位点。

-I，--split-by-ID：分别为设置了 ID 列的位点（"已知站点"）或没有设置 ID 列的位点（"新站点"）收集统计信息。

-u，--user-tstv < *TAG*[*min*:*max*:*n*] >：使用给定的分箱（binning），默认为[0:1:100]，即收集任何标签的 Ts/Tv 统计信息。

-v，--verbose：生成详细的每个位点（per-site）和每个样本（per-sample）的输出。

该指令还支持以下通用选项。

```
-c，--collapse snps|indels|both|all|some|none
-f，--apply-filters LIST
-r，--regions chr|chr:pos|chr:from-to|chr:from-[ ,…]
-R，--regions-file FILE
-s，--samples LIST
-S，--samples-file FILE
-t，--targets chr|chr:pos|chr:from-to|chr:from-[ ,…]
-T，--targets-file FILE
```

（12）view

```
用法：bcftools view [OPTIONS] file.vcf.gz [REGION [ …]]
```

根据位置和过滤表达式，对指定 VCF 或 BCF 文件进行查看（view）、子集化（subset）和过滤（filter）操作。同时可在 VCF 和 BCF 格式之间进行转换，亦代替以前的"bcftools subset"命令。

① 输出选项。

-G，--drop-genotypes：删除单个基因型信息；如果设置了"-s"选项，则在子集化之后再进行这项操作。

-h，--header-only：仅输出 VCF 标头。

-H，--no-header：不要输出 VCF 标头。

-l，--compression-level [0-9]：设置压缩级别。0 代表不压缩，1 代表最佳速度，9 代表最佳压缩，即数值越大，压缩级别越高。

② subset 选项。

-a，--trim-alt-alleles：从 ALT 列中删除基因型字段中未出现的等位基因。如果修剪后没有替代等位基因保留下来，则不会删除记录本身，但会将 ALT 设置为"."。如果给出了

"-s"或"-S"选项,则删除子集中未出现的等位基因。声明为 Type = A、G 或 R 的 INFO 和 FORMAT 标签也会被修剪。

--force-samples:对于未知的子集样本只发出警告。

-I, --no-update:不要(重新)计算子集的 INFO 字段(当前为 INFO/AC 和 INFO/AN)。

③ filter 选项。

过滤器选项用于计算等位基因数量。此选项将首先检查 INFO 列中 AC 和 AN 的值,以避免解析 VCF 中的所有基因型(FORMAT/GT)字段。这意味着"--min-af 0.1"之类的过滤器,将根据可用的 INFO/AC 和 INFO/AN 或 FORMAT/GT 计算得出。但是,它不会尝试使用任何其他现有字段,如 INFO/AF。当然,如果不想重新计算等位基因频率,而只是排除某些不符合要求的位点,可以使用诸如"--exclude AF < 0.1"这样的参数设置。此外,在单个命令中执行样本子集化和过滤时必须小心,因为内部操作的顺序会影响结果。例如,"-i/-e"过滤是在样本移除之前执行,而"-P"过滤是在样本移除之后执行;并且有些操作是不明确的,例如,等位基因计数可以从现有的 INFO 列中获取。因此,强烈建议在执行这些命令时明确所需顺序,尤其是确保在管道运行模式下使用"-O u"选项。

-c, --min-ac *INT*[:*nref*|:*alt*1|:*minor*|:*major*|:*nonmajor*]:设置要输出的位点的等位基因类型,并输出其最小等位基因计数(INFO/AC)。指定位点的等位基因类型有以下可选类型。

> nref:非参考(non-referenc),默认值。
> alt1:第 1 个替代等位基因。
> minor:频率最低的等位基因。
> major:频率最高的等位基因。
> nonmajor:除频率最高的等位基因外的其他所有等位基因,指定此类型则输出这些等位基因频率之和。

-C, --max-ac *INT*[:*nref*|:*alt*1|:*minor*|:*major*|:*nonmajor*]:设置要输出的位点的等位基因类型,并输出其最大等位基因计数(INFO/AC)。指定位点的等位基因类型与"-c, --min-ac"选项相同。

-e, --exclude *EXPRESSION*:排除表达式为真的位点。

-g, --genotype [^][*hom*|*het*|*miss*]:仅包括具有一种或多种纯合(hom)、杂合(het)或丢失(miss)基因型的位点。当前缀为"^"时,逻辑正好相反;因此,设置"^het"是指排除了具有杂合基因型的位点。

-i, --include *EXPRESSION*:排除表达式为真的位点。

-k, --known:仅输出已知位点,即 ID 列不为"."。

-m, --min-alleles *INT*:输出在 REF 和 ALT 列中列出 INT 等位基因最少的位点。

-M, --max-alleles *INT*:打印在 REF 和 ALT 列中列出 INT 等位基因最多的位点。参数组合"-m 2 -M 2 -v snps",是指仅查看双等位基因 SNPs。

-n, --novel:仅输出新的位点,即 ID 列为"."。

-p, --phased:输出所有样品都被定相的(phased)位点。单倍体(haploid)基因型被认为是定相的。除非设置了定相位(phased bit),否则丢失的基因型被认为是非定相的(unphased)。

-P, --exclude-phased:排除所有样本都被定相的(phased)位点。

-q, --min-af *FLOAT*[,*nref*|,*alt1*|,*minor*|,*major*|,*nonmajor*]:设置要输出的位点的等位基因类型,并输出其最小等位基因频率(INFO/AC/INFO/AN)。指定位点的等位基因类型与"-c, --min-ac"选项相同。

-Q, --max-af *FLOAT*[,*nref*|,*alt1*|,*minor*|,*major*|,*nonmajor*]:设置要输出的位点的等位基因类型,并输出其最大等位基因频率(INFO/AC/INFO/AN)。指定位点的等位基因类型与"-c, --min-ac"选项相同。

-u, --uncalled:输出未能调用出基因型的位点。

-U, --exclude-uncalled:排除未能调用出基因型的位点。

-v, --types *snps*|*indels*|*mnps*|*other*:指定要选择的变异类型列表(逗号分隔)。如果某个位点的任何 ALT 等位基因是参数所指定的类型,则选择该位点。变异类型是通过比较 VCF 记录中的 REF 和 ALT 等位基因,而不是 INFO 标签(如 INFO/INDEL 或 INFO/VT)来确定的。使用"--include"选项可以根据 INFO 标签来进行选择。

-V, --exclude-types *snps*|*indels*|*mnps*|*ref*|*bnd*|*other*:指定要排除的变异类型列表(逗号分隔)。如果某个位点的任何 ALT 等位基因是参数所指定的类型,则排除该位点。变异类型是通过比较 VCF 记录中的 REF 和 ALT 等位基因,而不是 INFO 标签(如 INFO/INDEL 或 INFO/VT)来确定的。使用"--include"选项可以根据 INFO 标签来进行排除。

-x, --private:输出只有子集样本携带非参考等位基因的位点。需要同时设定"--samples"或"--samples-file"选项。

-X, --exclude-private:排除只有子集样本携带非参考等位基因的位点。

该指令还支持以下通用选项。

```
--no-version
-f, --apply-filters LIST
-O, --output-type b|u|z|v
-o, --output FILE
-r, --regions chr|chr:pos|chr:from-to|chr:from-[,...]
-R, --regions-file FILE
-t, --targets chr|chr:pos|chr:from-to|chr:from-[,...]
-T, --targets-file FILE
--threads INT
-s, --samples LIST
-S, --samples-file FILE
```

(13) plot-vcfstats

```
用法:plot-vcfstats [OPTIONS] file.vchk [...]
```

这是用于处理 BCFtools 统计信息输出的脚本。它可以合并来自多个输出的结果,这在分别运行每个染色体的统计数据时十分有用,该脚本可以根据统计数据绘制图形,并创建 PDF 演示文稿。

参数说明:

-m, --merge:合并 vcfstas 文件,并输出到标准输出(stdout),跳过绘图。

-p, --prefix *DIR*:设定输出目录。如果该目录不存在,则创建它。

-P, --no-PDF:跳过 PDF 文档创建步骤。

-r, --rasterize:栅格化 PDF 图像以加快渲染速度。这是默认值,与"-v, --vectors"相反。

-s, --sample-names:使用样本名称而不是数字 IDs 作为 X 标记(xticks)。

-t, --title *STRING*:通过图中的这些标题识别文件。对于 bcftools stats 输出中的每个 ID,可以多次给定该选项。如果不存在,脚本将使用缩写的源文件名作为标题。

-v, --vectors:为 PDF 图像生成矢量图,与"-r, --rasterize"相反。

-T, --main-title *STRING*:设定 PDF 的主标题。

6.表达式

大多数 bcftools 命令都接受过滤表达式。

(1)表达式类型和运算符

① 数字常量、字符串常量、文件名(目前仅支持按 ID 列过滤)。

```
1, 1.0, 1e-4
"String"
@ file_name
```

② 算术运算符:+,*,-,/。

③ 比较运算符:==(等同于=),>,>=,<=,<,!=。

④ 正则表达式(regex)运算符"\~"及其否定"!~"。除非添加"/i",否则表达式区分大小写。

```
INFO/HAYSTACK ~ "needle"        该字段必须包含"needle"
INFO/HAYSTACK ~ "NEEDless/i"    该字段必须包含"NEEDless",且不区分大小写
```

⑤ 括号:(,)。

⑥ 逻辑运算符:&&,&,||,|。

⑦ INFO 标签、FORMAT 标签、列名。

```
INFO/DP 或 DP
FORMAT/DV、MT/DV 或 DV
FILTER、QUAL、ID、CHROM、POS、REF、ALT[0]
```

⑧ 从 1.11 版开始,可以按如下方式查询 FILTER 列。

```
FILTER = "PASS"
FILTER = "A"        完全匹配,例如"A;B"不通过
FILTER! = "A"       完全匹配,例如"A;B"通过
FILTER ~ "A"        "A"和"A;B"都通过
FILTER! ~ "A"       "A"和"A;B"都不通过
```

⑨ 1 或 0 用来测试标志是否存在。

FlagA = 1 && FlagB = 0   FlagA 存在且 FlagB 不存在

⑩ "." 用来测试缺失值。

DP = "."   DP 丢失 DP! = "."   DP 未丢失 ALT = "."   ALT 丢失

⑪ 无论相位(phase)和倍性(ploidy)如何(".|." "./." "." "0|."),都可以使用这些表达式匹配缺失基因型。

GT = "mis", GT ~ "\.", GT! ~ "\."

⑫ 可以使用如下表达式匹配缺失基因型,包括相位和倍性(".|." "./." ".")。

GT = ".|.", GT = "./.", GT = "."

⑬ 样本基因型:参考(单倍体或二倍体)、替代(hom 或 het、单倍体或二倍体)、缺失基因型、纯合子、杂合子、单倍体、ref-ref hom、alt-alt hom、ref-alt het、alt-alt het、单倍体 ref、单倍体 alt(不区分大小写)。

GT = "ref" GT = "alt" GT = "mis" GT = "hom" GT = "het" GT = "hap" GT = "RR" GT = "AA" GT = "RA"或 GT = "AR" GT = "Aa"或 GT = "aA" GT = "R" GT = "A"

⑭ REF、ALT 列(indel、snp、mnp、ref、bnd、other、overlap)中的突变类型(TYPE)。注意下列中的区别。

TYPE = "snp"   所有等位基因均为 snp TYPE ~ "snp"   至少一个给定类型的等位基因为 snp TYPE! = "snp"   所有等位基因均都不是 snp TYPE! ~ "snp"   所有等位基因中不能包含 snp

⑮ 数组下标(从 0 开始):"*"表示任何元素,"-"表示范围。注意查询 FORMAT 向量时,可以使用冒号":"来选择样本和向量的一个元素,如下所示。

INFO/AF[0] > 0.3	第 1 个等位基因频率 AF 大于 0.3
FORMAT/AD[0:0] > 30	第 1 个样本的第 1 个 AD 值大于 30
FORMAT/AD[0:1]	第 1 个样本的第 2 个 AD 值
FORMAT/AD[1:0]	第 2 个样本的第 1 个 AD 值
DP4[*] == 0	任意 DP4 值
FORMAT/DP[0] > 30	第 1 个样本的 DP 大于 30
FORMAT/DP[1-3] > 10	第 2 至 4 个样本
FORMAT/DP[1-] < 7	除了第 1 个样本之外的其他所有样本
FORMAT/DP[0,2-4] > 20	样本 1, 3 至 5
FORMAT/AD[0: *], AD[0:]或 AD[0]	第 1 个样本的任意 AD 字段
FORMAT/AD[* :1] or AD[:1]	任意样本的第 2 个 AD 字段
(DP4[0] + DP4[1])/(DP4[2] + DP4[3]) > 0.3	调用相应 DP4 值进行运算
CSQ[*] ~ "missense_variant. * deleterious"	任意 CSQ 包含指定的含有通配符的字符串

⑯ 对于许多样本,提供一个包含样本名称的文件会更实用,每行一个样本名称,然后可以进行如下逻辑运算。

GT[@ samples. txt] = "het" & binom(AD) < 0.01

⑰ FORMAT 标签(样本)和 INFO 标签(向量字段)上的函数:最大值(MAX)、最小值(MIN)、算术平均值(AVG 和 MEAN)、中位数(MEDIAN)、标准偏差(STDEV)、总和(SUM)、字符串长度(STRLEN)、绝对值(ABS)、元素数量(COUNT)。这些函数在所有样本中评估为单个值,并且旨在选择位点,而不是样本,即使应用于 FORMAT 标签也是如此。但是,当这些函数以"SMPL_"为前缀应用于 FORMAT 标签时,它们将评估为每个样本值的向量。此外,"SMPL_"可简写为"s",例如,SMPL_MAX 等价于 sMAX。这些函数如下所示。

SMPL_MAX/sMAX
SMPL_MIN/sMIN
SMPL_AVG/sAVG
SMPL_MEAN/sMEAN
SMPL_MEDIAN/sMEDIAN
SMPL_STDEV/sSTDEV
SMPL_SUM/sSUM。

⑱ 双尾二项式检验:对于 N = 0,检验评估为缺失值;当使用 FORMAT/GT 确定向量索引时,对于纯合基因型,检验评估为 1。

binom(FMT/AD)	基因型可以用来确定正确的索引
binom(AD[0],AD[1])	字段可以明确给出
phred(binom( ))	对 binom 结果进行 Phred 标度转换

⑲ 如果以下变量数据不存在,则动态计算这些变量。

> N_ALT:替代等位基因的数量。
> N_SAMPLES:样本数量。
> AC:替代等位基因计数。
> MAC:minor 等位基因计数(类似于 AC,但总是小于 0.5)。
> AF:替代等位基因频率(AF = AC/AN)。
> MAF:minor 等位基因频率(MAF = MAC/AN)。
> AN:基因型的等位基因数量。
> N_MISSING:具有缺失基因型的样本数量。
> F_MISSING:具有缺失基因型的样本比例。
> ILEN:indel 长度——删除(deletions)为负,插入(insertions)为正。

⑳ 通过表达式的样本数量(N_PASS)或比例(F_PASS)。

> N_PASS(GQ > 90 & GT! = "mis") > 90
> F_PASS(GQ > 90 & GT! = "mis") > 0.9

(2) 注意事项

① 字符串比较和正则表达式不区分大小写。字符串中的逗号被解释为分隔符;当比较多个值时,逗号将被解释为"OR"逻辑。因此,以下前两个表达式是等价的,但第三个不是。

> -i 'TAG = "hello,world"'
> -i 'TAG = "hello" ‖ TAG = "world"'
> -i 'TAG = "hello" && TAG = "world"'

② 变量和函数名称不区分大小写,但标签名称不是。例如,可以使用"qual"代替变量"QUAL",使用"strlen()"代替函数"STRLEN()",但不能使用"dp"代替标签"DP"。

7. 插件

> 用法:bcftools [plugin NAME| + NAME] [OPTIONS] FILE — [PLUGIN OPTIONS]

BCFtools 提供了各种实用插件程序的通用框架。插件可以像普通命令一样使用,只是它们的名称以"+"为前缀。大多数插件接受两种类型的参数:所有插件共享的通用选项,以及插件特有的选项列表。不过也有例外,一些插件不接受通用选项,仅执行自己的参数。因此,请注意查阅每个插件附带的使用示例。

(1) VCF 输入选项

-e, --exclude *EXPRESSION*:排除表达式为真的位点。

-i, --include *EXPRESSION*:仅包含表达式为真的位点。

此外还支持以下通用选项。

> -r, --regions chr|chr:pos|chr:from-to|chr:from-[,...]
> -R, --regions-file FILE
> -t, --targets chr|chr:pos|chr:from-to|chr:from-[,...]
> -T, --targets-file FILE

（2）VCF 输出选项

仅支持以下通用选项。

```
--no-version
-o, --output FILE
-O, --output-type b|u|z|v
--threads INT
```

（3）插件（plugin）选项

-h, --help：列出插件的参数选项。

-l, --list-plugins：列出所有可用的插件。默认情况下，程序会在适当的系统目录中搜索已安装的插件。用户可以添加环境变量 BCFTOOLS_PLUGINS 来搜索指定的插件安装目录。

-v, --verbose：打印调试信息以调试插件失败问题。

-V, --version：打印版本信息并退出程序。

（4）BCFtools 发行版附带的插件列表

ad-bias：找到 ALT 等位基因频率变化较大的位置；在 FMT/AD 上进行费舍尔检验（Fisher test）。

add-variantkey：添加 VariantKey INFO 字段 VKX 和 RSX。

af-dist：收集给定等位基因频率（AF）和假定 HWE 的 AF 误差统计数据和基因型概率分布。

allele-length：统计 REF、ALT 和 REF+ALT 的长度频率。

check-ploidy：检查所有位点的样本倍性（ploidy）是否一致。

check-sparsity：打印基因组区域或染色体中缺乏基因型的样本。

color-chrs：设定共享染色体片段的颜色，需要三重的定相基因型 VCF。

contrast：运行一个基本的关联测试，如每个位点或某个区域，并检查两组样本中的新等位基因和基因型。可添加以下 INFO 注释。

```
PASSOC：基因型关联的 Fisher 精确检验概率（REF vs. non-REF allele）。
FASSOC：对照组和病例中非 REF 等位基因的比例。
NASSOC：control-ref、control-alt、case-ref 和 case-alt 等位基因的数量。
NOVELAL：列出在对照组中未观察到新等位基因的样本。
NOVELGT：列出在对照组中未观察到新基因型的样本。
```

counts：计算 SNPs、indels 数据和位点总数。

dosage：打印基因型剂量（dosage）。默认情况下，插件按顺序搜索 PL、GL 和 GT。

fill-from-fasta：根据 FASTA 文件中的值填充 INFO 或 REF 字段。

fill-tags：设置各种 INFO 标签。此版本支持如下标签列表。

INFO/AC Number：（Integer）：基因型中的等位基因计数。

INFO/AC_Hom Number：（Integer）：纯合基因型中的等位基因计数。

INFO/AC_Het Number：（Integer）：杂合基因型中的等位基因计数。

INFO/AC_Hemi Number：（Integer）：半合子基因型中的等位基因计数。

INFO/AF Number：（Float）：等位基因频率。

INFO/AN Number：（Integer）：调用的基因型中的等位基因总数。

INFO/ExcHet Number：（Float）：测试多余的杂合度，1 = 好，0 = 坏。

INFO/END Number：（Integer）：变体的结束位置。

INFO/F_MISSING Number：（Float）：丢失基因型的比例。

INFO/HWE Number：（Float）：HWE 检验（PMID：15789306），1 = 好，0 = 坏。

INFO/MAF Number：（Float）：次要等位基因频率。

INFO/NS Number：（Integer）：有数据的样本数。

INFO/TYPE Number：（String）：记录类型（REF、SNP、MNP、INDEL 等）。

FORMAT/VAF Number：（Float）：具有替代等位基因的读段比例，需要 FORMAT/AD 或 ADF + ADR。

FORMAT/VAF1 Number：（Float）：与 FORMAT/VAF 相同，但对所有替代等位基因累积。

TAG = func（TAG）Number：（Integer）：对用户自定义表达式的实验性支持，例如"DP = sum（DP）"。

fix-ploidy：设置正确的倍性（ploidy）。

fixref：确定并修复链方向。

frameshifts：注释移码插入缺失（frameshift indels）。

GTisec：计算 VCF 文件中所有可能样本子集中的基因型交集。

GTsubset：仅输出请求样本全部只共享一个基因型的位点。

guess-ploidy：通过检查 chrX 的非 PAR 区域中的基因型可能性（GL、PL）或基因型（GT），来确定样本性别。

gvcfz：根据指定标准调整非变异块的大小来压缩 gVCF 文件。

impute-info：根据选定的 FORMAT 标签，将插补信息指标（imputation information metrics）添加到 INFO 字段。

indel-stats：计算每个样本或从头突变的 indels 统计数据。用法和格式类似于 smpl-stats 和 trio-stats 插件。

isecGT：比较两个文件并将不一致的基因型设置为丢失（missing）。

mendelian：计算孟德尔（Mendelian）一致/不一致的基因型。

missing2ref：将丢失的基因型（./.）设置为 REF 等位基因（0/0 或 0|0）。

parental-origin：确定 CNV 区域的亲本来源。

prune：通过丢失、等位基因频率或连锁不平衡（linkage disequilibrium）来修剪位点。或者使用 r2、Lewontin D′（PMID：19433632）、Ragsdale D（PMID：31697386）来注释位点。

remove-overlaps：删除重叠变异和重复位点。

scatter：该插件为 bcftools concat 的反向操作，按块或区域分散 VCF，从而创建多个 VCFs。

setGT：根据用户要求的规则，使用通用工具来设置基因型。

smpl-stats：计算每个样本的基本统计数据。用法和格式类似于 indel-stats 和 trio-stats。

split：按样本拆分 VCF，创建单样本或多样本 VCFs。

split-vep：从结构化注释中提取字段，例如，bcftools/csq 或 VEP 创建的 INFO/CSQ。这些可以作为新的 INFO 字段添加到 VCF 或自定义文本格式中。

tag2tag：在相似标签之间转换，如 GL、PL、GP 或 QR、QA、QS。

trio-dnm2：筛选三人组(trios)中可能的从头突变(de-novo mutations)的变异数据。

trio-stats：计算三人组中孩子(trio children)的传播率，用法和格式类似于 indel-stats 和 smpl-stats。

trio-switch-rate：计算三人组样本中的相位切换率，儿童样本必须具有定相的基因型。

variantkey-hex：以十六进制格式来生成未排序的 VariantKey-RSid 索引文件。

四、使用案例

以下案例中使用的范例 VCF 文件均来自 BCFtools 1.12 发行版自带的测试数据文件。

1. annotate 使用案例

（1）对指定文件进行注释的添加和删除操作

```
#删除 3 个指定字段
bcftools annotate -x ID,INFO/DP,FORMAT/DP file. vcf. gz
#删除所有 INFO 字段,以及除 GT 和 PL 之外的所有 FORMAT 字段
bcftools annotate -x INFO,^FORMAT/GT,FORMAT/PL file. vcf
#添加 ID、QUAL 和 INFO/TAG,但是不替换已经存在的 TAG
bcftools annotate -a src. bcf -c ID,QUAL, + TAG dst. bcf
#保留所有 INFO 和除 FORMAT/GT 之外的 FORMAT 注释
bcftools annotate -a src. bcf -c INFO,^FORMAT/GT dst. bcf
```

（2）根据指定的外部文件内容对指定文件进行注释操作

```
#根据一个使用 tabix 索引的 TAB 键分隔的 6 列文件内容进行注释(1-based 坐标体系)
#其中第 5 列被忽略
tabix -s1 -b2 -e2 annots. tab. gz
bcftools annotate -a annots. tab. gz -h annots. hdr -c CHROM,POS,REF,ALT,-,TAG file. vcf
#根据一个 TAB 键分隔的包含区域信息的文件内容进行注释(1-based 坐标体系)
tabix -s1 -b2 -e3 annots. tab. gz
bcftools annotate -a annots. tab. gz -h annots. hdr -c CHROM,FROM,TO,TAG input. vcf
#根据一个 BED 格式文件内容进行注释(0-based 坐标体系)
bcftools annotate -a annots. bed. gz -h annots. hdr -c CHROM,FROM,TO,TAG input. vcf
```

（3）注释 VCF/BCF 文件，将注释从 INFO/DP 列转移到 FORMAT/DP 列

```
#首先创建一个测试 VCF 格式文件
echo -e '##fileformat = VCFv4.3' > test. vcf
echo -e '##INFO =< ID = DP,Number = 1,Type = Integer,Description = "Read depth" >' >> test. vcf
echo -e '##FORMAT =< ID = GT,Number = 1,Type = String,Description = "Genotype" >' >> test. vcf
echo -e '##contig =< ID = 1,length = 248956422,assembly = hg38 >' >> test. vcf
echo -e '#CHROM\tPOS\tID\tREF\tALT\tQUAL\tFILTER\tINFO\tFORMAT\tsmpl1\tsmpl2' >> test. vcf
echo -e '1\t16648016\t.\tG\t.\t.\t.\tDP = 10\tGT\t0/0\t0/0' >> test. vcf
#提取 INFO/DP 列信息至一个 TAB 键分隔的注释文件
bcftools query -f '%CHROM\t%POS\t%DP\n' test. vcf|bgzip -c > annot. txt. gz
#使用 tabix 指令对该文件进行索引
tabix -s1 -b2 -e2 annot. txt. gz
#为新注释创建标题行
echo -e '##FORMAT =< ID = DP,Number = 1,Type = Integer,Description = "Read depth" >' >> hdr. txt
#将注释转移到样本子集"smpl1"
bcftools annotate -s smpl1 -a annot. txt. gz -h hdr. txt -c CHROM,POS,FORMAT/DP test. vcf
```

2. consensus 使用案例

```
#应用样本"NA001"中存在的变体,输出杂合子基因型的 IUPAC 代码
bcftools consensus -i -s NA001 -f in. fa in. vcf. gz > out. fa
#为某个指定区域创建一致序列。然后,FASTA 格式序列的标题行以" > chr:from-to"形式出现
samtools faidx ref. fa 8;11870-11890 | bcftools consensus in. vcf. gz -o out. fa
```

3. gtcheck 使用案例

```
#检查 B 中所有样本与 A 中所有样本的不一致性
bcftools gtcheck -g A. bcf B. bcf
#限制在给定样本列表间进行比较
bcftools gtcheck -s gt:a1,a2,a3 -s qry:b1,b2 -g A. bcf B. bcf
#仅比较两个样本对:a1、b1 和 a1、b2
bcftools gtcheck -p a1,b1,a1,b2 -g A. bcf B. bcf
```

4. isec 使用案例

```
#创建两个集合的交集和补集,且输出到指定目录中(dir)
bcftools isec -p dir A. vcf. gz B. vcf. gz
#过滤存于 A(需要 INFO/MAF >= 0.01)和 B(需要 INFO/dbSNP)中,但不在 C 中的位点,并创建一个交集,仅包括应用过滤器后出现在至少两个文件中的位点
bcftools isec -e 'MAF < 0.01' -i 'dbSNP = 1' -e- A. vcf. gz B. vcf. gz C. vcf. gz -n +2 -p dir
#使用精确的等位基因匹配,从 A 中提取和输出 A 和 B 共享的记录
bcftools isec -p dir -n = 2 -w1 A. vcf. gz B. vcf. gz
#仅按位置比较,提取 A 或 B 私有的记录
bcftools isec -p dir -n-1 -c all A. vcf. gz B. vcf. gz
```

```
#打印 A 和 B 中存在,但 C 和 D 中不存在的记录列表
bcftools isec -n ~1100 -c all A. vcf. gz B. vcf. gz C. vcf. gz D. vcf. gz
```

5. mpileup 使用案例

调用 SNPs 和短 INDELs,然后标记低质量位点和读段深度超过限制的位点。读段深度应调整为平均读段深度的两倍左右,因为较高的读段深度通常表明其可能是存在问题的区域,这些区域通常富含人工序列制品。如果对包含过多错配的读段高估了映射质量,则可以考虑将"-C50"添加到 mpileup。应用此选项通常有助于 BWA 回溯对齐,但可能不适用于其他比对工具。

```
bcftools mpileup -Ou -f ref. fa aln. bam |
bcftools call -Ou -mv |
bcftools filter -s LowQual -e '% QUAL < 20  ||  DP > 100' > var. flt. vcf
```

6. 插件(plugin)使用案例

（1）基本用法

```
#列出所有插件的共同参数选项
bcftools plugin
#列出可用插件
bcftools plugin -l
#如果插件没有出现在输出中,使用"-v"选项运行详细输出看看
bcftools plugin -lv
#此外,就是环境变量 BCFTOOLS_PLUGINS 是否设置并包含正确的路径
#打印指定插件 dosage 的用法信息
bcftools  + dosage -h
```

（2）运行插件 counts 统计指定 VCF 文件

```
#运行一个指定插件
bcftools plugin counts plugin1. vcf
#使用缩写的" + "符号运行插件
bcftools  + counts plugin1. vcf
#从指定位置运行插件
bcftools  +/home/zhanggaochuan/Downloads/bcftools-1. 12/plugins/counts. so plugin1. vcf
#输入 VCF 可以像在其他命令中一样进行流式传输
cat plugin1. vcf | bcftools  + counts
#以上 counts 统计测试会输出以下结果
Number of samples: 2
Number of SNPs:    4
Number of INDELs: 9
Number of MNPs:   0
Number of others:   0
Number of sites:    14
```

（3）运行插件 missing2ref 设置丢失基因型

```
#将丢失的基因型(./.)替换为 0/0,输出到指定文件 output.vcf

bcftools + missing2ref plugin1.vcf -o output.vcf

#终端窗口回显:Filled 44 REF alleles
#将丢失的基因型替换为 0/0

bcftools + missing2ref plugin1.vcf -- -p
```

7. query 使用案例

```
#(1)打印染色体、位置、参考(ref)等位基因和第 1 个替代等位基因(alternate allele)

bcftools query -f '%CHROM %POS %REF %ALT{0} \n' ex2.vcf

#(2)与上述示例类似,只是字段之间的间隔为制表符(TAB),同时增加了样本名称和基因型

bcftools query -f '%CHROM\t%POS\t%REF\t%ALT[ \t%SAMPLE = %GT] \n' ex2.vcf

#(3)打印 FORMAT/GT 字段,后跟 FORMAT/GT 字段

bcftools query -f 'GQ:[ %GQ] \t GT:[ %GT] \n' ex2.vcf

#(4)创建 BED 文件:chr, pos (0-based), end pos (1-based), id

bcftools query -f '%CHROM\t%POS0\t%END\t%ID\n' ex2.vcf -o ex2.bcf

#(5) 仅打印具有替代(非参考)基因型的样本

bcftools query -f '[%CHROM;%POS %SAMPLE %GT\n]' -i 'GT = "alt"' ex2.vcf

#(6)打印具有至少一个替代等位基因位点的所有样本

bcftools view -i 'GT = "alt"' ex2.vcf -Ou | bcftools query -f '[%CHROM;%POS %SAMPLE %GT\n]'

#(7)如果大于 10,则打印 AC 字段的第 2 个值
#注意索引下标符号的差异:格式化表达式(-f)使用"{}",而过滤表达式(-i)使用"[]"

bcftools query -f '%AC{1} \n' -i 'AC[1] >10' ex2.vcf
```

8. plot-vcfstats 使用案例

```
#使用不同方式对指定 VCF 进行统计

bcftools stats plugin1.vcf > stat1.vchk
bcftools stats -s-plugin1.vcf > stat2.vchk

#上述统计结果文件都是特定格式的纯文本文件
#对统计结果进行绘图,这需要事先安装 Python3 及其 Matplotlib 包

plot-vcfstats -p outdir1 stat1.vchk
plot-vcfstats -p outdir2 stat2.vchk

#可以通过编辑输出目录中的 plot.py 脚本,手动重新运行来自定义最终图像外观
#需要事先安装 pdflatex 软件
#Ubuntu 系统中可以通过执行"sudo apt install texlive-latex-base"进行安装

cd outdir1 && python3 plot.py && pdflatex summary.tex
```

5．bedtools

一、简介

bedtools 是美国犹他大学(The University of Utah)昆兰实验室开发的一款强大的基因组运算工具集,用于各种基因组学分析任务。该软件的许多核心算法都是基于原始的 UCSC Genome Browser 论文(Kent 等,2002)中描述的基因组分箱算法(genome binning algorithm)。通过 BamTools 的C++API,可以支持 BAM 文件。bedtools 支持多种不同的基因组文件格式,如 BAM、BED、GFF/GTF、VCF,并可对多个文件的基因组区间进行交集(intersect)、合并(merge)、计数(count)、补充(complement)和打乱(shuffle)操作。虽然每个单独的工具都被设计为执行相对简单的任务,但可以通过在 UNIX 命令行上组合多个 bedtools 操作来进行相当复杂的分析。

二、下载与安装

① 可从 SourceForge 或 GitHub 网站,下载 bedtools 的源码文件或预编译好的可执行程序。如果下载的是源码文件,则需要解压缩和编译,而后将编译好的程序复制到系统程序目录中,如/usr/bin 或/usr/local/bin。如果是预编译好的程序,则直接将其复制到系统程序目录中即可。

```
#使用 git clone 方式从 GitHub 下载
git clone https://github.com/arq5x/bedtools2.git
#使用 wget 指令从 GitHub 下载
wget https://github.com/arq5x/bedtools2/releases/download/v2.29.1/bedtools-2.29.1.tar.gz
tar -zxvf bedtools-2.29.1.tar.gz
cd bedtools2
make
```

② 对于 Debian/Ubuntu 操作系统,可以直接执行如下指令进行安装。

```
sudo apt-get install bedtools
```

③ 对于 Fedora/Centos 操作系统,可以直接执行如下指令进行安装。

```
yum install bedtools
```

三、 用法与参数说明

1. 基本用法

用法：bedtools ＜subcommand＞［options］

直接在终端命令行中执行"bedtools"或"bedtools--help"，即可获知其用法和子命令信息。执行"bedtools--version"可以了解其版本信息。执行"bedtools--contact"可以获知联系信息，以便报告软件问题(bug)或寻求进一步的帮助，以及了解其开发库和稳定发行版存放位置。执行"bedtools ＜subcommand＞-h"可以获知特定子命令的用法和参数信息。

2. 管道功能

① 为了能够将多个 bedtools 子命令和其他 UNIX 实用程序组合成更复杂的"管道(pipelines)"应用，所有 bedtools 子命令都允许通过标准输入(stdin)将特征数据传递给它们。每次只能有一个特征文件可以通过标准输入传递给 bedtools 的某个子命令。所有bedtools 子命令使用的约定是将文件 A 或文件 B 设置为"stdin"或"-"。

```
cat snps. bed | bedtools intersect -a stdin -b exons. bed
#或 cat snps. bed | bedtools intersect -a- -b exons. bed
```

此外，如果忽略"-i"参数，所有只需一个主输入文件(即"-i"设定的文件)的 bedtools 命令，将假定输入来自标准输入。

```
#以下两行指令是等效的
cat snps. bed | bedtools sort -i stdin
cat snps. bed | bedtools sort
```

② 同样，大多数 bedtools 子命令将它们的输出报告给标准输出(stdout)，而不是一个文件。如果想将输出写入文件，可以使用 UNIX 的"文件重定向符号(>)"来实现。

```
bedtools intersect -a snps. bed -b exons. bed
#默认输出到标准输出，即终端命令行窗口
chr1 100100 100101 rs233454
chr1 200100 200101 rs446788
chr1 300100 300101 rs645678
#重定向输出到文件 snps. in. exons. bed
bedtools intersect -a snps. bed -b exons. bed > snps. in. exons. bed
#查看输出文件内容
cat snps. in. exons. bed
```

3. 注意事项

① BED 特征不得包含负位置。bedtools 通常会拒绝包含负位置的 BED 特征。但是，在特殊情况下，在 BEDPE 文件中位置可能会设置为"-1"，以指示 BEDPE 特征的一个或多个末端未对齐。

② 起始位置必须"<="结束位置。bedtools 会拒绝起始位置大于结束位置的 BED 特征。

③ GFF 和 BED 文件允许使用标题(headers)。bedtools 将忽略 BED 和 GFF 文件开头的标题。有效的标题行是以"#""track""browser"开头的。

```
track name = aligned_read description = "Illumina aligned reads"
chr5 100000 500000 read1 50  +
chr5 2380000 2386000 read2 60 -

#This is a fascinating dataset
chr5 100000 500000 read1 50  +
chr5 2380000 2386000 read2 60 -

browser position chr22:1-20000
chr5 100000 500000 read1 50  +
chr5 2380000 2386000 read2 60 -
```

④ 支持 GZIP：BED、GFF、VCF 和 BEDPE 文件可以是 gzip 压缩格式的。

⑤ 支持"拆分(split)"或"拼接(spliced)"类型的 BAM 队列和"blocked"类型的 BED 特征。从版本 2.8.0 开始,5 个 bedtools 子命令(intersect、coverage、genomecov、bamtobed 和 bed12tobed6),可以正确处理"split|spliced"类型的 BAM 队列文件,即具有"N"的 CIGAR 操作和/或"blocked"类型的 BED12 特征。如果 intersect、coverage 和 genomecov 子命令使用"-split"选项,则程序会选择性地处理"split"类型的 BAM 队列和/或"blocked"类型的 BED 特征。这将导致交集(intersect)和覆盖(coverage)仅针对队列或特征块进行计算。相反,如果没有使用此选项,则交集和覆盖将针对队列或特征的整个"跨度(span)"来计算,而不管每个队列或特征块之间的间隙大小如何。

例如,假设有一个 RNA-Seq 读段,它源自 mRNA 中相邻两个外显子的连接处,长度为 76 bp。在基因组中,这两个外显子恰好相距 10 kb。因此,当该读段与参考基因组对齐时,读段的一部分将与第一个外显子对齐,而另一部分将对齐到下游 10 kb 处的另一个外显子。相应的 CIGAR 字符串类似于:30M * 3000N * 46M。在基因组中,这种比对"跨越"了 3 076 bp,但测序读段中的核苷酸比对仅仅"覆盖"了 76 bp。如果没有"-split"选项,将报告该队列的整个 3 076 bp 跨度的覆盖或重叠。但是,使用"-split"选项,只会报告与外显子重叠的读段部分的覆盖或重叠(overlap),即第一个外显子上的 30 bp 区域和另一个外显子上的 46 bp 区域。

将"-split"选项与 bamtobed 一起使用会导致以 BED12 格式报告"spliced|split"队列。对 bed12tobed6 使用"-split"选项,会导致以 BED6 格式报告"blocked"类型的 BED12 特征。

⑥ 写入未压缩的 BAM 输出。在"管道/流(pipe/stream)"中使用一组复杂的工具处理大型 BAM 文件时,将未压缩的 BAM 输出传递给每个下游程序,将减少输出压缩和解压缩所花费的时间。所有创建 BAM 输出的工具,如 intersect、window,现在都可以选择使用"-ubam"选项来创建未压缩的 BAM 输出。

4. 子命令简介

annotate：注释来自多个文件的特征的覆盖范围。

bamtobed：把 BAM 格式的队列文件转成 BED 格式。

bamtofastq：把 BAM 格式转成 FASTQ 格式。

bed12tobed6：将 BED12 区间分解为离散的 BED6 区间。

bedpetobam：把 BED 格式的区间信息转成 BAM 格式的记录。

bedtobam：把 BED 格式的区间信息转成 BAM 格式的记录。

closest：找到最接近的可能不重叠的区间。

cluster：聚集(但不合并)重叠/邻近区间。

complement：提取不在区间文件中表示的区间。

coverage：计算定义区间的覆盖率。

expand：根据列中的值列表复制行。

fisher：计算两个特征文件的 Fisher 统计量(b/w)。

flank：从现有区间的侧翼创建新的区间。

genomecov：计算整个基因组的覆盖率。

getfasta：从 FASTA 格式文件中提取指定区间序列。

groupby：按公共列分组，并总结其他列。相当于 SQL "groupBy"。

igv：创建一个 IGV 快照批处理脚本。

intersect：以各种方式寻找重叠区间。

jaccard：计算两组区间的 Jaccard 统计量(b/w)。

links：创建一个 HTML 页面，包含指向 UCSC 位置的链接。

makewindows：制作跨基因组的区间"窗口"。

map：将函数应用于每个重叠区间的列。

maskfasta：从 FASTA 格式文件中遮蔽指定区间序列。

merge：将重叠/邻近区间合并为一个区间。

multicov：根据多重 BAM 文件，计算特定区间的覆盖度。

multiinter：鉴别多个区间文件中的共同区间。

nuc：分析 FASTA 格式文件中指定区间的核苷酸含量。

overlap：计算两个区间的重叠量。

pairtobed：查找以各种方式重叠的区间的读段对。

pairtopair：查找以各种方式与其他读段对重叠的读段对。

random：在基因组中生成随机区间。

reldist：计算两个文件的相对距离(b/w)分布。

sample：使用水库抽样(reservoir sampling)方法从文件中对随机记录进行抽样。

shuffle：随机重新分配基因组中的区间。

slop：调整区间大小。

sort：对文件中的区间进行排序。

spacing：报告文件中的区间之间的间隙长度。

split：将一个文件拆分为多个具有相等记录或碱基对的文件。

subtract：根据重叠的(between/within, b/w)两个文件删除区间。

tag：根据与指定区间文件的重叠情况来标记 BAM 队列。

unionbedg：组合来自多个 bedGraph 文件的覆盖区间。

window：在一个区间周围的窗口内查找重叠区间。

5．常用子命令详解

（1）annotate

bedtools 使用从多个其他 BED/VCF/GFF 文件中观察到的覆盖（coverage）和重叠（overlap）来注释一个 BED/VCF/GFF 文件。基于这种方式，它允许用户使用单个命令查询一个特征与多个其他特征类型的重合程度。

基本用法：

```
bedtools annotate [OPTIONS] -i <BED/GFF/VCF>-files FILE1 FILE2 … FILEn
#或 annotateBed [OPTIONS] -i <BED/GFF/VCF>-files FILE1 FILE2 … FILEn
```

参数说明：

-names：用于描述"-i"中每个文件的名称列表（每个文件 1 个）。这些名称将作为标题行打印输出。

-counts：报告每个文件中与"-i"重叠的特征计数。默认情况是报告每个文件覆盖"-i"的比例。

-both：报告特征计数，随后是每个注释文件的覆盖率百分比。默认情况是只报告每个文件覆盖"-i"的比例。

-s：强制链性（strandedness）相同。也就是说，只报告 B 中与 A 在相同（_same_）链上重叠的命中。默认情况下，不考虑链的限制问题。

-S：要求不同的链性。也就是说，仅报告 B 中与 A 在相反（_opposite_）链上重叠的命中。默认情况下，不考虑链的限制问题。

（2）bamtobed

bedtools bamtobed 是一种转换实用程序，可将 BAM 格式的序列比对转换为 BED、BED12 和/或 BEDPE 记录。

基本用法：

```
bedtools bamtobed [OPTIONS] -i <BAM>
#或 bamtobed [OPTIONS] -i <BAM>
```

参数说明：

-bedpe：将 BAM 队列转成 BEDPE 格式输出。只会报告来自双端读段的比对。具体来说，如果每个读段都与同一条染色体对齐，则报告的将是 BAM 插入片段尺寸大于零的队列。如果配对读段比对的队列是染色体间的（interchromosomal），将首先报告字典序较低的染色体。最后，当某一端的读段未映射时，染色体和链将设置为"."，并且开始和结束坐标将设置为"-1"。默认情况下，该选项是禁用的，输出将以 BED 格式报告。

-mate1：输出 BEDPE（-bedpe）格式时，始终将配对读段 1 报告为第 1 个 BEDPE "block"。

-bed12：将 BAM 队列转成"blocked"类型的 BED（又名 BED12）格式。这会将"spliced"类型的 BAM 队列（由"N"CIGAR 操作表示）转换为 BED12。强制设定"-split"选项。

-split：将"spliced"类型的 BAM 队列（即具有"N"CIGAR 操作）的每个部分，作为不同的 BED 区间来报告。基于"spliced"类型的 BAM 条目创建 BED12 特征。默认情况下，"bedtools bamtobed"将创建一个 BED6 特征，表示拼接/拆分（spliced/split）的 BAM 队列的整个跨度。但是，当使用"-split"选项时，会输出 BED12 格式的特征条目，其中将为测序读段的每个对齐部分创建 BED 块。

Chromosome	~~~~~~	
Exons	**************	*********
BED/BAM A	^^^^^^^^^^^..	^^^
Result	===============	====

-splitD：报告"spliced"类型的 BAM 队列的每个部分，同时遵守"N"CIGAR 和"D"操作。强制设定"-split"选项。

-ed：使用"编辑距离"（edit distance）标签（NM）作为 BED 分数的字段。BED 的默认设置是使用映射质量。BEDPE 的默认设置是使用该读段对的两个映射质量中的最小值。当"-ed"与"-bedpe"一起使用时，将报告两个配对读段的总编辑距离。

-tag：使用其他数值型的 BAM 队列标签作为 BED 分数的字段。BED 的默认设置是使用映射质量。禁止 BEDPE 输出。

-color：BED12 格式使用的颜色是一个（R，G，B）字符串。默认:(255,0,0)。

-cigar：将 CIGAR 字符串添加为 BED 条目的第 7 列。

（3）bamtofastq

bedtools bamtofastq 是一个转换实用程序，用于从 BAM 格式的序列比对中提取 FASTQ 记录。如果要使用 CRAM 作为输入，则需要通过"CRAM_REFERENCE"环境变量，指定 FASTA 格式的相关参考基因组位置的完整路径。

```
export CRAM_REFERENCE = /home/zhanggaochuan/Downloads/gDNA. fa
```

基本用法：

```
bedtools bamtofastq [OPTIONS] -i < BAM >-fq < FASTQ >
#或 bamtofastq [OPTIONS] -i < BAM >-fq < FASTQ >
```

参数设置：

-fq2：第 2 个读段的 FASTQ 文件名称。如果 BAM 包含双端数据，则使用。如果使用此选项创建配对 FASTQ，输入的 BAM 应按查询名称排序。

```
samtools sort -n -o aln. qsort. bam aln. bam
```

-tags：根据 BAM 格式的 R2 和 Q2 标签中的配对信息创建 FASTQ。

（4）closest

与 intersect 类似，closest 用于搜索 A 和 B 中的重叠特征。如果 B 中没有特征与 A 中的当前特征重叠，则 closest 将报告 B 中最邻近的特征（即与 A 开始或结束位置的最小基因组距离）。例如，研究人员可能想找到哪个基因与显著的 GWAS 多态性最接近。请注意，

closest 会将重叠特征报告为最邻近的特征,也就是说,它不限于最邻近的非重叠特征。当 A 中的某个特征在 B 中相同染色体上找不到时,对"chrom"字段报告"none",对所有其他字段报告"-1"。例如,none -1 -1。此外,bedtools closest 要求所有输入文件都按染色体和特征开始坐标以相同方式排序。

```
#对于 BED 文件的排序
sort -k1,1 -k2,2n in. bed > in. sorted. bed
```

基本用法:

```
bedtools closest [OPTIONS] -a <FILE>-b <FILE1, FILE2,..., FILEN>
#或 closestBed [OPTIONS] -a <FILE>-b <FILE1, FILE2,..., FILEN>
```

参数设置:

-s:强制链性(strandedness)相同。也就是说,只查找 B 中与 A 在相同(_same_)链上重叠的最邻近特征。默认情况下,不考虑链的限制问题。

-S:要求不同的链性。也就是说,仅查找 B 中与 A 在相反(_opposite_)链上重叠的最邻近特征。默认情况下,不考虑链的限制问题。

-d:除了 B 中最邻近的特征之外,还将其与 A 的距离报告为额外的列。重叠特征的距离将为 0。

-D:像"-d"一样,报告 B 中最邻近的特征,及其到 A 的距离作为额外的列。但是与"-d"不同的是,使用负距离报告上游特征。定义哪个方向是"上游(upstream)"的选项如下。

```
ref: 报告相对于参考基因组的距离。具有较低 (start, stop) 的 B 特征是上游。
a: 相对于 A 的报告距离。当 A 在"-"链上时,"上游"意味着 B 有一个更高的(start, stop)。
b: 相对于 B 的报告距离。当 B 在"-"链上时,"上游"意味着 A 有一个更高的(start, stop)。
```

-io:忽略 B 中与 A 重叠的特征。也就是说,只要接近但不接触的特征。

-iu:忽略 B 中那些位于 A 中特征上游(upstream)的特征。此选项需要"-D"选项,并遵循其确定的什么是"上游(upstream)"的方向规则。

-id:忽略 B 中那些位于 A 中特征下游(downstream)的特征。此选项需要"-D"选项,并遵循其确定的什么是"下游(downstream)"的方向规则。

-fu:选择 B 中位于 A 中特征上游(upstream)的第 1 个特征。此选项需要"-D"选项,并遵循其确定的什么是"上游(upstream)"的方向规则。

-fd:选择 B 中位于 A 中特征下游(downstream)的第 1 个特征。此选项需要"-D"选项,并遵循其确定的什么是"下游(downstream)"的方向规则。

-t:指定如何处理最邻近的关系(tie)。当 B 中的两个特征与 A 具有完全相同的"邻近度(closeness)"时,就会遇到这种情况。默认情况下,会报告 B 中的所有此类特征。以下是所有可用选项。

all：报告所有最邻近特征（默认）。
first：报告 B 文件中出现的第一个最邻近特征。
last：报告 B 文件中出现的最后一个最邻近特征。

-mdb：指定如何解析多个数据库。

each：单独报告每个数据库的最邻近记录（默认）。
all：报告所有数据库中最邻近的记录。

-k：报告 k 个最邻近的特征记录。默认：1。如果 tieMode = "all"，则仍报告所有最邻近的关系。

-names：当使用多个数据库(-b)时，为每个数据库提供一个别名，在打印 DB 记录时，将显示此别名而不是 fileID。

-filenames：当使用多个数据库(-b)时，在打印 DB 记录时显示每个数据库的完整文件名而不是 fileID。

-N：要求查询特征和命中的最邻近特征具有不同名称。对于 BED 文件，比较第 4 列。

-header：在结果输出之前，先输出 A 文件中的标题。

（5）coverage

bedtools coverage 工具用于计算文件 B 中特征对文件 A 中特征的覆盖深度（depth）和广度（breadth）。例如，bedtools coverage 可以对文件 A 中感兴趣的基因组区间，以 1 kb 窗口（可以是任意尺寸），来计算文件 B 中序列比对的覆盖率。bedtools coverage 的一个优点是，它不仅计算与文件 A 中某个区间重叠的特征数量，还计算 A 中与一个或多个特征重叠的区间中的碱基比例。bedtools coverage 还计算了 A 中每个区间观察到的覆盖范围。如果计算的文件数据量很大，最好先按染色体然后按起始位置对数据进行排序，然后使用"-sorted"选项，这会调用专为大文件设计的内存高效算法。此外，coverage 工具中的"-b"选项可以接受多个文件，这样就可以同时计算单个查询(-a)文件和多个数据库文件(-b)之间的覆盖率。

基本用法：

```
bedtools coverage [OPTIONS] -a <FILE> -b <FILE1, FILE2,…, FILEN>
#或 coverageBed [OPTIONS] -a <FILE> -b <FILE1, FILE2,…, FILEN>
```

参数说明：

-a：指定 BAM/BED/GFF/VCF 格式的文件 A。程序会将 A 中的每个特征与 B 进行比较以寻找重叠。

-b：指定一个或多个 BAM/BED/GFF/VCF 格式的文件 B。"-b"后面可以跟多个以逗号分隔的数据库文件和/或通配符(*)。

-abam：指定 BAM 格式的文件 A。将 A 中的每个 BAM 对齐与 B 进行比较以寻找重叠。

```
samtools view -b < BAM > | bedtools intersect -abam stdin -b genes. bed
```

-hist：报告 A 中每个特征的覆盖率直方图以及 A 中"_all_"特征的汇总直方图。A 中每个特征后的输出列（以制表符分隔）如下。

```
depth：覆盖深度。
# bases at depth：该覆盖深度的碱基数。
size of A：特征大小。
% of A at depth：该覆盖深度的特征比例。
```

-d：报告每个 A 特征中每个位置的深度。报告的位置坐标是"1-based"体系。每个位置和深度都遵循完整的 A 特征。

-counts：只报告重叠数，不计算分数等。受"-f"和"-r"限制。

-f：指定 A 的最小重叠比例。默认：1e-9（即 1 bp）。

-F：指定 B 的最小重叠比例。默认：1e-9（即 1 bp）。

-r：指定 A 和 B 的重叠比例要求是相互的。换句话说，如果"-f"为 0.90，并且使用"-r"选项，就是要求 B 至少与 90% 的 A 重叠，并且 A 也至少与 90% 的 B 重叠。

-e：指定满足"A _OR_ B"的最小比例。换句话说，如果"-e"与"-f 0.90"和"-F 0.10"一起使用，则要求覆盖 A 的 90% 或覆盖 B 的 10%。如果没有"-e"选项，则必须同时满足这两个比例设定。

-s：强制链性（strandedness）相同。也就是说，只报告 B 中与 A 在相同（_same_）链上重叠的命中。默认情况下，不考虑链的限制问题。

-S：要求不同的链性。也就是说，仅报告 B 中与 A 在相反（_opposite_）链上重叠的命中。默认情况下，不考虑链的限制问题。

-split：将"spliced"类型的 BAM（即具有"N" CIGAR 操作）或 BED12 条目，作为不同的 BED 区间来处理。

-sorted：对于非常大的 B 文件，调用"扫描（sweeping）"算法，不过需要事先将输入的 B 文件按照位置排序。这样在使用"-sorted"选项时，即使对于非常大的文件，内存使用率仍然很低。

```
#对于 BED 文件的排序
sort -k1,1 -k2,2n in. bed > in. sorted. bed
```

-g：指定一个基因组文件，该文件定义输入文件中的期望染色体顺序，以与"-sorted"选项一起使用。

-header：在输出结果之前先输出 A 文件中的标题。

-sortout：当使用多个数据库文件(-b)时，对每条记录的 DB 命中输出进行排序。

-nobuf：禁用缓冲输出。使用此选项将导致每行结果在生成时打印输出，而不是保存在缓冲区中。这将使打印输出大型文件的速度明显变慢，但这在与需要一次处理一行 bedtools 输出的其他软件工具和脚本结合使用时非常有用。

-iobuf：指定 IO 所需的读取缓冲区的整数大小，支持可选的后缀 K/M/G。注意：目前对压缩文件无效。

默认行为：在 A 中的每个区间之后，bedtools coverage 将报告如下内容。

> B 中与 A 区间重叠（至少一个碱基对）的特征数量。
> A 中具有来自 B 中特征的非零覆盖率的碱基数。
> A 中条目的长度。
> A 中具有来自 B 中特征的非零覆盖率的碱基比例。

以下是 B 中与 A 重叠的特征数量（N = …），以及覆盖 A 中的特征区间的碱基比例。

```
Chromosome    ~~~~~~~~~~~~~~~~~~~~~~~~~~~~~~~~~~~~~~~~~~~~~~~~~~~~~~~~~~~~
BED FILE A    **************       ***************       ******       ***************
BED FILE B    ^^^^ ^^^^                      ^^                ^^^^^^^^^       ^^^ ^^ ^^^^
                  ^^^^^^^^                                                    ^^^^^ ^^^^^ ^^
Result        [N = 3, 10/15]       [N = 1, 2/15]       [N = 1,6/6]       [N = 6, 12/14]
```

（6）flank

bedtools flank 程序将为 BED/GFF/VCF 文件中的每个区间创建两个新的侧翼区间，但不能超过染色体大小限制。为了防止创建超出染色体边界的区间，bedtools flank 程序需要定义每个染色体或重叠群长度的基因组文件。

基本用法：

```
bedtools flank [OPTIONS] -i <BED/GFF/VCF> -g <GENOME> [-b or (-l and -r)]
#或 flankBed [OPTIONS] -i <BED/GFF/VCF> -g <GENOME> [-b or (-l and -r)]
```

参数说明：

-g：设定基因组序列长度数据文件。

-b：设定在指定文件中的区间每个方向创建的区间长度，即碱基对数（整数）。

-l：设定在指定文件中的区间起始位置左侧方向创建的区间长度，即碱基对数（整数）。

-r：设定在指定文件中的区间结束位置右侧方向创建的区间长度，即碱基对数（整数）。

-s：基于链定义"-l"和"-r"选项。例如，如果使用"-l 500"表示负链特征，它将在指定文件中的区间的结束位置添加 500 bp 长度（右侧方向）来创建区间。

-pct：将"-l"和"-r"定义为特征长度的比例。例如，如果是对于一个 1 000 bp 的特征区间，"-l 0.50"将在其"上游"添加 500 bp 长度来创建区间。默认：false。

（7）genomecov

bedtools genomecov 用于计算给定基因组的特征覆盖率（如对齐序列）的直方图数据（默认），包括每个碱基（per-base）的报告（-d）和 bedGraph（-bg）摘要。如果使用 BED/GFF/VCF 格式的输入文件（-i），则必须按染色体分组排序。此外，还必须通过"-g"选项提供基因组文件。

```
sort -k 1,1 in. bed > in. sorted. bed
```

如果输入文件是 BAM 格式(-ibam),则必须按位置排序。

```
samtools sort aln. bam aln. sorted
```

默认情况下,bedtools genomecov 将计算给定基因组文件的覆盖率直方图数据,格式如下。

```
染色体(chromosome)或整个基因组。
输入文件中特征的覆盖深度。
覆盖深度等于第 2 列数值的染色体或基因组上的碱基数。
染色体或整个基因组的大小。
覆盖深度等于第 2 列数值的染色体或基因组上的碱基比例。
```

然后,给出不同覆盖深度的基因组覆盖率的汇总直方图数据。

基本用法:

```
bedtools genomecov [OPTIONS] [-i|-ibam] -g (iff. -i)
#或 genomeCoverageBed [OPTIONS] [-i|-ibam] -g (iff. -i)
```

参数设置:

-ibam:指定输入为 BAM 格式文件。A 中的每个 BAM 比对都增加到基因组的总覆盖度上。可以使用 UNIX 管道来输入 BAM 数据。

```
samtools view -b <BAM> | genomeCoverageBed -ibam stdin -g hg18. genome
```

-d:使用"1-based"坐标报告每个基因组位置的深度。

-dz:使用"0-based"坐标报告每个基因组位置的深度。

-bg:以 bedGraph 格式报告深度数据。详见 http://genome. ucsc. edu/goldenPath/help/bedgraph. html。

-bga:以 bedGraph 报告深度数据,但是同时也报告零覆盖度的区间。这允许通过对输出应用"grep -w 0 $"来快速提取所有零覆盖度的基因组区域。

-split:在计算覆盖度时,将"split"类型的 BAM 或 BED12 条目视为不同的 BED 区间。对于 BAM 文件,该程序使用 CIGAR 的"N"和"D"操作来推断要计算覆盖度的区块(blocks)。对于 BED12 文件,该程序使用 BlockCount、BlockStarts 和 BlockEnds 字段(即第 10、11、12 列)。

-strand:计算特定链的区间覆盖率。对于 BED 文件,至少需要 6 列(链是第 6 列)。

-5:计算 5′位置的覆盖度(而不是整个区间)。

-3:计算 3′位置的覆盖度(而不是整个区间)。

-max:将深度 >= max 的所有位置组合到直方图中的单个"bin"中。例如,如果设置"-max 50",则输出中报告的最大深度将为 50,并且所有深度 >=50 的位置将在"bin 50"中表示。

-scale:按指定常数因子缩放覆盖度。在输出结果报告之前,每个覆盖度数值都乘以这个常数因子,用于标准化覆盖度,例如每百万读段数(reads per million,RPM)。默认为 1.0,

即不缩放。

-trackline：在输出的第 1 行中添加"UCSC/Genome-Browser"轨道行（track line）定义。有关轨道行定义的更多详细信息，请参见 http://genome. ucsc. edu/goldenPath/help/bedgraph. html。

-trackopts：在第 1 行中写入附加的轨道行定义参数。

-pc：计算一对读段左端到右端的区间覆盖度。仅适用于 BAM 文件。

-fs：强制使用片段大小而不是读段长度。仅适用于 BAM 文件。

（8）getfasta

bedtools getfasta 根据给定的 BED/GFF/VCF 文件中的区间，从 FASTA 格式文件中提取指定区间序列，并在输出文件中为每个提取的序列创建一个新的 FASTA 条目。默认情况下，每个提取序列的 FASTA 标题格式为"< chrom >：< start >-< end >"。需要注意的是：① 输入 FASTA 文件中的标题必须与 BED 文件中的染色体列完全匹配。② 包含单个区域的 BED 文件需要在行尾有一个换行符，否则会产生一个空白的输出文件。此外，可以使用 UNIX fold 命令设置 FASTA 输出的行宽。例如，"fold -w 60"将使 FASTA 文件的每一行最多包含 60 个核苷酸，以便于查看。

基本用法：

```
bedtools getfasta [OPTIONS] -fi < input FASTA >-bed < BED/GFF/VCF >
#或 getFastaFromBed [OPTIONS] -fi < input FASTA >-bed < BED/GFF/VCF >
```

参数说明：

-fo：指定输出文件名。默认情况下，输出到标准输出（stdout）。

-name：使用名称字段（name）和坐标作为 FASTA 标题。

-nameOnly：使用名称字段（name）作为 FASTA 标题

-tab：以制表符分隔格式而不是 FASTA 格式来报告提取的序列。

-bedOut：以制表符分隔的 BED 格式而不是 FASTA 格式来报告提取的序列。

-s：强制链性（strandedness）。如果该特征位于反义链，则提取的是反向互补序列。默认：忽略链信息。

-split：根据给定的 BED12 输入，从 BED"块（block）"（如外显子）中提取并连接序列。

-fullHeader：使用完整的 FASTA 标题。默认情况下，仅使用第 1 个空格或制表符之前的单词。

-rna：FASTA 序列是 RNA 而不是 DNA。反向互补亦会相应处理。

（9）intersect

到目前为止，关于两组基因组特征最常见的问题就是两组中的任何特征是否彼此"重叠"，这称为特征交集（feature intersection）。"bedtools intersect"程序用于筛选两组基因组特征之间的重叠。此外，它允许用户对特征交集的报告方式进行精细控制。"bedtools intersect"程序使用 BED/GFF/VCF 和 BAM 文件作为输入。如果对非常大的特征文件进行交集分析,则需要先按染色体然后按起始位置对数据进行排序;然后在进行交集分析时,使用"-sorted"选项。这样程序会调用专为大文件设计的内存高效算法。

```
#对于 BED 文件的排序
sort -k1,1 -k2,2n in.bed > in.sorted.bed
```

基本用法:

```
bedtools intersect [OPTIONS] -a <FILE> -b <FILE1, FILE2,…, FILEN>
#或 intersectBed [OPTIONS] -a <FILE> -b <FILE1, FILE2,…, FILEN>
```

参数说明:

-a:指定 BAM/BED/GFF/VCF 格式的文件 A。程序会将 A 中的每个特征与 B 进行比较以寻找重叠。

-b:指定一个或多个 BAM/BED/GFF/VCF 格式的文件 B。"-b"后面可以跟多个以逗号分隔的数据库文件和/或通配符(*)。

-abam:指定 BAM 格式的文件 A。将 A 中的每个 BAM 格式文件对齐与 B 进行比较以寻找重叠。

```
samtools view -b <BAM> | bedtools intersect -abam stdin -b genes.bed
```

-ubam:指定输出非压缩的 BAM 格式文件。默认:输出压缩的 BAM 格式文件。

-bed:当使用 BAM 格式文件输入(-abam)时,指定输出为 BED 格式。默认:使用"-abam"选项时,输出亦为 BAM 格式。

```
bedtools intersect -abam reads.bam -b genes.bed -bed
```

-wa:输出每个在 A 中重叠的原始条目。

-wb:输出每个在 B 中重叠的原始条目,有助于了解 A 重叠的内容。受"-f"和"-r"选项限制。

-loj:执行"左外连接(left outer join)"。也就是说,对于 A 报告中的每个特征,都与 B 重叠。如果没有发现重叠,则报告 B 的 NULL 特征。

-wo:输出原始 A 和 B 条目,还有两个特征之间重叠的碱基对数。仅报告具有重叠的 A 特征。受"-f"和"-r"选项限制。

-wao:输出原始 A 和 B 条目,还有两个特征之间重叠的碱基对数。但是,无重叠的 A 特征也报告为 "NULL B"特征且重叠 =0。受"-f"和"-r"选项限制。

-u:如果在 B 中发现任何重叠,则将原始 A 条目输出一次。换句话说,只需报告在 B 中至少发现一个重叠的 A 条目。受"-f"和"-r"选项限制。

-c:对于 A 中的每个条目,报告 B 中的命中数,同时限制"-f"。对于与 B 没有重叠的 A 条目,报告"0"。受-f、-F、-r 和-s 限制。

-C:对于 A 中的每个条目,在不同的行上单独报告与每个 B 文件的重叠数。对于与 B 没有重叠的 A 条目,报告"0"。重叠受-f、-F、-r 和-s 限制。

-v：只报告 A 中那些在 B 中没有重叠的条目。受"-f"和"-r"选项限制。

-f：指定 A 的最小重叠比例。默认：1e-9（即 1 bp）。

-F：指定 B 的最小重叠比例。默认：1e-9（即 1 bp）。

-r：指定 A 和 B 的重叠比例要求是相互的。换句话说，如果"-f"为 0.90，并且使用"-r"选项，就是要求 B 至少与 90% 的 A 重叠，并且 A 也至少与 90% 的 B 重叠。

-e：指定满足"A _OR_ B"的最小比例。换句话说，如果"-e"与"-f 0.90"和"-F 0.10"一起使用，则要求覆盖 A 的 90% 或覆盖 B 的 10%。如果没有"-e"选项，则必须同时满足这两个比例设定。

-s：强制链性（strandedness）相同。也就是说，只报告 B 中与 A 在相同（_same_）链上重叠的命中。默认情况下，不考虑链的限制问题。

-S：要求不同的链性。也就是说，仅报告 B 中与 A 在相反（_opposite_）链上重叠的命中。默认情况下，不考虑链的限制问题。

-split：将"spliced"类型的 BAM（即具有"N"CIGAR 操作）或 BED12 条目，作为不同的 BED 区间来处理。

-sorted：对于非常大的 B 文件，调用"扫描（sweeping）"算法，不过需要事先将输入的 B 文件按照位置排序。这样在使用"-sorted"选项时，即使对于非常大的文件，内存使用率仍然很低。

-g：指定一个基因组文件，该文件定义输入文件中的期望染色体顺序，以与"-sorted"选项一起使用。

-header：在输出结果之前先输出 A 文件中的标题。

-names：当使用多个数据库（-b）时，为每个数据库提供一个别名，在打印 DB 记录时，将显示此别名而不是 fileID。

-filenames：当使用多个数据库（-b）时，在打印 DB 记录时显示每个数据库的完整文件名而不是 fileID。

-sortout：当使用多个数据库文件（-b）时，对每条记录的 DB 命中输出进行排序。

-nobuf：禁用缓冲输出。使用此选项将导致每行结果在生成时打印输出，而不是保存在缓冲区中。这将使打印输出大型文件的速度明显变慢，但这在与需要一次处理一行 bedtools 输出的其他软件工具和脚本结合使用时非常有用。

-iobuf：指定 IO 所需的读取缓冲区的整数大小，支持可选的后缀 K/M/G。注意：目前对压缩文件无效。

（10）merge

bedtools merge 指令将区间文件中的重叠或"书尾（book-ended）"特征组合成一个跨越所有组合特征的单一特征。该指令要求区间先按染色体再按起始位置，对数据进行预排序。

基本用法：

```
bedtools merge [OPTIONS] -i < BED/GFF/VCF/BAM >
#或 mergeBed [OPTIONS] -i < BED/GFF/VCF/BAM >
```

参数说明：

-s：强制链性(strandedness)相同。即只融合相同链上的特征。默认情况下，不考虑链的限制问题。

-S：仅融合一条指定链上的特征。默认情况下，不考虑链的限制问题。

-d：允许合并的特征之间的最大距离。默认值为 0，即只合并重叠和/或书尾特征。

-c：指定输入文件中要操作的列，可以在以逗号分隔的列表中指定多个列。

-o：指定应用于"-c"设定列的操作类型。默认：求和(sum)。有效的操作类型如下。

```
sum(求和)、min(最小值)、max(最大值)、absmin(绝对值最小)、absmax(绝对值最大)、mean(均值)、
median(中位数)、collapse(打印一个分隔列表，允许重复特征)、distinct(打印一个分隔列表，不允许重复
特征)、count(计数)、count_distinct(唯一值的计数)。
```

可以在使用逗号分隔的列表中指定多个操作类型。如果只有一列，但是有多个操作类型，就是指把这些操作类型都应用于该列。同样，如果只有一个操作类型，但指定了多列，则将该操作类型应用于设定的所有列。否则，指定列数必须与操作类型数相匹配，然后按照指定的顺序，将操作类型分别应用于对应顺序的列。例如，"-c 5,4,6 -o sum,mean,count"就是对列 5 应用 sum，列 4 应用 mean，列 6 应用 count。输出列的顺序与命令中给出的顺序匹配。

-header：在输出结果之前先输出 A 文件中的标题。

-delim：为"-nms"和"-scores concat"选项指定自定义分隔符，如-delim "|"。默认为"；"。

(11) shuffle

bedtools shuffle 根据设定的基因组文件，对指定特征文件中的基因组位置进行重排。还可以提供一个 BED/GFF/VCF 文件，用来排除不可用于重排的基因组特征区域，比如已知的基因组间隙。shuffle 可用来创建零偏移特征的特征区间集合，以此来测试两个特征区间集合之间的关联显著性。

基本用法：

```
bedtools shuffle [OPTIONS] -i < BED/GFF/VCF > -g < GENOME >
#或 shuffleBed [OPTIONS] -i < BED/GFF/VCF > -g < GENOME >
```

参数说明：

-excl：设置不可用于放置来自"-i"选项的特征坐标文件(BED)，比如基因组间隙。

-incl：指定用来放置来自"-i"选项的特征坐标文件(BED)。

-chrom：将"-i"指定文件中的特征保持在同一条染色体上，仅置换它们在染色体上的位置。默认情况下，染色体和位置都是随机选择的。

-seed：设置随机重排的整型数"种子"。默认情况下，种子是随机选择的。

-f：设置与"-excl"选项指定特征的最大重叠(作为"-i"执行特征的一部分)；若不超过该值，则可以作为新的随机特征区间。

-chromFirst：不是在整个基因组中随机选择一个位置,而是首先随机选择一个染色体,然后在该染色体上随机选择一个起始坐标。这将导致特征在不同染色体中均匀分布,而不是基于染色体大小的函数分布。

-bedpe：表示 A 文件为 BEDPE 格式。

-maxTries：在存在"-incl"或"-excl"的情况下,尝试随机重排某个区间的最大次数。默认:1 000。

-noOverlapping：不允许随机重排区间存在重叠。

-allowBeyondChromEnd：允许原始记录的长度超出染色体长度。

（12）sort

bedtools sort 工具用于按照染色体和其他标准对特征文件中的区间进行排序。

基本用法：

```
bedtools sort［OPTIONS］-i ＜BED/GFF/VCF＞
#或 sortBed［OPTIONS］-i ＜BED/GFF/VCF＞
```

参数说明：

-sizeA：按特征大小升序排序。

-sizeD：按特征大小降序排序。

-chrThenSizeA：按染色体升序排序,然后按特征大小升序排序。

-chrThenSizeD：按染色体升序排序,然后按特征大小降序排序。

-chrThenScoreA：按染色体升序排序,然后按分数升序排序。

-chrThenScoreD：按染色体升序排序,然后按分数降序排序。

-g：按给定的由制表键(TAB)分隔列的文件中的第 1 列染色体名称顺序来定义排序顺序。

-faidx：按给定的由制表键(TAB)分隔列的文件中的第 1 列染色体名称顺序来定义排序顺序,按指定的染色体顺序排序。

四、 使用案例

1. annotate

使用案例：

```
范例文件 1：variants. bed

chr1    100     200     nasty   1   -
chr2    500     1000    ugly    2   +
chr3    1000    5000    big     3   -
```

范例文件 2：genes. bed

chr1	150	200	geneA	1	+
chr1	175	250	geneB	2	+
chr3	0	10000	geneC	3	-

范例文件 3：conserve. bed

chr1	0	10000	cons1	1	+
chr2	700	10000	cons2	2	-
chr3	4000	10000	cons3	3	+

范例文件 4：conserve. bed

chr1	0	120	known1	-
chr1	150	160	known2	-
chr2	0	10000	known3	+

① 默认行为：用其他文件的覆盖范围（coverage）注释一个文件。

bedtools annotate -i variants. bed -files genes. bed conserve. bed known_var. bed								
chr1	100	200	nasty	1	-	0.50	1.00	0.30
chr2	500	1000	ugly	2	+	0.00	0.60	1.00
chr3	1000	5000	big	3	-	1.00	0.25	0.00

② -count：报告来自其他注释文件的命中计数。

bedtools annotate -counts -i variants. bed -files genes. bed conserve. bed known_var. bed								
chr1	100	200	nasty	1	-	2	1	2
chr2	500	1000	ugly	2	+	0	1	1
chr3	1000	5000	big	3	-	1	1	0

③ -both：报告来自其他注释文件的命中计数和覆盖比例。

bedtools annotate -both -i variants. bed -files genes. bed conserve. bed known_var. bed										
#chr	start	end	name	score	+/-	cnt1	pct1	cnt2	pct2	cnt3	pct3
chr1	100	200	nasty	1	-	2	0.50	1	1.00	2	0.30
chr2	500	1000	ugly	2	+	0	0.00	1	0.60	1	1.00
chr3	1000	5000	big	3	-	1	1.00	1	0.25	0	0.00

④ -s：限制报告在相同链上的重叠。

bedtools annotate -s -i variants. bed -files genes. bed conserve. bed known_var. bed								
chr1	100	200	nasty	1	-	0.00	0.00	0.00
chr2	500	1000	ugly	2	+	0.00	0.00	0.00
chr3	1000	5000	big	3	-	1.00	0.00	0.00

⑤ -S:限制报告在相反链上的重叠。

bedtools annotate -S -i variants.bed -files genes.bed conserve.bed known_var.bed								
chr1	100	200	nasty	1	-	0.50	1.00	0.30
chr2	500	1000	ugly	2	+	0.00	0.60	1.00
chr3	1000	5000	big	3	-	0.00	0.25	0.00

2. bamtobed

默认情况下,BAM 文件中的每个队列都会转换为 6 列 BED。BED 的"name"字段由 BAM 队列中的"RNAME"字段组成。如果配对读段信息可用,则配对字段将附加到名称中(如"/1"或"/2")。

#将 bam 转成 bed,并查看前 3 行
bedtools bamtobed -i reads.bam | head -3
#使用"-tag"选项选择 BAM 编辑距离(标签 NM)作为结果 BED 记录中的分数列,并查看前 3 行
bedtools bamtobed -i reads.bam -tag NM | head -3

UNIX 管道:将 samtools 和 bamtobed 一起用作 UNIX 管道的一部分来组合执行。

#以下示例是将正确配对的(FLAG == 0x2)读段转换为 BED 格式,并查看前 3 行
samtools view -bf 0x2 reads.bam | bedtools bamtobed -i stdin | head -3

3. bamtofastq

默认情况下,BAM 文件中的每个队列都会转换为"-fq"文件中的 FASTQ 记录。结果 FASTQ 中的记录顺序完全遵循 BAM 输入文件中的记录顺序。

bedtools bamtofastq -i NA18152.bam -fq NA18152.fq
#使用"-fq2"选项为双末端序列比对结果创建两个 FASTQ 文件
#先按查询名称对 BAM 文件进行排序
samtools sort -n -o reads.qsort.bam reads.bam
#再使用"-fq2"选项为双末端序列比对结果创建两个 FASTQ 文件
bedtools bamtofastq -i reads.qsort.bam -fq read1.fq -fq2 read2.fq

4. closest

默认情况下,closest 工具首先搜索 B 中与 A 中特征重叠的特征。如果发现重叠,则报告 B 中与 A 的重叠比例最高的特征。如果没有发现重叠,closestBed 会在 B 中查找与 A 最接近的特征,即到 A 的开头或结尾的基因组距离最小的特征。

#找到最接近每个基因的 ALU 元件
bedtools closest -a genes.bed -b ALUs.bed
#在多个"-b"文件中找到最邻近的区间
bedtools closest -a a.bed -b ALUs.bed TATA.bed
#使用"-names"选项,改变描述最邻近 B 区间的文件编号的附加列
bedtools closest -a a.bed -b ALUs.bed TATA.bed -names ALU TATA
#或者,通过"-filenames"选项,使用完整的原始文件名

```
bedtools closest -a a. bed -b ALUs. bed TATA. bed -filenames
```

```
#当 B 中有两个或更多特征与 A 中的区间邻近时
#默认情况下,closest 将报告 B 中的所有此类区间
#使用"-t"指定报告最邻近的一个
```

```
bedtools closest -a a. bed -b TATA. bed -t first
```

5. 使用 flank 和 getfasta 从基因组中提取启动子

假设从小鼠转录组测序(RNA-Seq)数据的对比分析中,鉴别出若干差异表达基因;接下来研究这些基因的表达调控情况,这就需要从小鼠基因组(mm9)中提取启动子序列。现将启动子定义为基因上游 2 kb,并且有一个这些基因的区间 BED 文件,其中包含每个基因所在的染色体、起始和结束位置,及基因名称、外显子数量和链,如下所示。

```
#范例文件 genes. bed
chr1        134212701        134230065        Nuak2        8        +
chr1        134212701        134230065        Nuak2        7        +
chr1        33510655         33726603         Prim2        14       -
chr1        25124320         25886552         Bai3         31       -
```

```
#使用 flank 创建这些基因上游 2 kb 的特征区间,注意链特异性
```

```
bedtools flank -i genes. bed -g mm9. chromsizes -l 2000 -r 0 -s > genes. 2kb. promoters. bed
```

```
#执行后,将获得如下基于链的上游区域:
chr1        134210701        134212701        Nuak2        8        +
chr1        134210701        134212701        Nuak2        7        +
chr1        33726603         33728603         Prim2        14       -
chr1        25886552         25888552         Bai3         31       -
```

```
#接下来可以使用此 BED 文件,利用 getfasta 从 mm9 基因组中提取序列
```

```
bedtools getfasta -fi mm9. fa -bed genes. 2kb. promoters. bed -fo genes. 2kb. promoters. bed. fa
```

注:"mm9. chromsizes"一个以制表符分隔的基因组染色体长度信息文件,其中每一行都有小鼠基因组(mm9)的一个染色体名称及长度(格式规范详见"附录 2")。"mm9. fa"是一个 FASTA 格式的基因组序列文件。bedtools 在其发行版的"genomes"目录中,已包含了人类和小鼠的预定义基因组文件。

6. genomecov

```
#按照每个碱基(-d)报告基因组覆盖度
#输出格式包括以下 3 列:染色体、染色体位置、覆盖该位置的特征深度(数量)
#执行完成后直接查看第 6~15 行
```

```
bedtools genomecov -i A. bed -g my. genome -d | head -15 | tail -n 10
```

```
#以 bedGraph 格式(-bg)报告基因组覆盖度,忽略零覆盖度的区间
```

```
bedtools genomecov -ibam NA18152. bam -bg | head
```

```
#以 bedGraph 格式(-bg)报告基因组覆盖度
#随后输出结果到 awk 过滤器来快速识别具有足够覆盖度的基因组区域,并查看结果前 10 行
```

```
bedtools genomecov -ibam NA18152. bam -bg | awk '$4 > 9' | head
```

#使用"-bga"选项,以 bedGraph 格式报告基因组覆盖度,其报告零覆盖度的区间

```
bedtools genomecov -ibam NA18152. bam -bga | head
```

#报告特定链(-strand)的基因组覆盖度

```
bedtools genomecov -ibam NA18152. bam -bg -strand + | head
```

#按指定常数因子(-scale)缩放覆盖度

```
bedtools genomecov -ibam NA18152. bam -bg -scale 10.0 | head
```

7. intersect

#寻找与基因(genes. bed)重叠的读段数据(reads. bed)

```
bedtools intersect -a reads. bed -b genes. bed
```

#寻找与外显子(文件 B)重叠的 SNPs(文件 A)

```
bedtools intersect -a snps. bed -b exons. bed
```

#当文件 A 为 BAM 格式时,必须使用"-abam"选项

```
bedtools intersect -abam alignedReads. bam -b exons. bed
```

#报告与基因(genes. bed)没有重叠的读段数据(reads. bed)

```
bedtools intersect -a reads. bed -b genes. bed -v
```

#查找与 LINE 重叠但不与 SINE 重叠的基因,第 2 条指令的 BED 格式的文件 A 来自标准输入(stdin),这里实际上来自第 1 条指令输出(stdout)

```
bedtools intersect -a genes. bed -b LINES. bed | bedtools intersect -a stdin -b SINEs. bed -v
```

#对多个"-b"文件进行交集分析

```
bedtools intersect -a query. bed -b b1. bed b2. bed b3. bed
```

#使用"-wa"和"-wb"选项来分辨每个交集来自哪个文件
#完整的"-a"记录后的第 1 列列出重叠的文件编号,该数字对应于命令行上给出文件的顺序

```
bedtools intersect -wa -wb -a query. bed -b b1. bed b2. bed b3. bed -sorted
```

#不过这种编号显然不易读,可以使用"-names"选项来改变这一点

```
bedtools intersect -wa -wb -a query. bed -b b1. bed b2. bed b3. bed -names b1 b2 b3 -sorted
```

#或者,使用"-filenames"选项,直接显示"-b"中的文件名称

```
bedtools intersect -wa -wb -a query. bed -b b1. bed b2. bed b3. bed -sorted -filenames
```

#使用"-v"来报告 query. bed 中,不与 3 个数据库文件中的任何区间重叠的区间

```
bedtools intersect -wa -wb -a query. bed -b b1. bed b2. bed b3. bed -sorted -v
```

#或者,只报告那些查询记录中 100% 与数据库记录重叠的交集

```
bedtools intersect -wa -wb -a query. bed -b b1. bed b2. bed b3. bed -sorted -names b1 b2 b3 -f 1.0
```

8. merge

#默认情况下,bedtools merge 将重叠(至少 1 bp)和/或"书尾(book-ended)"区间合并为单个"扁平的(flattened)"或"合并的(merged)"区间。
bedtools merge -i A. bed
#使用"-s"选项强制合并相同链上的区间
bedtools merge -i A. bed -s
#使用"-S"选项指定合并的链
bedtools merge -i A. bed -S +
#使用"-d"选项指定可以合并的特征距离
bedtools merge -i A. bed -d 1000
#使用"-c"和"-o"选项设置合并特征列时,对"-c"指定列按照"-o"设定的操作类型进行处理 #合并时,对第 1 列进行计数
bedtools merge -i A. bed -c 1 -o count
#合并时,对第 5 列进行求均值计算
bedtools merge -i A. bed -c 5 -o mean
#合并时,对第 5 列进行求均值、最小值、最大值计算
bedtools merge -i A. bed -c 5 -o mean,min,max
#将重叠的重复元件合并为单一的条目,并返回合并条目的数量
bedtools merge -i repeatMasker. bed -n
#对于只需要输入一个特征文件的工具,使用"-i"选项 #将邻近的重复元件合并为单一的条目,只要它们彼此相距在 1 000 bp 以内
bedtools merge -i repeatMasker. bed -d 1000

9. shuffle

#默认情况下,bedtools shuffle 将在随机染色体上的随机位置,重新定位输入 BED 文件中的每个特征;保留每个特征的区间大小和链。
#范例 BED 文件:A. bed
chr1　100　200　a1　1　+ chr1　180　250　a2　2　+ chr1　250　500　a3　3　- chr1　501　1000　a4　4　+
#范例 BED 文件:exclude. bed
chr1　100　10000
#范例基因组文件:my. genome
chr1　10000 chr2　8000 chr3　5000 chr4　2000
bedtools shuffle -i A. bed -g my. genome

#使用"-chrom 选项,让重排位置随机分布在与输入的 BED 文件相同的染色体上
bedtools shuffle -i A. bed -g my. genome -chrom
#使用"-excl"选项,定义重排时不可用的基因组区间
bedtools shuffle -i A. bed -g my. genome -excl exclude. bed
#使用"-seed"选项,定义一个随机种子
bedtools shuffle -i A. bed -g my. genome -seed 927442958
#指定了随机种子之后,此行指令无论执行多少次,结果都会与第一次相同

10. sort

#默认情况下,bedtools sort 程序先按染色体然后按开始位置,以升序对 BED 文件进行排序
bedtools sort -i A.bed
#按特征大小降序排列
bedtools sort -i A. bed -sizeD
#UNIX 操作系统中 sort 指令亦可完成同样的排序操作,而且效率更高 #以下命令行,将先按染色体然后按起始位置对 BED 文件进行升序排序
sort -k1,1 -k2,2n A. bed

6．Bowtie2

一、 简介

Bowtie2 是一个主要用于较长的高通量测序读段与长参考基因组比对的工具。Bowtie2 在比对前要先为基因组创建 FM 索引,以便降低比对时的内存消耗。对于人类基因组来说,其内存占用量通常约为 3.2 GB。Bowtie2 支持带缺口的(gap)、局部的(local)和配对末端比对的等多种比对模式;支持多线程;可以用命令行的形式在几种主流操作系统中运行。该软件输出 SAM 格式结果文件,该格式也可以被许多其他工具所操作,如 Samtools、GATK 等。它同时是很多比较基因组学分析流程的第一步,包括变异调用、ChIP-Seq、RNA-Seq、BS-Seq。Bowtie2 亦被紧密整合到多种工具中,如 TopHat 等。

二、 下载与安装

Bowtie2 安装包有多种获取途径,如 SourceForge、Bioconda、Biocontainer 等。该软件适用于运行 Linux、MacOS X 和 Windows 系统的 x86_64 架构的计算机。一般来说,Bowtie2 可执行文件包括 bowtie2、bowtie2-align-s、bowtie2-align-、bowtie2-build、bowtie2-build-s、bowtie2-build-l、bowtie2-inspect、bowtie2-inspect-s 和 bowtie2-inspect-l。以下是该软件几种常用的安装方式。

```
#(1)对于 Ubuntu 系统来说,可以直接使用下面的命令行进行安装(推荐)
sudo apt install bowtie bowtie2
#(2)通过 Bioconda 安装和更新
conda install bowtie2
conda update bowtie2
#(3)通过 docker container 安装
docker pull quay.io/biocontainers/bowtie2:<tag>
```

三、 用法与参数说明

1. 基本用法
在终端命令行窗口中,直接运行 Bowtie2,程序将回显主要用法和参数说明。

```
bowtie2 [options] -x <bt2-idx> {-1 <m1> -2 <m2> | -U <r>} [-S <sam>]
```

2. 参数说明

（1）主要参数

-x ＜bt2-idx＞：设定参考基因组索引文件的基本名称。注意：不包括索引文件扩展名".1.bt2"".rev.1.bt2"等。

-1 ＜m1＞：设定双末端测序的"1"文件列表，多个文件之间使用逗号隔开。这些文件通常都包括"_1"，如 paired_1.fq；相应的"2"文件列表则需要在"-2 ＜m2＞"中指定。这些文件和其中的读段都需要一一对应。

-2 ＜m2＞：设定双末端测序的"2"文件列表。

-U ＜r＞：设定单末端测序的文件列表。

--interleaved：设定读段源文件为混合交替存储在单个 FASTQ 文件中的双末端测序结果。

--sra-acc：设定读段源文件为 SRA 数据库编号。如果给定的编号在本地找不到，则程序会自动从 NCBI 数据库获取。该选项需要与必要的 SRA 库一起编译才行。

-b ＜bam＞：设定读段源文件为 BAM 格式存储文件。"--align-paired-reads"和"--preserve-tags"选项会影响 Bowtie2 处理该文件的方式。

-S ＜sam＞：设定比对结果以 SAM 格式输出。默认情况下，比对结果输出到标准输出（stdout），即终端窗口回显。

（2）输入参数

-q：由＜m1＞、＜m2＞等指定的读段文件默认为 FASTQ 格式，通常扩展名为".fq"或".fastq"。

--tab5：每个读段或读段对存在于一行中。

> 非配对读段行格式：［name］\t［seq］\t［qual］\n；
> 配对读段行格式：［name］\t［seq1］\t［qual1］\t［seq2］\t［qual2］\n。
> 输入文件可以同时有非配对和配对读段，Bowtie2 程序会根据字段数量进行自动识别。

--tab6：与--tab5 类似，只是对于双末端测序读段，第 2 个读段可以有一个不同的名称，格式为：［name1］\t［seq1］\t［qual1］\t［name2］\t［seq2］\t［qual2］\n。

--qseq：由＜m1＞、＜m2＞等指定的读段文件为 QSEQ 格式。QSEQ 文件名称通常以"_qseq.txt"结尾。参见"--solexa-quals"和"--int-quals"参数项。

-f：由＜m1＞、＜m2＞等指定的读段文件为 FASTA 格式。FASTA 文件扩展名通常为".fa"".fasta"".mfa"".fna"。该格式没有质量数值，所以效果等同于设定了"--ignore-quals"参数项。

-r：由＜m1＞、＜m2＞等指定的读段文件中，每行一条序列，没有读段名称和质量数值等其他任何信息。故而该参数效果亦等同于设定了"--ignore-quals"参数项。

-F k:＜int＞,i:＜int＞：读段是取自 FASTA 格式文件的字串（k-mer）。尤其是对于 FASTA 格式的每个参考序列，Bowtie2 会从该参考序列的第 1 个碱基开始，把 k-mer 与其进行比对,并逐步步移,步移长度为 i;一边步移,一边比对,直到参考序列结尾。每个 k-mer 都被当作一个单独的读段进行比对。质量值都被设为 I(Phred 规则中的 40)。每个 k-mer 都会给定一个类似" < sequence > _ < offset > "的名称," < sequence > "就是该 k-mer 来源的 FASTA 格式序列名称," < offset > "是该 k-mer 第 1 个碱基在序列中的位置。只有单个 k-mer,即非配对读段,才能用这种方法进行比对。

-c:从命令行中输入读段序列,即 < m1 >、< m2 > 和 < r > 是使用逗号隔开的读段列表,而不是读段文件列表。这种情况下,无法指定读段名称和质量,故而激活该选项,同时也意味着激活"--ignore-quals"参数项。

-s/--skip < int >:跳过输入数据的前" < int > "个读段或读段对;这些读段将不比对。

-u/--qupto < int >:只比对输入数据的前" < int > "个读段或读段对,从"-s/--skip"设定跳过的读段之后开始算起。默认:不限制。

-5/--trim5 < int >:在比对前删除 5′末端" < int > "个碱基。默认:0。

-3/--trim3 < int >:在比对前删除 3′末端" < int > "个碱基。默认:0。

--trim-to [3:|5:] < int >:从 3′/5′末端删除超过" < int > "的碱基。如果读段末端未指定,则默认为 3′末端。"--trim-to"和"-3/-5"参数项是互斥的。

--phred33:输入质量等于 Phred 质量+33 的 ASCII 字符,亦称为"Phred +33"编码。

--phred64:输入质量等于 Phred 质量+64 的 ASCII 字符,亦称为"Phred +64"编码。

--solexa-quals:把输入的 Solexa 质量转换成 Phred 编码的。该方案用于旧的 illumina GA Pipeline 版本。默认:off。

--int-quals:在读段输入文件中的质量值,是以空格分隔的 ASCII 整数,而不是 ASCII 字符。整数会按照 Phred 质量标准进行处理,除非"--solexa-quals"参数项被激活。默认:off。

(3)端到端(end-to-end)比对模式的预设选项

--very-fast:等同于"-D 5 -R 1 -N 0 -L 22 -i S,0,2.50"。

--fast:等同于"-D 10 -R 2 -N 0 -L 22 -i S,0,2.50"。

--sensitive:等同于"-D 15 -R 2 -N 0 -L 22 -i S,1,1.15";"端到端(end-to-end)"模式的默认设置。

--very-sensitive:等同于"-D 20 -R 3 -N 0 -L 20 -i S,1,0.50"。

(4)局部(local)比对模式的预设选项

--very-fast-local:等同于"-D 5 -R 1 -N 0 -L 25 -i S,1,2.00"。

--fast-local:等同于"-D 10 -R 2 -N 0 -L 22 -i S,1,1.75"。

--sensitive-local:等同于"-D 15 -R 2 -N 0 -L 20 -i S,1,0.75"。"局部(local)"模式的默认设置。

--very-sensitive-local:等同于"-D 20 -R 3 -N 0 -L 20 -i S,1,0.50"。

(5)比对选项

-N < int >:设置种子比对中允许的错配数。该值越大,比对越慢,但会提高敏感性。

默认:0。

-L < int >:设置用于比对的种子子串的长度。该值越小,比对越慢,但敏感性越高。默认使用"--sensitive"预设选项,"--end-to-end"模式为22,"--local"模式为20。

-i < func >:设置一个函数,用于控制种子子串的间隔。例如,读段长度为30,种子长度为10,种子间隔为6,则从该读段中提取的种子如下。

Read:	TAGCTACGCTCTACGCTATCATGCATAAAC
Seed 1 fw:	TAGCTACGCT
Seed 1 rc:	AGCGTAGCTA
Seed 2 fw:	CGCTCTACGC
Seed 2 rc:	GCGTAGAGCG
Seed 3 fw:	ACGCTATCAT
Seed 3 rc:	ATGATAGCGT
Seed 4 fw:	TCATGCATAA
Seed 4 rc:	TTATGCATGA

读段越长,间隔最好也越长。因此该参数将间隔设置为读段长度的函数,而不是单一数字。例如,设定为"-i S,1,2.5",实际上是根据间隔函数 $f(x) = 1 + 2.5\mathrm{sqrt}(x)$ 进行计算,其中 x 为读段长度。如果函数返回值小于1,则四舍五入到1。默认使用"--sensitive"预设选项,"--end-to-end"模式为"-i S,1,1.15","--local"模式为"-i S,1,0.75"。更多相关内容参见"函数选项设置"部分。

--n-ceil < func >:设置一个函数,控制一个读段中模糊碱基字符(通常为"N"和"/"或".")的最大个数。例如,设定为"-L,0,0.15",实际上是根据函数 $f(x) = 0 + 0.15x$ 进行计算,其中 x 为读段长度。超过这个数值的读段会被过滤掉。默认为:L,0,0.15。更多相关内容参见"函数选项设置"部分。

--dpad < int >:在种子两侧的指定" < int >"范围内,引入动态规划方法,即比对时允许间隙存在。默认:15。

--gbar < int >:在读段首/尾指定" < int >"范围内,不允许间隙存在。默认:4。

--ignore-quals:在计算错配罚分时,无论实际值如何,始终将错配位置处的质量值视为最高。即输入数据的所有质量值都被视为很高。当输入数据未指定质量值时,该参数项默认激活。

--nofw/--norc:如果指定了"--nofw",Bowtie2 不会尝试将未配对读段与正向(Watson)参考链比对;如果指定了"--norc",Bowtie2 不会尝试将未配对读段与反向互补(Crick)参考链比对。在双末端模式下,"--nofw"和"--norc"从属于片段,即指定"--nofw"会使 Bowtie2 仅探索与来自反向互补(Crick)链的片段相对应的那些配对读段。默认值:启用两条链。

--no-1mm-upfront:默认情况下,Bowtie2 在尝试多种子启发式之前,将尝试为读段进行精确的或1-碱基错配的端对端(end-to-end)比对。这样,比对会非常快,且许多读段都有精确的或近似精确的端对端(end-to-end)比对结果。但是,当用户设置了控制多种子启发的相关选项(如-L 和-N)时,这可能会导致意外的比对结果。例如,若用户指定-N 为 0、-L 为读段长度,会发现 1-碱基错配比对结果被报告。该设置会阻止 Bowtie2 在使用多种子启发前,进行 1-碱基错配的端对端比对。当该选项与-L 和-N 之类的选项结合使用时,会获得预期的比对行为。当然,这样做的代价就是牺牲速度。

--end-to-end:该模式下,Bowtie2 要求整个读段从一个末端到另一个末端都要比对上参考序列,而且不对末端碱基进行任何修剪("软剪切")。匹配加分选项"--ma"始终等于 0,因此所有比对分数均小于或等于 0,最大比对分数为 0。这与"--local"模式互斥;"--end-to-end"是默认模式。

--local:该模式下,Bowtie2 不要求整个读段从头到尾都能比对上参考序列;而是可以忽略末端一些字符("软剪切"),以实现比对分数的最大可能。当匹配加分选项"--ma"用于该模式时,最佳比对分数等于匹配加分"--ma"乘以读段长度。指定"--local"和某个预设项(如--local --very-fast),即等价于指定相应的"local"预设项(--very-fast-local)。这与"--end-to-end"模式互斥;"--end-to-end"是默认模式。

(6)打分选项

--ma < int >:设定匹配加分。在"--local"模式中,对于读段中每一个与参考序列相匹配的位点均加分"< int >"。该选项不会在"--end-to-end"模式中使用。默认:2。

--mp MX,MN:设定最大(MX)和最小(MN)的错配罚分,都是整型数。对于读段中每一个与参考序列错配的位点(或者是模糊碱基 N),给予一个位于 MN 和 MX 两者之间的减分。如果"--ignore-quals"选项被指定,则减分为 MX;否则,减分数值 = MN + floor((MX-MN)(MIN(Q,40.0)/40.0)),其中 Q 为 Phred 质量数值。默认:MX = 6,MN = 2。

--np < int >:设定对于读段和/或参考序列中诸如 N 之类模糊碱基的罚分。默认:1。

--rdg < int1 >,< int2 >:设定读段中空位开放(< int1 >)和延伸(< int2 >)罚分。读段中一个长度为 N 的空位罚分 = < int1 > + N < int2 >。默认:5,3。

--rfg < int1 >,< int2 >:设定参考序列中的空位开放(< int1 >)和延伸(< int2 >)罚分。参考序列中一个长度为 N 的空位罚分 = < int1 > + N < int2 >,默认:5,3。

--score-min < func >:设定一个函数来控制最小比对得分,用来判断当前比对的读段是否"有效",或者说足够好。这是一个与读段长度有关的函数。例如,指定"L,0,-0.6",意味着最小分值函数 $f(x) = 0 + (-0.6)x$,其中 x 为读段长度。默认设置:"--end-to-end"模式为"L,-0.6,-0.6";"--local"模式为"G,20,8"。更多相关内容参见"函数选项设置"部分。

(7)报告选项

-k < int >:默认情况下,Bowtie2 为每个读段搜索不同的有效比对。当找到有效比对时,它仍将继续寻找几乎相同或更好的比对;程序会报告最佳比对结果。如果有多个并列的最佳结果,则随机选择一个。最佳比对信息,用于评估映射(mapping)质量、设置 SAM 格式输出结果中的可选字段,例如 AS:i 和 XS:i。当"-k"被指定时,Bowtie2 的行为将完全不同。它为每个读段最多搜索"< int >"个不同的有效比对。当找到"< int >"个不同的有效比对，或者比对结束时结果不足"< int >"个，搜索都将终止。所有比对结果按照分值降序排列输出。双末端读段的比对分值等于两个读段单独比对分值之和。每个报告的读段或配对读段的所有比对中，从第 2 个读段或比对开始，都在其 SAM 格式的"FLAGS"字段中设置了"第 2 个"位(等于 256)。对于具有超过"< int >"个不同有效比对的读段，Bowtie2 不保证所报告的"< int >"个比对，在所有可能的比对中得分是最好的。"-k"选项与"-a"选项是互斥的。注意：Bowtie2 并没有设计考虑较大的"-k"值，在将读段与较长的重复基因组进行比对时，较大的"-k"可能导致程序运行非常慢。

-a：与"-k"相似，但对要搜索的比对数没有上限。"-k"选项与"-a"选项是互斥的。注意：Bowtie2 在设计时并未考虑"-a"模式，当将读段与较长的重复基因组进行比对时，此模式可能导致程序运行非常慢。

(8) 计算量(effort)选项

-D < int >：设定 Bowtie2 最多尝试"< int >"个连续的种子扩展，一旦达到"< int >"，则终止尝试种子扩展，然后使用截至当时发现的最佳比对结果。如果种子扩展没有产生新的最优或次优比对结果，则该种子扩展"失败"。当指定"-k"或"-a"选项时，此限制会自动调整。默认：15。

-R < int >："< int >"是 Bowtie2 对具有重复种子(repetitive seeds)的读段，重新生成种子的最大次数。默认：2。重新生成种子时，Bowtie2 简单地在不同的偏移位置，选择一组新的种子，然后搜索更多的比对。如果种子比对上参考序列的总数，除以至少对齐一次的种子数大于 300，则认为读段具有重复种子。

(9) 双末端选项

-I/--minins < int >,-X/--maxins < int >：分别设定有效双末端比对的最小和最大片段长度。"-I"默认值为 0，实际上就是不限制最小值；"-X"默认值为 500。例如，"-I 60 -X 100"意味着一个双末端队列，除了包括在相反方向上的两个 20 bp 的队列之外，它们中间还有一个长度在 20 ~ 60 bp 范围内的间隙，这样该比对结果才是有效的。如果还使用了修剪选项"-3"或"-5"，则"-I/-X"的约束是对于未修剪的配对读段的。"-I"和"-X"之间的差异越大，Bowtie2 运行越慢。

--fr/--rf/--ff：设定一个相对于正向参考链的有效配对队列的上下游配对方向。例如，"--fr"表示一个候选的双末端队列，它的配对读段 1 出现在配对读段 2 反向互补链的上游，且片段长度满足"-I/-X"设定的约束范围，那么该队列才是有效的。"--rf"则正好相反。至于"--ff"则要求上游的配对读段 1 和下游的配对读段 2 都是正向的。默认为"--fr"，适用于 illumina 的双末端测序分析。

--no-mixed：默认情况下，当 Bowtie2 找不到一对读段的一致(concordant)或不一致(discordant)队列时，程序会尝试为它们分别寻找可能的队列。激活该选项则禁用该行为。

--no-discordant：默认情况下，当 Bowtie2 找不到任何一致队列时，程序会查找不一致队列。不一致队列是指两个配对读段单独比对的队列,但不满足双末端的约束条件(--fr/--rf/--ff、-I 和-X)。激活该选项则禁用该行为。

--dovetail:设定该选项,意味着如果配对读段出现"楔形(dovetail)"现象,即下游读段队列扩展超过上游读段的起始位置,这种情况也被认为是一致队列。默认:一致队列中的配对读段不能出现"楔形(dovetail)"现象。

--no-contain:设定该选项,表示当配对读段的比对队列存在相互"包含(contain)"关系时,则认为其是不一致队列。默认:一致队列中的配对读段可以相互包含。

--no-overlap:设定该选项,表示配对读段队列之间不能存在任何"重叠(overlap)"。默认:一致队列中的配对读段之间可以存在重叠。

(10)BAM 选项

--align-paired-reads:默认情况下,Bowtie2 将尝试比对配对 BAM 读段。使用此选项可以对双末端读段进行比对。

--preserve-tags:通过将标签附加到相应的 Bowtie2 输出的 SAM 格式结果末尾,来保留原始 BAM 记录中的标签。

(11)输出选项

-t/--time:输出加载索引文件和比对读段所需的时间。激活该选项,则时间会被输出到"标准错误(standard error,stderr)"中。默认:关闭。

--un < path > ,--un-gz < path > ,--un-bz2 < path > ,--un-lz4 < path >:把比对失败的未配对读段写入" < path >"目录中的特定文件。这些读段对应于 SAM 格式中 FLAG 字段 0x4 位设置,而 0x40 和 0x80 位未设置的记录。

--al < path > ,--al-gz < path > ,--al-bz2 < path > ,--al-lz4 < path >:把至少比对上一次的未配对读段写入" < path >"目录中的特定文件。这些读段对应于 SAM 格式中 FLAG 字段 0x4、0x40 和 0x80 位均未设置的记录。

--un-conc < path > ,--un-conc-gz < path > ,--un-conc-bz2 < path > ,--un-conc-lz4 < path >:把一致比对失败的双末端读段写入" < path >"目录中的特定文件。这些读段对应于 SAM 格式中 FLAG 字段 0x4 位设置,且 0x40 或 0x80 位设置的记录(这取决于当前读段是配对读段 1 还是 2)。

--al-conc < path > ,--al-conc-gz < path > ,--al-conc-bz2 < path > ,--al-conc-lz4 < path >:把一致比对至少一次的双末端读段写入" < path >"目录中的特定文件。这些读段对应于 SAM 格式中 FLAG 字段 0x4 位未设置,而 0x40 或 0x80 位设置的记录(这取决于当前读段是配对读段 1 还是 2)。

--quiet:设定除了比对队列和严重错误之外,不要输出其他任何东西。

--met-file < path >:把 Bowtie2 比对指标输出到" < path >"设定的文件中。这些比对指标对于调试某些问题十分有用,尤其是性能问题。默认:禁止输出。

--met-stderr < path >:把 Bowtie2 比对指标输出到"标准错误"中。这与"--met-file"选

项并不互斥。默认：禁止输出。

--met ＜int＞：每隔"＜int＞"秒，输出一个新的 Bowtie2 指标记录。仅在指定"--met-stderr"或"--met-file"选项时才有效。默认：1。

上述以"--un＊/--al＊/--un-conc＊/--al-conc＊"选项设定的输出方式，写入的读段将与输入文件中的完全相同，而无任何修改，即具有相同的序列、名称、质量字符串和质量编码。不过，读段顺序不一定与输入相同。如果其中的"＊"为"-gz/-bz2/-lz4"，则分别表示输出文件以"gzip/ bzip2/lz4"格式压缩。如果是针对一致比对的设定，即选项中包含"conc"，则程序输出时，会在文件名中自动添加".1"或".2"，以区分哪个文件包含配对读段"#1"或"#2"。如果在"＜path＞"中使用"%"，则程序会自动将百分号"%"替换为 1 或 2，以形成每个配对读段的文件名。否则，程序会在"＜path＞"中最后一个点(.)之前添加".1"或".2"，以形成每个配对读段的文件名。

(12) SAM 选项

--no-unal：禁止 SAM 格式输出中记录未比对上的读段。

--no-hd：禁止 SAM 标题行，就是以@开头的行。

--no-sq：禁止以@SQ 开头的 SAM 标题行。

--rg-id ＜text＞：将读段分组 ID 设置为"＜text＞"。这会导致 SAM @RG 标题行的输出，使用"＜text＞"作为相关"ID:"标签的值。它还会导致额外字段"RG:Z:"附加到每条 SAM 输出记录，其值设置为"＜text＞"。

--rg ＜text＞：在"＜RG＞"标题行上添加"＜text＞"作为字段，通常为"TAG:VAL"形式，例如："SM:Pool1"。注意：为了显示"@RG"行，还需指定"--rg-id"，因为 SAM 格式规范需要 ID 标签。多次指定"--rg"可以设置多个字段。关于哪些字段合法的详细信息，请参见"SAM 格式规范"。

--omit-sec-seq：输出次要比对时，默认情况下，Bowtie2 将写入 SEQ 和 QUAL 字符串。指定此选项会使 Bowtie2 在这些字段中只打印一个星号。

--soft-clipped-unmapped-tlen：计算"TLEN"时，考虑未映射的软剪切(soft-clipped)碱基数。仅在"--local"模式下可用。

--sam-no-qname-trunc：禁止在第一个空格处截断读段名称的标准行为，但会产生非标准 SAM 格式文件。

--xeq：使用"=/X"而不是"M"来指定 SAM 记录中的匹配/不匹配记录。

--sam-append-comment：将"FASTA/FASTQ"注释追加到 SAM 记录中，其中注释为读段名称中第一个空格之后的所有内容。

(13) 性能(performance)选项

-o/--offrate ＜int＞：用"＜int＞"覆盖索引的标记偏移率(offrate)。如果"＜int＞"大于用来构建索引的标记偏移率，则程序在将索引读入内存时会丢弃某些行标记。这样可以减少比对时的内存占用量，但需要更多时间来计算文本偏移量。"＜int＞"必须大于用来构建索引的偏移值。

-p/--threads NTHREADS：启动"NTHREADS"个并行搜索线程（默认：1）。只有在编译时未指定"BOWTIE_PTHREADS = 0"，该选项才可用。"-p"的增加会增加 Bowtie2 的内存占用量。

--reorder：即使将"-p"设置为大于 1，也要确保以与原始输入文件中的读段顺序相对应的顺序输出 SAM 记录。指定"--reorder"并将"-p"设置为大于 1，会导致 Bowtie2 与未指定"--reorder"相比，运行速度更慢并且使用的内存更多。如果"-p"设置为 1，则该选项不起作用。

--mm：使用内存映射的"I/O"方式来加载索引，而不是典型的文件 I/O。内存映射允许同一台计算机上的多个并发 Bowtie2 进程共享索引的相同内存映像。在不使用"-p"的情况下，这有助于对 Bowtie2 进行内存有效的并行化。

（14）其他选项

--qc-filter：筛选出 QSEQ 过滤器字段不为零的读段。仅当读段格式为"--qseq"时才有效。默认：关闭。

--seed < int >：使用"< int >"作为伪随机数生成器的种子。默认：0。

--non-deterministic：Bowtie2 通常会为每个读段重新初始化其伪随机数生成器。它使用由读段名称、核苷酸序列、质量序列和"--seed"选项值，计算得出的数字为生成器创建种子。这意味着，如果两个读段是相同的，即相同的名称、核苷酸和质量，Bowtie2 会发现并报告这两个读段的相同比对。指定"--non-deterministic"时，Bowtie2 则使用当前时间为每个读段重新初始化其伪随机数生成器。这意味着 Bowtie2 不一定会为两个相同的读段报告相同的比对。

--version：输出版本信息，而后退出程序。

-h/--help：输出帮助信息，而后退出程序。

（15）函数选项设置

某些 Bowtie2 选项指定一个函数，而不是单独的数字或设置。这些情况下，用户还需要指定三个参数：函数类型 F、常数项 B 以及系数 A。可用的函数类型包括常数（C）、线性（L）、平方根（S）和自然对数（G）。参数 F/B/A 中间由逗号分隔，而且没有空格。常数项和系数可以是负数和/或浮点数。例如，如果函数指定为"L, - 0.4, - 0.6"，则定义的函数为：$f(x) = -0.4 - 0.6x$。如果函数指定为"G,1,5.4"，则定义的函数为：$f(x) = 1.0 + 5.4\ln(x)$。对于不同的参数选项，x 的含义也不同。例如，"--score-min"选项设置中的 x 是读段长度。

3. Bowtie2 比对详解

Bowtie2 用于获取基因组索引和一组测序读段文件进行比对，并以 SAM 格式输出一组比对结果。下列范例就是比对后，读段序列与参考序列中高相似区域对齐的结果队列，其中，"-"代表间隙，竖线显示匹配碱基。通过比对，可以获知读段来自参考基因组的哪个位置。当然，结果并非总是可以确定这一点，尤其是基因组中的简单重复序列。

```
Read:      GACTGGGCGATCTCGACTTCG
           |||||  |||||||||| |||
Reference:GACTG--CGATCTCGACATCG
```

（1）端到端（end-to-end）比对与局部（local）比对

默认情况下，Bowtie2 执行"端到端"比对模式，亦称为"未修剪"比对。这种模式下，Bowtie2 会搜索涉及所有读段字符的对齐结果。当指定"--local"选项时，Bowtie2 将执行局部比对模式。在这种模式下，如果从比对队列的一端或两端"修剪"一些读段的字符，使得队列得分最大化，那么 Bowtie2 就会如此执行比对。

① 端到端比对案例：以下是"端到端"比对案例，它涉及该读段中的所有字符。Bowtie2 可以在"端到端"或"局部"比对模式下产生这种比对结果。

```
读段：            GACTGGGCGATCTCGACTTCG
参考序列：        GACTGCGATCTCGACATCG

对齐后的队列：
  读段：          GACTGGGCGATCTCGACTTCG
                 |||||  |||||||||| |||
  参考序列：      GACTG--CGATCTCGACATCG
```

② 局部比对案例：以下是"局部"比对结果。在这种情况下，从头开始忽略 4 个字符，末尾忽略 3 个字符，这个过程亦称"软剪切"。Bowtie2 只有在"局部"比对模式下才能产生这种比对结果。

```
Read:      ACGGTTGCGTTAATCCGCCACG
Reference:TAACTTGCGTTAAATCCGCCTGG

Alignment:
  Read:    ACGGTTGCGTTAA-TCCGCCACG
                 |||||||||| ||||||
  Reference:TAACTTGCGTTAAATCCGCCTGG
```

（2）比对得分

比对得分量化了读段序列与比对上的参考序列之间的相似程度。分数越高，它们之间就越相似。该分数是通过减去每个差异（错配和间隙等）的罚分计算出来的。在局部比对模式下，还要为每个匹配加分来计算最终得分。可以使用--ma（匹配加分）、--mp（错配罚分）、--np（在读段或参考序列中具有 Ns 的罚分）、--rdg（读段间隙罚分）和--rfg（参考间隙罚分）选项来设置比对得分的计算。

① 端到端比对得分范例：默认情况下，读段中高质量位置的碱基错配将受到"-6"的罚分。长度为 2 的读段间隙，默认情况下受到"-11"的罚分，其中间隙开放为"-5"，第 1 个和第 2 个扩展均为"-3"。因此，在端到端对齐模式下，如果读段长度为 50 bp，并且与参考序列完全匹配，只是在高质量位置出现了一个错配和一个长度为 2 的读段间隙，那么总得分 = -6-11 = -17。端到端模式下最佳比对得分是 0，此时的读段和参考序列之间没有任何

差异。

② 局部比对得分范例：默认情况下，错配和读段间隙的罚分规则同上，只是匹配碱基将获得"+2"的默认奖励。因此，在局部比对模式下，同样的比对结果最终总得分 = 总加分（2×49）-总罚分（$6 + 11$） = 81。局部比对模式下，可能的最佳得分 = 匹配加分 × 读段长度，此时的读段和参考序列之间没有任何差异。

③ 有效比对达到或超过最小分数阈值：要使 Bowtie2 将比对视为"有效"，即足够好，它的比对分数必须不小于最小分数阈值。该阈值是可设置的，并表示为读段长度的函数。在"端到端"比对模式下，默认的最小分数阈值 = -0.6-0.6L，其中 L 为读段长度。在"局部"比对模式下，默认的最小分数阈值 = 20 + 8.0ln$L$，其中 L 为读段长度。可以使用"--score-min"选项进行配置。更多内容参见"函数选项设置"部分。

（3）映射质量

比对工具无法始终以高置信度将读段分配给其来源位置。例如，源自重复元件内部的读段可能与整个基因组中该元件的多次出现存在均等的比对结果，从而使比对工具没有依据偏向于其中某一种比对结果。比对工具通过报告映射质量（mapping quality，MAPQ）来描述其对来源位置的置信程度：一个非负整数 $Q = -10 \times \log_{10} p$，其中 p 是比对结果与读段的真实来源位置不符的概率估计值。映射质量数值记录在 SAM 格式的 MAPQ 字段中。映射质量与"唯一性（uniqueness）"有关。如果某个比对结果得分比所有其他可能的比对更高，那么该比对就是唯一的。最佳比对结果得分与次优比对结果得分之间的差距越大，则最佳比对结果越独特，并且其映射质量也应该越高。准确的映射质量，对于诸如变异调用程序（variant caller）之类的下游工具十分有用。例如，变异调用工具可能选择忽略映射质量低于某个数值（例如 10）的比对证据。10 或更低的映射质量，表示读段至少有十分之一的可能性（$p = 0.1$）真正来源于其他地方。

（4）成对读段的比对

无论是双末端测序（paired-end），还是配对测序（mate-paired），获得的都是成对的读段数据，构成的读段序列分别是成对读段伴侣 1（mate 1）和伴侣 2（mate 2）。这种成对读段有两个先决条件，即二者在原始 DNA 分子上的相对方向和距离。这实际上取决于读段生成的技术过程。例如，illumina 平台的双末端测序分析，它产生相对方向为 FR——即正向（forward）和反向（reverse）的成对读段；这意味着如果读段 1 来自 Watson 链，则读段 2 来自 Crick 链，反之亦然。同时，该方法产生成对读段所预期的基因组距离大约是 200～500 个碱基对，这实际上就是克隆建库的 DNA 片段长度，具体长度范围取决于不同的测序平台。

① 成对读段输入：成对读段通常存储在一对文件中，一个文件包含读段伴侣 1，另一个文件包含读段伴侣 2。读段伴侣 1 文件中的第 1 个读段与读段伴侣 2 文件中的第 1 个读段形成一对，第 2 个与第 2 个成对，依此类推。使用 Bowtie2 比对成对读段时，需使用"-1"参数设置读段伴侣 1 文件，使用"-2"参数设置读段伴侣 2 文件。这样 Bowtie2 在比对时会考虑到读段的成对性质。

② 成对读段的 SAM 输出：当 Bowtie2 输出一个成对读段的 SAM 格式比对结果时，它会输出两条记录（即两行输出），每个读段伴侣一条记录，依次描述这两个读段伴侣的比对结果。在这两个记录中，SAM 除了记录各个伴侣自身的比对情况之外，还在第 7 和第 8 字段（分别为 RNEXT 和 PNEXT）描述另一个伴侣比对上的参考序列名称和位置，第 9 字段描述两个读段伴侣来源的 DNA 片段的推断长度。有关这些字段的更多详细信息，请参见"SAM 格式规范"。

③ 一致对与不一致对：如果某个成对读段，与参考序列比对时，在相对伴侣方向和间隔距离上都符合期望，同时 Bowtie2 还要求两个读段均为唯一对齐，这样的成对读段被认为是一致对（concordant pairs）；否则，就是不一致对（discordant pairs）。这些不一致对，不一定就是测序错误，或者说毫无用处；恰恰相反，在寻找基因组序列结构变异时，不一致对很可能就是需要特别关注的点。成对读段的预期相对方向是使用"--ff/--fr/--rf"选项设置的。预期的距离范围，则是根据成对读段的最远距离测得，也称为"外部距离（outer distance）"，可以由"-I/-X"选项设置。默认情况下，Bowtie2 会搜索一致和不一致比对结果，不过可以使用"--no-discordant"选项禁止搜索不一致比对结果。

④ 混合搜索模式：如果 Bowtie2 无法找到一对读段的双末端比对结果，则默认情况下它将继续查找该读段对每个伴侣各自的比对结果。这种搜索模式称为混合模式（mixed mode）。设置"--no-mixed"选项可以禁用混合模式，此时 Bowtie2 的运行速度稍快一些，但仅考虑成对读段对本身的比对结果，而不考虑单个伴侣的比对情况。

⑤ SAM 格式 FLAG 字段描述成对读段属性：SAM 格式中的 FLAG 字段是 SAM 记录中的第 2 个字段，具有多个位来描述读段和队列的成对性质。如果读段是某个读段对的一部分，则设置第 1 个位（0x1）；如果读段是一致读段对的一部分，则设置第 2 个位（0x2）；如果读段是某个读段对的一部分，并且该读段对中的另一个读段伴侣具有至少一个有效的比对结果，则设置第 4 个位（0x8）；如果读段是某个读段对的一部分，并且该读段对中的另一个读段伴侣与 Crick 链比对上（或其反向互补与 Watson 链比对上），则设置第 6 个位（0x20）；如果读段是成对读段中的伴侣 1，则设置第 7 个位（0x40）；如果读段是成对读段中的伴侣 2，则设置第 8 个位（0x80）。有关 FLAG 字段的详细说明，请参见"SAM 格式规范"。

⑥ SAM 可选字段描述更多成对读段属性：每个 SAM 记录的最后几个字段通常包含 SAM 可选字段，它们是以制表符分隔的字符串，描述有关读段和比对的其他信息。SAM 可选字段的格式为："XP:i:1"。其中，"XP"是标签（TAG）；"i"是类型（TYPE），该范例中为"整数（integer）"；"1"是赋值（VALUE）。有关 SAM 可选字段的详细信息，请参见"SAM 格式规范"。

⑦ 成对读段伴侣中的重叠、包含和楔形嵌套：建库时的 DNA 片段和读段长度，可能会使得成对读段中的两个伴侣在与参考基因组序列比对时，存在彼此重叠（overlap）、包含（contain）和楔形（dovetail）嵌套的现象。

```
#重叠(overlap):
Mate 1:        GCAGATTATATGAGTCAGCTACGATATTGTT
Mate 2:                                    TGTTTGGGGTGACACATTACGCGTCTTTGAC
Reference: GCAGATTATATGAGTCAGCTACGATATTGTTTGGGGTGACACATTACGCGTCTTTGAC


#包含(contain):
Mate 1:        GCAGATTATATGAGTCAGCTACGATATTGTTTGGGGTGACACATTACGC
Mate 2:                                    TGTTTGGGGTGACACATTACGC
Reference: GCAGATTATATGAGTCAGCTACGATATTGTTTGGGGTGACACATTACGCGTCTTTGAC


Mate 1:                      CAGCTACGATATTGTTTGGGGTGACACATTACGC
Mate 2:                      CTACGATATTGTTTGGGGTGAC
Reference: GCAGATTATATGAGTCAGCTACGATATTGTTTGGGGTGACACATTACGCGTCTTTGAC


#楔形(dovetail)嵌套:
Mate 1:                 GTCAGCTACGATATTGTTTGGGGTGACACATTACGC
Mate 2:            TATGAGTCAGCTACGATATTGTTTGGGGTGACACAT
Reference: GCAGATTATATGAGTCAGCTACGATATTGTTTGGGGTGACACATTACGCGTCTTTGAC
```

在某些情况下,只要不违反其他成对读段的约束条件,比对工具最好将所有这些情况都视为一致对。默认情况下,Bowtie2 将重叠和包含均视为一致对,而楔形(dovetail)不被认为是一致对。这些默认值可以通过设定特定参数项来改变。设置"--no-overlap",Bowtie2将重叠读段伴侣视为不一致对;设置"--no-contain",Bowtie2 将包含读段伴侣视为不一致对;设置"--dovetail",Bowtie2 则将楔形嵌套的读段伴侣对齐视为一致对。

(5)比对报告

报告模式可以设定 Bowtie2 查找多少个对齐,以及如何报告它们。Bowtie2 具有三种不同的报告模式,默认报告模式类似于许多其他读段比对工具(包括 BWA)的默认报告模式,也与 Bowtie1 的"-M"比对模式相似。

① 不同的比对结果队列是将读段映射到不同的位置:如果两个比对结果将同一个读段映射到参考序列不同的位置,则它们是"不同的"比对结果。如果两个成对读段的比对结果中,伴侣 1 的是不同的和/或伴侣 2 是不同的,则这个读段对的比对结果是"不同的"。

② 默认模式:搜索多个比对,报告最佳比对。默认情况下,Bowtie2 会为每个读段搜索不同的有效比对。当找到有效的比对结果时,通常会继续寻找其他可能有效的或更好的比对结果,直到寻找工作全部结束,或达到设定要求或限制(请参阅"-D"和"-R"参数项)。最佳比对信息用于估计映射质量(SAM 格式的 MAPQ 字段)及设置 SAM 可选字段,例如"AS:i"和"XS:i"。Bowtie2 不能保证所报告的比对结果在得分方面是最好的。

③ -k 模式:设定最多搜索 N 个比对结果,并报告每个比对结果。在"-k"模式下,Bowtie2 每次搜索最多 N 个不同的有效比对结果,其中 N 是用"-k"参数指定的整数。也就是说,如果指定"-k 2",则 Bowtie2 将最多搜索 2 个不同的有效比对结果。然后,程序报告

找到的所有比对结果,并按比对得分的降序排列。成对读段的比对结果得分等于各个读段伴侣比对得分的总和。每个报告的读段或读段对的比对结果中的第 1 个,都在其 SAM 格式的 FLAG 字段中设置了第 9 个位(0x100)。补充比对结果的 MAPQ 被设为 255。有关详细信息,请参见"SAM 格式规范"。Bowtie2 不会以任何特定顺序查找比对结果,因此对于具有超过 N 个不同有效比对的读段,Bowtie2 无法确保所报告的 N 个比对是所有比对中得分最高的。尽管如此,此模式仍然很有用,且快速有效。因为通常情况下,用户更关注读段是否能够映射到参考序列上(或映射特定次数),而不是其确切的映射位置。

④ -a 模式:搜索并报告所有比对结果。"-a"模式与"-k"模式类似,不同之处在于Bowtie2 报告的比对结果数量没有上限,且比对结果按得分从高到低的顺序报告。

⑤ Bowtie2 中的随机性(randomness):Bowtie2 对于给定读段的比对搜索是"随机的"。也就是说,在某个读段的比对搜索过程中,当 Bowtie2 遇到一组同样好的比对结果时,它会使用伪随机数进行选择。每个读段都会重新初始化伪随机数生成器,并且用于初始化它的种子是一个涉及读段名称、核苷酸字符串、质量字符串以及"--seed"参数项指定值的函数。如果在两个具有相同名称、核苷酸字符串和质量字符串的读段上,运行相同版本的Bowtie2,并且采用相同的"-seed"设置,则 Bowtie2 将产生相同的输出。也就是说,即使存在多个同样好的比对结果,程序也会将读段对齐到参考序列的同一位置。这是大多数用户通常所需要的,即期望 Bowtie2 在同一输入上运行两次时会产生相同的输出。但是,当用户指定"--non-deterministic"选项时,Bowtie2 将使用当前时间重新初始化伪随机数生成器。指定此选项后,Bowtie2 可能会报告相同读段的不同比对。这可能适用于一些特定需求,比如说,在输入数据中包含许多相同读段,而用户需要它们尽可能映射到参考序列的不同位置,当然这些映射必须是有效比对结果。

(6)多种子启发(multiseed heuristic)

为了减少可能的比对数量,Bowtie2 首先从读段序列及其反向互补序列中提取子串作为"种子(seed)",然后借助 FM 索引以无间隙方式对其进行比对。此初始步骤会使Bowtie2 的运行速度要快得多,但代价是可能会丢失一些有效的比对结果。例如,某个读段可能有一个有效的整体比对,但无有效的种子比对,原因在于每个种子比对都被太多的错误或间隙所打断。用户可以通过设置种子长度(-L)、种子之间的间隔(-i)和每个种子允许的错配数(-N),来对搜索速度和灵敏度/准确性进行权衡调整。为了获得更灵敏的比对结果,可以将种子长度设置得更短、间隔更小和/或允许更多错配。"-D"和"-R"也是在速度和灵敏度/准确性之间进行权衡调整的参数项。FM 索引内存占用量:Bowtie2 使用基于Burrows-Wheeler 转换(Burrows-Wheeler transform,BWT)的 FM 索引查找种子的无间隙比对结果。此步骤占用了 Bowtie2 所消耗的大部分内存空间,因为 FM 索引本身通常使用的是最大数据结构。例如,人类基因组的 FM 索引的内存占用量约为 3.2 GB。

（7）模糊字符

除 A/C/G/T 之外的非空白字符均被视为"模糊字符"。N 是出现在参考序列中的常见歧义字符。Bowtie2 认为参考序列中的所有歧义字符（包括 IUPAC 核苷酸代码）均为 Ns。Bowtie2 允许比对结果与参考序列中的歧义字符重叠。在读段和/或参考序列中包含歧义字符的对齐位置,将根据"--np"参数项进行罚分。"--n-ceil"参数项用于设置有效比对中可能包含歧义字符数的上限。可选字段中的"XN:i"报告比对结果重叠的歧义字符数量。注意:多种子启发不会查找与包含歧义字符的参考序列重叠的种子比对结果。

（8）预设参数项

Bowtie2 附带了一些有用的参数组合,即预设（preset）参数。例如,使用"--very-sensitive"选项运行 Bowtie2 与使用以下选项运行相同:-D 20 -R 3 -N 0 -L 20 -i S,1,0.50。Bowtie2 提供了几种典型的参数组合的预设选项,从追求快速到更灵敏、更准确,以适用于不同的需求。从 Bowtie2.4.0 版开始,可以通过提供特定的选项,对预设参数项进行单独调整。例如,指定"-L 25"参数,可以将上述"--very-sensitive"预设中的种子长度 20 更改为 25。

（9）过滤

Bowtie2 会跳过某些读段或将其过滤掉。例如,非常短或具有较高比例歧义的核苷酸的读段可能会被滤除。Bowtie2 仍将为此类读段打印输出 SAM 记录,但不会报告比对情况,并且将设置 SAM 格式可选字段"YF:i"以描述读段被过滤的原因。如果读段可能出于多种原因而被过滤,则值"YF:Z"标志将仅反映这些原因之一。

> YF:Z:LN:读段长度小于或等于使用"-N"选项设置的种子错配数。
> YF:Z:NS:读段包含的歧义字符（通常为"N"或"."）数量超过"--n-ceil"指定的上限。
> YF:Z:SC:读段长度和"--ma"设置的匹配奖励,使得读段可能无法获得大于或等于用"--score-min"设置的比对得分阈值。
> YF:Z:QC:读段被标记为质量控制失败,并且用户指定了"--qc-filter"选项。仅当输入采用 illumina 的 QSEQ 格式（即指定了"--qseq"选项）,并且读取的 QSEQ 记录的最后字段（第 11 个）包含 1 时,才会发生这种情况。

（10）比对摘要

当 Bowtie2 完成运行时,它将输出比对的摘要信息到"标准错误（stderr）"中,即终端窗口回显。以下是两个案例的摘要信息,分别针对非成对和成对读段数据集;其中的缩进表示小计与总计之间的关系。

```
#非成对读段数据集
20000 reads; of these:
  20000 (100.00%) were unpaired; of these:
    1247 (6.24%) aligned 0 times
    18739 (93.69%) aligned exactly 1 time
    14 (0.07%) aligned >1 times
93.77% overall alignment rate
```

```
#成对读段数据集
10000 reads; of these:
  10000 (100.00%) were paired; of these:
    650 (6.50%) aligned concordantly 0 times
    8823 (88.23%) aligned concordantly exactly 1 time
    527 (5.27%) aligned concordantly >1 times
    ----
    650 pairs aligned concordantly 0 times; of these:
      34 (5.23%) aligned discordantly 1 time
    ----
    616 pairs aligned 0 times concordantly or discordantly; of these:
      1232 mates make up the pairs; of these:
        660 (53.57%) aligned 0 times
        571 (46.35%) aligned exactly 1 time
        1 (0.08%) aligned >1 times
96.70% overall alignment rate
```

（11）封装脚本

bowtie2、bowtie2-build 和 bowtie2-inspect 可执行文件实际上是封装脚本（wrapper script），它们会根据需要调用二进制程序。封装脚本使用户无须去区分索引格式的"大小"。此外，Bowtie2 封装脚本还提供了一些重要功能，例如，处理压缩输入的功能，以及 "--un" "--al" 和相关选项的功能。建议始终运行 bowtie2 封装脚本程序，而不要直接运行二进制文件。

（12）性能优化

如果计算机具有多个处理器/核心，可使用"-p"参数项。"-p"参数项可使 Bowtie2 启动指定数量的并行搜索线程。每个线程在不同的处理器/核心上运行，并且所有线程并行查找比对结果，从而提高比对吞吐量，加快搜索进度。如果每个读段报告了许多比对结果，可以尝试在使用"bowtie2-build"创建索引时，减少标记偏移率（--offrate）。如果使用"-k"或"-a"选项，并且 Bowtie2 报告每个读段有许多比对结果，则可使用带有更密集后缀数组（suffix-array，SA）样本的索引，这样可以大大加快处理速度。为此，在运行 bowtie2-build 时，请指定小于默认值的"-o /-offrate"参数值。较密集的 SA 样本会产生较大的索引，但当每个读段报告许多比对时，这对加速比对进程十分有效。如果 Bowtie2 查找比对结果失败，则可尝试在使用"bowtie2-build"创建索引时，增加标记偏移率（--offrate）。如果 Bowtie2 在内存较低的计算机上运行非常缓慢，可在构建索引时尝试将"-o /-offrate"设置为较大值，这样可以减少索引的内存占用量。

4. bowtie2-build

（1）简介

bowtie2-build 用于从一组 DNA 序列构建 Bowtie2 索引，然后输出一组 6 个文件，其后缀为". 1. bt2" ". 2. bt2" ". 3. bt2" ". 4. bt2" ". rev. 1. bt2" ". rev. 2. bt2"。如果索引较大，这些后

缀中的"bt2"将改为"bt21"。这些文件共同构成索引,它们是读段与参考序列比对时所需的全部文件。建立索引后,Bowtie2 将不再使用原始序列 FASTA 文件。

使用 Karkkainen 的逐块(blockwise)算法,可以使 bowtie2-build 在运行时间和内存使用之间进行权衡调整。bowtie2-build 具有三种权衡调整方式的参数选项:"-p/-packed""-bmax/-bmaxdivn""--dcv"。默认情况下,bowtie2-build 将自动搜索不会耗尽内存的最佳运行时间的设置;可以使用"-a/-noauto"选项禁用此行为。bowtie2-build 提供与索引的"形状(shape)"有关的选项,例如,"--offrate"选项控制"标记"的 Burrows-Wheeler 行的分数,即后缀数组(suffix-array,SA)样本的密度,有关详细信息,请参见原始 FM 索引文献。根据应用的不同,可以对这些选项进行适当地调整优化。

bowtie2-build 可以为任何大小的参考基因组创建索引。对于长度小于 40 亿个核苷酸的基因组,bowtie2-build 默认使用 32 位数字建立"小"索引;用户可以指定"--large-index"选项来强制使用 bowtie2-build 构建大索引。当基因组更长时,bowtie2-build 则使用 64 位数字建立"大"索引。"小"索引存储在扩展名为".bt2"的文件中,"大"索引则存储在扩展名为".bt2l"的文件中。用户不必担心特定索引的大小,封装脚本将自动构建并使用适当的索引。

Bowtie2 索引是基于 Ferragina 和 Manzini 的 FM 索引,而后者又基于 Burrows-Wheeler 变换(Burrows-Wheeler transform,BWT)算法。用于建立索引的算法是基于 Karkkainen 的逐块(blockwise)算法。

(2)基本用法

```
bowtie2-build [options]* < reference_in >  < bt2_base >
```

其中,"< reference_in >"是用逗号分隔的 FASTA 文件列表,其中包含参考序列。如果指定了"-c",则通过命令行直接输入用逗号分隔的参考序列列表。"< bt2_base >"是输出的索引文件基本名称(basename)。默认情况下,bowtie2-build 输出的索引文件为:< bt2_base >.1.bt2,< bt2_base >.2.bt2,< bt2_base >.3.bt2,< bt2_base >.4.bt2,< bt2_base >.rev.1.bt2,< bt2_base >.rev.2.bt2。

(3)参数说明

-f:由"< reference_in >"指定的参考序列输入文件是 FASTA 格式文件,通常具有".fa"".mfa"".fna"等扩展名。

-c:通过命令行直接输入用逗号分隔的参考序列列表。

--large-index:强制 bowtie2-build 创建"大"索引,即使参考序列不超过 40 亿个核苷酸。

-a/--noauto:禁用 bowtie2-build 根据可用内存自动为"--bmax""--dcv""--packed"参数赋值的默认行为。而是由用户为这些参数指定数值;如果在索引编制过程中内存已用完,将显示一条错误消息。

-p/--packed:对 DNA 字符串使用压缩的表示形式,即每个核苷酸 2 位。这样可以节省内存,但会使索引创建变慢 2～3 倍。默认:关闭。

--bmax ＜int＞：块(block)中允许的最大后缀数。每个块允许的后缀越多,索引编制速度就越快,但会增加峰值内存用量。默认:"--bmaxdivn 4"参数赋值×线程数。

--bmaxdivn ＜int＞：块中允许的最大后缀数,表示为参考序列长度的分数。默认:"--bmaxdivn 4"参数赋值×线程数。

--dcv ＜int＞：使用"＜int＞"作为差异覆盖(difference-cover)样本的周期。周期值越大,内存开销越少,但可能会使后缀排序变慢,尤其是存在重复的情况下。该参数赋值必须是 2 的幂,且不大于 4 096。默认:1 024。

--nodc：禁用差异覆盖(difference-cover)样本。在最坏的情况下,即参考序列极度重复时,后缀排序耗时变成一般耗时的平方(quadratic-time)。默认:关闭。

-r/--noref：不要创建索引的 ＜bt2_base＞.3.bt2 和 ＜bt2_base＞.4.bt2 部分,这两部分包含参考序列的位压缩(bitpacked)版本,并且用于成对读段比对。

-3/--justref：仅构建索引的 ＜bt2_base＞.3.bt2 和 ＜bt2_base＞.4.bt2 部分。

-o/--offrate ＜int＞：要将比对映射回参考序列上的位置,必须注释部分或全部的 Burrows-Wheeler 行及其在基因组上的相应位置。"-o /-offrate"控制要标记的行数:对每"2^＜int＞"行进行标记。标记行越多,参考位置查找速度也越快,但是需要更多的内存在运行时保存注释。默认值为 5,即每个"第 32 行"被标记;对于人类基因组,这样的注释占据约 340 MB。

-t/--ftabchars ＜int＞：ftab 是用于计算初始 Burrows-Wheeler 范围的查找表,针对查询的前"＜int＞"个字符。"＜int＞"越大,查找表也越大,但查询会更快。ftab 的大小为"4^(＜int＞+1)"个字节。默认设置为 10,即 ftab 为 4 MB。

--seed ＜int＞：将"＜int＞"用作伪随机数生成器的种子。

--cutoff ＜int＞：仅创建参考序列的前"＜int＞"个碱基(跨序列累加)的索引,而忽略其余部分。

-q/--quiet：bowtie2-build 默认会向终端窗口中输出很多信息。使用此选项,bowtie2-build 将仅显示错误消息。

--threads ＜int＞：默认情况下,bowtie2-build 仅使用 1 个线程。在大多数情况下,增加线程数将大大加快索引的创建。

-h/--help：输出帮助信息,然后退出程序。

--version：输出版本信息,然后退出程序。

5. bowtie2-inspect

(1) 简介

bowtie2-inspect 程序从 Bowtie2 索引中提取有关它是哪种索引以及用于构建它的参考序列等信息。如果不带任何选项运行,该程序将输出一个包含原始参考序列的 FASTA 文件,且所有非 A/C/G/T 字符都转换为 Ns。它也可以使用"-n /-names"选项提取参考序列名称,或者使用"-s /-summary"选项提取更详细的摘要信息。

（2）基本用法

```
bowtie2-inspect [options] * < bt2_base >
```

其中,"< bt2_base >"是索引文件的基本名称,即忽略了".X.bt2"或".rev.X.bt2"后缀之后的索引文件名称。bowtie2-inspect 首先在当前目录中查找索引文件,然后在 BOWTIE2_INDEXES 环境变量指定目录中查找。

（3）参数说明

-a/--across < int >:输出 FASTA 格式序列时,每" < int >"个碱基换行输出。默认:60。

-n/--names:输出参考序列名称,每行 1 个,然后退出程序。

-s/--summary:输出摘要信息,包括索引设置、输入序列的名称和长度。摘要格式如下。

```
Colorspace      < 0 or 1 >
SA-Sample       1 in  < sample >
FTab-Chars      < chars >
Sequence-1      < name >     < len >
Sequence-2      < name >     < len >
…
Sequence-N      < name >     < len >
```

字段由制表符分隔。Bowtie2 的彩色空间(colorspace)始终设置为 0。

-v/--verbose:输出更详细的运行提示信息等,用于调试。

--version:输出版本信息,然后退出程序。

-h/--help:输出帮助信息,然后退出程序。

四、　使用案例

1. λ 噬菌体

λ 噬菌体的基因组文件和读段数据,分别存放在 Bowtie2 下载包中 example 目录下的 reference 和 reads 子目录中。其中,读段数据不是程序模拟的,而是真实的测序数据。

（1）创建参考基因组索引

打开终端命令行窗口,首先切换到 example 目录,然后执行 bowtie2-build 创建索引(lambda),并输出到 index 子目录中(如果该目录不存在,请首先创建该目录)。该命令应该会打印多行输出,然后退出。命令执行完成之后,index 目录会出现 6 个索引文件。

```
mkdir index
bowtie2-build ./reference/lambda_virus.fa ./index/lambda #创建索引
ls index #查看索引文件

lambda.1.bt2    lambda.3.bt2    lambda.rev.1.bt2
lambda.2.bt2    lambda.4.bt2    lambda.rev.2.bt2
```

（2）单个读段数据的比对

首先,将 reads 子目录中的范例读段数据,与上述创建的基因组索引进行比对。以下命令行是对其中一个读段数据文件进行比对。这次比对是将一组未配对的读段与 λ 噬菌体参考基因组进行比对,并将比对结果以 SAM 格式写入文件 reads_1. sam,同时将简短的比对摘要输出到控制台终端窗口。可以使用 head 指令来查看 SAM 文件的前几行。有关 SAM格式结果文件内容解读,详见附录"SAM 格式规范"。

```
bowtie2 -x ./index/lambda -U ./reads/reads_1. fq -S reads_1. sam

#运行完成之后,bowtie2 输出到终端窗口的摘要信息
10000 reads; of these:
  10000 (100.00%) were unpaired; of these:
    596 (5.96%) aligned 0 times
    9404 (94.04%) aligned exactly 1 time
    0 (0.00%) aligned >1 times
94.04% overall alignment rate
head reads_1. sam
```

（3）成对读段数据的比对

将 reads 子目录中的成对读段数据与 λ 噬菌体参考基因组进行比对,并将比对结果以SAM 格式写入文件 reads_paired. sam。从摘要信息中可以看出,整个数据集恰好有 10 000个读段对。其中,9 166(91.66%)个成对读段是"一致对",其余的成对读段中尚有 42 个是"不一致对"。除了这两者之外,最后余下的 792 个成对读段的 1 584 个伴侣中,有 579 个读段伴侣也能各自映射到参考基因组上。这些成功映射到参考基因组上的读段,全部都精确地匹配一次,而无多重匹配。总体比对率达到 94.97%,这个结果对于一个二代高通量测序来说是可以接受的。

```
bowtie2 -x ./index/lambda -1 ./reads/reads_1. fq -2 ./reads/reads_2. fq -S reads_paired. sam

#运行完成之后,bowtie2 输出到终端窗口的摘要信息
10000 reads; of these:
  10000 (100.00%) were paired; of these:
    834 (8.34%) aligned concordantly 0 times
    9166 (91.66%) aligned concordantly exactly 1 time
    0 (0.00%) aligned concordantly >1 times
    ----
    834 pairs aligned concordantly 0 times; of these:
      42 (5.04%) aligned discordantly 1 time
    ----
    792 pairs aligned 0 times concordantly or discordantly; of these:
      1584 mates make up the pairs; of these:
        1005 (63.45%) aligned 0 times
        579 (36.55%) aligned exactly 1 time
        0 (0.00%) aligned >1 times
94.97% overall alignment rate
head reads_paired. sam
```

（4）局部比对

使用局部比对策略,将范例中的长读段数据(longreads. fq)与 λ 噬菌体参考基因组进行比对,并将比对结果以 SAM 格式写入文件 longreads. sam。运行速度明显比上面慢了很多。另外,结果中出现了少量的多重匹配。

```
bowtie2 --local -x ./index/lambda -U ./reads/longreads. fq -S longreads. sam
#运行完成之后,bowtie2 输出到终端窗口的摘要信息
6000 reads; of these:
  6000 (100.00%) were unpaired; of these:
    157 (2.62%) aligned 0 times
    5634 (93.90%) aligned exactly 1 time
    209 (3.48%) aligned >1 times
97.38% overall alignment rate
head longreads. sam
```

（5）使用 Samtools/BCFtools 进行后续分析处理

Samtools 是用于处理和分析 SAM 和 BAM 文件的工具集合。BCFtools 是用于调用变异数据以及处理 VCF 和 BCF 文件的工具集合,通常与 Samtools 一起发布。下面是使用这些工具的简单示范。

```
#把 SAM 格式转换成二进制压缩格式 BAM
samtools view -bS reads_paired. sam > reads_paired. bam
#对 BAM 文件进行排序,便于发现变异
samtools sort reads_paired. bam reads_paired. sorted
#调用变异数据,并保存为 BCF 文件
samtools mpileup -uf ./reference/lambda_virus. fa reads_paired. sorted. bam | bcftools view -Ov-> reads_paired. raw. bcf
#查看变异信息
bcftools view reads_paired. raw. bcf
```

2. 酿酒酵母

本案例使用 art_illumina 对来自 GenBank 的 Genome 数据库中的酿酒酵母基因组,分别模拟 HiSeq 2500 平台针对片段长度为 200 bp ± 10 bp 和 2 500 bp ±50 bp 的双末端测序;然后利用 Bowtie2 程序将其同时与参考基因组进行比对,由于数据特征的不同,会导致输出的摘要信息与上面的案例不一致。由于 Bowtie2 对于"一致对"来源片段长度最大值默认为 500,故而总体上有一半(486 244)源自长片段的成对读段不会被判定为"不一致对"。而来自短片段的成对读段中均为"一致对",大多数(452 106)精确匹配一次,其余少部分(34 140)为多重匹配,这可能与重复序列有关。来自长片段的成对读段,大多数(438 351)只匹配一次;其余(47 893)未能成对映射到参考基因组上,这些读段对中的读段伴侣,除了极个别的(2)读段外,几乎所有读段(26 276 +69 508)都能单独映射到基因组上。总体上与参考基因组比对率近乎100%,这主要与测序模拟中没有设定引入大量错误或突变的参数项

有关。

```
#HiSeq 2500 平台双末端测序模拟

art_illumina -ss HS25 -sam -i gDNA. fna -p -l 125 -f 10 -m 200 -s 10 -o ./paired

#HiSeq 2500 平台配对双末端测序模拟

art_illumina -ss HS25 -sam -i gDNA. fna -mp -l 125 -f 10 -m 2500 -s 50 -o ./mpair

#利用 bowtie2-build 创建某物种基因组(Sc_gDNA. fna)的索引文件

bowtie2-build gDNA. fna Sc_index

#查看结果

ll -o --block-size = M ./Sc_index *

#终端窗口回显

-rw-r--r-- 1 zhanggaochuan 8M 9 月    10 15:41 ./Sc_index. 1. bt2

-rw-r--r-- 1 zhanggaochuan 3M 9 月    10 15:41 ./Sc_index. 2. bt2

-rw-r--r-- 1 zhanggaochuan 1M 9 月    10 15:41 ./Sc_index. 3. bt2

-rw-r--r-- 1 zhanggaochuan 3M 9 月    10 15:41 ./Sc_index. 4. bt2

-rw-r--r-- 1 zhanggaochuan 8M 9 月    10 15:41 ./Sc_index. rev. 1. bt2

-rw-r--r-- 1 zhanggaochuan 3M 9 月    10 15:41 ./Sc_index. rev. 2. bt2

#使用 bowtie2 进行成对读段比对

nohup bowtie2 -x Sc_index -1 paired1. fq,mpair1. fq -2 paired2. fq,mpair2. fq -S p2sets. sam -p 1 &

#运行完成之后,bowtie2 输出到终端窗口的摘要信息:
972490 reads; of these:
  972490 (100.00%) were paired; of these:
    486244 (50.00%) aligned concordantly 0 times
    452106 (46.49%) aligned concordantly exactly 1 time
    34140 (3.51%) aligned concordantly >1 times
    ----
    486244 pairs aligned concordantly 0 times; of these:
      438351 (90.15%) aligned discordantly 1 time
    ----
    47893 pairs aligned 0 times concordantly or discordantly; of these:
      95786 mates make up the pairs; of these:
        2 (0.00%) aligned 0 times
        26276 (27.43%) aligned exactly 1 time
        69508 (72.57%) aligned >1 times
100.00% overall alignment rate

#查看结果文件

ll -o --block-size = M ./ *. sam

#终端窗口回显

-rw-r--r-- 1 zhanggaochuan 708M 9 月    11 21:19 ./p2sets. sam
```

7．FastQC

一、　简介

FastQC 是一款高通量测序数据的质量控制（quality control，QC）分析工具，它通过检查原始序列数据的质量，来发现高通量测序数据集中源自测序仪或起始文库材料的潜在问题。该工具可以对一个或多个 BAM、SAM 或 FASTQ 格式的原始序列文件进行分析，并从每个文件中生成由许多不同模块组成的质量控制报告，每个模块都有助于识别数据中不同的潜在问题类型。该质控分析报告提供突出潜在问题区域的快速概览、用于快速评估数据的汇总图和表格等。这些都是很有用的信息，可以帮助用户在进行下一步分析之前采取必要的步骤来纠正它。FastQC 与任何特定类型的测序技术无关，因此可用于查看各种实验类型的文库数据，如基因组测序、ChIP-Seq、RNA-Seq、BS-Seq 等。该工具有两种运行模式：一种是交互式图形应用程序模式，用于对少量 FASTQ 文件进行即时分析；另一种是非交互模式，在这种模式下，该程序适合集成到更大的分析管道中，以便系统地处理大量的数据文件。如果在命令行上没有指定要处理的文件，则程序将作为交互式图形应用程序启动；如果在命令行上提供了序列文件，则程序将以非交互模式运行。

二、　下载与安装

首先，从 FastQC 官网或 SourceForge 网站，下载其最新版程序文件。然后，解压缩，生成 FastQC 文件夹。该文件夹存放了 FastQC 预编译好的可执行程序，也就是说，无须安装即可直接运行。

```
#使用 wget 从官网下载
wget https://www.bioinformatics.babraham.ac.uk/projects/fastqc/fastqc_v0.11.9.zip
#解压缩，生成 FastQC 文件夹
unzip fastqc_v0.11.9.zip
```

如果用户使用的是 Ubuntu 系统，可以执行如下指令直接安装到系统目录中（默认：/usr/bin/）。

```
sudo apt-get install fastqc
```

只是这样安装可能会在运行时遇到如下的问题。

```
java.io.FileNotFoundException：/etc/fastqc/Configuration/adapter_list.txt（No such file or directory）
java.io.FileNotFoundException：/etc/fastqc/Configuration/limits.txt（No such file or directory）
```

也就是说,缺少默认配置文件。解决方法如下:从官网下载 FastQC 最新软件包,解压缩之后,在其中找到 Configuration 目录,检查是否存在上述缺少的配置文件,找到后将其复制到错误提示中的指定目录即可。

```
sudo mkdir /etc/fastqc
sudo mkdir /etc/fastqc/Configuration
sudo cp /home/bioinformatics/Downloads/FastQC/Configuration/ * . * /etc/fastqc/Configuration
```

三、 用法与参数说明

1. 基本用法

```
用法 1:fastqc seqfile1 seqfile2 .. seqfileN
用法 2:fastqc [ -o output dir] [ --( no) extract] [ -f fastq|bam|sam] [ -c contaminant file] seqfile1 .. seqfileN
```

2. 参数说明

-h|--help:输出帮助信息,然后退出程序。

-v|--version:输出版本信息,然后退出程序。

-o|--outdir:在指定目录中创建所有输出文件。注意:此目录必须已经存在,程序不会自动创建它。如果未指定该选项,则程序将为每个序列文件在其目录中创建输出文件。

--casava:指定文件来自原始 casava 输出。

--nano:指定文件是来自纳米孔测序的结果,并以 fast5 格式存储。在这种模式下,用户可以传入要处理的目录,程序将接收这些目录中的所有 fast5 格式文件,并将从所有文件中找到的序列生成一个单独的输出文件。

--nofilter:如果使用"--casava"运行此选项,则在执行质控分析时,不删除被 casava 标记为低质量的读段。

--extract:如果设置该选项,则压缩的输出文件在创建后,将在同一目录中解压缩。默认情况下,如果 FastQC 在非交互模式下运行,则将设置此选项。

-j|--java:提供用于运行 FastQC 的 Java 程序的完整路径。如果不提供,则默认在系统 PATH 变量定义的目录中。

--noextract:设定压缩的输出文件在创建后不要解压缩。

--nogroup:禁用读段 >50 bp 的碱基分组。所有报告都将显示读段中每个碱基的数据。如果在非常长的读段中使用此选项,将会导致 FastQC 崩溃。

--min_length:设置要在报告中显示的序列长度下限。

-f|--format:绕过正常的序列文件格式检测,并强制程序使用指定的格式。有效格式为 bam、sam、bam_mapped、sam_mapped 和 fastq。

-t|--threads:指定可以同时处理的线程数,每个线程将被分配 250 MB 的内存,因此运行的线程不应超过可用内存的承受能力,并且在 32 位机器上不应该超过 6 个线程。

-c|--contaminants：指定一个非默认的包含污染物列表的文件，用来筛选过度表达的序列（overrepresented sequence）。该文件中每行 1 条序列，每行包括以 TAB 键分隔的两列：名称和序列。以"hash"为前缀的行将被忽略。

-a|--adapters：指定一个非默认的包含接头序列列表的文件，用于对文库进行搜索；该文件中每行 1 条序列，每行包括以 TAB 键分隔的两列：名称和序列。以"hash"为前缀的行将被忽略。

-l|--limits：指定一个非默认的包含一组规范（criteria）的文件，这些规范将用于确定各种模块的警告/错误限制。该文件还可用于从输出中选择性地删除一些模块。该格式需要参照 Configuration 文件夹中的默认 limits. txt 文件。

-k|--kmers：指定要在"kmer content"模块中查找的 k-mer 长度。取值范围为 2 ~ 7。默认长度为 7。

-q--quiet：禁止标准输出（stdout）上的所有进度消息，只报告错误。

-d--dir：指定一个目录，用于在生成报告图像时写入临时文件。如果未指定，则默认为系统临时目录。

四、 使用案例及结果解释

1. 使用案例

本案例为使用 FastQC 对某个基因组的双末端测序数据进行质控分析。以下指令正常执行完成之后，会为每个 FASTQ 数据文件生成一个 HTML 格式的报告文件和一个 zip 格式的压缩文件。

```
fastqc -o fastqc_out -f fastq paired_1. fq. gz paired_2. fq. gz
ls . /fastqc_out

paired_1_fastqc. html
paired_1_fastqc. zip
paired_2_fastqc. html
paired_2_fastqc. zip
```

HTML 文件中包含了若干质控分析指标的统计图示。使用任意一款浏览器打开 HTML 文件，即可查看质控分析报告的图示结果，共包括如下几个栏目。

basic statistics：基本统计信息。

per base sequence quality：读段序列中每个位点的碱基质量。

per sequence quality scores：每个读段的平均质量分数。

per base sequence content：按读段位点统计的碱基含量。

per sequence GC content：按读段的 GC 含量进行统计。

per base N content：N 碱基统计信息。

sequence length distribution：序列长度分布。

sequence duplication levels：序列重复水平。

overrepresented sequences：过度呈现的序列。

adapter content：接头序列含量。

kmer content：k-mer 含量统计。

per tile sequence quality：测序芯片每个小区块中测序读段每个位点的碱基质量。

每个栏目前可能会出现以下三个图标中的一个：✅表示质控通过（pass），⚠️表示警告（warn），❌表示质控失败（fail）。

压缩（zip）文件中包含了上述栏目的具体统计数据，以及 HTML 文件使用到的各种图像文件。

2. 结果解释

接下来，以 FastQC 官网提供的结果案例来进行解释。好的测序数据，理论上所有测试栏目的质控都是"✅通过（PASS）"状态；如果不好，则会出现有的统计栏目存在警告标志或质控失败标志。下面我们来对比一些质控分析图示。

（1）基本统计信息（basic statistics）

基本统计模块为所分析的文件生成一些简单的组成统计数据。一般包括如下内容：

文件名（filename）：被分析文件的原始文件名。

文件类型（file type）：说明文件是否包含实际碱基调用或必须转换为碱基调用的颜色空间（colorspace）数据。

编码（encoding）：此文件中找到的质量值的 ASCII 编码规范。

序列总数（total sequences）：分析文件中的序列总数。

低质量序列（sequences flagged as poor quality）：被标记为低质量的序列数。

过滤序列（filtered sequences）：如果在 casava 模式下运行，标记为过滤的序列将从所有分析中删除。删除的序列数量将在此处报告。上面的序列总数将不包括这些过滤后的序列，只包括实际用于其余分析的序列数。

序列长度（sequence length）：提供序列集中最短和最长序列的长度。如果所有序列的长度相同，则只报告 1 个值。

GC 含量（%GC）：所有序列中所有碱基的总体 GC 含量。

（2）按碱基统计测序质量（per base sequence quality）

FastQC 统计所有读段同一个位置的碱基质量分布，然后对于每个序列的每一个位置，都绘制一个箱线图(box-whisker),以此来展示读段每个位点的测序质量分布情况。大多数测序平台上的碱基调用质量会随着测序反应的进行而降低,因此通常会看到碱基调用在读段末端落入橙色区域。如果输入的是未记录质量分数的 BAM/SAM 文件,则不会显示此模块的统计结果(图 4-1)。

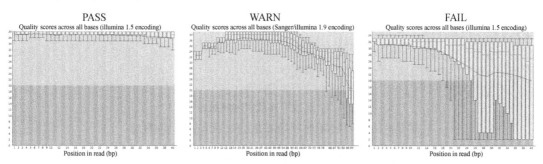

图 4-1　读段每个位点的碱基质量分布

该图的横坐标是读段位置,从 1 开始到读段末端;纵坐标是质量分数。中央红线是中位数(median),黄色框代表四分位距(25% ~ 75%),上下横线分别代表 10% 和 90% 点,蓝线代表平均质量。图上的 y 轴表示质量分数。分数越高,碱基检出效果越好。图的背景将 y 轴划分为三个区域:质量非常好的调用(绿色)、质量合理的调用(橙色)和质量较差的调用(红色)。

警告:如果任何碱基的下四分位数小于 10 或任何碱基的中位数小于 25,则会发出警告。

失败:如果任何碱基的下四分位数小于 5 或任何碱基的中位数小于 20,则会报告失败。

警告和失败的常见原因:此模块中出现警告和失败的最常见原因是在长读段测序运行期间质量普遍下降。一般来说,测序读段质量会随着读长的增加而降低。如果测序读段质量下降到低水平,那么最常见的补救措施是执行质量修整,根据平均质量截断读段。另一种可能性是由于测序运行早期的短暂质量损失而触发警告/错误,然后恢复并产生质量良好的序列。如果测序运行存在暂时性问题(如气泡通过流通池),就会发生这种情况。通常可以通过查看每个反应区块的质量图(per tile quality plot)来查看此类错误。在这些情况下,不建议修剪,因为它会删除随后产生的质量良好的序列,但可能需要在后续映射或组装期间考虑屏蔽碱基。如果测序具有不同长度的读段,会导致给定碱基范围的覆盖率非常低,该模块会触发警告或错误。在提交任何操作之前,通过查看序列长度分布模块的统计结果来检查有多少序列触发错误。

(3) 每条序列的质量分数(per sequence quality scores)

该模块报告序列的子集是否具有普遍较低的质量值。它按测序读段统计质量分数:首先,根据一个读段的所有位点碱基质量分数计算其平均质量分数,以此来代表该读段的质量;然后,统计不同质量分数的读段数量,并绘制分布图。如果序列子集的质量普遍较差,通常是因为它们成像不佳,比如在视野边缘等,但是这些应该只占总序列的一小部分。如果很大一部分序列的总体质量较低,则表明可能存在某种系统问题。如果输入的是未记录质量分数的 BAM/SAM 文件,则不会显示此模块的结果(图 4-2)。

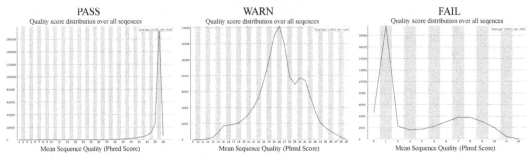

图 4-2　读段平均质量的频数分布

该图的横坐标是读段的平均质量分数,纵坐标是读段数量。

警告:如果观察到的平均质量分数普遍低于 27,则会发出警告;这相当于0.2% 的错误率。

失败:如果观察到的平均质量分数普遍低于 20,则会报告失败;这相当于 1% 的错误率。

警告和失败的常见原因:该模块通常相当稳定,这里的错误通常表示测序运行中的质量普遍下降。对于长读段测序运行,这可以通过质量修整来缓解。如果看到双峰或复杂分布,则应与每块质量(per tile quality)一起评估结果。

(4) 按读段位置统计碱基组成(per base sequence content)

FastQC 统计所有读段每一个位置的 4 个正常 DNA 碱基的含量比例。在随机测序文库中,通常我们期望在测序反应运行中的每个不同碱基之间没有差异,即该模块统计图中的线应该彼此平行。而每个碱基的相对数量则反映了基因组中这些碱基的总量。总之,它们之间不应该有很大的不平衡。值得注意的是,某些类型的文库在读段开始时,通常总会产生有偏差的序列构成。通过使用随机六聚体(包括几乎所有 RNA-Seq 文库)启动产生的文库和使用转座酶片段化产生的文库,在读段开始的位置都会继承固有偏差。这种偏差与绝对序列无关,而是在读段的 5′ 端提供了许多不同 k-mer 的富集。这是一个真正的技术偏差,不过在大多数情况下不会对下游分析产生不利影响。但是,它会在此模块中产生警告或错误(图 4-3)。

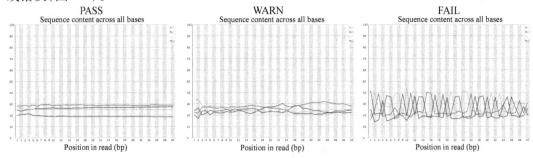

图 4-3　读段每个位点的碱基组成比例

该图的横坐标是读段位置,从 1 开始到读段末端;纵坐标是碱基含量比例。

警告：如果 A 和 T 或 G 和 C 之间的差值在任意一个位置大于 10%，该模块就会发出警告。

失败：如果 A 和 T 或 G 和 C 之间的差异在任意一个位置大于 20%，则该模块将报告失败。

警告和失败的常见原因：一是过度表达的序列（overrepresented sequence）。如果有任何证据表明样本中存在过度表达的序列，例如接头二聚体（adapter dimer）或 rRNA，那么这些序列可能会使整体组成产生偏差。二是偏向片段化（biased fragmentation）。任何基于随机六聚体（hexamer）连接或通过标记生成的文库，理论上应该在整个序列中具有良好的多样性。但经验表明，这些文库在每次运行的前 12 bp 左右始终存在选择偏差，这是由于随机引物的选择有偏差，但不代表任何单独的序列有偏差。由于这种偏差，几乎所有 RNA-Seq 文库都无法通过该模块，但这不是通过处理可以解决的问题，而且它会对测量表达的能力产生不利影响。三是有构成偏向的文库（biased composition library）。一些文库在其序列构成方面存在固有的偏向性。最明显的例子是用亚硫酸氢钠（sodium bisulphite）处理文库，然后将大部分胞嘧啶（cytosine）转化为胸腺嘧啶（thymine），这意味着碱基组成中将几乎没有胞嘧啶，因此会引发质控错误；不过对于这种类型的文库，这是完全正常的。此外，一个经过接头修剪的文库也会在读段末端引入构成偏差；因为删除了恰好与接头短片段匹配的序列，只留下不匹配的序列。因此，经历过修剪的文库测序读段末尾的组成偏差可能是虚假的。

（5）每条序列的 GC 含量（per sequence GC content）

该模块按读段统计 GC 含量，绘制不同 GC 含量的读段数量分布图，并将其与建模的 GC 含量正态分布进行比较。在正常的随机文库中，GC 含量分布大致接近正态分布，其中尖峰对应于目标基因组的整体 GC 含量。由于目标基因组的 GC 含量未知，因此模态（modal）GC 含量是根据观察到的数据计算出来的，并用于构建参考分布。异常形状的分布可能表示库受到污染或某些其他类型的有偏移的子集。偏移的正态分布表示一些与碱基位置无关的系统偏差。如果存在导致正态分布偏移的系统偏差，则该模块不会将其标记为错误，因为目标基因组的真实 GC 含量未知（图 4-4）。

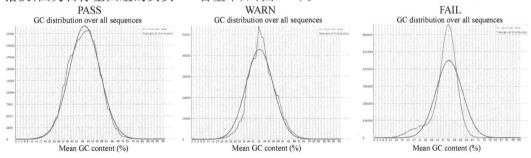

图 4-4　读段 GC 含量的频数分布

该图的横坐标是 GC 含量，纵坐标是读段数量。

警告：如果与正态分布的偏差总和代表15%以上的读段，则会发出警告。

失败：如果与正态分布的偏差总和代表30%以上的读段，则会报告失败。

警告和失败的常见原因：此模块中的警告通常表示文库存在问题。平滑分布上的尖峰通常是特定污染物，例如接头二聚体（adapter dimer），其很可能被"过度表达的序列（overrepresented sequence）"模块检测出来。更宽的峰可能代表不同物种的污染。

（6）按读段位置统计N含量（per base N content）

如果测序仪无法检测出某个位置的碱基，那么通常会以N替代。该模块绘制了所有读段每个位置Ns的百分比。在序列中出现非常低比例的Ns是正常的，尤其是在接近序列末尾时。但是，如果该比例上升到几个百分点以上，则表明测序分析管道不能很好地解释数据以进行有效的碱基检出（base calls）（图4-5）。

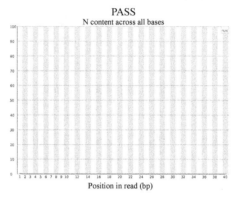

图4-5 读段每个位点的未检出碱基（Ns）比例

该图的横坐标是读段位置含量，纵坐标是Ns百分比。

警告：任何位置的Ns含量大于5%，该模块会发出警告。

失败：任何位置的Ns含量大于20%，该模块会报告失败。

警告和失败的常见原因：如果测序读段包含大量Ns，应该是测序质量普遍下降。因此该模块的结果应与其他各种质量模块的统计结果一起评估。另一种常见的情况是测序早期的少数位置上出现高比例的Ns，但是总体质量普遍良好。这应该是由于文库中的序列组成存在很大偏移，导致碱基检测工具感到困惑并做出错误的检出，此时就会发生这种偏差。在查看"per base sequence content"结果时，这种类型的问题会很明显。

（7）序列长度分布（sequence length distribution）

一些高通量测序仪生成长度一致的序列片段，但也有一些测序仪可能包含长度变化很大的测序读段。即使在统一长度的测序文库中，一些处理管道也会从末端修剪序列以去除低质量碱基。该模块生成一个图表，显示被分析的数据文件中序列长度的分布。在许多情况下，只是一个简单的图表，仅显示一个表示统一长度的峰，但对于可变长度的FASTQ文件，其将显示每个不同长度的序列片段的相对数量（图4-6）。

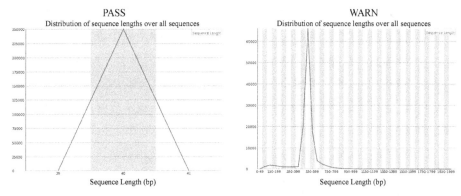

图4-6　读段长度分布

该图的横坐标是读段长度,纵坐标是读段数量。

警告:如果所有序列不是相同长度,此模块将发出警告。

失败:如果任何序列的长度为零,则此模块将报告失败。

警告和失败的常见原因:对于某些测序平台,读段长度不同是完全正常的,因此可以忽略此处的警告。

(8) 序列重复水平(sequence duplication levels)

在不同的文库中,大多数序列在最终集合中只会出现一次。低水平重复可能表明目标序列的覆盖率非常高,但高水平重复更有可能表明某种富集偏差,例如 PCR 过度扩增。该模块计算库中每个序列的重复程度,并创建一个图表,显示具有不同重复程度的序列的相对数量。为了减少这个模块的内存需求,程序只分析每个文件的前 100 000 条序列中首先出现的序列。每条序列都被跟踪到文件的末尾,以给出总体重复级别的代表性计数。为了减少最终图中的信息量,将具有 10 个以上重复项的序列放入分组箱中,以便清楚地了解整体重复级别,而无须显示每个单独的重复值。由于重复检测需要在整个序列长度上进行精确的序列匹配,因此出于该分析目的,任何长度超过 75 bp 的读段都被截断为 50 bp。即便如此,较长的读段仍更有可能包含测序错误,这会人为地增加观察到的序列的多样性,并且往往会低估高度重复的序列(图 4-7)。

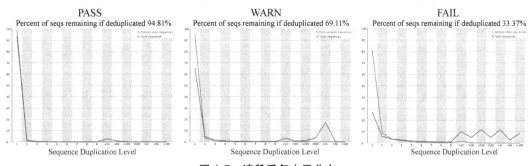

图4-7　读段重复水平分布

该图显示了每个不同重复级别分组箱中的序列比例。横坐标是序列重复水平,纵坐标是序列占比(百分比)。蓝线采用完整序列集并显示其重复级别是如何分布的;红线则是序列被去重后,来自原始数据中不同重复级别的序列比例。

在一个适当多样化的文库中,大多数序列应该落在图中红线和蓝线的最左侧。如果存在特别的子集富集或低复杂性污染物,则倾向于在图的右侧产生尖峰。这些高重复峰最常出现在蓝线中,因为它们在原始文库中所占的比例很高;但通常会在红线中消失,因为它们在重复数据删除组中所占的比例很小。如果蓝线中的峰值持续存在,则表明存在大量不同的高度重复序列,这可能表明存在多种污染物或非常严重的技术重复。该模块还计算要进行重复数据删除的预期总体序列的损失比例。该数值显示在图的顶部。

警告:如果非唯一序列占总数的 20% 以上,该模块将发出警告。

失败:如果非唯一序列占总数的 50% 以上,则此模块将报告失败。

警告和失败的常见原因:该模块的基本假设是一个多样化的非富集(unenriched)库。与此假设的任何偏差自然会生成重复项,并可能导致此模块发出警告或报告失败。此模块中的警告或失败往往表明本次测序已经用尽了文库的部分或全部多样性,并且正在对相同的片段进行重新测序;这是对测序能力的浪费。

二代测序中的重复(duplication),是指测序读段是"重复"的。这个重复的定义主要基于两方面:一是读段比对到参考基因组的位置与碱基是否完全一致;二是比对到参考基因组的方向是否完全一致——FR 模式的双末端测序,读段 1 是"forward",读段 2 是经桥式扩增后测序的"reverse"。满足这两点一致的,就被认为是重复读段。重复类型有 PCR 重复(PCR duplicate)与光学重复(optical duplicate)两种,这也是其产生的原因。PCR 重复就是指 PCR 扩增引起的技术重复。光学重复产生的主要原因是同一个大的测序反应簇(cluster)产生的读段,被误识别成不同簇的读段数据;图像分析软件错误地将流通池(flowcell)上的两个点识别为不同簇的中心,实际上它们距离很近本来是一组数据,却因此产生了多组数据,这就是光学重复。为了区分这两者,去除重复最常用的软件 Picard 定义了一个重复光点的像素距离阈值(OPTICAL_DUPLICATE_PIXEL_DISTANCE)。默认:100。

因为重复读段实际上来源于同一条原始读段,属于冗余信息,对于后续分析存在不利,故而需要去除。假如某个基因组位置被 100 条读段覆盖,其中 90 条是重复读段。不巧的是,这些重复读段对应的原始读段因为测序问题产生了一个"突变"。此时,如果不考虑重复的话,就是该基因组位置测序结果有 90/100 的"突变率",很容易被作为假阳性检出;如果考虑重复并将其去除,则这 90 个读段仅被当作一个信息,即突变率仅为"1/10"。

此外,还有一种是罕见的自然碰撞导致的生物学重复,即随机检测到完全相同序列的不同副本。从序列级别无法将其与 PCR 重复进行区分。

在 RNA-Seq 文库中,来自不同转录本的序列通常以截然不同的水平存在。因此,为了能够观察到低表达的转录本,对高表达的转录本进行大量"过度测序"是很常见的,这可能会产生大量的重复。这会导致此模块测试中的整体重复程度很高,并且通常会在较高的重复箱中产生峰值。这种重复将来自物理连接的区域。检查特定基因组区域中的重复分布,可以区分"过度测序"和一般技术重复,但这些区别在原始 FASTQ 文件中是不可能的。

在高度丰富的 ChIP-Seq 文库中也会出现类似的情况,只是重复不太明显。此外,如果文库中的序列起始点受到限制,例如围绕限制性位点构建的文库,或未片段化的小 RNA 文库,那么受限制的起始位点将产生巨大的重复水平区域,但是不应将其视为问题,其也不应被当作重复数据删除。在这些类型的文库中,可以考虑使用诸如随机条形码之类的系统来区分技术和生物学重复。

（9）过度表达的序列(overrepresented sequences)

一个普通的高通量文库将包含一组不同的序列。如果发现单个序列在序列集中的比例过高,则意味着它具有高度的生物学意义,或者文库受到污染,抑或不像预期的那样多样化。该模块会列出占总数超过 0.1% 的所有序列。为了节省内存,程序只针对前 100 000 条序列跟踪到文件末尾。因此,该模块可能会遗漏过度表达但没有出现在文件开头的序列。对于每个过度表达的序列,程序将在常见污染物数据库中查找匹配项,并报告找到的最佳命中;命中长度必须至少为 20 bp,并且错配不超过 1 个碱基。找到命中并不一定意味着其就是污染来源,但会指明正确的方向。由于重复检测需要在整个序列长度上进行精确的序列匹配,因此出于该分析目的,长度超过 75 bp 的任何读数都被截断为 50 bp。即便如此,较长的读段仍更有可能包含测序错误,这会人为地增加观察到的序列多样性,并且往往会低估高度重复的序列。

警告：如果发现任何序列占总数的 0.1% 以上,该模块将发出警告。

失败：如果发现任何序列占总数的 1% 以上,该模块将报告失败。

警告和失败的常见原因：当分析小 RNA 文库时,由于该文库序列不进行随机片段化,故而通常会触发该模块;该文库中往往自然存在占比很大的相同序列。

（10）接头含量(adapter content)

k-mer 含量模块将对文库中的所有 k-mer 进行分析,以找出那些在读段长度中没有均匀覆盖的 k-mer。这样可以在文库中找到许多不同的偏差来源,其中可能包括在序列末尾构建的通读(read-through)接头序列的存在。但是,文库中任何过度表达的序列的存在(例如接头二聚体),都会导致 k-mer 统计图被这些序列包含的 k-mer 所支配。接头序列的分析可以用来评估是否需要进行接头修剪。尽管 k-mer 分析理论上可以发现这种污染,但并不总是很清楚。因此,该模块对一组单独定义的 k-mer 进行特定搜索,并提供包含这些k-mer 的总比例视图。该模块将始终为接头配置文件中存在的所有序列生成结果跟踪,因此可以查看文库的接头含量,即使它的含量很低(图 4-8)。

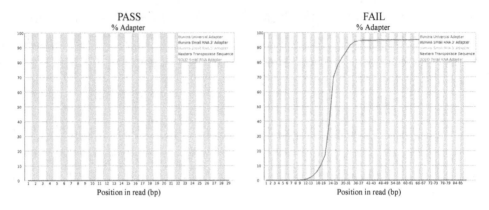

图 4-8　读段中接头含量分布

该图横坐标为读段位置,纵坐标为接头含量百分比。该图本身显示了在每个位置看到每个接头序列比例的累积百分比计数。一旦在读段中看到一个序列,它就被视为一直存在到读段结束,因此看到的百分比只会随着读段长度的增加而增加。

警告:如果任何序列在所有读段中占比 5% 以上,该模块将发出警告。

失败:如果任何序列在所有读段中占比 10% 以上,该模块将报告失败。

警告和失败的常见原因:插入片段大小的合理比例短于读段长度的任何文库都将触发此模块。这并不表示存在问题,只是在进行下游分析之前需要对序列进行接头修剪。

(11) k-mer 含量(k-mer content)

对过度表达序列的分析将发现任何完全重复的序列;但如果存在不同的问题子集,它将不起作用。如果序列很长且序列质量很差,那么随机测序错误将大大减少完全重复序列的计数。如果有一个部分序列出现在序列中的不同位置,那么每个碱基含量绘图(per base content plot)或重复序列分析都不会看到这一点。k-mer 模块的出发点是假设任何小序列片段在不同文库中都不应具有位置偏差。某些 k-mer 总体上富集或缺少,可能存在生物学原因;但这些偏差应同等影响序列中的所有位置。因此,该模块检测文库中每个位置的每个七聚体的数量,然后使用二项式测试来寻找与所有位置的均匀覆盖率的显著偏差。任何具有位置偏移富集的 k-mer 都会被报告;另外,还会绘制前 6 个偏移最明显的 k-mer 图以显示它们的分布。为了让该模块在合理的时间内运行,仅分析整个库的 2%,并将结果外推到库的其余部分。在此分析中,长度超过 500 bp 的序列被截断为 500 bp(图 4-9)。

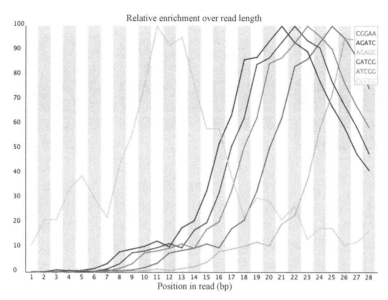

图 4-9 读段中 k-mer 含量分布

该图横坐标为读段位置,纵坐标为 k-mer 相对富集程度。

警告:如果任何 k-mer 不平衡且二项式 p 值 <0.01,该模块将发出警告。

失败:如果任何 k-mer 不平衡且二项式 p 值 $<10^{-5}$,此模块将报告失败。

警告和失败的常见原因:任何单独的过度表达序列,即使没有以足够高的阈值存在以触发过度表达序列模块,也会导致来自这些序列的 k-mer 在该模块中高度富集。这些通常会在序列中的单个点显示为尖锐的富集峰值,而不是渐进或广泛的富集。由于对可能的随机引物的采样不完整,从随机引物衍生的文库几乎总是在文库开始时显示出 k-mer 偏差。

(12)按反应区块统计序列质量(per tile sequence quality)

如果使用的是保留其原始序列标识符的 illumina 文库,则此图表只会出现在分析结果中。在这些图表中编码的是每个读段来源的流通池图块。通过该图,可以查看所有碱基中每个图块的质量分数。在该图中看到警告或失败报告的原因可能是暂时性问题,如气泡通过流通池,也可能是更持久的问题,如流通池上的污迹或流通池通道内的碎屑。

警告:如果任何图块显示的平均 Phred 分数比所有图块中该碱基的平均值小 2 以上,则该模块将发出警告。

失败:如果任何图块显示的平均 Phred 分数比所有图块中该碱基的平均值低 5 以上,则该模块将报告失败。

警告和失败的常见原因:虽然此模块中的警告可由个别特定事件触发,但当流通池普遍过载时,也可能出现 Phred 分数的更大变化。在这种情况下,事件会出现在整个流通池中,而不是局限于特定区域或循环范围。通常会忽略仅在 1 或 2 个反应周期内轻微影响少量区块的错误;但是如果这些影响显示得分偏差很大,或者持续几个周期,则需要关注(图 4-10)。

图4-10　测序反应区块势图

该图显示了每个图块与平均质量的偏差。颜色是从冷到热的尺度,冷色表示质量等于或高于该碱基的平均水平,更热的颜色表明一个图块的质量比该碱基的其他图块更差。在该图例中,可以看到某些图块的质量一直很差。一个好的图块应该是蓝色的。

8. GFF 格式处理工具

一、 GFF 格式简介

许多生物信息学软件都以 GFF（general feature format）格式展示基因和转录本数据,该格式简单地描述了基因和转录本在基因组上的定位和特征属性。GFF 有四种存在差异的格式版本：GFF1、GFF2、GFF3、GTF2。目前最主流的是 GTF2 和 GFF3 格式。所有 GFF 格式文档的每一行,都是以制表符（TAB）分隔的 9 列,其中前 7 列数据结构几乎一样,而差异最大的是第 9 列,有关格式规范的详细内容参见附录。常用的 GFF 格式处理工具有 gffcompare 和 gffread。此外,还有 GFF3 格式校验工具 gff3validator;当然,gffread 亦可用于格式校验。

二、 下载与安装

从 gffcompare 和 gffread 官网下载编译好的最新版本的压缩包或源码文件;亦可从其 github 克隆下载程序源码,或手动下载程序源码的 ZIP 压缩文件。

① github 源的克隆安装：打开命令行终端之后,切换到本机将要存放目标软件的目录;通过调用 git clone 指令,从 github 源克隆下载该程序;下载完成后,切换到该程序目录,然后使用 make 指令进行编译。

```
#假设克隆到/opt 目录进行编译安装
#git 克隆安装 gffcompare

cd /opt
git clone https://github.com/gpertea/gffcompare
cd gffcompare
make release

#git 克隆安装 gffread

git clone https://github.com/gpertea/gffread
cd gffread
make release
```

② 源码编译安装:解压缩下载好的程序源码压缩文件后,切换到程序解压目录;在命令行终端中,直接执行"make release"指令即可将程序源码编译成可执行程序。

③ 预编译程序安装:解压缩下载好的预编译程序后,切换到程序解压目录;在命令行终端中,可以直接执行该程序指令,不过需要携带相对路径"./"。

上述三种安装方法,通常都无法让程序在任意工作目录的命令行终端状态直接执行。这是由于未将该程序所在路径导入系统 PATH 环境变量。解决方法有两个:① 添加程序所在目录并修改系统 PATH 环境变量;② 使用管理员权限,将其全部复制到系统程序目录,如/usr/bin 或/usr/local/bin。这样即可在命令行终端中直接运行相关指令。

```
#修改系统 PATH 变量
sudo gedit /etc/profile #使用 gedit 打开系统环境配置文件
#在文件末尾增加:Export PATH = $PATH:/opt/gffcompare
#保存退出后,再调用 source 指令加载变量设置
source /etc/profile
#复制程序到已有 PATH 变量的目录下
cd /opt/gffcompare
sudo cp -a ./gffcompare /usr/bin/
cd /opt/gffread
sudo cp -a ./gffread /usr/bin/
```

三、 用法与参数说明

1. gffread

gffread 可以用来校验、过滤、转换和执行其他各种针对 GFF 文件的操作。在命令行终端窗口直接执行"gffread -h"可以查看各种用法选项。由于该程序使用了与 Cufflinks、Stringtie、gffcompare 相同的 GFF 解析代码,故而它可用来验证这些程序能够解读的 GFF 文件。可以使用 gffread 程序简单地从文件中读取转录本,并可以选择以 GFF3(默认)或 GTF2 格式(-T 选项)将这些转录本打印输出,同时丢弃任何非必要的属性。此外,gffread 还可以选择修复输入文件中的一些潜在问题。

```
#快速清理和查看给定的 GFF/GTF 文件,默认以 GFF3 格式显示
gffread -E annotation.gtf -o- | less
#以 GTF2 格式显示
gffread -E annotation.gff -T -o- | more
```

该命令执行后,将显示在 GFF3 或 GTF2 格式的输入文件(annotation.gtf)中找到的转录本记录的极简 GFF3 重新格式化结果。"-E"选项是让 gffread 在解析输入文件时显示遇到的任何潜在问题相关的警告信息。上述命令行示例亦可用于 GTF2 和 GFF3 格式之间的转换。

提取转录本序列:gffread 程序亦可根据提供的 GFF 文件,提取所有转录本的序列,并生成一个 FASTA 格式文件。为了进行该操作,还必须提供与该 GFF 文件相关的参考基因组序列的 FASTA 文件。首先使用 Samtools 工具,为基因组序列文件创建一个 FASTA 索引文件,这样在随后的 gffread 执行过程中使用"-g"选项,gffread 将找到该 FASTA 索引并将其用

于加快转录序列的提取。

#创建基因组序列索引
samtools faidx genome. fa
#提取转录本序列
gffread -w transcripts. fa -g genome. fa transcripts. gtf

该操作示例就是根据注释文件(transcripts. gtf)中的转录本注释信息,从基因组序列文件(genome. fa)提取所有转录本序列,并将其写入一个 FASTA 格式文件(transcripts. fa)。

2. gffcompare

用法: gffcompare [-r < reference_mrna. gtf > [-R]] [-T] [-V] [-s < seq_path >]
[-o < outprefix >] [-p < cprefix >]
{ -i < input_gtf_list > | < input1. gtf > [< input2. gtf > .. < inputN. gtf >]}

gffcompare 可以对 RNA-Seq 组装转录本/转录片段或其他通用 GFF/GTF 格式文件,进行分类、参考注释映射和匹配统计。当与参考注释(支持 GFF 和 GTF 格式)进行比较时,gffcompare 可用于比较、合并、注释和评估一个或多个 GFF/GTF 文件(亦称为"查询"文件)的准确性。gffcompare 亦可跨越多个 GFF/GTF 文件聚类和追踪转录本,并将匹配的转录本(具有一致的内含子链)写入" < outprefix > . tracking"文件,同时创建一个 GTF 文件" < outprefix > . combined. gtf",该文件包括跨越所有输入文件的转录本非冗余集合,即对每个样本中每个匹配的转录片段(transfrag)均选择一个代表性的转录片段。

(1)参数说明

-i:用来与参考注释文件对比的 GTF/GFF 格式查询文件。如果有多个查询文件的话,可以提供一个包含这些文件列表的文本文件。

-h/--help:显示程序帮助信息。

-v/--version:显示程序版本信息。

-o < outprefix >:所有由 gffcompare 程序创建的输出文件的名称前缀。默认为 gffcmp。

-r:指定一个 GTF/GFF 格式的参考注释文件,其他查询文件都将与其进行比较。程序会根据具体情况,将查询文件中的异构体(isoform)标记为重叠(overlapping)、匹配(matching)或新的(novel)。

-R:如果"-r"参数被设定,则该参数会导致 gffcompare 忽略与查询文件中转录本无重叠的所有参考转录本。忽略 RNA-Seq 样本中不存在的注释转录本,即某个基因没有检测到,最大的可能是该基因没有表达;所以与参考基因组比对时,忽略掉参考基因组中多出来的基因,使其不参与统计指标的计算;这对于调整准确性报告中的敏感性计算十分有用。

-Q:如果"-r"参数被设定,则该参数会导致 gffcompare 忽略与参考转录本无重叠的查询转录本。这对调整准确性报告中的精确性计算十分有用。

-M:忽略单外显子的转录片段(transfrag)和参考转录本,即只考虑多外显子转录本。

-N:忽略单外显子的参考转录本,但单外显子转录片段(transfrag)仍然要考虑的。

-D：在单个查询文件中丢弃重复的冗余查询转录片段（transfrag），即具有相同内含子链的那些。

-s < genome_path >：指定基因组序列文件存放路径。这将会启用重复序列评估。< genome_path >是指向一个多重 FASTA 格式文件的完整路径，最好是使用 samtools faidx 程序进行索引的。基因组序列中重复序列必须是软屏蔽的（soft-masked），即使用小写字母表示的。

--strict-match：只有当所有外显子边界都匹配，才会标注匹配代码"="，代码"～"表示内含子链匹配或者是单外显子转录本。

-e < dist >：评估外显子准确性时，距离参考转录本末端外显子的自由端所允许的最大距离（范围）。默认：100。

-d < dist >：归类转录起始位点所允许的最大距离（范围）。默认：100。

-p < tprefix >：用于 < outprefix >. combined. gtf 输出文件中共同/联合转录本的命名前缀。默认为"TCONS"。

-C：从". combined. gtf"输出文件中丢弃被包含的转录片段。默认情况下，没有此参数，gffcompare 程序会在该文件中写入异构体（isoform），这些异构体被同一位置的其他转录片段完全包含或覆盖（具有相同的内含子结构），并在属性"contained_in"中显示找到的第 1个容器（container）转录片段。

-A：与"-C"相似，但是如果内含子冗余的转录片段，在不同的 5′外显子上开始，则不会被丢弃，即保留可变转录本的起始位点。

-X：与"-C"相似，但是如果转录片段末端延伸到容器的内含子区域，这些被包含的转录片段也将被丢弃。

-K：不丢弃任何与参考注释匹配的冗余转录片段。

-T：不生成". tmap"和". refmap"文件。

-V：让 gffcompare 在读取给定 GFF 文件时，对发现的任何不一致或潜在问题，反馈稍微详细的错误和警告信息，并将其输出到终端窗口。

--debug：启动调试模式，该模式启用"-V"选项并生成额外的文件：< outprefix >. Q_discarded. lst、< outprefix >. missed_introns. gtf 和 < outprefix >. R_missed. lst。

--chr-stats：". stats"文件给出每个参考重叠群或染色体的摘要信息和准确性数据。

--no-merge：禁止邻近外显子（close-exon）融合。默认：融合被长度小于 5 bp 的"内含子"分开的外显子。

（2）输出文件

① 数据摘要和准确性评估文件：< outprefix >. stats。

当将输入的查询转录本信息与参考注释进行对比时，gffcompare 会输出多种与准确性有关的统计指标。这些来自一个或多个样本的查询转录本或转录片段，可以来自一些转录本发现或组装分析流程（如：Trinity、Cufflinks 或 StringTie），亦可来自其他任何基因或转录本预测流程。通过与参考注释比对,gffcompare 可以对这些流程输出结果的准确性加以评估。

　　gffcompare 对于每个查询文件,可以从多个特征水平计算敏感性(sensitivity)和精确性(precision),包括核苷酸(nucleotide)、外显子(exon)、内含子(intron)、链(chain)、转录本(transcript)和基因(gene),并将结果输出到该". stat"文件中。Burset 等(1996)发表于 *Genomics* 的论文中,描述了通用的准确性指标计算方法。该文使用了特异性(specificity)一词来描述这里的精确性(precision)。通用计算公式如下。

$$Sensitivity = TP \,/\, (TP + FN)$$
$$Precision = TP \,/\, (TP + FP)$$

　　这里的 TP 是指真阳性(true positive),即与参考注释特征一致的查询特征,包括碱基(base)、外显子(exon)、内含子(intron)、转录本(transcript)等。FN 是指假阴性(false negative),即参考注释中有而在查询文件中没有找到的特征。TP + FN 就是代表参考注释中的特征总量,由此计算出来的敏感性(sensitivity)就是指参考注释中出现在查询文件中的特征占比。FP 是指假阳性(false positive),即查询文件中有而参考注释中没有的那些特征。FP + TP 就是代表查询文件中的特征总量(按每个样本或输入文件分别统计),由此计算出来的精确性(precision)就是指查询文件中出现在参考注释中的特征占比。如果输入的 GTF/GFF 格式查询文件有多个,则这些指标会按照每个样本分别计算。

　　碱基水平(base level):TP 值就是查询转录本与任意参考转录本两者在相同坐标上的外显子的碱基数量。换句话说,就是外显子的重叠长度。FN 值就是所有预测转录本或转录片段的外显子都没有覆盖到的参考转录本外显子的碱基数量。FP 值就是预测转录本外显子中没有被任意参考转录本外显子覆盖到的碱基数量。

　　外显子水平(exon level):TP/FN/FP 值计算与碱基水平类似,只是计算单位是基因组中外显子间隔,即预测转录本的某个外显子与参考转录本某个外显子的边界重叠且匹配,则记为 TP。

　　内含子水平(intron level):与外显子水平类似,只是计算单位改为内含子间隔的匹配,当预测转录本的某个内含子与某个参考转录本的内含子具有相同的精确的起始和结束坐标,则记为 TP。

　　内含子链水平(intron chain level):如果某个预测的或组装的转录本,它的所有内含子均在某个参考转录本中找到坐标完全相同的内含子,即两者具有相同的内含子数量,且坐标完全一致,则记为 TP。此时,gffcompare 会使用类代码" = "来标注匹配的转录本。这里要求两者的内含子间隔完全一致,这样两者的内部外显子也会相同;不过两者末端外显子的外部边界不一定要完全一样,如下所示。

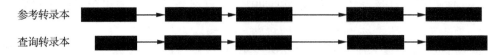

参考转录本

查询转录本

之所以如此判定,是有原因的。对于每个转录本来说,参考注释通常并不具有完美的精确的转录起始和终止坐标。生物的转录长度亦有可能是不精确的,尤其是 3′末端。所以在不同的样本中,转录起始和终止位置可能稍有差异,但是这点差异也许一点都不会影响转录本的功能。比如,编码蛋白质的转录本,只要不影响到起始和终止密码子,就没有问题。显而易见,内含子链水平敏感性和精确性的计算,只是对多外显子转录本很重要。故而会完全忽略单外显子转录本,这在 RNA-Seq 实验中是相当多的,可能是由大量的转录和比对噪声导致的。

转录本水平(transcript level):该水平的评估,是把所有查询转录本与所有重叠的参考转录本进行比较,以便计算"匹配值",即 TP 值。这意味着在查询转录本和参考转录本之间进行对比时,不仅要考虑多外显子转录本的"内含子链水平"的匹配,还要考虑单外显子转录本的匹配是否达到非常显著的重叠比例,此时仍然允许两者的边界之间存在些许差异。使用"--strict-match"选项,限制末端外显子外侧坐标的差异大小,能够让该水平的准确性评估更加严格;默认值为最多 100 碱基,该默认值可以被"-e"参数改变。

基因座水平(locus level):当某个基因组区域,存在多个有重叠外显子的转录本时,该区域就定义为一个基因座(gene locus)。这种现象往往是由某个基因转录的可变剪接所导致的转录变异体。由查询转录本的外显子重叠而聚集形成的基因座称为观察到的基因座。当观察到的基因座与存在重叠的参考基因座之间,有一个转录组水平的匹配存在,就记为真阳性(TP)基因座。

超级基因座(super-locus):在许多 gffcompare 输出文件中,每个超级基因座(super-locus)都会增加一个"XLOC_"前缀。一个超级基因座就是基因组中的一个区域,是由预测转录本和参考转录本的外显子重叠聚集在一起形成的(grouped 或 linked)。当多个样本包含组装转录片段的多个 GTF 文件作为输入时,这个聚集是对所有样本执行的。由于外显子重叠聚集的传递性,这种超级基因座偶尔会非常大,有时会把几个不同的参考基因区域融合到一起,尤其是当某个基因区域附近有许多转录或比对噪声时。当然,并非所有超级基因座区域都有参考转录本存在,其有时可能只是由来自多个样本的一堆转录片段聚集在一起形成的。

② 所有组装中所有转录片段的联合文件:< outprefix > . combined. gtf。

当有多个查询 GTF/GFF 文件时,gffcompare 会报告一个包含每个样本文件中所有转录片段合集的 GTF 文件。如果不同输入文件中某个转录片段具有完全相同的内含子链,则该转录片段在". combined. gtf"输出文件中只会报告一次。

③ 单个文件的注释:< outprefix > . annotated. gtf。

如果只是输入单个 GTF/GFF 查询文件,且没有指定删除重复或冗余转录片段的参数

（-D/-S/-C/-A/-X），则 gffcompare 会输出名为"< outprefix >. annotated. gtf"的结果文件,格式与"< outprefix >. combined. gtf"类似,但是保留转录本 ID,即忽略"-p"参数。

④ 跟踪多个样本中的转录片段:< outprefix >. tracking。

该文件将样本之间的转录本相匹配。每一行代表一个转录本结构,该结构在所有输入的 GTF 文件中是等同的。gffCompare 认定的转录本匹配,如结构等同,是指它们所有的内含子要一致。匹配转录本允许第一个和最后一个外显子长度不同,因为对于同一个转录本来说,该长度会因样本的不同而存在差异。如果设定了"-r"参数,则该文件的第 3 列包含与该行转录本结构最接近的参考转录本信息,即最佳匹配或重叠。文件的前 4 列分别是:i. 该转录片段的唯一内部 ID;ii. 超级基因座(super-locus)的唯一内部 ID,包含所有样本和参考注释的转录本区域;iii. 与该转录本相关的参考注释记录的基因名称和转录本 ID,两者使用"|"隔开,如果没有这样的参考转录本,则为"-";iv. 参考转录本与该行所代表的转录本结构之间的关系或重叠类型。第 4 列之后的每一列是来自每个样本的转录本,格式如下。

qJ:< gene_id >|< transcript_id >|< num_exons >|< FPKM >|< TPM >|< cov >|< len >

这里假设在它们的注释文件的属性中有 FPKM、TPM 和 coverage 等此类数值。在". tracking"文件中报告的转录本,不需要在所有样本中都出现。如果某个样本中不包含一个结构等同的转录本,则在相应的列中记作"-"。

⑤ 与每个参考转录本匹配的转录片段:< outprefix >. < input_file >. refmap。

这是一个以制表符(TAB)分隔字段的文件,其中列出了那些完全或部分匹配参考转录本的转录片段信息。注意:每个输入的查询文件在其目录中都会有一个这样的输出文件。该文件中,每个参考转录本有 1 行,具体的列信息如下:i. 参考基因名称,来自参考 GTF 记录的"gene_name"属性,如果不存在,则使用"gene_id";ii. 参考转录本 ID,来自参考 GTF 记录的"transcript_id"属性;iii. 第 4 列中的查询转录本与该参考转录本的匹配类型,比如"c"代表部分匹配,"="代表完全匹配;iv. 与参考转录本匹配的查询转录本列表,多个转录本之间使用逗号隔开。

⑥ 与每个查询转录片段最为匹配的参考转录本:< outprefix >. < input_file >. tmap。

这也是一个以制表符(TAB)分隔字段的文件,其中列出了与每个查询转录本最为匹配的参考转录本。注意:每个查询输入文件在其目录中都会有一个这样的输出文件。该文件中,每个查询转录本有 1 行,具体的列信息如下。

参考基因名称：来自参考 GTF 记录的“gene_name”属性，如果不存在，则使用“gene_id”。

参考转录本 ID：来自参考 GTF 记录的“transcript_id”属性。

匹配类型：第 4 列中的查询转录本与该参考转录本的匹配类型。

查询基因 ID：查询基因内部 ID。

查询转录本 ID：查询转录本内部 ID。

外显子数量：查询转录本的外显子数量。

FPKM：转录本表达水平的 FPKM 值。

TPM：转录本的评估 TPM 值。

coverage：整个转录本的平均读段覆盖深度。

length：转录本长度。

主要异构体 ID：该基因主要异构体的查询 ID。

参考匹配长度：与参考转录本的最大重叠长度，“-”代表没有这样的外显子重叠。

⑦ 转录本匹配类型。

如果 gffcompare 带上“-r”参数运行，“. tracking”文件中的每一行会包含一个匹配类型的代码，用以表示查询转录片段与最接近的参考转录本之间的关系。如果没有使用“-r”参数，则匹配类型列都将为“-”。同样的代码也会赋值给输出的 GTF 文件的“class_code”属性。下面按照优先级从高到低的顺序显示类型代码（图 4-11）。

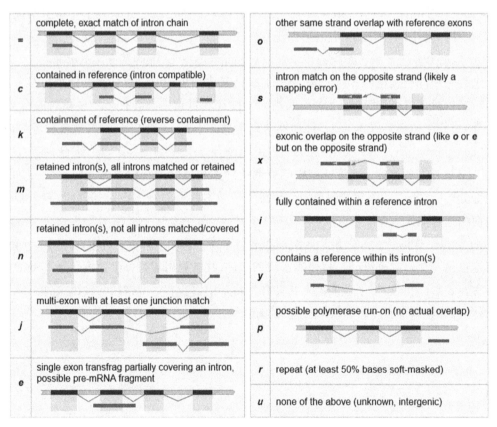

图 4-11 转录本匹配类型示意图

（以上图片素材来自 gffcompare 官网 https://ccb. jhu. edu/software/stringtie/gffcompare. shtml）

⑧ 转录本发现的准确性评估案例。

gffcompare 可以用来评估和对比转录本组装工具的准确性,即结构正确性(外显子/内含子坐标);可用于通用的转录本发现程序、基因发现工具的评估。对于注释完善的参考基因组(如人类、小鼠等),可以使用 gffcompare 来评估和比较基于一套真实数据集的异构体发现程序的准确性。

```
gffcompare -V -r ./gDNA. gff ./Sc_perl_modified. gff3 -o ./Sc_perl
#程序运行完成后,使用 ll 指令查看结果文件
ll -o --block-size = K
total 13872K
drwxrwxrwx 1 bioinformatics    4K 11 月 21   2019 ./
drwxrwxrwx 1 bioinformatics    4K  7 月 19 16:07 ../
-rwxrwxrwx 1 bioinformatics 8228K 11 月 21   2019 Sc_perl. annotated. gtf
-rwxrwxrwx 1 bioinformatics  627K 11 月 21   2019 Sc_perl. loci
-rwxrwxrwx 1 bioinformatics  420K 11 月 21   2019 Sc_perl. Sc_perl_modified. gff3. refmap
-rwxrwxrwx 1 bioinformatics 2219K 11 月 21   2019 Sc_perl. Sc_perl_modified. gff3. tmap
-rwxrwxrwx 1 bioinformatics    2K 11 月 21   2019 Sc_perl. stats
-rwxrwxrwx 1 bioinformatics 2364K 11 月 21   2019 Sc_perl. tracking
```

其中,"Sc_perl. stats"输出文件中,保存了不同水平的敏感性(sensitivity)和精确性(precision)的统计分析结果。该文档内容如下。

```
# gffcompare v0. 11. 2 | Command line was:
#gffcompare -V -r ./GCF_000146045. 2_R64_genomic. gff ./Sc_perl_modified. gff3 -o ./Sc_perl

# = Summary for dataset: ./Sc_perl_modified. gff3
#     Query mRNAs :   21518 in    3732 loci   (1388 multi-exon transcripts)
#               (333 multi-transcript loci, ~5. 8 transcripts per locus)
# Reference mRNAs :    6444 in    6343 loci   (342 multi-exon)
# Super-loci w/ reference transcripts:    3706
#----------------------| Sensitivity | Precision |
        Base level:  51. 1    |  99. 7    |
        Exon level:  26. 8    |  32. 3    |
       Intron level:   0. 6    |   0. 2    |
  Intron chain level:   0. 6    |   0. 1    |
     Transcript level:  34. 9    |  10. 5    |
        Locus level:  35. 5    |  60. 3    |

   Matching intron chains:        2
   Matching transcripts:      2251
        Matching loci:      2251
```

Missed exons：	3036/6800	（44.6%）
Novel exons：	22/16955	（0.1%）
Missed introns：	331/356	（93.0%）
Novel introns：	1130/1192	（94.8%）
Missed loci：	2623/6343	（41.4%）
Novel loci：	5/3732	（0.1%）

Total union super-loci across all input datasets：3711

21518 out of 21518 consensus transcripts written in ./Sc_perl. annotated. gtf (0 discarded as redundant)

⑨ 查询转录本与参考转录本。

gffcompare 的目的就是用来评估一组新转录本与参考注释的准确匹配情况。为了评估两组转录本比较时的准确性和敏感性,必须特别注意每组中的"重复(duplicate)"或"冗余(redundant)"条目。gffcompare 会尽量检测和删除重复转录本。默认情况下,gffcompare 对参考数据集的冗余评估要比查询集合更加严格。另外,这个严格程度,对于单外显子转录本(single-exon transcripts,SETs)和多外显子转录本(multi-exon transcripts,METs)又有不同。

参考转录本：i. 如果短 SETs 完全被另一个长 SETs 所包含,且长度至少达到其 80%,则该短 SETs 被认为是重复的。ii. 如果一个 METs 的内含子链与另一个完全匹配,且较短的 METs 边界完全被另一个所包含,则其被认为是冗余的。

查询转录本：i. 冗余 SETs 的判断上,使用了一种模糊匹配来评估。重叠区域超过较长转录本长度的 80%;或者超过较长转录本长度的 70%,同时超过较短转录本长度的 80%。ii. 冗余 METs 的判断,只是简单地看它们是否具有完全相同的内含子链,而不管它们的末端外显子是否存在包含关系。

由于评估查询转录本和参考转录本冗余的方法不同,可能会导致一个问题,当使用 gffcompare 把某个查询转录本集合与其自身比较时,统计输出文件中的准确性将不全是100%。此时,可以通过使用"-S"选项,强制 gffcompare 对查询和参考数据集使用相同的冗余检查条件,该选项对查询数据集实施与参考数据相同的边界包含等严格检查。

3. trmap

基本用法：trmap [-S] [-o] < ref_gff > < query_gff >

其中, < ref_gff > 是 GFF 或 BED 格式的参考注释文件。 < query_gff > 是 GFF 或 BED 格式的查询文件名;或"-"用以指定标准输入,一般指通过键盘进行交互输入。"-o < outfile >"设定输出文件以代替标准输出(stdout)。"-S"指定程序只报告简易的参考重叠百分比信息,不要重叠分类结果。

该程序针对的是大量转录本集合的重叠分类。某些分析流程会产生大量潜在的或部分的转录本,称之为转录片段(transfrag)。例如,使用"stringtie --merge"融合来自 RNA-Seq 实验数据的组装转录本结果。使用 gffcompare 处理这样庞大的 GTF/GFF 文件可能会很慢,而且需要大量内存资源,这是因为 gffcompare 总是把所有的转录本数据加载到内存中进行聚类分析等。有的人可能只想知道这些转录本是否以及如何与参考注释重叠,然后进一步分析那些与参考注释转录本具有特定类型重叠的转录本;或者只关注那些根本不重叠的转录本,也就是说,它们可能是新的转录本。此时,就需要 trmap(transcript *vs.* refererence mapping)程序。该程序会为每个查询转录本报告所有与之重叠的参考转录本,以及它们的重叠分类代码。它的主要功能特点就是允许检查存有查询转录本(GFF 或 BED 格式)的超大文件流,并根据参考注释进行分类(GFF 或 BED 格式)。该程序首先加载参考注释文件,然后以数据流模式读取查询文件,将其与参考注释进行比较,继而报告存在重叠的转录本,并对其重叠关系进行分类。该程序是与 gffcompare 一起发布的,两者共享重叠分类代码。

　　该程序的默认输出是一个假 FASTA 格式,每个查询转录本一条记录,而且至少有一条参考转录本与之重叠或关联。查询转录本显示在这条记录的标题中,并使用空格分隔显示基因定位、链等相关信息的字段。随后是每个与之重叠的参考注释,每行都是以制表符分隔字段,首字段是重叠分类代码,然后是转录本的基因组定位,包括:染色体、链、转录本起始位置和结束位置、参考转录本 ID、外显子区间(多个区间以",”隔开)。

9．NCBI BLAST

一、简介

基本局部比对搜索工具(the basic local alignment search tool,BLAST)可查找序列之间具有局部相似性的区域。该程序将核苷酸或蛋白质序列与序列数据库进行比较,并计算序列之间匹配的统计学显著性。BLAST 可用于推断序列之间的功能和进化关系,以及帮助识别基因家族的成员。BLAST 包含一组用于序列比对的程序集,其中最基本的是如下 5 个程序。

> blastn:将查询核酸序列与目标核酸序列进行比对。
> blastp:将查询蛋白质序列与目标蛋白质序列进行比对。
> blastx:将查询核酸序列按照 6 个阅读框翻译成蛋白质序列,再与目标蛋白质序列进行比对。
> tblastn:将查询蛋白质序列与目标核酸序列进行比对,只是需要将目标核酸序列按照 6 个阅读框翻译成蛋白质序列,然后再比对。
> tblastx:将查询核酸序列与目标核酸序列,均按照 6 个阅读框翻译成蛋白质序列之后再进行比对。

此外,还有一些具有专门用途的搜索工具:

SmartBlast:针对具有里程碑(landmark)意义的数据库搜索查询蛋白质。这些数据库包括来自分类广泛的 27 个基因组的蛋白质组。该搜索集使用每个生物体的最佳可用基因组组装,通过以下程序生成:首先,确定来自每个生物体的最新代表性组装;其次,在每个组装上注释的所有蛋白质都被下载,并编译到具有里程碑意义的 BLAST 数据库中。其结果就是由基因组组装支持的分类学上多样化的非冗余蛋白质集。

Primer-BLAST:使用 Primer3 和 BLAST 程序,针对指定的 PCR 模板序列找到特异性引物。

Global Align:基于 Needleman-Wunsch 算法,对两条核酸或蛋白质序列进行全局比对。

CD Search:在查询蛋白质或编码的核酸序列中查找保守域(conserved domain)。

IgBLAST:搜索免疫球蛋白(immunoglobulin,IG)和 T 细胞受体(T cell receptor,TR)域序列。

VecScreen:在查询核酸序列中找出来自载体(vector)的污染片段。

CDART:在查询蛋白质序列中找出域结构。

COBALT:基于约束的多重对齐工具(constraint-based multiple alignment tool,COBALT)。COBALT 使用保守域和局部序列相似性信息来计算多重蛋白质序列比对。

MOLE-BLAST:MOLE-BLAST 是一种实验工具,可帮助分类学家找到与提交的查询序列在数据中最近缘序列。该工具计算查询序列与其在 BLAST 数据库中最高命中序列之间的多序列比对(multiple sequence alignment,MSA),并生成系统发育树(phylogenetic tree)。树中的查询序列使用突出显示的节点标签表示。如果输入序列来自不同的基因或位点(loci),MOLE-BLAST 可以将其聚类,并为每个位点(locus)计算一个 MSA 和一个系统发育树。

二、下载与安装

从 NCBI 主页上打开"Data & Software"的"Downloads"页面,从该页面可以找到下载"BLAST(stand-alone)"的链接;打开该链接即可找到 BLAST 程序的下载链接。打开 BLAST 最新版程序的下载页面,该页面提供了多个不同操作系统平台下已编译好的 BLAST 程序和源码,可根据具体的需求下载对应的 BLAST 程序。如果下载的是预编译好的 BLAST 可执行程序,则可以凭管理员权限直接将其 bin 子目录中所有可执行程序文件全部复制到系统目录中(如/usr/bin),即可在命令行终端窗口直接运行 BLAST 程序。

```
#ubuntu 16 终端命令行下载程序
#下载到当前用户的"Downloads/blast +"目录下
#如:/home/zhanggaochuan/Downloads/blast +

cd Downloads
mkdir blast +
cd blast +
wget ftp://ftp. ncbi. nlm. nih. gov/blast/executables/blast +/LATEST/*
#或使用如下指令直接安装,缺点是版本往往不是最新的
sudo apt install ncbi-blast +
```

三、用法与参数说明

1. BLAST 程序用法

用法:blastn|blastp|blastx|tblastn|tblastx -db database_name | -subject subject_input_file -query input_file -out output_file -outfmt format[-evalue evalue][-max_target_seqs num_sequences] …

首先,选择一个 BLAST 程序(如 blastn);然后,指定要比对的 BLAST 数据库(-db)或目标序列文件(-subject);接着就是设定查询序列文件(-query);最后是结果输出文件(-out)及其格式(-outfmt)。其他都是可选参数,若用户不设置,则程序自动使用内部预设的默认值。

2. BLAST 程序参数说明

(1)可选参数

-h:打印简单的用法和描述信息,忽略所有其他参数。适用程序:blastn、blastp、blastx、tblastn、tblastx。

-help:打印用法、描述和参数(ARGUMENTS)信息。适用程序:blastn、blastp、blastx、

tblastn、tblastx。

　　-version：打印版本号,忽略其他参数。适用程序:blastn、blastp、blastx、tblastn、tblastx。

　　（2）输入查询选项

　　-query ＜File_In＞：输入序列的文件名;默认为(-),即标准输入(stdin)。适用程序:blastn、blastp、blastx、tblastn、tblastx。tblastn 中此选项与"in_pssm"不兼容。

　　-query_loc ＜String＞：设定查询序列中的位置(1-based 坐标体系),格式为"start-stop";BLAST 程序将只对该区域的序列子集进行比对。适用程序:blastn、blastp、blastx、tblastn、tblastx。tblastn 中此选项与"in_pssm"不兼容。

　　-strand ＜String＞：设定将要与序列数据库或目标序列进行比对的查询序列链［both｜minus｜plus］。默认:both,即正负两条链都要比对。适用程序:blastn、blastx、tblastx。

　　-query_gencode ＜Integer＞：用于翻译查询序列的遗传密码表。取值范围:1～6,9～16,21～31。默认:1。适用程序:blastx、tblastx。

　　（3）常规搜索选项

　　-task ＜String＞：设定要执行的 BLAST 搜索任务类型。适用程序:blastn、blastp、blastx、tblastn。

> blastn 允许的值有:blastn、blastn-short、dc-megablast、megablast、rmblastn。默认:megablast。
> blastp 允许的值有:blastp、blastp-fast、blastp-short。默认:blastp。
> blastx 允许的值有:blastx、blastx-fast。默认:blastx。
> tblastn 允许的值有:tblastn、tblastn-fast。默认:tblastn。

　　-db ＜String＞：指定 BLAST 数据库名称。注意:该选项与"subject""subject_loc"不兼容。适用程序:blastn、blastp、blastx、tblastn、tblastx。

　　-out ＜File_Out＞：设定输出文件名。默认:(-),即标准输入(stdin)。适用程序:blastn、blastp、blastx、tblastn、tblastx。

　　-evalue ＜Real＞：设定保存高相似命中的期望值阈值。默认:10。适用程序:blastn、blastp、blastx、tblastn、tblastx。

　　-word_size ＜Integer＞：设定词查找器(wordfinder)算法的词长,即最佳匹配的种子序列片段长度。核酸序列 >=4;蛋白质序列 >=2。适用程序:blastn、blastp、blastx、tblastn、tblastx。

　　-gapopen ＜Integer＞：间隙开放罚分。适用程序:blastn、blastp、blastx、tblastn。

　　-gapextend ＜Integer＞：间隙延伸罚分。适用程序:blastn、blastp、blastx、tblastn。

　　-penalty ＜Integer＞：核酸错配罚分(<=0)。适用程序:blastn。

　　-reward ＜Integer＞：核酸匹配加分(>=0)。适用程序:blastn。

　　-use_index ＜Boolean＞：指定使用 MegaBLAST 数据库索引。默认:false。适用程序:blastn。

　　-index_name ＜String＞：指定 MegaBLAST 数据库索引名称,该搜索选项已弃用,仅用于旧样式索引。适用程序:blastn。

-matrix < String >：打分矩阵名称,通常是 BLOSUM62。适用程序:blastp、blastx、tblastn、tblastx。

-threshold < Real >：将词添加到 BLAST 查找表的最小分数(>=0)。适用程序:blastp、blastx、tblastn、tblastx。

-comp_based_stats < String >：使用基于组成的统计数据。适用程序:blastp、blastx、tblastn。

> D 或 d：默认值(相当于2)。
> 0、F 或 f：非基于组成的统计数据。
> 1：基于组成的统计数据,如 NAR 29:2994-3005,2001。
> 2：T 或 t：基于组成的分数调整,如 Bioinformatics 21:902-911,2005;以序列属性为条件。
> 3：基于组成的分数调整,如 Bioinformatics 21:902-911,2005;无条件。
> 默认：2。

-max_intron_length < Integer >：当连接多个不同的比对时,翻译的核苷酸序列中允许的最大内含子的长度(>=0)。默认:0。适用程序:blastx、tblastn、tblastx。

-db_gencode < Integer >：用于翻译数据库或目标序列的遗传密码表。取值范围:1 ~ 6,9 ~ 16,21 ~ 31。默认:1。适用程序:tblastn、tblastx。

（4）BLAST 双序列比对选项

-subject < File_In >：指定要搜索的目标序列。该选项与以下参数选项不兼容:db、gilist、seqidlist、negative_gilist、negative_seqidlist、taxids、taxidlist、negative_taxids、negative_taxidlist、db_soft_mask、db_hard_mask。适用程序:blastn、blastp、blastx、tblastn、tblastx。

-subject_loc < String >：指定目标序列中的位置(1-based 坐标体系),格式为 start-stop;BLAST 程序将只对该区域的序列子集进行比对。与该选项不兼容的选项同"-subject"。适用程序:blastn、blastp、blastx、tblastn、tblastx。

（5）结果格式化选项

-outfmt < String >：设定输出结果格式。适用程序:blastn、blastp、blastx、tblastn、tblastx。

-show_gis：在定义中显示 NCBI GIs。适用程序:blastn、blastp、blastx、tblastn、tblastx。

-num_descriptions < Integer >：结果中显示描述的数据库序列数(>=0)。不适用于"outfmt >4"的格式。默认:500。该选项与"max_target_seqs"不兼容。适用程序:blastn、blastp、blastx、tblastn、tblastx。

-num_alignments < Integer >：结果中显示队列的数据库序列数(>=0)。默认:250。该选项与"max_target_seqs"不兼容。适用程序:blastn、blastp、blastx、tblastn、tblastx。

-line_length < Integer >：格式化队列的行长度(>=1),用于限制每行显示的碱基数。不适用于"outfmt >4"的格式。默认:60。适用程序:blastn、blastp、blastx、tblastn、tblastx。

-html：生成 HTML 输出。适用程序:blastn、blastp、blastx、tblastn、tblastx。

-sorthits < Integer >：设置队列视图中命中(hits)结果的排序方式。适用程序:blastn、

blastp、blastx、tblastn、tblastx。

```
0 = Sort by evalue
1 = Sort by bit score
2 = Sort by total score
3 = Sort by percent identity
4 = Sort by query coverage
```

注:"不适用于"outfmt > 4"的格式。

-sorthsps < Integer >:设置高相似片段对(HSPs)的排序方式。适用程序:blastn、blastp、blastx、tblastn、tblastx。

```
0 = Sort by hsp evalue
1 = Sort by hsp score
2 = Sort by hsp query start
3 = Sort by hsp percent identity
4 = Sort by hsp subject start
```

注:不适用于"outfmt! = 0"的格式。

(6)查询过滤选项

-dust < String >:使用指定的 DUST 过滤查询序列。取值范围:yes,level window linker,no。其中,"yes"是使用默认过滤规则,"level window linker"是自定义过滤规则格式,"no"代表禁用过滤。默认:20 64 1。适用程序:blastn。

-filtering_db < String >:BLAST 数据库包含过滤元素,即重复序列。适用程序:blastn。

-window_masker_taxid < Integer >:使用分类学 ID,启用 WindowMasker 过滤。适用程序:blastn。

-window_masker_db < String >:基于指定的重复数据库,启用 WindowMasker 过滤。适用程序:blastn。

-soft_masking < Boolean >:对过滤位置应用软遮蔽(soft masking)。默认:blastn 为 true, blastp/tblastn 为 false。适用程序:blastn、blastp、blastx、tblastn、tblastx。

-lcase_masking:对查询和目标序列中使用的小写字母进行过滤。适用程序:blastn、blastp、blastx、tblastn、tblastx。

-seg < String >:使用 SEG 过滤查询序列。取值范围:yes,window locut hicut,no。其中,"yes"是使用默认过滤规则,"window locut hicut"是自定义过滤规则格式,"no"代表禁用过滤。默认,blastp 为"no",blastp/tblastn 为"12 2.2 2.5"。适用程序:blastp、blastx、tblastn、tblastx。

(7)限制搜索或结果的选项

-gilist < String >:仅搜索数据库中指定 GIs 列表。此选项与以下参数选项不兼容:seqidlist、taxids、taxidlist、negative_gilist、negative_seqidlist、negative_taxids、negative_taxidlist、remote、subject、subject_loc。

-seqidlist ＜String＞：仅搜索数据库中指定 SeqIDs 列表。此选项与以下参数选项不兼容：gilist、taxids、taxidlist、negative_gilist、negative_seqidlist、negative_taxids、negative_taxidlist、remote、subject、subject_loc。

-negative_gilist ＜String＞：搜索数据库中除指定 GIs 之外的其他所有序列。此选项与以下参数选项不兼容：gilist、seqidlist、taxids、taxidlist、negative_seqidlist、negative_taxids、negative_taxidlist、remote、subject、subject_loc。

-negative_seqidlist ＜String＞：搜索数据库中除指定 SeqIDs 之外的其他所有序列。此选项与以下参数选项不兼容：gilist、seqidlist、taxids、taxidlist、negative_gilist、negative_taxids、negative_taxidlist、remote、subject、subject_loc。

-taxids ＜String＞：仅搜索数据库中指定分类学 IDs(多个 IDs 以逗号隔开)。此选项与以下参数选项不兼容：gilist、seqidlist、taxidlist、negative_gilist、negative_seqidlist、negative_taxids、negative_taxidlist、remote、subject、subject_loc。

-negative_taxids ＜String＞：搜索数据库中除指定分类学 IDs 之外的其他所有序列(多个 IDs 以逗号隔开)。此选项与以下参数选项不兼容：gilist、seqidlist、taxids、taxidlist、negative_gilist、negative_seqidlist、negative_taxidlist、remote、subject、subject_loc。

-taxidlist ＜String＞：仅搜索数据库中指定分类学 IDs。此选项与以下参数选项不兼容：gilist、seqidlist、taxids、negative_gilist、negative_seqidlist、negative_taxids、negative_taxidlist、remote、subject、subject_loc。

-negative_taxidlist ＜String＞：搜索数据库中除指定分类学 IDs 之外的其他所有序列。此选项与以下参数选项不兼容：gilist、seqidlist、taxids、taxidlist、negative_gilist、negative_seqidlist、negative_taxids、remote、subject、subject_loc。

-entrez_query ＜String＞：使用给定的 Entrez 查询限制搜索。要求：remote。

-db_soft_mask ＜String＞：该选项值作为软遮蔽(soft masking)应用于 BLAST 数据库的过滤算法 ID。此选项与以下参数选项不兼容：db_hard_mask、subject、subject_loc。

-db_hard_mask ＜String＞：该选项值作为硬遮蔽(hard masking)应用于 BLAST 数据库的过滤算法 ID。此选项与以下参数选项不兼容：db_soft_mask、subject、subject_loc。

-qcov_hsp_perc ＜Real＞：设定用于过滤的每个 HSP 的查询覆盖率百分比(0~100)。

-max_hsps ＜Integer＞：为每条查询序列保存的每条目标序列的最大 HSPs 数(>=1)。

-culling_limit ＜Integer＞：如果命中(hit)的查询序列范围被不少于设定值(>=0)的高分命中所包围,则删除该命中。此选项与以下参数选项不兼容：best_hit_overhang、best_hit_score_edge。

-best_hit_overhang ＜Real＞：最佳命中(best-hit)算法悬垂(overhang)值(0~0.5)。推荐值:0.1。此选项与 culling_limit 不兼容。

-best_hit_score_edge ＜Real＞：最佳命中(best-hit)算法得分边缘值(0~0.5)。推荐值:0.1。此选项与 culling_limit 不兼容。

-subject_besthit：打开每条目标序列的最佳命中。

-max_target_seqs ＜Integer＞：要保留的最大对齐序列数(＞=1)；推荐该值不低于5。默认:500。该选项与 num_descriptions、num_alignments 不兼容。

以上参数均适用程序：blastn、blastp、blastx、tblastn、tblastx。

-perc_identity ＜Real＞：设定用于过滤的一致性百分比(0～100)。适用程序:blastn。

-ipglist ＜String＞：仅搜索数据库中指定 IPGs 列表。该选项与 subject、subject_loc 不兼容。适用程序:blastp、blastx。

-negative_ipglist ＜String＞：搜索数据库中除指定 IPGs 列表之外的其他所有序列。该选项与 subject、subject_loc 不兼容。适用程序:blastp、blastx。

（8）不连续的 MegaBLAST 选项

-template_type ＜String、'coding'、'coding_and_optimal'、'optimal'＞：设置不连续的 MegaBLAST 模板类型。要求:template_length。适用程序:blastn。

-template_length ＜Integer, Permissible values：'16''18''21'＞：设置不连续的 MegaBLAST 模板长度。要求:template_type。适用程序:blastn。

（9）统计选项

-dbsize ＜Int8＞：数据库的有效长度。适用程序:blastn、blastp、blastx、tblastn、tblastx。

-searchsp ＜Int8＞：搜索空间的有效长度(＞=0)。适用程序:blastn、blastp、blastx、tblastn、tblastx。

-sum_stats ＜Boolean＞：使用 sum 统计数据。适用程序:blastx、tblastn、tblastx。

（10）搜索策略选项

-import_search_strategy ＜File_In＞：指定搜索策略。该选项与 export_search_strategy 不兼容。适用程序:blastn、blastp、blastx、tblastn、tblastx。

-export_search_strategy ＜File_Out＞：设定记录了要使用的搜索策略的文件名。该选项与 import_search_strategy 不兼容。适用程序:blastn、blastp、blastx、tblastn、tblastx。

（11）扩展选项

-xdrop_ungap ＜Real＞：指定无间隙扩展的 X-dropoff 值(以位为单位)。适用程序:blastn、blastp、blastx、tblastn、tblastx。

-xdrop_gap ＜Real＞：设置初始间隙扩展的 X-dropoff 值(以位为单位)。适用程序:blastn、blastp、blastx、tblastn。

-xdrop_gap_final ＜Real＞：设置最终间隙对齐的 X-dropoff 值(以位为单位)。适用程序:blastn、blastp、blastx、tblastn。

-no_greedy：使用非贪婪动态规划扩展策略。适用程序:blastn。

-min_raw_gapped_score ＜Integer＞：设置最小原始间隙分数,以在初始间隙处和回溯阶段保持对齐。适用程序:blastn。

-ungapped：仅执行无间隙对齐。适用程序:blastn、blastp、blastx、tblastn。

-window_size ＜Integer＞：设置多次命中窗口大小(>=0),使用 0 则是指定 1-hit 算法。适用程序：blastn、blastp、blastx、tblastn、tblastx。

-off_diagonal_range ＜Integer＞：搜索第 2 次命中的非对角线数(off-diagonals)(>=0);使用 0 则关闭。适用程序：blastn。

（12）其他选项

-parse_deflines：是否应该解析查询和目标序列定义行。适用程序：blastn、blastp、blastx、tblastn、tblastx。

-num_threads ＜Integer＞：设置 BLAST 搜索使用的线程数(CPUs)。默认:1。该选项与 remote 不兼容。适用程序：blastn、blastp、blastx、tblastn、tblastx。

-remote：执行远程 BLAST 搜索。该选项与以下选项不兼容：gilist, seqidlist, taxids, taxidlist, negative_gilist, negative_seqidlist, negative_taxids, negative_taxidlist, subject_loc, num_threads。适用程序：blastn、blastp、blastx、tblastn、tblastx。

-use_sw_tback：计算局部最优 Smith-Waterman 对齐。适用程序：blastp、blastx、tblastn。

（13）PSI-TBLASTN 选项

-in_pssm ＜File_In＞：指定 PSI-TBLASTN 检查点文件;该选项与 remote、query、query_loc 不兼容。适用程序：tblastn。

3. BLAST 程序输出结果格式

BLAST 当前支持如下对齐查看格式。

```
0 = Pairwise
1 = Query-anchored showing identities
2 = Query-anchored no identities
3 = Flat query-anchored showing identities
4 = Flat query-anchored no identities
5 = BLAST XML
6 = Tabular
7 = Tabular with comment lines
8 = Seqalign (Text ASN.1)
9 = Seqalign (Binary ASN.1)
10 = Comma-separated values
11 = BLAST archive (ASN.1)
12 = Seqalign (JSON)
13 = Multiple-file BLAST JSON
14 = Multiple-file BLAST XML2
15 = Single-file BLAST JSON
16 = Single-file BLAST XML2
17 = Sequence Alignment/Map (SAM)
18 = Organism Report
```

注:默认为 0,格式 17 仅适用于 blastn。

格式 6、7、10 和 17 可以额外配置生成自定义格式,该格式是由以空格分隔的格式说明符所指定的;或者在选项 6、7 和 10 的情况下,由关键字"delim"指定的标记来定义。例如,7 delim = @ qacc sacc score。关键字"delim"必须出现在数字输出格式规范之后。

格式 6、7 和 10 支持的格式说明符如下。

qseqid:Query Seq-id

qgi:Query GI

qacc:Query accesion

qaccver:Query accesion. version

qlen:Query sequence length

sseqid:Subject Seq-id

sallseqid:All subject Seq-id(s), separated by a ';'

sgi:Subject GI

sallgi:All subject GIs

sacc:Subject accession

saccver:Subject accession. version

sallacc:All subject accessions

slen:Subject sequence length

qstart:Start of alignment in query

qend:End of alignment in query

sstart:Start of alignment in subject

send:End of alignment in subject

qseq:Aligned part of query sequence

sseq:Aligned part of subject sequence

evalue:Expect value

bitscore:Bit score

score:Raw score

length:Alignment length

pident:Percentage of identical matches

nident:Number of identical matches

mismatch:Number of mismatches

positive:Number of positive-scoring matches

gapopen:Number of gap openings

gaps:Total number of gaps

ppos:Percentage of positive-scoring matches

frames:Query and subject frames separated by a '/'

qframe:Query frame

sframe:Subject frame

btop:Blast traceback operations (BTOP)

staxid:Subject Taxonomy ID

ssciname:Subject Scientific Name

scomname:Subject Common Name

sblastname:Subject Blast Name

sskingdom: Subject Super Kingdom

staxids: unique Subject Taxonomy ID(s), separated by a ';' (in numerical order)

sscinames: unique Subject Scientific Name(s), separated by a ';'

scomnames: unique Subject Common Name(s), separated by a ';'

sblastnames: unique Subject Blast Name(s), separated by a ';' (in alphabetical order)

sskingdoms: unique Subject Super Kingdom(s), separated by a ';' (in alphabetical order)

stitle: Subject Title

salltitles: All Subject Title(s), separated by a ' < > '

sstrand: Subject Strand

qcovs: Query Coverage Per Subject

qcovhsp: Query Coverage Per HSP

qcovus: Query Coverage Per Unique Subject (blastn only)

如果未提供格式说明符,则默认为: qaccver saccver pident length mismatch gapopen qstart qend sstart send evalue bitscore(相当于关键字"std")。

格式 17 支持的格式说明符如下。

SQ means Include Sequence Data

SR means Subject as Reference Seq

4. Best-Hit 过滤算法

Best-Hit 过滤算法设计用于在每个查询区域报告的匹配中搜索最佳匹配。"-best_hit_overhang"参数 H 用于控制何时一个 HSP 足够短到被过滤,原因是另一个 HSP 的存在。对于每个被过滤的 HSP A,存在另一个 HSP B,使得 HSP A 的查询区域将 HSP B 的查询区域的每一端延伸至多为 HSP B 的查询区域长度的 H 倍。为了根据 HSP B 过滤 HSP A,还必须满足以下条件:

evalue(A) >= evalue(B)

score(A)/length(A) < (1.0 - score_edge) * score(B)/length(B)

一般认为 0.1 到 0.25 是"-best_hit_overhang"参数的可接受范围,0.05 到 0.25 是"-best_hit_score_edge"参数的可接受范围。增加"overhang"参数的值会删除更多的匹配,但会增加运行时间;增加"score_edge"参数的值会删除更少的命中。

5. makeblastdb 用法及参数说明

用法: makeblastdb [-h] [-help] [-in input_file] [-input_type type]
　　 -dbtype molecule_type [-title database_title] [-parse_seqids]
　　 [-hash_index] [-mask_data mask_data_files] [-mask_id mask_algo_ids]
　　 [-mask_desc mask_algo_descriptions] [-gi_mask]
　　 [-gi_mask_name gi_based_mask_names] [-out database_name]
　　 [-blastdb_version version] [-max_file_sz number_of_bytes]
　　 [-logfile File_Name] [-taxid TaxID] [-taxid_map TaxIDMapFile] [-version]

参数说明:

-dbtype < String >: 目标数据库分子类型,核酸 = nucl,蛋白质 = prot。

-h：打印简单的用法和描述信息，忽略所有其他参数。

-help：打印用法、描述和参数信息。

-version：打印版本号，忽略其他参数。

-in ＜ File_In ＞：指定输入的文件/数据库名称。默认：标准输入(-)。

-input_type ＜ String ＞：指定输入文件中的数据类型：asn1_bin | asn1_txt | blastdb | fasta。默认：fasta。

-title ＜ String ＞：设置 BLAST 数据库标题。默认："-in"参数提供的输入文件名称。

-parse_seqids：如果设置了该选项，则为 FASTA 输入解析 seqid；对于所有其他输入类型，将自动解析 seqid。

-hash_index：创建序列哈希(hash)值索引。

-mask_data ＜ String ＞：指定包含遮蔽数据的输入列表(以逗号分隔)，该遮蔽数据是由 NCBI 屏蔽应用程序(如 dustmasker、segmasker、windowmasker)生成的。

-mask_id ＜ String ＞：以逗号分隔的字符串列表，用于唯一标识遮蔽算法。该选项要求"mask_data"，且与"gi_mask"选项不兼容。

-mask_desc ＜ String ＞：以逗号分隔的自由格式字符串列表，用于描述遮蔽算法的详细信息。该选项要求"mask_id"。

-gi_mask：创建 GI 索引的遮蔽数据。该选项要求"parse_seqids"，且与"mask_id"不兼容。

-gi_mask_name ＜ String ＞：设置屏蔽数据的输出文件列表(以逗号分隔)。该选项要求：mask_data, gi_mask。

-out ＜ String ＞：指定要创建的 BLAST 数据库名称。默认是由"-in"参数提供的输入文件名称。如果提供了多个文件或数据库，则必须设定该选项。

-blastdb_version ＜ Integer ＞：指定要创建的 BLAST 数据库版本(4 或 5)。默认：4。

-max_file_sz ＜ String ＞：限定 BLAST 数据库的最大文件大小。默认：1 GB。

-logfile ＜ File_Out ＞：指定程序日志应该重定向的文件。

-taxid ＜ Integer，＞=0 ＞：指定分配给所有序列的分类学 ID。该选项与"taxid_map"不兼容。

-taxid_map ＜ File_In ＞：指定将序列 IDs 映射到分类学 IDs 的文本文件。该文件每行包含两个字段：＜ SequenceId ＞ ＜ TaxonomyId ＞。该选项要求"parse_seqids"，且与"taxid"不兼容。

四、 使用案例

假设你测定了某个非模式生物的基因组草图序列，然后找出该基因组上可能编码 beta-actin 的编码基因区域，并建立其基因结构模型。这里以来自 GenBank 之 Genome 数据库的 *Aureobasidium pullulans* EXF-150 菌株基因组草图序列为例进行演示。可在 GenBank

之 Genome 数据库中搜索该菌株名称,然后从搜索结果页面中找到基因组序列链接来下载;亦可直接使用下载的命令行指令来下载。

```
#下载 Aureobasidium pullulans EXF-150 菌株基因组草图序列
wget https://ftp. ncbi. nlm. nih. gov/genomes/all/GCF/000/721/785/GCF_000721785. 1_Aureobasidium_
pullulans_var. _pullulans_EXF-150_assembly_version_1. 0/GCF_000721785. 1_Aureobasidium_pullulans_var.
_pullulans_EXF-150_assembly_version_1. 0_genomic. fna. gz
#解压缩
gzip -d GCF_000721785. 1_Aureobasidium_pullulans_var. _pullulans_EXF-150_assembly_version_1. 0_
genomic. fna. gz
#重命名
mv GCF_000721785. 1_Aureobasidium_pullulans_var. _pullulans_EXF-150_assembly_version_1. 0_genomic.
fna Ap_gDNA. fasta
```

使用 makeblastdb 程序,对上述 FASTA 格式的基因组序列进行处理,建立本地 BLAST 数据库。

```
makeblastdb -in Ap_gDNA. fasta -input_type fasta -title Ap_gDNA -dbtype nucl -out Ap_gDNA
```

使用 tblastn 程序,将上述下载的已知蛋白质序列——一条来自 UniProtKB 数据库的酿酒酵母(*Saccharomyces cerevisiae*)的 Actin 蛋白,与上述建立的本地 BLAST 数据库进行比对,注意参数设置,例如,e-value 设为 0. 000 01,输出格式 6。

```
#在本地电脑上进行比对,执行如下指令
tblastn -query ACT. fasta -db Ap_gDNA -out tblastn_results. outfmt7 -evalue 1e-5 -outfmt 7 -max_target_seqs 1
```

结果如下所示。

```
# TBLASTN 2.9.0 +
# Query: sp|P60010|ACT_YEAST Actin OS = Saccharomyces cerevisiae ( strain ATCC 204508 / S288c) OX
= 559292 GN = ACT1 PE = 1 SV = 1
# Database: Ap_gDNA
# Fields: query acc. ver, subject acc. ver, % identity, alignment length, mismatches, gap opens, q. start, q.
end, s. start, s. end, evalue, bit score
# 3 hits found
sp|P60010|ACT_YEAST NW_021941035. 1 90.734    259 24 0 41 299 185606 186382 0.0 502
sp|P60010|ACT_YEAST NW_021941035. 1 93.421    76 5 0 300 375 186436 186663 0.0 152
sp|P60010|ACT_YEAST NW_021941035. 1 53.191    47 2 1 16 42 185418 185558 0.0 47.0
# BLAST processed 1 queries
```

显然,酿酒酵母的 Actin 蛋白在目标菌株的基因组草图序列中存在 2 个高相似区域(HSPs)、1 个相似性偏低的片段;它们可能是 3 个编码外显子,当然也有可能是相似比对所造成的短间隔。这里我们使用"samtools faidx"指令从基因组中提取其所跨越的基因组区域序列,并适当向两侧延伸,以确保后续的基因结构建模成功。

```
samtools faidx Ap_gDNA. fasta NW_021941035. 1;185001-187000 -o Ap_actin_gDNA. fasta
```

首先，使用 Augustus 软件，基于酿酒酵母的基因模型进行基因预测。

```
augustus --gff3 = on --outfile = Ap _ actin. gff3 --species = saccharomyces _ cerevisiae _ S288C Ap _ actin _
gDNA. fasta
```

结果如下所示。

```
##gff-version 3
…
#--prediction on sequence number 1（length = 2000，name = NW_021941035. 1：185001-187000）---
#
# Predicted genes for sequence number 1 on both strands
# start gene g1
NW_021941035. 1：185001-187000 AUGUSTUS    gene   615 1397   0. 86   + . ID = g1
NW_021941035. 1：185001-187000 AUGUSTUS    transcript 615 1397   0. 86    + . ID = g1. t1；Parent = g1
NW_021941035. 1：185001-187000 AUGUSTUS    start_codon 615 617   . +   0 Parent = g1. t1
NW_021941035. 1：185001-187000 AUGUSTUS    CDS 615   1394   0. 86    + 0 ID = g1. t1. cds；Parent = g1.
t1
NW_021941035. 1：185001-187000 AUGUSTUS    stop_codon 1395 1397   . +0 Parent = g1. t1
# protein sequence = [ MIGMGQKDSYVGDEAQSKRGILTLRYPIEHGVVTNWDDMEKIWHHTFYNELRVAPEE
HPVLLTEAPINPKSNREKMTQ
# IVFETFNAPAFYVSIQAVLSLYASGRTTGIVLDSGDGVTHVVPIYEGFALPHAISRVDMAGRDLTDYLMKILAE
RGYTFSTTAEREIVRDIKEKLCYV
# ALDFEQEIQTASQSSSLEKSYELPDGQVITIGNERFRAPEALFQPSVLGLESGGIHVTTFNSIMKCDVDVRKDLY
GNIVMVSFV ]
# end gene g1
###
# start gene g2
NW_021941035. 1：185001-187000 AUGUSTUS    gene   1451   1666   0. 86   + . ID = g2
NW_021941035. 1：185001-187000 AUGUSTUS     transcript   1451   1666   0. 86    + . ID = g2. t1；Parent
 = g2
NW_021941035. 1：185001-187000 AUGUSTUS    start_codon   1451   1453   . +0 Parent = g2. t1
NW_021941035. 1：185001-187000 AUGUSTUS    CDS   1451   1663   0. 86    +0 ID = g2. t1. cds；Parent =
g2. t1
NW_021941035. 1：185001-187000 AUGUSTUS    stop_codon   1664   1666   . +0 Parent = g2. t1
# protein sequence = [ MYPGISDRMQKEITALAPSSMKVKIIAPPERKYSVWIGGSILASLSTFQQMWISKQEYDE
SGPSIVHRKCF ]
# end gene g2
###
# command line：
# augustus --gff3 = on --outfile = Ap _ actin. gff3 --species = saccharomyces _ cerevisiae _ S288C Ap _ actin _
gDNA. fasta
```

可以看出，Augustus 预测出来两个单外显子基因，通过将其编码的蛋白质序列与酿酒酵母的 Actin 蛋白进行 blastp 比对，可以发现这两个单外显子基因分别对应于上述 tblastn 比对结果中的两个高相似片段。

```
blastp -query ACT. fasta -subject augustus_predicted_protein. fasta -out blastp_results. outfmt7 -outfmt 7
```

结果如下所示。

```
# BLASTP 2.9.0 +
# Query：sp|P60010|ACT_YEAST Actin OS = Saccharomyces cerevisiae（strain ATCC 204508 / S288c）OX
= 559292 GN = ACT1 PE = 1 SV = 1
# Database：User specified sequence set（Input：augustus_predicted_protein. fasta）
# Fields：query acc. ver, subject acc. ver, % identity, alignment length, mismatches, gap opens, q. start, q.
end, s. start, s. end, evalue, bit score
# 4 hits found
sp|P60010|ACT_YEAST   augustus_predicted_protein1   91. 406   256   22   0   44   299   1   256   0.0
    500
sp|P60010|ACT_YEAST   augustus_predicted_protein1   58. 333   12   4   1   26   36   214   225   0.64
17. 3
sp|P60010|ACT_YEAST   augustus_predicted_protein1   33. 333   21   9   1   7   22   107   127   3.0
15. 0
sp|P60010|ACT_YEAST   augustus_predicted_protein2   92. 958   71   5   0   305   375   1   71   2.98e-
47   143
# BLAST processed 1 queries
```

然后,利用在线基因预测软件 GENSCAN(http://hollywood. mit. edu/GENSCAN. html),以拟南芥(*Arabidopsis*)的基因模型参数,对上述提取的基因组序列进行基因预测。结果如下所示。

```
Predicted genes/exons：
Gn. Ex Type S . Begin ... End . Len Fr Ph I/Ac Do/T CodRg P ... Tscr. .
----- ---- - ------ ------ ---- -- -- ---- ---- ----- ----- ------
 1. 01 Init  +    82     88    7   0   1   89   113     0 0.995   8.71
 1. 02 Intr  +   224    254   31   0   1   64    86    66 0.993   6.67
 1. 03 Intr  +   294    417  124   0   1   53    79    51 0.578   6.79
 1. 04 Intr  +   635   1384  750   1   0    4   115  1380 0.892 129.60
 1. 05 Term  +  1483   1668  186   0   0   33    45   227 0.439  15.71


predicted peptide sequence(s)：
>/tmp/08_23_21-11:45:16. fasta|GENSCAN_predicted_peptide_1|365_aa
MEEEVAALVIDNGWRTTSCAYTPPSTRSYICLQLNGANTASSRTATANTLATVRKDSYVG
DEAQSKRGILTLRYPIEHGVVTNWDDMEKIWHHTFYNELRVAPEEHPVLLTEAPINPKSN
REKMTQIVFETFNAPAFYVSIQAVLSLYASGRTTGIVLDSGDGVTHVVPIYEGFALPHAI
SRVDMAGRDLTDYLMKILAERGYTFSTTAEREIVRDIKEKLCYVALDFEQEIQTASQSSS
LEKSYELPDGQVITIGNERFRAPEALFQPSVLGLESGGIHVTTFNSIMKCDVDVRKDLYG
NIVMKEITALAPSSMKVKIIAPPERKYSVWIGGSILASLSTFQQMWISKQEYDESGPSIV
HRKCF
```

GENSCAN 的基因预测结果显示,后两个外显子基本上与上述 tblastn 比对结果中的两个高相似片段跨越区域重叠,但是另一个相似性偏低的区域未预测出来外显子,反而在更上游预测出来 3 个较短的外显子,尤其是第 1 个,仅有 7 个碱基。通过将其预测的蛋白质序列与酿酒酵母的 Actin 蛋白进行 blastp 比对,发现两者从头到尾都可匹配上,但是一致性(identity)偏低,仅有 79% 。

```
blastp -query ACT. fasta -subject Genscan_predicted_peptide. fasta -out blastp_results. outfmt7 -outfmt 7
```

结果如下所示。

```
# BLASTP 2.9.0 +
# Query:sp | P60010 | ACT_YEAST Actin OS = Saccharomyces cerevisiae (strain ATCC 204508 / S288c) OX
 = 559292 GN = ACT1 PE = 1 SV = 1
# Database:User specified sequence set (Input:Genscan_predicted_peptide. fasta)
# Fields:query acc. ver, subject acc. ver, % identity, alignment length, mismatches, gap opens, q. start, q.
end, s. start, s. end, evalue, bit score
# 1 hits found
sp | P60010 | ACT_YEAST   /tmp/08_23_21-11:45:16. fasta | GENSCAN_predicted_peptide_1 | 365_aa   79.
003   381   58   3   1   375   1   365   0.0   612
# BLAST processed 1 queries
```

将 blastp 比对结果输出格式设为 0,即序列对齐模式。

```
blastp -query ACT. fasta -subject Genscan_predicted_peptide. fasta -out blastp_results. outfmt0 -outfmt 0
```

结果如下所示。

```
Query = sp | P60010 | ACT_YEAST Actin OS = Saccharomyces cerevisiae (strain ATCC
204508 / S288c) OX = 559292 GN = ACT1 PE = 1 SV = 1
Length = 375
                                                                Score        E
Sequences producing significant alignments:                    (Bits)      Value
/tmp/08_23_21-11:45:16. fasta | GENSCAN_predicted_peptide_1 | 365_aa    612       0.0


 > /tmp/08_23_21-11:45:16. fasta | GENSCAN_predicted_peptide_1 | 365_aa
Length = 365

Score = 612 bits (1577),   Expect = 0.0, Method:Compositional matrix adjust.
Identities = 301/381 (79%), Positives = 323/381 (85%), Gaps = 22/381 (6%)

Query   1    MDSEVAALVIDNGSGMCKAGFAGDDAPRAVFPSIVG------RPRHQGIMVGMGQKDSYV  54
             M + EVAALVIDNG        +       +   + G     R       +   + +KDSYV
Sbjct   1    MEEEVAALVIDNGWRTTSCAYTPPSTRSYICLQLNGANTASSRTATANTLATV-RKDSYV  59


Query   55   GDEAQSKRGILTLRYPIEHGIVTNWDDMEKIWHHTFYNELRVAPEEHPVLLTEAPMNPKS  114
             GDEAQSKRGILTLRYPIEHG + VTNWDDMEKIWHHTFYNELRVAPEEHPVLLTEAP + NPKS
Sbjct   60   GDEAQSKRGILTLRYPIEHGVVTNWDDMEKIWHHTFYNELRVAPEEHPVLLTEAPINPKS  119
```

```
Query   115   NREKMTQIMFETFNVPAFYVSIQAVLSLYSSGRTTGIVLDSGDGVTHVVPIYAGFSLPHA   174
              NREKMTQI + FETFN PAFYVSIQAVLSLY + SGRTTGIVLDSGDGVTHVVPIY GF + LPHA
Sbjct   120   NREKMTQIVFETFNAPAFYVSIQAVLSLYASGRTTGIVLDSGDGVTHVVPIYEGFALPHA   179


Query   175   ILRIDLAGRDLTDYLMKILSERGYSFSTTAEREIVRDIKEKLCYVALDFEQEMQTAAQSS   234
              I R + D + AGRDLTDYLMKIL + ERGY + FSTTAEREIVRDIKEKLCYVALDFEQE + QTA + QSS
Sbjct   180   ISRVDMAGRDLTDYLMKILAERGYTFSTTAEREIVRDIKEKLCYVALDFEQEIQTASQSS   239


Query   235   SIEKSYELPDGQVITIGNERFRAPEALFHPSVLGLESAGIDQTTYNSIMKCDVDVRKELY   294
              S + EKSYELPDGQVITIGNERFRAPEALF PSVLGLES GI    TT + NSIMKCDVDVRK + LY
Sbjct   240   SLEKSYELPDGQVITIGNERFRAPEALFQPSVLGLESGGIHVTTFNSIMKCDVDVRKDLY   299


Query   295   GNIVMSGGTTMFPGIAERMQKEITALAPSSMKVKIIAPPERKYSVWIGGSILASLTTFQQ   354
              GNIVM                KEITALAPSSMKVKIIAPPERKYSVWIGGSILASL + TFQQ
Sbjct   300   GNIVM--------------KEITALAPSSMKVKIIAPPERKYSVWIGGSILASLSTFQQ   344


Query   355   MWISKQEYDESGPSIVHHKCF   375
              MWISKQEYDESGPSIVH KCF
Sbjct   345   MWISKQEYDESGPSIVHRKCF   365
```

从该结果中可以看出,预测蛋白质的大约前 50 个残基与酿酒酵母的相似性非常低。换句话说,就是 GENSCAN 的前 3 个外显子预测结果是不太可靠的。

综上所述,不同软件、不同方法对于同一个基因组区域的预测结果是存在差异的,甚至很大;如何取舍,只能是仁者见仁,智者见智。但是,在本案例中两端高相似区域肯定是可靠的。研究人员可以这两个高相似区域序列为出发点来设计实验进行验证。

10．NCBI SRA Toolkit

一、简介

GenBank 数据库中的 Sequence Read Archive(SRA)子库存储来自下一代测序(next-generation sequencing, NGS)技术的原始序列数据,包括:illumina、Roche454、IonTorrent、Complete Genomics、PacBio 和 Oxford Nanopores。除了原始序列数据之外,SRA 现在还以读段在参考序列上位置的形式存储比对信息。SRA 数据库提供了配套的工具包来获取其中存储的测序读段数据。该工具包可以在 NCBI 中查找并下载缓存所需要的数据。

二、下载与安装

1. 下载

使用任意浏览器访问 NCBI SRA Toolkit 官网,从其官方网站下载页面,下载预编译好的压缩包或安装脚本文件。

2. 安装

① 下载最新编译好的版本,如 sratoolkit. 2. 9. 4-ubuntu64. tar. gz。解压缩后,使用管理员权限(sudo),将该目录下 bin 子目录中所有文件复制到系统目录,如/usr/bin。

```
sudo cp -a . / * /usr/bin/
```

当然,也可以将该程序所在目录导入系统环境变量中。然后即可在命令行模式下,直接执行相关指令。如果没有经过上述操作,解压缩版本仍然可以使用,不过需要切换到解压缩之后的程序目录中,然后在程序前面添加"./"或完整的路径来执行。

② 下载安装脚本文件,以管理员权限(sudo)运行该脚本。

```
sudo setup-apt. sh
source /etc/profile. d/sra-tools. sh
```

③ 在 Ubuntu 16 或更高版本的操作系统中,可以直接通过 apt 源进行安装。

```
sudo apt install sra-toolkit
```

3. 配置

程序安装完成之后,尚不可直接使用,还须对程序运行参数进行设置。执行如下指令进行交互式设置。

```
vdb-config --interactive
```

当然,如有问题可执行如下指令来恢复程序的参数配置。

```
vdb-config --restore-defaults
#程序成功执行后,屏幕会回显:
Fixed default configuration
```

三、　用法与参数说明

1. 工具简介

fastq-dump:把 SRA 数据转成 FASTQ 格式。

prefetch:允许命令行下载 SRA、dbGaP 和 ADSP 数据。

sam-dump:把 SRA 数据转成 SAM 格式。

sra-pileup:对于对齐的 SRA 数据生成堆积(pileup)统计数据。

vdb-config:显示和修改 VDB 配置信息。

vdb-decrypt:解码非 SRA dbGaP 数据(表型数据)。

abi-dump:把 SRA 数据转成 ABI 格式(csfasta/qual)。

illumina-dump:把 SRA 数据转成 illumina 原生格式(qseq 等)。

sff-dump:把 SRA 数据转成 SFF 格式。

sra-stat:生成 SRA 数据的统计信息(质量分布等)。

vdb-dump:输出原生 VDB 格式的 SRA 数据。

vdb-encrypt:加密非 SRA dbGaP 数据(表型数据)。

vdb-validate:校验下载的 SRA 数据的完整性。

2. fastq-dump

```
用法 1:fastq-dump [ options ] [ accessions(s) …]
用法 2:fastq-dump [ options ] < path > [ < path > …]    #注:v2.10.8 版本之前
```

参数说明:

-h 或--help:显示该软件的用法、参数和版本信息。

-V 或--version:显示该软件的版本号。

--split-files:将每组读段(read)转储到单独的文件中。这些文件的命名都会增加与读段编号(read number)相对应的后缀。一般双末端测序中,这样就会得到两个 FASTQ 文件,文件名后面分别加上"_1"和"_2"。注意:建议使用"--split-3"选项。如果不是所有测序点(spots)都具有相同的读段数量,则此选项将在大多数处理拆分成对 FASTQ 文件的程序中引起错误。

--split-spot:按照测序点(spots)的不同分割读段。

--fasta <[line width]>:只保留 FASTA 格式序列,无质量数据。可选换行宽度,设为0则不换行。

-I 或--readids：在测序点编号之后增加读段编号，定义行为：accession. spot. readid。

-F 或--origfmt：定义行(defline)只包含原始序列名称。

-C 或--dumpcs <［cskey］>：使用彩色空间(color space)格式化序列(SOLiD 的默认设置)，可以指定用"cskey"进行翻译，否则指定"dflt"使用默认设置。

-B 或--dumpbase：使用碱基空间格式化序列(SOLiD 以外的默认设置)。

-Q 或--offset <integer>：用于转换质量分数的 ASCII 码偏移量。默认：33。

-N 或--minSpotId <rowid>：最小的将被转储的测序点编号，与 X 联用可转储某个范围内的数据。

-X 或--maxSpotId <rowid>：最小的将被转储的测序点编号，与 N 联用可转储某个范围内的数据。

-M 或--minReadLen <len>：按照序列长度" >=<len>"进行过滤。

--skip-technical：只转储生物学上的读段。

--aligned：只转储比对的序列。仅针对比对的数据集，参见"sra-stat"。

--unaligned：只转储未比对的序列。这将转储所有未比对的数据集。

-O 或--outdir <path>：定义输出目录，默认为当前工作目录。

-Z 或--stdout：输出到屏幕(stdout)。

-gzip：使用 gzip 压缩输出文件。

--bzip2：使用 bzip2 压缩输出文件。

-A|--accession：要下载的 SRA 数据的数据库登录号(accession number)。

-G 或--spot-groups <［list］>［,...］：按照 SPOT_GROUP 进行筛选。

-W|--clip：从读段(read)中删除接头(adapter)。

-R|--read-filter <filter>：按照 READ_FILTER 值"［split］"分割数据文件，可选过滤器：［pass|reject|criteria|redacted］。

-E|--qual-filter：早期千人基因组数据使用的过滤器(没有超过 10 个 N 开头或结尾的序列)。

--qual-filter-1：当前千人基因组数据使用的过滤器。

--aligned-region <name［:from-to］>：根据基因组位置筛选，name 可以是组装序列的编号和版本号，如 NC_000001. 10；亦可为文件指定名称，如 chr1 或 1。from 和 to 指的是坐标。

--matepair_distance <from-to|unknown>：按照配对读段(mate-pairs)之间的距离进行过滤。使用"unknown"是指查找参考序列之间的配对读段。使用"from-to"是指限制在同一个参考序列中的配对读段距离。

--split-e：配对读段数据的三向(3-way)拆分。对于每个测序点，如果有两个生物学上令人满意的过滤条件，则第一个放置在"*_1. fastq"文件中，第二个放置在"*_2. fastq"文件中。如果只有一个生物学上的读段数据满足过滤条件，则将其放置在"*. fastq"文件中，而该 spot 上的所有其他读段将被忽略。

-T 或--group-in-dirs：把读段数据分割存放到不同子目录,而不是文件。

-K 或--keep-empty-files：不要删除空文件。

--helicos：Helicos 风格的定义行。

--defline-seq ＜fmt＞：定义序列行格式规范。

--defline-qual ＜fmt＞：定义质量行格式规范。

＜fmt＞是字符串和/或变量。变量可以是以下变量之一：$ac-accession,$si-spot id,$sn-spot name,$sg-spot group（barcode）,$sl-spot length(以碱基为单位),$ri-read number,$rn-read name,$rl-read length(以碱基为单位)。"［ ］"可用于可选输出;如果［］中的所有 var 都产生空值,则不会打印整个组。空值是空字符串或数字变量,例如,@ $sn［＿$rn］/ $ri′＿$rn′。如果名称为空,则忽略。

--ngc ＜path＞：NGC 文件路径。

--perm ＜path＞：permission 文件路径。

--location ＜location＞：在云端的位置。

--cart ＜path＞：CART 文件路径。

--disable-multithreading：禁用多线程。

-L 或--log-level ＜level＞：设置日志级别。可以是数字(0～6)或枚举类型字符串(fatal |sys|int|err|warn|info|debug)。默认为 warn。

--option-file file：从指定文件中读取更多参数设置。

3. vdb-config

用法 1：vdb-config［options］［＜query＞…］
用法 2：vdb-config［options］--import ＜ngc-file＞［＜workspace directory path＞］ #注：v2.10.8 以前的版本

参数说明：

-h 或--help：显示该软件的简要帮助信息。

-a 或--all：输出所有配置信息(XML 格式),此为默认参数。

-p 或--cfg：输出当前的所有配置信息(XML 格式)。

-f 或--files：输出正在使用的用户配置文件。

-e 或--env：显示脚本环境变量。

-m 或--modules：显示外部模块。

-s 或--set ＜name＝value＞：设置配置节点值。

--import ＜ngc-file＞：导入 ngc 文件。

-o 或--output ＜x 或 n＞：输出格式(x 或 n)。x 为 XML 格式(默认值),n 为纯文本。

--proxy ＜uri［:port］＞：配置 HTTP 代理服务器。

--proxy-disable ＜yes | no＞：激活或禁用 HTTP 代理。

--root：在超级用户运行时,强制配置更新。

-V 或--version：显示程序版本。

--option-file ＜file＞：从指定文件中读取更多的参数设置。

-q 或--quiet：关闭程序的状态信息回显,与-v｜--verbose 相反。

-v 或--verbose：获得更多的程序状态信息,与-q｜--quiet 相反。

-i 或--interactive：交互式创建或更新配置。

--interactive-mode ＜mode＞：交互式模式,textual 或 graphical(默认设置)。

--restore-defaults：恢复默认设置。

四、 使用案例及注意问题

1. fastq-dump 使用案例

（1）案例 1

```
fastq-dump -X 5 -Z SRR390728
```

读取编号为 SRR390728 的数据集,并输出前 5 个测序点(spots)数据到标准输出(stdout)。一般用于转储整个文件之前检验其他格式设置选项。输出如下所示,本案例中实际上就是前 5 个读段数据。

```
Read 5 spots for SRR390728
Written 5 spots for SRR390728
@ SRR390728. 1 1 length = 72
CATTCTTCACGTAGTTCTCGAGCCTTGGTTTTCAGCGATGGAGAATGACTTTGACAAGCTGAGAGAAGNTNC
+ SRR390728. 1 1 length = 72
;;;;;;;;;;;;;;;;;;;;;;;;;9;;665142;;;;;;;;;;;;;;;;;;;;;;;;;;;;;96&&&&(
@ SRR390728. 2 2 length = 72
AAGTAGGTCTCGTCTGTGTTTTCTACGAGCTTGTGTTCCAGCTGACCCACTCCCTGGGTGGGGGGACTGGGT
+ SRR390728. 2 2 length = 72
;;;;;;;;;;;;;;;;;4;;;;3;393. 1 +4&&5&&;;;;;;;;;;;;;;;;;;;;; <9; < ;;;;;464262
@ SRR390728. 3 3 length = 72
CCAGCCTGGCCAACAGAGTGTTACCCCGTTTTTACTTATTTATTATTATTATTTTGAGACAGAGCATTGGTC
+ SRR390728. 3 3 length = 72
-;;;8;;;;;;;;, * ;;';-4,44;,;.&,1,4'. /&19;;;;;;669;;99;;;;;-;3;2;0; + ;7442&2/
@ SRR390728. 4 4 length = 72
ATAAAATCAGGGGTGTTGGAGATGGGATGCCTATTTCTGCACACCTTGGCCTCCCAAATTGCTGGGATTACA
+ SRR390728. 4 4 length = 72
1;;;;;;;,;;4;3;38;8%&,,;) * ;1;;,)/%4 + ,;1;;);;;;;;;4;(;1;;;;24;;;;41-444//0
@ SRR390728. 5 5 length = 72
TTAAGAAATTTTTGCTCAAACCATGCCCTAAAGGGTTCTGTAATAAATAGGGCTGGGAAAACTGGCAAGCCA
+ SRR390728. 5 5 length = 72
;;;;;;;;;;;;;;;;;;;;;;;;;;9445552;;;;;;;;;;;;;;;;;;;;;;;;;;;;;;;446662
```

（2）案例2

```
nohup fastq-dump -I --split-files SRR390728 &
```

挂载到后台下载编号为 SRR390728 的数据集（双末端测序数据），将其转储为两个
FASTQ 文件。查看 nohup 日志文件，内容如下所示。

```
Read 7178576 spots for SRR390728
Written 7178576 spots for SRR390728
```

下载任务完成后，程序创建了两个 1.1 G 的 FASTQ 文件：SRR390728_1.fastq 和
SRR390728_2.fastq。这两个文件均有 7 178 576 个"spots"。利用 head 指令查看文件内容。

```
head SRR390728_1. fastq
head SRR390728_2. fastq
```

两个 FASTQ 文件内容如下所示。与案例 1 对比，可以发现在每个配对数据的 read 描
述行增加 了". 1"and". 2"的后缀。

```
#第 1 个文件
@ SRR390728. 1. 1 1 length = 36
CATTCTTCACGTAGTTCTCGAGCCTTGGTTTTCAGC
 + SRR390728. 1. 1 1 length = 36
;;;;;;;;;;;;;;;;;;;;;;;;;9;;665142
@ SRR390728. 2. 1 2 length = 36
AAGTAGGTCTCGTCTGTGTTTTCTACGAGCTTGTGT
 + SRR390728. 2. 1 2 length = 36
;;;;;;;;;;;;;;;;;;4;;;;3;393. 1 + 4&&5&&
@ SRR390728. 3. 1 3 length = 36
CCAGCCTGGCCAACAGAGTGTTACCCCGTTTTTACT
#第 2 个文件
@ SRR390728. 1. 2 1 length = 36
GATGGAGAATGACTTTGACAAGCTGAGAGAAGNTNC
 + SRR390728. 1. 2 1 length = 36
;;;;;;;;;;;;;;;;;;;;;;;;;;;;96&&&&(
@ SRR390728. 2. 2 2 length = 36
TCCAGCTGACCCACTCCCTGGGTGGGGGGACTGGGT
 + SRR390728. 2. 2 2 length = 36
;;;;;;;;;;;;;;;;;;;; <9; < ;;;;;464262
@ SRR390728. 3. 2 3 length = 36
TATTTATTATTATTATTTTGAGACAGAGCATTGGTC
```

（3）案例3

```
nohup fastq-dump -I --split-3 -O /home/bioinformatics/Downloads/output SRR390728 &
```

挂载到后台下载编号为 SRR390728 的数据集（双末端测序数据），将其转储为两个
FASTQ 文件，并在指定目录同时输出；如果目录不存在，程序会自动创建；每个配对数据的

read 描述行同样会增加".1"and".2"的后缀。

（4）案例4

```
nohup fastq-dump --split-files --fasta 60 SRR390728 &
```

下载编号为 SRR390728 的数据集（双末端测序数据），并将其转储为两个 FASTQ 格式文件；文件中的序列按照每行 60 个碱基输出。

（5）案例5

```
nohup fastq-dump --split-files --aligned -Q 64 SRR390728 &
```

下载编号为 SRR390728 的数据集，并将其转储为两个 FASTQ 格式文件；该文件只包含比对的读段，且将其质量分值的转换偏移量设为 64。

2. fastq-dump 可能错误与解决方案

（1）错误1

```
fastq-dump.2.x err: item not found while constructing within virtual database module-the path ′< path/SRR *.sra >′ cannot be opened as database or table
```

该错误信息表示".sra"文件没有找到。请确认该文件的路径是否正确，或者文件 ID 是否有误。

（2）错误2

```
fastq-dump.2.x err: name not found while resolving tree within virtual file system module-failed SRR *.sra
```

该错误可能是由于数据被压缩，而导致工具包无法从".sra"文件中提取出参考序列。请确认配置文件是否测试和校验过，亦可通过尝试恢复默认设置来解决问题。

```
vdb-config --restore-defaults
```

（3）错误3

```
2020-10-12T07:44:28 fastq-dump.2.x sys: connection failed while opening file within cryptographic module-mbedtls_ssl_handshake returned -76 （ NET-Reading information from the socket failed ）
2020-10-12T11:37:56 fastq-dump.2.x sys: connection failed while opening file within cryptographic module-ktls_handshake failed while accessing ′130.14.29.110′ from ′192.168.1.131′
2020-10-12T11:37:56 fastq-dump.2.x sys: connection failed while opening file within cryptographic module-Failed to create TLS stream for ′www.ncbi.nlm.nih.gov′ （130.14.29.110） from ′192.168.1.131′
2020-10-12T11:37:56 fastq-dump.2.9.4 err: table incorrect while opening manager within database module-failed to open ′SRR390728′
```

此类错误，往往是由于网络连接有问题或者是网速的问题，请确认是否可以正常访问 NCBI 网站。该程序会不断尝试连接，当超过一定限制，则程序会退出。如果在此期间，程序连接成功，即会继续下载数据。在程序运行过程中，注意不时查看程序进程、结果文件、终端窗口回显或 nohup 日志文件，以确认程序是否正常运行，数据是否正常转储。如果全部下载完成，则会出现如下提示信息。

```
Read 7178576 spots for SRR390728
Written 7178576 spots for SRR390728
```

当遇到网络连接不稳定而导致 fastq-dump 转储失败时,可以换个方法尝试一下。这里以 ERX3168827 为例。先通过该编号手动找到数据所在目录;然后,使用 wget 指令下载 SRA 文件。

```
wget https://ftp-trace.ncbi.nlm.nih.gov/sra/sra-instant/reads/ByRun/sra/ERR/ERR313/ERR3139854/
ERR3139854.sra

#终端窗口回显:
--2019-03-03 00:59:37--  https://ftp-trace.ncbi.nlm.nih.gov/sra/sra-instant/reads/ByRun/sra/ERR/
ERR313/ERR3139854/ERR3139854.sra
Resolving ftp-trace.ncbi.nlm.nih.gov (ftp-trace.ncbi.nlm.nih.gov)... 130.14.250.7, 2607:f220:41e:
250::11
Connecting to ftp-trace.ncbi.nlm.nih.gov (ftp-trace.ncbi.nlm.nih.gov)|130.14.250.7|:443...
connected.
HTTP request sent, awaiting response... 200 OK
Length: 1033572289 (986M)
Saving to: 'ERR3139854.sra'
ERR3139854.sra      100%[== == == == == == == == == = >] 985.69M   1.08MB/s   in 74m
8s
2019-03-03 02:13:46 (227 KB/s)-'ERR3139854.sra' saved [1033572289/1033572289]
```

整个下载过程耗时较长,可以使用"nohup < command > &"模式挂载到后台执行。".sra"文件下载完成之后,可以利用 vdb-validate 程序进行数据校验。

```
vdb-validate ERR3139854.sra

#终端窗口回显:
2019-03-02T23:23:05 vdb-validate.2.3.5 info: Table 'ERR3139854.sra' metadata: md5 ok
2019-03-02T23:23:05 vdb-validate.2.3.5 info: Column 'ALTREAD': checksums ok
2019-03-02T23:23:07 vdb-validate.2.3.5 info: Column 'QUALITY': checksums ok
2019-03-02T23:23:09 vdb-validate.2.3.5 info: Column 'READ': checksums ok
2019-03-02T23:23:09 vdb-validate.2.3.5 info: Column 'READ_LEN': checksums ok
2019-03-02T23:23:09 vdb-validate.2.3.5 info: Column 'READ_START': checksums ok
2019-03-02T23:23:09 vdb-validate.2.3.5 info: Column 'X': checksums ok
2019-03-02T23:23:09 vdb-validate.2.3.5 info: Column 'Y': checksums ok
2019-03-02T23:23:09 vdb-validate.2.3.5 info: Table 'ERR3139854.sra' is consistent
```

校验无误后,再使用 fastq-dump 拆解该双末端测序结果。这样会获得两个结果文件:ERR3139854_1.fastq 和 ERR3139854_2.fastq。

```
fastq-dump --split-3 ERR3139854.sra
```

#终端窗口回显：
Read 7545985 spots for ERR3139854.sra
Written 7545985 spots for ERR3139854.sra

3. vdb-config

（1）示例1

```
vdb-config -i
```

以交互模式运行配置程序。在图形交互界面中，可以使用鼠标或 TAB 键在不同栏目之间进行切换。如果确定要修改某个栏目的配置参数，按回车键，即可打开该栏目设置项窗口；同样可用鼠标点选具体某个设置项，进行修改。如果某个栏目有更多参数需要设置，则按回车键，即可打开对话框进行修改。

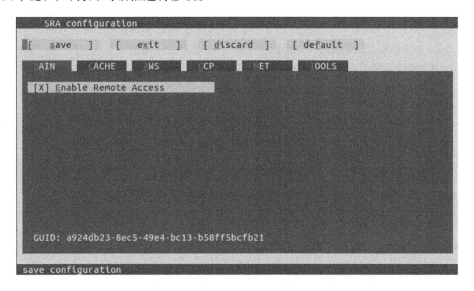

（2）示例2

```
vdb-config --interactive-mode textual
```

以文本模式运行配置程序。此时可以根据文本对话框的提示进行选择和设置。

```
vdb-config interactive
  data source
    NCBI SRA：enabled（recommended）（1）
    local workspaces：local file caching：enabled（recommended）（6）
  Open Access Data
    cached（recommended）（3）
    location："（4）
To cancel and exit        ：Press ＜Enter＞
To update and continue    ：Enter corresponding symbol and Press ＜Enter＞
Your choice ＞ #此处输入你要设置如上显示的栏目编号(1、6、3、4)
```

（3）示例3

```
vdb-config --import prj_1234.ngc
```

通过命令行导入 dbGaP 数据库秘钥（prj_1234.ngc）。

```
vdb-config --set repository/user/main/public/root = /path/to/new/location
```

把用户库存储的参考序列文件移动到不同位置。

11．QUAST

一、 简介

QUAST 是针对基因组组装的质量评估软件,目前包含 4 个工具:① QUAST 用于常规的基因组组装评估;② MetaQUAST 用于宏基因组组装评估;③ QUAST-LG 用于大规模基因组(如哺乳动物)组装评估;④ Icarus 用于重叠群比对可视化。QUAST 是一组命令行程序,该软件的开发人员同时提供了易于使用的在线程序 web-QUAST。QUAST 会计算一系列指标,包括重叠群准确性、基因发现数量、N50 等,以及综合分析产生的汇总表(纯文本、制表符分隔和 LaTeX 格式)和绘图。该软件将所有信息浓缩到一个易于浏览的 HTML 格式报告文件中。QUAST 评估时可以使用或不使用参考基因组;如果提供了一个参考基因组,它会提供更多评估信息。

QUAST 默认管道使用 Minimap2。该软件使用 GeneMarkS、GeneMark-ES、GlimmerHMM、Barrnap 和 BUSCO 进行功能元件预测,使用 BWA、SambaMBA 和 GRIDSS 查找结构变异,使用 bedtools 来计算原始和物理读段覆盖率,计算结果可在 Icarus 重叠群队列查看器中显示。QUAST-LG 需要 KMC 和 Red 模块。此外,MetaQUAST 使用 MetaGeneMark、Krona、BLAST 和 SILVA 16S rRNA 数据库。这些工具几乎都内置在 QUAST 软件包中。

二、 下载与安装

QUAST 可以在 Linux 和 macOS(OS X)中运行。运行其默认管道对环境有如下要求:① Python 2.5 以上版本或 Python 3.3 以上版本;② GCC 4.7 或更高版本;③ Perl 5.6.0 或更高版本;④ GNU make 和 ar;⑤ zlib 开发文件。这些要求在 Linux 系统中通常都是安装好的,可能只缺少 zlib 开发文件。在 Ubuntu 系统中,执行如下指令来安装。

```
sudo apt install zlib1g-dev
```

此外,QUAST 子模块要求如下环境:① GeneMark-ES 需要 perl 模块"Time∷HiRes";② GRIDSS需要 Java 1.8 以上版本以及 R 语言。QUAST 绘图有两种格式:HTML 和 PDF。如果绘制 PDF 格式,需要安装 Python 库 Matplotlib(v1.1 或更高版本)。在 Ubuntu 系统中,执行如下指令来安装。

```
sudo apt install -y pkg-config libfreetype6-dev libpng-dev python-matplotlib
#或 python -m pip install matplotlib
```

QUAST 源码文件可以从 SourceForge 或 GitHub 网站下载。

```
#使用 wget 从 SourceForge 下载并解压缩
wget https://downloads.sourceforge.net/project/quast/quast-5.0.2.tar.gz
tar -xzf quast-5.0.2.tar.gz
cd quast-5.0.2
#使用 git clone 或 wget 从 GitHub 下载
git clone https://github.com/ablab/quast.git
#或　wget https://github.com/ablab/quast/archive/refs/heads/master.zip
```

QUAST 在第一次使用的时候，自动编译所有子部分；也就是说，无需安装，直接运行（./quast.py）。在源码文件解压缩后，将该目录下所有文件复制到系统目录/usr/bin 中，即可在任意位置的终端命令行窗口中直接运行 QUAST 程序（quast.py）。

```
sudo cp -a ./* /usr/bin/
```

当然，通过执行 QUAST 目录下的"setup.py"对其进行预编译，并将"quast.py"添加到系统 PATH 变量中，这样亦可在任意位置的终端命令行窗口中直接运行它。

```
#安装需要 Python 的 setuptools 支持
sudo apt install python-setuptools
#基本安装（大约 120 MB）
sudo ./setup.py install
#完整安装（大约 540 MB）
sudo ./setup.py install_full
```

完整安装版包括：① 基于读段对的结构变异（structural variations,SV）检测工具，用于更精确的错误组装检测；② 用于宏基因组数据集中参考基因组检测的工具和数据。QUAST 默认安装目录：可执行脚本在/usr/local/bin/中；Python 库和辅助文件在/usr/local/lib/中。

三、 用法与参数说明

1. 基本用法

```
用法：quast.py [options] <files_with_contigs>
```

在命令行中直接执行"quast.py"，即可获得简要帮助信息。执行"quast.py --help"可以获取详细帮助信息。此处的"[options]"是指"quast.py"程序的参数选项。"<files_with_contigs>"是要评估的组装序列文件。

2. 参数说明

（1）常规选项

-o|--output-dir <dirname>：设定储存所有结果文件的目录。默认：quast_results/results_<datetime>。

-r <filename>：指定参考基因组文件。

-g|--features［type：］< filename > ：指定参考基因组的特征文件(GFF、BED、NCBI 或 TXT)；可选参数"type"可以指定特征文件类型。

-m|--min-contig < int > ：设定重叠群最小长度阈值。默认：500。

-t|--threads < int > ：设定最大线程数。默认：25%的 CPU 用量。

(2) 高级选项

-s|--split-scaffolds：通过解析序列中的 Ns 连续片段，将组装序列拆分为重叠群，并将此类重叠群添加到比较中。

-l|--labels ″label，label，…″：在报告中使用的组装名称，多个名称使用逗号分隔；如果名称中有空格，则使用引号括起来。

-L：从其父目录名称中获取组装名称。

-e|--eukaryote：指定基因组是真核生物(主要影响基因预测)。

--fungus：指定基因组是真菌类(主要影响基因预测)。

--large：使用最优参数来评估大基因组。

-k|--k-mer-stats：计算基于 k-mer 的质量指标(大基因组推荐使用该参数)；对于大基因组，该参数也许会显著增加内存和时间消耗。

--k-mer-size：用于"--k-mer-stats"的 k-mer 大小。默认：101。

--circos：绘制 Circos 图。

-f|--gene-finding：使用 GeneMarkS(原核默认)或 GeneMark-ES(真核默认)预测基因。

--mgm：使用 MetaGeneMark 预测基因，代替默认设置。

--glimmer：使用 GlimmerHMM 预测基因，代替默认设置。

--gene-thresholds < int，int，… > ：设置基因预测模块所搜索到的基因长度阈值；该阈值是用逗号分隔的列表。默认：0，300，1500，3000。

--rna-finding：使用 Barrnap 预测 rRNA 基因。

-b|--conserved-genes-finding：使用 BUSCO 计算保守的直系同源物(orthologs)。

--operons < filename > ：设置操纵子在参考序列中的坐标文件(GFF、BED、NCBI 或 TXT)。

--est-ref-size < int > ：估计参考基因组大小，用于在没有参考的情况下计算 NGx 指标。

--contig-thresholds < int，int，… > ：设置重叠群长度阈值，该阈值是用逗号分隔的列表。默认：0，1000，5000，10000，25000，50000。

-u|--use-all-alignments：以"QUAST v1.＊"风格计算 genome fraction、#genes、#operons。默认情况下，QUAST 过滤 Minimap 的对齐方式仅保留最佳对齐方式。

-i|--min-alignment < int > ：设定最小队列长度。默认：65。

--min-identity < float > ：设定最小队列一致性(80.0，100.0)。默认：95.0。

-a|--ambiguity-usage < none|one|all > ：当某个重叠群比对时有多个几乎一样好的结果时，使用其中的"none|one|all"个结果队列。默认：one。

--ambiguity-score ＜float＞：设置用来定义某个重叠群的同样好的比对结果的分值 S。所有队列按照"LEN×IDY%"值降序排列。该值小于"S×best(LEN×IDY%)"的队列将被放弃。S 取值范围:0.8～1.0。默认:0.99。

--strict-NA：在计算 NAx 和 NGAx 时,断开任何错误组装(misassembly)事件中的重叠群。默认情况下,QUAST 仅通过扩展的错误组装而不是局部错误来断开重叠群。

-x|--extensive-mis-size ＜int＞：设置扩展错误大小的较低阈值。所有不一致小于"extensive-mis-size"的重定位都算作局部错误组装。默认:1 000。

--scaffold-gap-max-size ＜int＞：设置允许的脚手架间隙(scaffold gap)长度差异最大值。所有不一致小于"scaffold-gap-size"的重定位都算作脚手架间隙错误组装。默认:10 000。

--unaligned-part-size ＜int＞：设置用于检测部分未对齐的重叠群的较低阈值。这样的重叠群至少有一个未对齐的片段大于所设置的阈值。默认:500。

--skip-unaligned-mis-contigs：不要将"未对齐碱基＞=50%"的重叠群区分为一个单独的组。默认情况下,QUAST 不计算其中的错误组装。

--fragmented：设置参考基因组可能是碎片化的,如果组装的是脚手架水平的参考基因组。

--fragmented-max-indent ＜int＞：如果两个比对队列距离参考片段末端不超过 N 个碱基,则将易位(translocation)标记为假的。默认:85。需要设置"--fragmented"选项。

--upper-bound-assembly：根据参考基因组和读段模拟"上边界组装(upper bound assembly)"。

--upper-bound-min-con ＜int＞：设置将上边界重叠群连接成一个脚手架(scaffold)所需"连接读段(connecting reads)"的最小数量。默认:2 个配对读段(mate-pairs)或者 1 个长读段。

--est-insert-size＜int＞：设置上边界组装模拟中使用的插入片段大小。默认:根据读段自动检测或 255。

--plots-format＜str＞：设置保存的绘图格式。默认:pdf。支持格式:emf、eps、pdf、png、ps、raw、rgba、svg、svgz。

--memory-efficient：使用 1 个线程运行所有内容,每个组装单独运行。该选项对于大基因组可以显著减少内存消耗。

--space-efficient：只创建报告和绘图文件。包括".stdout"".stderr"".coords"这类的辅助文件将不会被创建。该选项对于大基因组可以显著减少存储空间消耗。Icarus 可视化文件也不会被创建。

-1|--pe1 ＜filename＞：设定双末端读段的正向(forward)读段文件(FASTQ 格式,可以是压缩的)。

-2|--pe2 ＜filename＞：设定双末端读段的反向(reverse)读段文件(FASTQ 格式,可以是压缩的)。

--pe12 <filename>：设定交替存放正反向读段的双末端读段文件(FASTQ 格式,可以是压缩的)。

--mp1 <filename>：设定配对读段的正向(forward)读段文件(FASTQ 格式,可以是压缩的)。

--mp2 <filename>：设定配对读段的反向(forward)读段文件(FASTQ 格式,可以是压缩的)。

--mp12 <filename>：设定交替存放正反向读段的配对读段文件(FASTQ 格式,可以是压缩的)。

--single <filename>：设定单末端读段文件(FASTQ 格式,可以是压缩的)。

--pacbio <filename>：设定 PacBio 读段文件(FASTQ 格式,可以是压缩的)。

--nanopore <filename>：设定 Oxford Nanopore 读段文件(FASTQ 格式,可以是压缩的)。

--ref-sam <filename>：设定由读段比对到参考基因组文件所获得的 SAM 队列文件。

--ref-bam <filename>：设定由读段比对到参考基因组文件所获得的 BAM 队列文件。

--sam <filename,filename,…>：设定由读段比对到组装序列文件所获得的以逗号分隔的 SAM 队列文件列表(列表中文件顺序与组装的重叠群文件相同)。

--bam <filename,filename,…>：设定由读段比对到组装序列文件所获得的以逗号分隔的 BAM 队列文件列表(列表中文件顺序与组装的重叠群文件相同)。这里的读段数据(或 SAM/BAM 文件)用于结构变异检测和 Icarus 可视化中的覆盖度直方图构建。

--sv-bedpe <filename>：设定结构变异数据文件(BEDPE 格式)。

(3)加速选项

--no-check：不要检查和更正输入的 FASTA 文件。

--no-plots：不要绘图。

--no-html：不要创建 HTML 报告和 Icarus 可视化文件。

--no-icarus：不要创建 Icarus 可视化文件。

--no-snps：不要报告 SNPs。该选项对于大基因组可以显著减少内存消耗。

--no-gc：不要计算 GC% 和 GC 分布。

--no-sv：不要运行结构变异检测;只有在指定读段文件时该选项才有意义。

--no-gzip：不要压缩大的输出文件。

--no-read-stats：不要将读段与组装序列进行比对。读段将与参考序列进行比对,用于覆盖度分析、上边界组装模拟和结构变异检测。如果不需要组装序列的读段统计信息,则使用该选项。

--fast：设置除"--no-check"之外的所有加速参数选项。

(4)其他选项

--silent：不要在标准输出(stdout)中打印每一步的详细信息;log 文件不受影响。

--test：对"test_data"文件夹中的数据运行 QUAST，输出到"quast_test_output"。

--test-sv：对"test_data"文件夹中的数据运行 QUAST，以检测结构变异，输出到"quast_test_output"。

-h | --help：打印完整的使用信息。

-v | --version：打印软件版本信息。

3. 摘要报告

重叠群评估报告中，主要有以下一些指标。这些指标不一定都会出现，这与参数设置有关。

① #contigs（≥x bp）：不同长度范围的重叠群数量。

② total length（≥x bp）：不同长度范围的重叠群的总碱基数。

③ #contigs：重叠群总数。

④ largest contig：最大重叠群长度。

⑤ total length：重叠群的总碱基数。

⑥ reference length：参考基因组的总碱基数。

⑦ GC（%）：重叠群中的 GC 含量。

⑧ reference GC（%）：参考基因组中的 GC 含量。

⑨ N50：从最长重叠群开始计算重叠群长度之和，直至达到总长度 50% 时的重叠群长度。

⑩ NG50：与 N50 类似，不过这里是达到参考基因组总长度 50% 时的重叠群长度。

⑪ N75 和 NG75：与 N50 和 NG50 类似，不过比例为 75%。

⑫ L50（L75，LG50，LG75）：重叠群长度之和等于或超过总长度 50% 时的重叠群数量。

⑬ #misassemblies：重叠群（断点）中满足以下条件之一的位置数。

> 左翼序列与参考基因组上的右翼序列对齐超过 1 kb。
> 侧翼序列重叠超过 1 kb。
> 侧翼序列与不同的链或不同的染色体对齐。
> 侧翼序列在不同的参考基因组上对齐（仅限 MetaQUAST）。

该指标需要设定参考基因组。可以使用"--extensive-mis-size"更改 1 kb 的默认阈值。该指标并未总结以下指标：#local misassemblies、#scaffold gap size misassemblies、#structural variations 和# unaligned mis. contigs。

⑭ #misassembled contigs：包含错误组装事件的重叠群数量。

⑮ misassembled contigs length：错误组装的重叠群的总碱基数。

⑯ #local misassemblies：满足以下条件的重叠群（断点）中的位置数，可以使用"--extensive-mis-size"更改 1 kb 的默认阈值。

> 左右侧翼序列之间的间隙或重叠小于 1 kb，并且大于最大 indel 长度（85 bp）。
> 左右侧翼序列都位于参考基因组的同一条染色体的同一条链上。

⑰ #scaffold gap ext. mis.：脚手架中的位置数（断点），其中侧翼序列在脚手架中以错误的距离组合（足以报告扩展错误组装）。侧翼序列之间的间隙必须包括至少 10 个连续的 Ns,这样的错误组装被视为潜在的"# scaffold gap ext. mis."。最大允许距离不一致由"--scaffold-gap-max-size"选项控制（默认：10 kb）。注意：这些错误组装不包括在"# misassemblies"中。

⑱ #scaffold gap loc. mis.：脚手架中的位置数（断点），其中侧翼序列在脚手架中以错误的距离组合（导致局部错误组装）。侧翼序列之间的间隙必须包括至少 10 个连续的 Ns,这样的错误组装被视为潜在的"# scaffold gap loc. mis."。注意：这些错误组装不包括在"# misassemblies"中。

⑲ #unaligned mis. contigs：未比对碱基数超过重叠群长度的 50%,且在其比对片段中至少有一个错误组装事件的重叠群数量。这样的重叠群可能与参考基因组无关,因此它们的错误组装可能不是真正的错误,而是组装生物与参考之间的差异。

⑳ #unaligned contigs：没有比对到参考序列上的重叠群数量。"X + Y part"是指 X 个全部未比对上的重叠群 + Y 个部分未比对上的重叠群。该指标是上面"# unaligned mis. contigs"指标的总结。

㉑ unaligned length：组装序列中所有未比对上区域的总长度,包括全部未比对上的重叠群长度和部分未比对上的重叠群长度之和。

㉒ genome fraction (%)：比对到参考基因组上的碱基百分比。这里的碱基是指至少有一个重叠群的至少一个队列比对上该碱基。来自重复区域的重叠群可能会映射到多个地方,这样就会导致其多次重复计数。

㉓ duplication ratio：比对到组装序列的碱基总数除以比对到参考基因组的碱基总数。如果组装序列包含多个覆盖参考基因组相同区域的重叠群,则该值会大于 1。

㉔ #N's per 100 kb：每 100 kb 组装碱基中未知（uncalled）碱基的平均数量。

㉕ #mismatches per 100 kb：每 100 kb 比对上参考的碱基中错配的平均数量。真正的 SNPs 和测序错误不会被区分并且被同等计算。

㉖ #indels per 100 kb：每 100 kb 比对上参考的碱基中插入删除（indel）的平均数量。几个连续的单核苷酸插入删除算作 1 个插入删除。

㉗ #genomic features：基于用户提供的参考基因组中基因组特征位置列表,组装序列中的基因组特征（gene、CDS 等）的数量（X + Y part = 完整和部分特征）。如果组装序列包含此特征的至少 100 bp 但不是整个特征区间,则该特征被"部分覆盖"。仅当提供参考基因组和基因组特征位置的注释列表时才计算此指标。

㉘ largest alignment：组装中最大的连续队列的长度。该值通常小于"largest contig",这是因为最大重叠群可能有组装错误或部分未比对上参考。

㉙ total aligned length：组装中比对上参考的碱基总数量。该值通常小于"total length",这是因为某些重叠群可能未比对上或部分比对上参考。

㉚ NA50，NGA50，NA75，NGA75，LA50，LA75，LGA50，LGA75：其中的"A"代表"aligned"，这些指标与没有"A"的那些指标类似，只是这里只考虑比对上的区块，而不是重叠群。

㉛ #operons：与"# genomic features"类似，只是用户需要提供操纵子的位置文件。

㉜ complete/partial BUSCO（%）：在组装序列中发现的完整的或部分的 BUSCO 预测基因的百分比。

㉝ # predicted genes：在组装序列中 GeneMarkS、GeneMark-ES、MetaGeneMark 或 GlimmerHMM 预测的基因数量。

㉞ #predicted rRNA genes：在组装序列中 Barrnap 预测的 rRNA 基因数量。

㉟ #structural variations：与基因组结构变异匹配的错误组装数量。需要提供读段数据文件或 BEDPE 格式的结构变异数据文件。注意:这些错误组装（misassemblies）不包括在"# misassemblies"统计指标中。

㊱ #possible TEs：可能由转座子元件引起的错误组装数量,即参考基因组和测序生物之间自然发生的差异,而不是真正的组装错误（如果指定了"--large"选项则计算）。注:这些错误组装（misassemblies）不包括在"# misassemblies"统计指标中。

㊲ k-mer-based compl.（%）：在组装序列中发现的参考序列的特定 k-mer 百分比。

㊳ k-mer-based cor. length（%）：根据特定 k-mer 分析,被认为正确的所有重叠群总长度的百分比。如果 contig 具有至少一个 k-mer 标记（即在参考序列和组装序列之间共享的两个或多个相应的特定 k-mer 并且具有相似的相对距离）,并且不包含基于 k-mer 的错误连接（misjoin）,则该重叠群被认为是正确的（参见以下）。

㊴ k-mer-based mis. length（%）：包含至少一个基于 k-mer 的错误连接（misjoin）的所有重叠群总长度的百分比。

㊵ k-mer-based undef. length（%）：没有 k-mer 标记（即在参考序列和组装序列之间共享的两个或多个相应的特定 k-mer 并且具有相似的相对距离）的所有重叠群总长度的百分比。

㊶ #k-mer-based misjoins：组装序列中基于 k-mer 的错误连接（misjoin）的总数量。如果某个重叠群具有两个与不同参考染色体相关的 k-mer 标记——基于 k-mer 的易位（translocation）,或重叠群和参考相对距离的不一致超过 100 kb——基于 k-mer 的重定位（relocation）,这样的重叠群就是基于 k-mer 的错误连接（misjoin）。这里的 k-mer 标记定义为:在参考和组装集之间共享并具有相似相对距离的两个或多个相应的特定 k-mer 的列表。

4. 错误组装报告（misassemblies report）

该报告与上述"# misassemblies"指标相同,都是针对错误组装;只是还进一步将所有错误组装事件分为三组:重定位（relocation）、易位（translocation）和倒位（inversion）（图4-12）。对于宏基因组组装,该分类还包括种间易位（interspecies translocation）。此外,还分别计算包含类脚手架(scaffold-like)的间隙(至少 10 个连续 Ns)的断点和没有它们的断点。前者称为脚手架错误组装,后者称为重叠群错误组装。注意不要将此分类与"#scaffold gap ext.(loc.) mis."混淆。

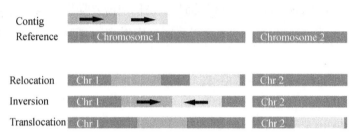

图 4-12　重定位、易位和倒位示意图

重定位(relocation):其中左侧序列与参考基因组上的右侧序列对齐超过 1 kb,或者它们重叠超过 1 kb,并且两个侧翼序列在同一条染色体上对齐。可以通过"--extensive-mis-size"参数项修改 1 kb 的默认阈值。

易位(translocation):其中侧翼序列在不同的染色体上对齐。

种间易位(interspecies translocation):其中侧翼序列在不同的参考基因组上对齐(仅限 MetaQUAST)。

倒位(inversion):其中侧翼序列在同一染色体的相反链上对齐。

#misassembled contigs 和 misassembled contigs length:与摘要报告中的指标相同,并在具有上述任何类型的错误组装事件的所有重叠群中进行计数。

#possibly misassembled contigs:包含大的未对齐片段的重叠群的数量;可能包含具有未知参考的种间易位(仅限 MetaQUAST,仅限组合的参考序列)。连续未对齐片段的最小长度(不包括 Ns)由"--unaligned-part-size"参数项控制,默认:500 bp。

#possible misassemblies:如果每个未对齐的大片段应该是未知参考片段(仅限 MetaQUAST,仅限组合的参考序列),则该指标是指可能的错误组装重叠群中假定的种间易位数。

接下来的 7 个指标与上述摘要报告中的同名指标相同。

```
# local misassemblies
# scaffold gap ext. mis.
# scaffold gap loc. mis.
# misassemblies caused by fragmented reference
# structural variations
# possible TEs
# unaligned mis. contigs.
```

注:所有这些指标都从"#misassemblies"和相关指标(如错误组装的重叠群长度)中排除。

mismatches:所有对齐碱基中的错配数。

indels:所有对齐碱基中的插入删除(indel)数。几个连续的单核苷酸插入删除算作

一个。注意：indel 的默认最大长度为 85 bp。所有大于 85 bp 的 indels 都被视为局部错误组装(local misassemblies)。

indels (≤5 bp)：长度≤5 bp 的 indels 数量。

indels (>5 bp)：长度 >5 bp 的 indels 数量。

indels length：所有 indels 中包含的碱基总数。

5. 未对齐报告(unaligned report)

fully unaligned contigs：未比对上参考序列的重叠群数量。

fully unaligned length：未比对上参考序列的所有重叠群的碱基总数。不计入未检出碱基(Ns)。

partially unaligned contigs：未完全比对上参考序列的重叠群数量。这样的重叠群至少具有一个对齐参考序列的队列,同时至少具有一个未比对上的片段,且该片段长度不低于"--unaligned-part-size"参数项设定的阈值。默认:500。

partially unaligned length：未完全比对上参考序列的所有重叠群的所有未比对上的碱基总数。不计入未检出碱基(Ns)。

N's：组装序列中未检出碱基(Ns)总数。

四、 使用案例

假设有一组酿酒酵母的基因组测序数据,并利用 SOAPdenovo 对其进行了组装。这里我们利用 QUAST 对其组装的重叠群或脚手架结果进行评估。

```
#contigs 评估
quast. py -o quast_out_contig -r gDNA. fna -g genome. gff SOAPdenovo_out. contig
#scaffolds 评估
quast. py -o quast_out_scaf -r gDNA. fna -g genome. gff SOAPdenovo_out. scafSeq
```

以重叠群评估为例,QUAST 执行完成之后,会在指定目录(quast_out_contig)中输入如下内容。

```
quast_out_contig
    |--aligned_stats   重叠群与参考基因组比对后的统计绘图
        |--cumulative_plot. pdf
        |--NAx_plot. pdf
        |--NGAx_plot. pdf
    |--basic_stats   基本统计信息和绘图
        |--cumulative_plot. pdf
        |--GC_content_plot. pdf
        |--gc. icarus. txt
        |--NGx_plot. pdf
        |--Nx_plot. pdf
```

```
            |--SOAPdenovo_out_GC_content_plot. pdf
    |--contigs_reports   重叠群与参考基因组比对后的详细统计信息
        |--  该目录下有很多详细报告文件
    |--genome_stats   重叠群的特征统计信息
        |--features_cumulative_plot. pdf
        |--features_frcurve_plot. pdf
        |--genome_info. txt
        |--SOAPdenovo_out_gaps. txt
        |--SOAPdenovo_out_genomic_features_any. txt
    |--icarus_viewers   Icarus   可视化交互查看文件
        |--alignment_viewer. html
        |--contig_size_viewer. html
    |--icarus. html   带有交互式查看链接的 Icarus 主栏目文件
    |--quast. log   QUAST 运行日志文件
    |--report. html   HTML 格式报告,包括所有评估结果
    |--report. pdf   PDF 格式报告,包括所有统计指标的表格和部分统计绘图
    |--report. tex   评估报告摘要
    |--report. tsv   TSV 格式评估结果摘要
    |--report. txt   以制表符分隔的纯文本格式的评估结果摘要
    |--transposed_report. tex   评估报告摘要
    |--transposed_report. tsv   TSV 格式评估结果摘要
    |--transposed_report. txt   以制表符分隔的纯文本格式的评估结果摘要
```

注:其中的"report. *[tex|tsv|txt]"系列文件是不同格式的评估报告摘要;每行一个指标,包括两列:指标名称和统计结果。而"transposed_report. *[tex|tsv|txt]"系列文件也是不同格式的评估报告摘要,与前者不同之处在于对评估指标排列方式进行了行列转置。

本案例的摘要报告(report. txt)内容如下。

```
All statistics are based on contigs of size >= 500 bp, unless otherwise noted ( e. g., "# contigs (>= 0 bp)"
and "Total length (>= 0 bp)" include all contigs).

Assembly                        SOAPdenovo_out
# contigs (>= 0 bp)             12071
# contigs (>= 1000 bp)          1227
# contigs (>= 5000 bp)          700
# contigs (>= 10000 bp)         399
# contigs (>= 25000 bp)         67
# contigs (>= 50000 bp)         2
Total length (>= 0 bp)          11964575
Total length (>= 1000 bp)       11067718
Total length (>= 5000 bp)       9648001
Total length (>= 10000 bp)      7480234
Total length (>= 25000 bp)      2267125
Total length (>= 50000 bp)      112240
```

# contigs	1431
Largest contig	56136
Total length	11215316
Reference length	12157105
GC（%）	38.08
Reference GC（%）	38.15
N50	14272
NG50	13167
N75	7848
NG75	6182
L50	245
LG50	279
L75	504
LG75	605
# misassemblies	0
# misassembled contigs	0
Misassembled contigs length	0
# local misassemblies	0
# scaffold gap ext. mis.	0
# scaffold gap loc. mis.	0
# unaligned mis. contigs	0
# unaligned contigs	0 + 0 part
Unaligned length	0
Genome fraction（%）	92.166
Duplication ratio	1.001
# N's per 100 kbp	0.00
# mismatches per 100 kbp	0.50
# indels per 100 kbp	0.04
# genomic features	21285 + 3072 part
Largest alignment	56136
Total aligned length	11215308
NA50	14272
NGA50	13167
NA75	7848
NGA75	6182
LA50	245
LGA50	279
LA75	504
LGA75	605

更多评估报告,查阅 report. html 文件,该文件提供了所有统计信息和绘图信息的链接。

12 . Samtools

一、 简介

Samtools 是一组处理序列比对/映射(sequence alignment/map,SAM))格式数据的工具集,由三个独立的部分组成:① Samtools,读取、写入、编辑、索引、查看 SAM/BAM/CRAM 格式文件;② BCFtools,读/写 BCF2/VCF/gVCF 格式文件,提取、过滤、总结 SNP 和短 indel 序列变异信息;③ HTSlib,一个读/写高通量测序数据的 C 库。该工具可以对 SAM 格式数据文件进行导入和导出操作,还可以排序、合并、建立索引,并且允许快速检索任何区域的读段。它包括多个指令,可以编写批处理脚本并依次执行。Samtools 将输入文件"-"视为"标准输入(stdin)",将输出文件"-"视为"标准输出(stdout)"。另外,Samtools 始终将警告和错误消息输出到"标准错误(stderr)"。这里的"标准输入/输出/错误"通常是指终端命令行运行模式的控制台窗口。该工具还可以打开放在远程 FTP 或 HTTP 服务器上的 BAM 文件,同时检查当前工作目录中的索引文件,并在缺少索引时下载索引文件。

二、 下载与安装

1. 下载

Samtools 工具集的下载有多个途径:Samtools 官网、SurceForge 和 GitHub 网站。

```
#以下是基于 GitHub 网站的两种下载方式:

wget https://github. com/samtools/samtools/releases/download/1. 12/samtools-1. 12. tar. bz2
git clone https://github. com/samtools/samtools. git
```

2. 系统要求

Samtools 和 HTSlib 需要依赖以下系统扩展库。

```
Samtools:
zlib            < http://zlib. net >
  curses 或 GNU ncurses  < http://www. gnu. org/software/ncurses/ > (可选,用于 tview 指令)

HTSlib:
  zlib          < http://zlib. net >
  libbz2        < http://bzip. org/ >
  liblzma       < http://tukaani. org/xz/ >
  libcurl       < https://curl. haxx. se/ > (可选,但强烈推荐安装,用于网络访问)
  libcrypto     < https://www. openssl. org/ > (可选,用于 Amazon S3 支持;macOS 上不需要)
```

上述依赖库中，如果不需要完整的 CRAM 支持，可以删除 bzip2 和 liblzma 依赖项。有关详细信息，请参阅 HTSlib 的安装文件。软件安装需要 GNU make 和 C 编译器，如 gcc 或 clang。此外，构建配置脚本需要 autoheader 和 autoconf。运行配置脚本则需要使用 awk 以及许多标准 UNIX 工具（cat、cp、grep、mv、rm、sed 等）。这些工具操作系统通常都是安装好的。运行测试工具（make test）要用到 bash 和 perl。如果对这些依赖项不确定，可以使用"./configure"来确定当前系统是否拥有这些库和工具，并帮助诊断可能需要在机器上安装哪些包来提供它们。

不同操作系统的特定要求：Samtools 的安装先决条件取决于系统，并且有不止 1 种正确的方法来满足这些条件，包括从源码下载、编译和安装它们。当然，不同的发行版本，依赖项可能存在差异；这就需要在安装时，注意终端命令行窗口的反馈和提示信息。

#Debian/Ubuntu 系统
sudo apt-get update sudo apt-get install autoconf automake make gcc perl zlib1g-dev libbz2-dev liblzma-dev libcurl4-gnutls-dev libssl-dev libncurses5-dev
注意：libcurl4-openssl-dev 可以作为 libcurl4-gnutls-dev 的替代品。
#RedHat/CentOS 系统
sudo yum install autoconf automake make gcc perl-Data-Dumper zlib-devel bzip2 bzip2-devel xz-devel curl-devel openssl-devel ncurses-devel
#Alpine Linux
sudo apk update sudo apk add autoconf automake make gcc musl-dev perl bash zlib-dev bzip2-dev xz-dev curl-dev libressl-dev ncurses-dev
#OpenSUSE
sudo zypper install autoconf automake make gcc perl zlib-devel libbz2-devel xz-devel libcurl-devel libopenssl-devel ncurses-devel

3. 构建配置文件

仅当 configure.ac 已更改或 configure 文件不存在时才需要此步骤。例如，用 git clone 下载源码安装。配置脚本和 config.h.in 可以通过如下指令来构建。

```
autoheader
autoconf -Wno-syntax
```

如果电脑上已安装完整的 GNU autotools 工具，则可以直接运行 autoreconf。默认情况下，"./configure"会检查当前系统的构建环境，搜索可用的 HTSlib，检查诸如 curses 等开发文件之类的需求，并安排编译一个普通版本的 Samtools。目前最新的 Samtools 发行版本中，包含 HTSlib 源码的副本，其将用于构建 Samtools。如果使用另一个不同的 HTSlib 源码或已经安装的 HTSlib，可通过"--with-htslib"配置选项进行设置。以下配置选项可用于启用各种功能，并指定更多可选的外部要求：

--with-htslib = DIR：指定 Samtools 用来解析生物信息学文件格式等的 HTSlib 源代码树或安装目录。configure 将检查 DIR 是否包含 HTSlib 源文件，或是不是安装目录的根目录，即，它具有 include 和 lib 子目录，其中包含 HTSlib 头文件和库。默认情况下，configure 在 Samtools 源目录中查找 HTSlib 源代码树；如果有多个查找 HTSlib 源存在，必须通过此选项选择一个。

--with-htslib = system：忽略任何 HTSlib 源代码树，并使用系统目录中已安装的 HTSlib 来构建 Samtools，即通过"$CPPFLAGS/$LDFLAGS"已搜索到的目录。

--without-curses：构建时省略基于 curses 库的 tview 子命令。如果当前系统上没有 curses 或者不想要交互式 tview 子命令，可通过此选项禁用它，并跳过对 curses 开发文件的测试。

--enable-configure-htslib：使用 HTSlib 源代码树构建时，还要运行 HTSlib 的配置脚本。启用 HTSlib 配置选项并将其传递给 HTSlib 配置脚本。有关这些选项的详细信息，请参阅 HTSlib 的安装文档。如果在 Samtools 树的子目录中使用 HTSlib 源进行构建，默认情况下会启用"--enable-configure-htslib"，并且 HTSlib 配置脚本将自动运行。最新发布的 Samtools 压缩档案就是这种情况，其中包括 HTSlib 的嵌入式副本。

配置脚本还接受用于调整安装位置和编译器的常用选项和环境变量。执行"./configure --help"可以了解详细信息。如下配置指令会指定 Samtools 将使用 icc 构建，并安装到/opt/icc-compiled 目录下的 bin、lib 等子目录中。

```
./configure CC = icc --prefix = /opt/icc-compiled
```

如果依赖项已安装在非系统默认的标准位置，则 CPPFLAGS 和 LDFLAGS 环境变量可用于设置查找它们所需的选项。例如，NetBSD 用户可能要执行如下配置脚本。

```
./configure CPPFLAGS = -I/usr/pkg/include LDFLAGS = '-L/usr/pkg/lib -Wl,-R/usr/pkg/lib'
```

4. 安装位置

默认情况下，"make install"在/usr/local/bin 下安装 Samtools 和实用程序，在/usr/local/share/man 下安装软件使用手册。可以在执行配置脚本时，通过配置"--prefix = DIR"来指定 Samtools 的安装位置，或者通过配置"--bindir = DIR"等来指定 HTSlib 特定部分的安装位置。还可以在安装时，通过键入"make prefix = DIR install"或"make bindir = DIR install"等来指定不同的安装位置。查阅 Makefile 文件顶部附近的"prefix/exec_prefix"等变量列表，可以获取此类变量的完整列表。此外，还可以通过键入"make DESTDIR = DIR install"来指定临时区域，其可与其他"--prefix"或"prefix = DIR"设置结合使用。例如，下面的示例是将软件安装到/tmp/staging/opt 目录下的 bin 和 share/man 子目录中。

```
make DESTDIR = /tmp/staging prefix = /opt
```

5. 安装

① 基于下载的源码压缩文件进行安装,首先将其解压缩,然后进行编译安装。须以管理员权限安装,默认安装到/usr/local/bin。

```
tar -jxvf samtools-1.12. tar. bz2
cd samtools-1.12
./configure
make
sudo make install
```

② 在 ubuntu 16 系统下,直接使用"apt install"指令安装即可,默认安装到/usr/bin。

```
sudo apt-get install samtools
```

③ 基于下载的源码压缩文件,安装 Samtools 到指定目录/usr/local/bin,同时构建各种 HTSlib 实用程序。

```
cd samtools-1.12
./configure --prefix =/usr/local
make all all-htslib
sudo make install install-htslib
```

④ 启用 HTSlib 插件支持编译模式:启用插件(plugins)支持编译模式,会导致 HTSlib 的某些部分编译为单独的模块。这样做有两个好处:一是对静态库 libhts. a 的依赖较少,这使得链接第三方代码更容易;二是除了与 HTSlib 捆绑的插件之外,还可以编译额外的插件。例如,hts-plugins 存储库中包含一个模块,该模块允许直接访问存储在 iRODS 数据管理存储库中的文件。要启用插件支持编译模式,需要使用"--enable-plugins"配置选项,如下所示。

```
cd samtools-1.12
#启用插件支持编译模式,同时指定其存放目录

./configure --enable-plugins --prefix =/path/to/location
make all all-htslib
sudo make install install-htslib
```

还有两个其他配置选项会影响插件:一个是插件安装目录"--with-plugin-dir = DIR",其默认值是"< prefix >/libexec/htslib";另一个是"--with-plugin-path = PATH",设置用于查找插件的内置搜索路径。默认情况下,这是由"--with-plugin-dir"选项设置的目录。多个目录应该用冒号分隔。如果想直接从源码发行版运行而不是安装软件包,则设置"--with-plugin-path"选项。

```
cd samtools-1.12
./configure --enable-plugins --with-plugin-path = $PWD/htslib-1.12
make all all-htslib
```

此外,可以使用 HTS_PATH 环境变量覆盖内置搜索路径。多个目录应该用冒号分隔。

```
export HTS_PATH = :/my/path              #首先搜索内置路径
export HTS_PATH = /my/path:              #最后搜索内置路径
export HTS_PATH = /my/path1:/my/path2    #在两者之间搜索内置路径
```

⑤ 使用优化的 zlib 库: Samtools 已经针对 Intel 和 CloudFlare 优化的 zlib 进行了最低限度的测试,并可以正常工作。Samtools 和 HTSlib 都不需要重新编译以使用这些优化的库。但是,LD_LIBRARY_PATH 环境变量应设置为包含"libz. so. 1"文件的目录。

三、 用法与参数说明

1. 基本用法

```
samtools < command > [ options ]
```

此处的"< command >"是指 Samtools 工具集中某个子程序指令名称,"[options]"则是对应某个子程序指令的参数选项。

2. 子程序指令简介

(1) 创建索引

faidx: 创建 FASTA 格式的文件索引,或从索引文件中提取序列。

index: 为序列队列创建索引。

(2) 编辑操作

calmd: 重新计算 MD/NM 标签和" = "碱基。

fixmate: 修复读段配对信息。

reheader: 替换 BAM 格式的头部信息。

rmdup: 删除 PCR 重复项。

targetcut: 剪切 fosmid 区域(仅用于 fosmid pool)。

(3) 文件操作

bamshuf: 打乱或按照名称分组队列。

cat: 连接 BAM 文件。

merge: 合并排好序的队列。

mpileup: 从一个或多个 BAM 文件中提取文本信息。

sort: 排序队列文件。

split: 根据读段分组分割文件。

bam2fq: 把 BAM 文件转成 FASTQ 文件。

(4) 统计分析

bedcov: 统计每个 BED 区域的读段深度。

depth: 计算染色体不同位点的测序深度。

flagstat：统计读段与参考序列的总体映射情况。

idxstats：按染色体统计读段映射的总体情况。

phase：调用杂合 SNPs 信息。

stats：统计读段在参考序列上的映射信息、读段每个位点的质量分布情况、每个读段的 GC 含量情况、读段每个位点的 A/C/G/T 含量、插入片段分布情况、读段每个位点的 indels 情况、不同 GC 含量的读段分布情况。

（5）查看操作

flags：解释 BAM 标志。

tview：文本队列查看器。

view：SAM/BAM/CRAM 格式的相互转换。

3. 全局命令参数

Samtools 子命令之间共享多个长参数选项：--input-fmt、--input-fmt-option、--output-fmt、--output-fmt-option、--reference、--write-index 和--verbosity。"--verbosity INT"选项设置 Samtools 和 HTSlib 程序运行的反馈信息详细级别。默认为 3（HTS_LOG_WARNING）；2 为减少警告消息，0 或 1 为减少一些错误消息；而大于 3 的值会产生越来越多的附加警告和日志消息。至于输出文件的格式类型，通常不需要指定，程序会自动检测输入格式。Samtools 识别的文件格式字符串包括：sam、sam. gz、bam 和 cram。它们后面可能是以逗号分隔的选项列表，如"键（key）"或"键 = 值（key = value）"。"fmt-option"系列参数可以接受单个"选项（option）"或"选项 = 值（option = value）"。如果没有给某个布尔（boolean）选项指定值，则默认为 1。有效选项如下所示。

level = INT：仅用于输出，指定压缩水平（1 ~ 9），0 为不压缩。如果输出格式为 SAM，可以设定进行 BGZF 压缩，否则 SAM 文件默认是不压缩的。

nthreads = INT：指定程序运行期间的线程数。对于 BAM 文件，该参数仅用于编码过程。对于 CRAM 文件，其可在编码和解码过程之间动态共享这些线程数。

reference = fasta_file：指定一个 FASTA 格式参考文件，用于 CRAM 编码或解码。通常不需要解码，除非不需要通过 REF_PATH 或 REF_CACHE 环境变量获得 MD5。

decode_md = 0|1：仅用于 CRAM 输入，默认为 1(on)。CRAM 通常不存储 MD 和 NM 标签，而是倾向于动态生成它们。当此选项为 0 时，缺少的 MD 、NM 标签将不会生成。当与使用 store_md = 1 和 store_nm = 1 编码的文件结合使用时，该参数十分有用。

store_md = 0|1, store_nm = 0|1：仅用于 CRAM 输出，默认 0(off)。CRAM 通常仅在参考未知时存储 MD 标签，并允许解码器动态生成这些值。

ignore_md5 = 0|1：仅用于 CRAM 输入，默认为 0(off)。当该参数激活时，程序会忽略参考序列上的 MD5 校验错误以及 CRAM 中的块校验错误。强烈建议不要使用此选项。

required_fields = bit-field：仅用于 CRAM 输入，指定需要填入的 SAM 列。默认是所有列。限制解码指定列，能够显著提高性能。bit-field 数值及其含义如下所示。

数值	含义	数值	含义
0x1	SAM_QNAME	0x2	SAM_FLAG
0x4	SAM_RNAME	0x8	SAM_POS
0x10	SAM_MAPQ	0x20	SAM_CIGAR
0x40	SAM_RNEXT	0x80	SAM_PNEXT
0x100	SAM_TLEN	0x200	SAM_SEQ
0x400	SAM_QUAL	0x800	SAM_AUX
0x1000	SAM_RGAUX		

name_prefix = string:仅用于 CRAM 输入,默认为输出文件名。具有自动生成的 read 名称的任何序列都将使用该字符串作为名称前缀。

multi_seq_per_slice = 0|1:仅用于 CRAM 输出,默认为 0(off)。默认情况下,CRAM 会为每个参考序列生成一个容器,除非有许多小的参考序列,如零散的组装片段。

version = major. minor:仅用于 CRAM 输出,指定 CRAM 版本号,可接受的值为 2.1 和 3.0。

seqs_per_slice = INT:仅用于 CRAM 输出,默认为 10 000。

slices_per_container = INT:仅用于 CRAM 输出,默认为 1。每个容器的多个部分共享压缩头部。

embed_ref = 0|1:仅用于 CRAM 输出,默认为 0(off)。如果设为 1,程序将在每个部分(slice)中存储参考序列,从而使得解码时无须再设定参考序列。

no_ref = 0|1:仅用于 CRAM 输出,默认为 0(off)。序列在没有参考编码时,按原样存储。这一点对没有可用参考序列的输入文件来说,是很有用的。

use_bzip2 = 0|1, use_lzma = 0|1:仅用于 CRAM 输出,默认为 0(off)。允许在 CRAM 块压缩中使用 bzip2 或 lzma。

lossy_names = 0|1:仅用于 CRAM 输出,默认为 0(off)。具有相同 CRAM 部分(slice)中的所有成员的模板将被删除读段名称。新名称将在解码期间自动生成。

使用案例如下。

① 按指定输出格式将 BAM 文件转成 CRAM 文件输出。

samtools view --input-fmt-option decode_md = 0 --output-fmt cram, version = 3. 0 --output-fmt-option embed_ref --output-fmt-option seqs_per_slice = 2000 -o foo. cram foo. bam

② "--write-index"选项可在输出 BAM、CRAM 或 bgzf SAM 文件时,启用自动索引创建。请注意,要将压缩 SAM 作为输出格式,还需要指定压缩级别,否则所有 SAM 文件都不会被压缩。例如,将 BAM 文件转换为具有 CSI 索引的压缩 SAM 文件。

samtools view -h -O sam,level = 6 --write-index in. bam -o out. sam. gz

③ 默认情况下,SAM 和 BAM 将使用 CSI 索引,而 CRAM 将使用 CRAI 索引。如果需要创建 BAI 索引,可以使用"filename##idx##indexname"表示法指定要写入的索引名称以及格式。例如,将 SAM 文件转换为使用 BAI 索引的压缩 BAM 文件。

samtools view --write-index in. sam -o out. bam##idx##out. bam. bai

4. 参考序列

CRAM 格式在读/写操作中均需要参考序列。读取 CRAM 文件时,程序会查询@SQ 头部信息,以识别参考序列 MD5sum(M5 标签)和本地参考序列文件名(UR 标签)。注意:UR 字段中不会使用基于"http://"和"ftp://"的 URL 地址,但是可以使用本地 fasta 文件名。

创建 CRAM 文件时,程序也会读取@ SQ 头部信息,以识别参考序列。如果 M5 和 UR 标签可能不存在,"samtools view"指令的"-T"和"-t"选项可分别用于指定 fasta 或 fasta. fai 文件名。程序获取参考序列文件的搜索顺序为:① 使用命令行选项指定的任何本地文件(例如-T);② 通过 REF_CACHE 环境变量查找 MD5;③ 在 REF_PATH 环境变量的每个元素中查找 MD5;④ 查找"UR:"头部标记中列出的本地文件。

5. 过滤器表达式

过滤器表达式用来对传入的 SAM、BAM 或 CRAM 记录的即时检查,丢弃与指定表达式不匹配的记录。使用的语法主要是 C 风格,但在位运算符的优先规则和正则表达式匹配的包含方面有一些差异。运算符优先级,从最强到最弱,如表4-4 所示。

表4-4　运算符优先级列表

运算类型	运算符	描述
分组(grouping)	(,)	例如:(1 + 2) * 3
值型(values)	literals , vars	数字、字符串和变量
一元操作(unary ops)	+ , -, ! , ~	例如:-10 + 10,! 10(not) , ~5(bit not)
数学运算(math ops)	* , / , %	乘法、除法和(整数)模
数学运算(math ops)	+ , -	加/减
按位(bit-wise)	&	整数 AND
按位(bit-wise)	^	整数 XOR
按位(bit-wise)	|	整数 OR
条件判断(conditionals)	> , >= , < , <=	—
相等或不等(equality)	== ,! = , =~ ,! ~	=~ and ! ~ match regular expressions
布尔运算(boolean)	&& , ||	逻辑 AND/OR

表达式是使用浮点数字计算的,因此"10/4"的计算结果为 2.5,而不是 2。它们可以写成十进制整数或"0x"加十六进制数,以及带或不带指数的浮点数。但是,需要整数的运算,首先要进行隐式类型转换,因此,"7.9 % 5"为 2,"7.9 & 4.1"等价于"7 & 4",即 4。字符串始终使用双引号指定。要想在字符串中获得双引号,请使用反斜杠转义。同样,双反斜杠用于获得文字反斜杠。例如,"ab\\"c\\ \\d"是字符串"ab"c \\d"。比较运算符计算结果是符合条件为 1 而不符合为 0,因此"(2 > 1) + (3 < 5)"结果为 2。

变量是表达式访问文件格式细节的地方。它们对应于 SAM 字段。例如,为了找到具有高映射质量和非常大的插入片段的配对队列,可以使用表达式"mapq >= 30 && (tlen >= 100000 \|\| tlen <= -100000)"。有效的变量名称及其数据类型如表4-5 所示。

表4-5　有效变量名称及其数据类型列表

变量名称	数据类型	描述
flag	int	Combined FLAG field
flag. paired	int	Single bit, 0 or 1
flag. proper_pair	int	Single bit, 0 or 2
flag. unmap	int	Single bit, 0 or 4
flag. munmap	int	Single bit, 0 or 8
flag. reverse	int	Single bit, 0 or 16
flag. mreverse	int	Single bit, 0 or 32
flag. read1	int	Single bit, 0 or 64
flag. read2	int	Single bit, 0 or 128
flag. secondary	int	Single bit, 0 or 256
flag. qcfail	int	Single bit, 0 or 512
flag. dup	int	Single bit, 0 or 1024
flag. supplementary	int	Single bit, 0 or 2048
library	string	Library (LB header via RG)
mapq	int	Mapping quality
mpos	int	Synonym for pnext
mrefid	int	Mate reference number (0 based)
mrname	string	Synonym for rnext
ncigar	int	Number of cigar operations
pnext	int	Mate's alignment position (1-based)
pos	int	Alignment position (1-based)
qlen	int	Alignment length: no. query bases
qname	string	Query name
qual	string	Quality values (raw, 0 based)
refid	int	Integer reference number (0 based)
rlen	int	Alignment length: no. reference bases
rname	string	Reference name
rnext	string	Mate's reference name
seq	string	Sequence
tlen	int	Template length (insert size)
[XX]	int / string	XX tag value

flag 作为整个标志值或通过检查单个标志位返回。例如,过滤器表达式"flag. dup"等价于"flag & 1024"。"qlen"和"rlen"是使用 CIGAR 字符串测量的,以计算查询序列和参考序列

的碱基数量。请注意,如果序列是"*","qlen"可能与"seq"字段的长度不完全匹配。参考序列名称可以通过它们的字符串形式("rname"和"mrname")来匹配,或作为第 N 个@SQ 行(从零开始计数),分别使用"tid"和"mtid"存储在 BAM 中。辅助标签在方括号中描述,它们扩展为由标签本身定义的整数或字符串(XX:Z:string 或 XX:i:int)。例如,"[NM] >= 10"可用于查找具有许多错配的队列,而"[RG] =~ "grp[ABC]-""将匹配读段组字符串。如果不使用辅助标签进行比较,则其仅作为对该标签存在的测试。因此,"[NM]"将返回任何包含 NM 标签的记录,即使该标签为零(NM:i:0)。如果需要专门检查非零值,可以使用"[NM] && [NM]!=0"。一些简单的函数可用于对字符串进行操作。它们将字符串视为字节数组,可以计算它们的长度(length)、最小值(min)、最大值(max)和平均值(avg)。

6. 环境变量

(1) HTS_PATH

使用冒号分隔的目录列表,可在其中搜索 HTSlib 插件。如果 HTS_PATH 以冒号开头或结尾,或包含双冒号(::),则在搜索该位置的同时搜索目录内置列表。如果未定义 HTS_PATH 变量,则使用构建 HTSlib 时所指定的目录内置列表。

(2) REF_PATH

使用冒号分隔(Windows 系统为分号)的位置列表,在其中查找由其 MD5sum 标识的序列。这个可以是目录列表或 URLs 列表。请注意,如果包含 URL,则"http://"和"ftp://"中的冒号以及可选的端口号将被视为 URL 的一部分,而不是 PATH 字段分隔符。对于 URL,"%s"将被读取的 MD5sum 替换。如果没有指定 REF_PATH,则默认为"http://www.ebi.ac.uk/ena/cram/md5/%s"。如果 REF_CACHE 也未设置,它将被设置为"$XDG_CACHE_HOME/hts-ref/%2s/%2s/%s"。如果未设置 $XDG_CACHE_HOME,则使用"$HOME/.cache";如果找不到 home 目录,则使用本地系统临时目录。

(3) REF_CACHE

该变量可以定义一个包含本地参考缓存的目录。下载参考文件后,它将被存储在 REF_CACHE 指向的位置。读取参考文件时,将在搜索 REF_PATH 之前,先在此目录中查找它。如果未定义 REF_PATH,则将自动设置 REF_PATH 和 REF_CACHE。但是,如果定义了 REF_PATH 而未定义 REF_CACHE,则不使用本地缓存。为了避免将许多文件存储在同一目录中,可以使用"%nums"和"%s"表示法来构造 REF_CACHE 路径名;"%nums"会消耗 MD5sum 中的 num 个字符,"%s"会消耗所有剩下的字符。如果 REF_CACHE 缺少"%s",那么它将附加一个隐式"/%s"。为了帮助填充 REF_CACHE 目录,Samtools 发行版中提供了一个脚本"misc/seq_cache_populate.pl"。该脚本将获取一个 fasta 文件或 fasta 文件目录,并生成 MD5sum 命名的文件。例如,使用"seq_cache_populate -subdirs 2 -root /local/ref_cache"来创建 2 个嵌套子目录(默认),每个子目录占用 MD5sum 的 2 个字符,则 REF_CACHE 必须设置为"/local/ref_cache/%2s/%2s/%s"。其中最深目录中的文件名是 MD5sum 的最后 28 个字符。

7. 常用子指令详解

（1）view

用法：samtools view [options] in. sam|in. bam|in. cram [region...]

该指令用于 SAM/BAM/CRAM 格式的查看和相互转换。如果没有指定参数选项或区域，则把指定输入队列文件中（SAM/BAM/CRAM 格式）的所有队列以 SAM 格式输出到"标准输出（stdout）"；默认情况下不输出头部信息。如果在输入文件后面设定输出区域，则只有与这些区域存在重叠的队列才会被输出；多个区域使用空格分隔。注意：设定区域限制的前提是输入文件要按照坐标排序且建好索引（BAM/CRAM 格式）。此外，还可以设定输出格式；故而，该指令还充当文件格式转换工具。

默认的 SAM 输出是没有头部信息的，"-b/-C/-1/-u/-h/-H/-c"选项可以更改输出格式，"-o/-U"选项设置输出文件名；"-t/-T"选项提供额外的参考数据；当 SAM 输入不包含 @SQ 头部时，这两个选项其中之一是必需的；而 CRAM 输出，则需要"-T"选项。"-L/-M/-r/-R/-d/-D/-s/-q/-l/-m/-f/-F/-G"选项会按照特定条件进行过滤，然后将过滤后的队列输出。"-x/-B"选项修改每个队列中包含的数据；如果数据文件夹不包含任何索引文件，则"-X"选项可用于指定自定义索引文件位置。"-@"选项用于分配其他线程来进行压缩，而"-?"选项用于获取帮助消息。

区域参数设定格式如下所示。

RNAME[:STARTPOS[-ENDPOS]]

所有位置坐标都是从 1 开始。当设定多个区域时，某些与多个设定区域存在重叠的队列可能会输出多次。以下是几个范例。

chr1：输出映射到名称为"chr1"的参考序列上的所有队列，如：@SQ SN:chr1。
chr2：1000000：从 chr2 的 1 000 000 位置开始直到该染色体结束的这个区域。
chr3：1000-2000：从 chr3 的 1 000 位置开始直到 2 000 位置结束，共 1 001 个碱基的区域。
'*'：把未映射到参考序列上的读段输出到文件末尾。如果配对读段中的一个读段映射到参考序列，而另一个未映射，那么这个未映射的读段不包括在内。
.：输出所有队列（该参数可忽略）。

参数选项：

-b：输出 BAM 格式文件。

-C：输出 CRAM 格式文件（要求设定-T 选项）。

-1：启用快速 BAM 压缩（同时设定-b）。

-u：输出非压缩的 BAM 文件，该选项会节省花费在压缩/解压缩上的时间；因此，当将输出通过管道传递到另一个 Samtools 命令时，它是首选。

-h：输出包括头部信息。

-H：仅输出头部信息。

-c：无须输出队列，只需对它们进行计数并输出总数即可。此举会考虑所有过滤器选项,例如-f、-F 和-q。

-?:显示帮助信息。

-o FILE:输出到指定文件 FILE。默认为"标准输出(stdout)"。

-U FILE:把被各种过滤器选项筛掉的队列写入指定文件 FILE。当该选项设定时,所有队列(或与设定区域相交的所有队列),都将被写入输出文件或该选项设定的文件,但不会同时写入这两个文件。

-t FILE:一个以制表符分隔的文件。每行必须在第 1 列中包含参考序列名称,在第 2 列中包含参考序列长度,每个不同参考序列占用 1 行。第 2 列以外的任何其他字段都将被忽略。该文件还定义了参考序列的排序顺序。如果运行:samtools faidx ＜ref. fa＞,则其结果索引文件"＜ref. fa＞. fai"可用于该参数设定的文件 FILE。

-T FILE:FASTA 格式的参考序列文件,可以是 bgzip 压缩的,理想情况是使用 samtools faidx 创建了索引的。如果没有索引,程序会自动生成一个。

-L FILE:只输出与输入的 BED 文件存在重叠的队列。

-M:在 BED 文件和命令行区域参数的并集上使用多区域迭代器。这样可以避免重新读取文件的相同区域,因此有时可以更快。注意:这会删除重复序列。如果没有启用此设置,一条序列若与命令行上指定的多个区域存在重叠,则会被多次报告。

-N FILE:仅输出具有文件 FILE 中读段名称的队列。

-r STR:输出指定读段组 STR 的队列。默认为 null。当启用该选项时,没有 RG 标签的记录亦将被输出。

-R FILE:输出列在文件 FILE 中的读段组的队列。当启用该选项时,没有 RG 标签的记录亦将被输出。

-d STR1［:STR2］:仅输出具有 STR1 标签且相关的值为 STR2(可以是字符串或整数)的队列。该值可以省略,此时仅考虑标签。默认为 null。

-D STR:FILE:仅输出具有 STR 标签且相关的值列在文件 FILE 中的队列。默认为 null。

-q INT:跳过 MAPQ 小于 INT 的队列。默认为 0。

-l STR:仅输出在 STR 库中的队列。默认为 null。

-m INT:只输出查询序列中 CIGAR 碱基数≥INT 的队列。默认为 0。

-e STR:仅包括与过滤器表达式 STR 匹配的队列。具体语法参见"过滤器表达式"部分。

-f INT:只输出 FLAG 字段中所有位设置为 INT 的队列。INT 可以设定为以"0x"开头的十六进制数值,如"/^0x［0-9A-F］+/";或者以"0"开头的八进制数值,如"/^0［0-7］+/"。默认为 0。

-F INT:不要输出 FLAG 字段中任何位设置为 INT 的队列。格式同上。

-G INT:不要输出 FLAG 字段中所有位设置为 INT 的队列。与-f 参数恰好相反,因此,

"-f12 -G12"这样的设置与完全不过滤等同。格式同上。

-x STR：从输出中排除读段标签（可重复）。默认为 null。

-B：折叠后向 CIGAR 操作。

-s FLOAT：仅输出部分输入队列。此子采样（subsampling）对同一模板或读段对中的所有比对记录以相同的方式起作用，因此它从不保留单个读段，也不保留其配对伴侣信息。

-s INT. FRAC：选项的整数和小数部分是分开使用的。小数点后的部分设置要保留的模板/读段对的比例分数；而整数部分作为随机种子，影响哪些读段子集将被保留。在对以前进行过子采样的数据进行二次子采样时，请确保使用的种子值与以前使用的不同。否则将保留比预期更多的读段。

-@ INT：除主线程外，用于 BAM 压缩的线程数。默认为 0。

-S：忽略与先前 Samtools 版本的兼容性。以前，如果输入为 SAM 格式，则需要此选项；但是现在，程序通过检查输入的前几个字符会自动检测到正确的格式。

-X：包括自定义索引文件作为参数的一部分。

--no-PG：在输出文件的头部不要添加@ PG 行。

（2）index

用法：samtools index［-bc］［-m INT］aln. sam. gz | aln. bam | aln. cram［out. index］

该指令为一个按照坐标排序的 BGZIP 压缩的 SAM、BAM 或 CRAM 文件建立索引，以便快速地随机访问。请注意，这一指令仅对 BGZIP 压缩的 SAM 文件有效。在使用 samtools view 指令时，如果设定了"region"参数，此时就要用到索引文件；其他用到"region"参数的指令也是如此。如果指定了输出文件名称"out. index"，则索引文件将被写入"out. index"。否则，对于一个 CRAM 文件"aln. cram"来说，程序将会创建名为"aln. cram. crai"的索引文件；对于一个 BAM 文件"aln. bam"来说，则会创建"aln. bam. bai"或"aln. bam. csi"文件，具体要看设定的索引格式。BAI 索引格式可以处理的单个染色体长度最大为 512 Mb（2^{29} 个碱基）。如果输入文件可能包含映射到大于它的读段，则需要使用 CSI 索引。

参数选项：

-b：创建一个 BAI 索引。这是默认设置。

-c：创建一个 CSI 索引。默认情况下，索引的最小间隔为 2^{14}，与 BAI 格式使用的固定值相同。

-m INT：创建一个 CSI 索引，其最小间隔为 2^INT。

-@，--threads INT：除主线程外，还要使用的输入/输出压缩线程数。默认为 0。

（3）sort

用法：samtools sort［-l level］［-u］［-m maxMem］［-o out. bam］［-O format］［-M］［-K kmerLen］［-n］［-t tag］［-T tmpprefix］［-@ threads］［in. sam | in. bam | in. cram］

该指令用来对 SAM/BAM/CRAM 文件进行排序。默认按最左边的坐标，对队列进行排序；如果使用"-n"选项，则按读段名称排序。该指令将添加适当的"@ HD-SO"排序头部标签或更新现有标签。排序结果默认输出到"标准输出（stdout）"；如果"-o"选项被指定，则输出到指定文件，如 out. bam。如果"-m"选项设定的内存不足以完全加载队列数据，则该指令还会创建必要的临时文件"tmpprefix. % d. bam"。如果不需要一个完整字典顺序的排序结果，只是需要按照名称整理数据，可以考虑改用"samtools collate"指令。请注意，如果要使用"samtools index"指令对排序后的输出文件创建索引，则必须使用默认的坐标排序。因此，"-n"和"-t"选项与"samtools index"指令是不兼容的。

参数选项：

-K INT：设置用于"-M"选项的 k-mer 大小。默认：20。

-l INT：为最终输出文件设置所需的压缩级别，范围从 0（未压缩）或 1（最快但最小的压缩级别）到 9（最大压缩级别但写入最慢），这与"gzip（1）"的压缩级别设置类似。如果未使用"-l"，则将应用默认压缩级别。

-u：设置压缩级别为 0，即不压缩输出，与"-l 0"等同。

-m INT：每个线程大约所需的最大内存，可以字节为单位，或以 K/M/G 为后缀来指定。默认为 768 MB，强制最小值为 1 MB。

-M：通过序列最小化器（minimiser）对染色体标记为"＊"的未映射读段进行排序（Schleimer 等，2003；Roberts 等，2004）。这样可以将相似数据整理在一起，从而提高未映射序列的可压缩性。最小化器的 k-mer 大小使用"-K"选项进行调整。注意：以这种方式压缩数据可能需要先按名称整理，然后再转换回 FASTQ。映射序列是按染色体和位置排序的。

-n：按照读段名称排序，即 QNAME 字段，而不是按照染色体位置坐标排序。

-t TAG：首先按队列标记 TAG 中的值排序，然后再按位置或名称排序。

-o FILE：最终排序输出到文件 FILE，而不是标准输出。

-O FORMAT：设置最终输出格式：SAM/BAM/CRAM。默认按照"-o"参数指定的文件扩展名来设置。如果没有指定或无法确定格式，则选择 BAM 格式。

-T PREFIX：设定临时文件为"PREFIX. nnnn. bam"；如果指定的 PREFIX 是一个已经存在的目录，则临时文件为"PREFIX/samtools. mmm. mmm. tmp. nnnn. bam"，其中"mmm"对于此 sort 命令的调用是唯一的。

-@ INT：设置排序和压缩的线程数。默认为单线程。

--no-PG：在输出文件的头部不添加"@ PG"行。

排序规则：如果使用选项"-t"，则记录首先按给定队列标签（tag）的值排序，然后按位置或名称（"-n"选项）排序。例如，"-t RG"将使读段组成为排序主键。按标签排序的规则如下。

没有标签的记录将排在有标签的记录之前。

如果标签类型不同,则将对其进行排序,以使单字符标签(A 型)先于数组标签(B 型),然后是字符串标签(H 和 Z 型),最后是数字标签(f 和 i 型)。

数字标签(f 和 i 型)按值进行比较。注意:浮点值的比较受四舍五入和精度的影响。

字符串标签(H 和 Z 型),使用 C strcmp 函数基于标签的二进制内容进行比较。

字符标签(A 型)通过二进制字符值进行比较。

program 程序不会尝试比较其他类型的标签,特别是 B 型的数组值将不会被比较。当存在"-n"选项时,记录将按名称排序。比较名称以便给出"自然的"顺序,即对由数字组成的部分根据数字进行比较,而根据其二进制表示形式比较所有其他部分。这意味着"a1"将在"b1"之前,而"a9"将在"a10"之前。具有相同名称的记录将根据 READ1 和 READ2 标志(flags)值进行排序。当"-n"选项不存在时,将按参考序列排序,即根据@ SQ 头部记录的顺序;然后再按参考序列中的位置;继而,再按 REVERSE 标志对读段进行排序。

(4) idxstats

用法:samtools idxstats in. sam | in. bam | in. cram

该指令报告队列摘要统计信息:在与输入文件相对应的索引文件中进行检索,并输出统计信息。在执行该指令之前,应该先使用"samtools index"指令为输入的 BAM 文件创建索引,即按参考序列(如染色体)统计总体映射情况。如果输入文件是一个 SAM 或 CRAM,或未创建索引的 BAM 文件,该指令仍会产生相同的摘要统计信息,但这是通过读取整个文件来实现的,这比使用 BAM 索引要慢得多。该指令的输出内容的每行包括 4 列——参考序列名称、序列长度、映射到(mapped)参考序列上的读段和未映射到(unmapped)参考序列上的读段,中间以 TAB 分隔。结果被输出到"标准输出(stdout)",可以通过重定向将其保存到指定文件。请注意,如果读段多次映射或分成多个片段,则其可能会被多次计数。

(5) flagstat

用法:samtools flagstat in. sam | in. bam | in. cram

该指令用于统计总体映射情况,即每种 FLAG 类型的队列数量;读取整个输入文件进行计算,并将统计结果输出到"标准输出(stdout)"。其主要是根据 SAM 格式 FLAG 字段中的位标志,进行 13 个类别的统计计数。输出中的每个类别均分为两种情况:质控通过(QC pass)和质控失败(QC fail),显示为"#PASS + #FAIL",其后是该类别的说明。输出的第 1 行是根据标志位 0x200 统计出来的质控通过和失败的读段总数。例如,122 + 28 in total(QC-passed reads + QC-failed reads)。这表示输入文件中总共有 150 个读段,其中 122 个标记为质控通过,28 个标记为质控失败。之后的输出行,给出了读段的其他类别统计信息,如表 4-6 所示。最后给出的两行,还对读段名称(RNAME)、配对读段名称(MRNM)和映射质量(MAPQ)字段进行了过滤。

表 4-6　读段部分类别统计信息

类型	位标志
secondary	0x100 bit set
supplementary	0x800 bit set
duplicates	0x400 bit set
mapped	0x4 bit not set
paired in sequencing	0x1 bit set
read1	both 0x1 and 0x40 bits set
read2	both 0x1 and 0x80 bits set
properly paired	both 0x1 and 0x2 bits set and 0x4 bit not set
with itself and mate mapped	0x1 bit set and neither 0x4 nor 0x8 bits set
singletons	both 0x1 and 0x8 bits set and bit 0x4 not set
with mate mapped to a different chr	0x1 bit set and neither 0x4 nor 0x8 bits set and MRNM not equal to RNAME
with mate mapped to a different chr（mapQ >= 5）	0x1 bit set and neither 0x4 nor 0x8 bits set and MRNM not equal to RNAME and MAPQ >= 5

该指令仅有两个参数。

-@ INT：设置读取文件时的额外线程数。

-O FORMAT：设置输出格式,可以设置为"default""json""tsv";如果不使用此选项,将默认选择"default"格式。对于默认格式,依次显示:映射的(mapped)、正确配对的(properly paired)和单独(singletons)的读段计数、类别名称、质控通过或失败的读段总数百分比。例如,32 +0 mapped（94.12%：N/A）。使用"-O tsv"选择制表符分隔的格式,可以轻松将其导入电子表格软件。这种格式的第 1 列包含质控通过的读段数量,第 2 列包含质控失败的读段数量,第 3 列包含类别名称。使用"-O json"会生成 ECMA-404 JSON 数据交换格式对象。在"tsv"和"json"格式中,这些百分比是单独列在 mapped %、properly paired % 和 singletons % 的类别中的。如果因总数为零而无法计算百分比,则在"default"和"tsv"格式下,其将被报告为"N/A";在"json"格式中,其将被报告为 JSON 空值(null)。

（6）stats

用法:samtools stats［options］in. sam|in. bam|in. cram［region…］

该指令根据输入的队列文件生成全面的统计信息,结果以文本格式输出。其统计内容主要包括:读段映射信息、读段每个位点的质量分布情况、每个读段的 GC 含量情况、读段中每个位点的 A/C/G/T 含量、插入片段分布情况、读段中每个位点的 indels 情况、不同 GC 含量的读段分布情况。这些输出的统计数据,可以使用 plot-bamstats 进行图形化显示输出。

参数选项:

-c, --coverage MIN,MAX,STEP:按照指定范围统计覆盖度分布。MIN、MAX、STEP 均为整型数(默认:1,1000,1)。

　　-d，--remove-dups：从统计读段中排除标记为重复的读段。

　　-f，--required-flag STR|INT：设定必需标志位。0 表示未设置（unset），此为默认值。参见"samtools flags"。

　　-F，--filtering-flag STR|INT：设定过滤标志位。0 表示未设置（unset），此为默认值。参见"samtools flags"。

　　--GC-depth FLOAT：设定统计 GC 深度（GC-depth）的盒子（bin）大小（默认:2e4）。其可视为在序列上分段统计时的滑动窗口大小。减少盒子（bin）大小会增加内存需求。

　　-h，--help：显示帮助信息。

　　-i，--insert-size INT：最大插入片段大小（默认:8 000）。

　　-I，--id STR：仅包括列出的读段组或样本名称。

　　-l，--read-length INT：在统计中只包含具有给定读段长度的读段（默认:-1）。

　　-m，--most-inserts FLOAT：仅报告插入的主要部分（默认:0.99）。

　　-P，--split-prefix STR：使用"-S/--split"创建分类统计文件时，附加到文件名输出的路径或字符串前缀（默认:输入文件名）。

　　-q，--trim-quality INT：BWA 修剪参数（默认:0）。

　　-r，--ref-seq FILE：设定参考序列文件（计算 GC 深度和每个循环的错配时需要）。

　　-S，--split TAG：除了完整的统计信息外，还可以根据标记字段 TAG 输出分类统计信息。例如，使用"--split RG"拆分为读段组。分类统计数据写入名为" < prefix > _ < value > .bamstat"的文件，其中前缀由"--split-prefix"参数项或默认输入文件名给出，并且"value"已作为指定标记字段的值出现在一个或多个队列记录中。

　　-t，--target-regions FILE：仅在设置文件中限定的地区进行统计。该文件以制表符（TAB）分隔字段：染色体（chr）、起始位置（from）、结束位置（to）。位置是从 1 开始对序列碱基的编号。

　　-x，--sparse：禁止输出没有插入的 IS 行。

　　-p，--remove-overlaps：从覆盖度和碱基计数的计算中，去除双末端读段的重叠。

　　-g，--cov-threshold INT：只有覆盖度高于此值的碱基才会包含在目标百分比计算中（默认:0）。

　　-X：如果设置了此选项，当数据文件夹中不包含任何索引文件，它将允许用户指定自定义索引文件位置。用法示例: samtools stats ［options］ -X /data_folder/data. bam /index_folder/data. bai chrM:1-10。

　　-@ ，--threads INT：除了主线程之外要使用的输入/输出压缩线程数（默认:0）。

　　输出结果：

　　该指令会输出很多统计数据类型，当然并非每次都会报告；因为某些统计数据取决于要进行坐标排序的数据,而有些则仅在使用特定条形码标签时出现。某些统计信息是针对"第 1 个"或"第 2 个"读段收集的,并使用 PAIRED(0x1)、READ1(0x40)和 READ2(0x80)

标志位将记录分为以下类别：① 未配对读段（即未设置 PAIRED）都是"第 1 个"读段；对于这些记录，READ1 和 READ2 标志将被忽略。② 设置了 PAIRED 和 READ1，而未设置 READ2 的读段是"第 1 个"读段。③ 设置了 PAIRED 和 READ2，而未设置 READ1 的读段是"第 2 个"读段。④ 已设置 PAIRED，且 READ1 和 READ2 均已设置或均未设置的读段不计入任何类别。

Stats 指令输出的统计数据类型如下。

```
CHK：Checksum
SN：   Summary numbers
FFQ：First fragment qualities
LFQ：Last fragment qualities
GCF：GC content of first fragments
GCL：GC content of last fragments
GCC：ACGT content per cycle
GCT：ACGT content per cycle, read oriented
FBC：ACGT content per cycle for first fragments only
FTC：ACGT raw counters for first fragments
LBC：ACGT content per cycle for last fragments only
LTC：ACGT raw counters for last fragments
BCC：ACGT content per cycle for BC barcode
CRC：ACGT content per cycle for CR barcode
OXC：ACGT content per cycle for OX barcode
RXC：ACGT content per cycle for RX barcode
QTQ：Quality distribution for BC barcode
CYQ：Quality distribution for CR barcode
BZQ：Quality distribution for OX barcode
QXQ：Quality distribution for RX barcode
IS：   Insert sizes
RL：   Read lengths
FRL：Read lengths for first fragments only
LRL：Read lengths for last fragments only
ID：   Indel size distribution
IC：   Indels per cycle
COV：Coverage (depth) distribution
GCD：GC-depth
```

CHK 行包含读段名称、序列和质量值的不同 CRC32 校验和（checksum）。校验和是按每个队列记录计算并求和的，这意味着如果输入文件的排序顺序发生变化，校验和不会改变。

SN 部分包含一系列计数、百分比和平均值，其风格与"samtools flagstat"类似，但信息更全面。可以使用"grep ^SN [file] | cut -f 2-"从统计输出结果文件[file]中提取这部分内容。SN 包含的信息类型如下。

raw total sequences：数据文件中读段总数量，不包括补充（supplementary）和次要（secondary）读段。与 samtools view -c 报告的数字相同。

filtered sequences：使用"-f/-F"参数项时丢弃的读段数量。

sequences：处理的读段数量。

is sorted：文件是否（[1|0]）按照坐标排序的标志。

1st fragments：第一个片段读段数量（标志位 0x1 未设置；或标志位 0x1 和 0x40 设置，0x80 未设置）。

last fragments：最后一个片段读段数量（标志位 0x1 和 0x80 设置，0x40 未设置）。

reads mapped：映射到参考序列上的读段数量，包括成对读段和单个读段（标志位 0x4 或 0x8 未设置）。

reads mapped and paired：映射到参考序列上的成对读段数量（标志位 0x1 设置，0x4 和 0x8 未设置）。

reads unmapped：未映射到参考序列上的读段数量（标志位 0x4 设置）。

reads properly paired：映射到参考序列上的正确成对读段数量（标志位 0x2 设置）。

paired：成对读段数量，包括映射的和未映射的读段，但不包括补充和次要读段（标志位 0x1 设置，0x100 和 0x800 未设置）。

reads duplicated：重复读段数量（标志位 0x400 设置）。

reads MQ0：映射质量为 0 的映射读段数量。

reads QC failed：质量检查失败的读段数量（标志位 0x200 设置）。

non-primary alignments：次要读段数量（标志位 0x100 设置）。

supplementary alignments：补充读段数量（标志位 0x800 设置）。

total length：从非次要、非补充读段中处理的碱基数（标志位 0x100、0x800 未设置）。

total first fragment length：属于第一个片段的处理碱基数量。

total last fragment length：属于最后一个片段的处理碱基数量。

bases mapped：属于映射读段的处理碱基数量。

bases mapped（cigar）：由相应读段的 CIGAR 字符串过滤的映射碱基数量。只计算比对匹配（M）、插入（I）、序列匹配（=）和序列错配（X）。

bases trimmed：属于非次要、非补充读段，由 BWA 修剪的碱基数。通过"-q"选项启用。

bases duplicated：属于重复读段的碱基数。

mismatches：错配碱基的数量，由与读段相关的 NM 标签报告（如果存在的话）。

error rate：错配和碱基映射（cigar）之间的比率。

average length：总长度和序列之间的比率。

average first fragment length：第一个片段总长度和第一个片段数量之间的比率。

average last fragment length：最后一个片段总长度与最后一个片段数量之间的比率。

maximum length：最长读段的长度（包括硬剪切碱基）。

maximum first fragment length：最长的第一个片段读段的长度（包括硬剪切碱基）。

maximum last fragment length：最长的最后一个片段读段的长度（包括硬剪切碱基）。

average quality：碱基质量总和与总长度之比。

insert size average：配对和映射读段的平均绝对模板长度。

insert size standard deviation：平均模板长度分布的标准偏差。

inward oriented pairs：内向读段对，两个读段之间有重叠。标志位 0x40 设置且 0x10 未设置，或标志位 0x80 和 0x10 都设置的配对读段数量。

outward oriented pairs：外向读段对，两个读段之间无重叠。标志位 0x40 和 0x10 设置，或标志位 0x80 设置且 0x10 未设置的配对读段数量。

pairs with other orientation：不属于上述两类中任何一类的配对读数数量。

pairs on different chromosomes：一个读段在某条染色体上而配对的另一个读段在另一条染色体上的读段对数量。

percentage of properly paired reads：序列中正确配对的读段百分比。

bases inside the target：目标区域内的碱基数（当使用"-t"选项指定目标文件时）。

percentage of target genome with coverage > VAL：覆盖率大于 VAL 的目标碱基的百分比。默认情况下，VAL 为 0，但用户可以使用"-g"选项提供自定义值。

FFQ 和 LFQ 报告每个读段序列和每个循环的质量分布。每个循环有 1 行记录,每行的第 1 列是 FFQ/LFQ 标志,第 2 列是循环周期编号(亦是读段碱基编号);其余列是每个质量值的观察整数计数,从最左侧的第 3 列质量 0 开始,到观察到的最大质量结束。因此,每一行都形成了自己当前循环的质量分布。可以使用"grep ^FFQ［file］| cut -f 2-"和"grep ^LFQ［file］| cut -f 2-",从统计输出结果文件［file］中分别提取这两部分内容。

GCF 和 GCL 报告每个读段序列的总 GC 含量。每行的第 1 列是 GCF/GCL 标志,第 2 列是 GC 含量的百分位数(0 到 100 之间),第 3 列是该 GC 含量的读段计数。可以使用"grep ^GCF［file］| cut -f 2-"和"grep ^GCL［file］| cut -f 2-",从统计输出结果文件［file］中分别提取这两部分内容。

GCC、FBC 和 LBC 报告每个循环的核苷酸含量。每个循环有 1 行记录,每行的第 1 列是 GCC|FBC|LBC 标志,第 2 列是循环周期编号(亦是读段碱基编号),其余 4 列是 A/C/G/T/N 和其他歧义碱基的百分比计数;标准化处理仅针对 A/C/G/T 碱基。可以使用"grep ^GCC［file］| cut -f 2-""grep ^FBC［file］| cut -f 2-""grep ^LBC［file］| cut -f 2-",从统计输出结果文件［file］中分别提取这三部分内容。

GCT 提供与 GCC 类似的报告,但 GCC 对出现在 SAM 输出中的核苷酸以参考序列方向进行计数,而 GCT 会考虑核苷酸是否属于反向互补读段,并以原始读段方向对其进行计数。如果文件中没有反向互补读段,则 GCC 和 GCT 报告将是相同的。

FTC 和 LTC 分别报告第 1 个和第 2 个读段的核苷酸总数。

BCC、CRC、OXC 和 RXC 是 GCC 的条形码等价物,分别显示条形码标签 BC、CR、OX 和 RX 的核苷酸含量。它们的质量值分布在 QTQ、CYQ、BZQ 和 QXQ 部分,对应于 BC/QT、CR/CY、OX/BZ 和 RX/QX 等 SAM 格式序列/质量标签。这些质量值分布遵循 FFQ 和 LFQ 部分中使用的相同格式。所有这些部分名称后跟一个数字(1 或 2),表示它们下方的统计数字对应于第 1 个或第 2 个条形码(在双索引的情况下)。因此,这些部分将显示为 BCC1、CRC1、OXC1 和 RXC1,它们的质量关联部分为 QTQ1、CYQ1、BZQ1 和 QXQ1。如果条形码序列中存在分隔符(通常是连字符)——表示双重索引,则以"2"结尾的部分也将被报告以显示第 2 个标签统计信息(例如,BCC1 和 BCC2 都存在)。

IS 报告插入片段大小分布,每个插入片段大小有 1 行记录。第 1 列是 IS 标志,第 2 列是插入片段大小,随后的几列分别是总读段对、内向读段对(inward oriented pairs)、外向读段对(outward oriented pairs)和其他读段对的频数。"-i"选项用来指定报告的最大插入片段大小。可以使用"grep ^IS［file］| cut -f 2-",从统计输出结果文件［file］中提取这部分内容。

RL 报告所有读段长度的分布,每个观察到的长度占 1 行(最大长度由"-l"选项指定)。每行共 3 列,分别是 RL 标志、读段长度和频率。FRL 和 LRL 包含相同的信息,分别针对第一个和最后一个片段读段。可以使用"grep ^RL［file］| cut -f 2-",从统计输出结果文件［file］中提取这部分内容。

ID 报告 indel 分布，每个 indel 有 1 行。每行共 4 列，除了第 1 列为标志字符串"ID"之外，其余 3 列分别是 ID 编号、插入（insertion）数量和删除（deletion）数量。可以使用"grep ^ID [file] | cut -f 2-"，从统计输出结果文件[file]中提取这部分内容。

IC 报告每个循环发生 indel 的频率，按插入/删除（insertion/deletion）和第一个/最后一个（first/last）读段进行细分。请注意，对于多碱基插入缺失，仅计算第一个碱基位置。第一列是 IC 标志，然后依次是循环顺序号、第一个片段中的插入数、最后一个片段中的插入数、第一个片段中的删除数和最后一个片段中的删除数。可以使用"grep ^IC [file] | cut -f 2-"，从统计输出结果文件[file]中提取这部分内容。

COV 报告每个覆盖到的参考序列位点的队列深度分布。例如，平均深度为 50，理想情况下会是一个以 50 为中心的正态分布；但重复或拷贝数变异的存在，可能会使分布呈现出大约为 50 倍数的多个峰。第 1 列是 COV 标志，第 2 列是覆盖深度范围，形式为[最小-最大]。第 3 列是覆盖深度范围的最大值，第 4 列是观察到的该覆盖深度范围的频数。覆盖深度最小、最大和范围步长由"-c"选项控制。小于最小值和大于最大值的深度范围报告为[<min]和[max<]。可以使用"grep ^COV [file] | cut -f 2-"，从统计输出结果文件[file]中提取这部分内容。

GCD 报告与每个队列记录对齐的参考序列的 GC 含量，每个观察到的 GC 百分比报告一行作为第 2 列（第 1 列是 GCD 标志），并以此列排序。第 3 列是总的序列百分位数，从 0% 开始累加到 100% 结束。这两列可用于生成 GC 含量的简单分布。随后的 5 列列出了每行对应 GC 百分比所观察到的覆盖深度的第 10、25、50、75 和 90 分位数，揭示读段映射中的 GC 偏移（GC bias），实际上就是序列中 GC 含量的差异导致测序结果发生偏移。可以使用"grep ^GCD [file] | cut -f 2-"，从统计输出结果文件[file]中提取这部分内容。

（7）depth

用法：samtools depth [options] [in1.sam|in1.bam|in1.cram [in2.sam|in2.bam|in2.cram] [...]]

计算每个位点或区域的读段深度。输出结果的每一行包括 3 列：参考序列名称、位点、深度。

参数选项：

-a：输出所有位点计算结果，包括测序深度为 0 的。

-a -a，-aa：绝对输出所有位点计算结果，包括未使用的参考序列。请注意，当与 BED 文件结合使用时，如果参考序列覆盖在 BED 文件指定区域之外，则"-a"选项有时可能会像指定了"-aa"选项一样运行。

-b FILE：计算在指定 BED 文件中的位点或区域列表的测序深度。

-f FILE：使用 FILE 中指定的 BAM 文件。该 FILE 中存放着 BAM 文件名称列表，每行一个。

-H：在输出的开头写入一个显示列名称的注释行。名称是 CHROM、POS，然后是每个深度列的输入文件名。如果其中一个输入来自标准输入（stdin），则其名称使用"-"表示。

-l INT：忽略长度短于 INT 的读段。

-m，-d INT：设置在一个位置,每个输入文件最多读取 INT 个读段。这意味着可能会在输出中报告大于 INT 的数字。设置此限制可减少处理覆盖度非常高的区域所需的内存量和时间。设置该选项为 0,即意味着不设深度限制。默认:8 000。

-o FILE：将输出写入 FILE。若 FILE 设为"-",则会将输出发送到标准输出(stdout),即回显在终端命令行窗口,这也是默认值。

-q INT：只计算碱基质量大于或等于 INT 的读段。

-Q INT：只计算映射质量大于 INT 的读段。

-r CHR:FROM-TO：只报告指定区域的深度。

-X：如果设置了此选项,当数据文件夹中不包含任何索引文件,它将允许用户指定自定义索引文件位置。

-g FLAGS：默认情况下,会跳过设置了 UNMAP、SECONDARY、QCFAIL 或 DUP 等任何标志的读段。要将这些读段重新包括在分析中,请将此选项与所需标志或标志组合一起使用。FLAGS 可以指定为:十六进制,以"0x"开头(即/^0x[0-9A-F]+/);或八进制,以"0"开头(即/^0[0-7]+/);或不以"0"开头的十进制数;或以逗号分隔的标志名称列表。

-G FLAGS：丢弃具有 FLAGS 指定标志的读段。FLAGS 的指定与"-g"选项相同[UNMAP,SECONDARY,QCFAIL,DUP]。

-J：在深度计算中,包括存在删除(deletion)的读段。

-s：对于读段对的重叠部分,仅计算单个读段的碱基。这是通过将重叠部分跨度的一个读段的质量值降低到 0 来实现的。因此,该算法将只考虑质量高于 0 的碱基。

（8）fastq/fasta

| 用法：samtools fastq [options] in. bam |
| samtools fasta [options] in. bam |

将 SAM/BAM/CRAM 转换为 FASTQ 或 FASTA 格式。如果输入的文件名有. gz 或. bgzf 扩展名,则结果文件亦将自动被压缩。该指令的输入文件内容必须按名称整理;可以使用 samtools collate 或 samtools sort -n 来预处理。

参数选项：

-n：默认情况下,"/1"或"/2"被添加到读段名称的末尾,并设置了相应的 READ1 或 READ2 的 FLAG 位。使用"-n"会让读段名称保持原样。

-N：总是增加"/1"或"/2"到读段名称的末尾,即使它们被存放到不同的文件。

-O：如果可用,优先使用来自 OQ 标签的质量值,而不是标准质量字符串。

-s FILE：将单一读段写入 FILE。

-t：如果存在,把 RG、BC 和 QT 标签复制到 FASTQ 文件头部行。

-T TAGLIST：指定一个以逗号分隔的标签列表,并将其复制到 FASTQ 文件头部行。

-1 FILE：将 READ1 标志位设置(且 READ2 未设置)的读段写入 FILE。如果使用"-s"

选项,则只会将成对读段写入此文件。

-2 FILE：将 READ2 标志位设置(且 READ1 未设置)的读段写入 FILE。如果使用"-s"选项,则只会将成对读段写入此文件。

-o FILE：将 READ1 或 READ2 标志位设置的读段写入 FILE。这相当于设置"-1 FILE -2 FILE"。

-0 FILE：将 READ1 和 READ2 标志位均设置或均未设置的读段写入 FILE。

-f INT：只有 FLAG 字段中存在设置为 INT 的所有位的队列会被输出。INT 可以指定为十六进制,以"0x"开头(/^0x[0-9A-F]+/);或八进制,以"0"开头(/^0[0-7]+/)。

-F INT：不要输出 FLAG 字段中存在设置为 INT 的所有位的队列。INT 可以指定为十六进制,以"0x"开头(/^0x[0-9A-F]+/);或八进制,以"0"开头(/^0[0-7]+/)。默认为"0x900",表示过滤掉次要和补充队列。

-G INT：只排除 FLAG 字段中存在设置为 INT 的所有位的读段。INT 可以指定为十六进制,以"0x"开头(/^0x[0-9A-F]+/);或八进制,以"0"开头(/^0[0-7]+/)。

-i：将 illumina Casava 1.8 格式条目添加到头部(例如 1:N:0:ATCACG)。

-c [0..9]：设置输出 gz 或 bgzf 格式的 FASTQ 文件的压缩级别。

--i1 FILE：将第 1 个索引读段写入 FILE。

--i2 FILE：将第 2 个索引读段写入 FILE。

--barcode-tag TAG：用于查找索引读段的辅助标签(默认:BC)。

--quality-tag TAG：用于查找索引质量的辅助标签(默认:BC)。

-@ , --threads INT：除主线程外,用于输入/输出压缩的线程数(默认:0)。

--index-format STR：描述如何解析条形码和质量标签的字符串。例如,i14i8 表示前 14 个字符是索引 1,接下来的 8 个字符是索引 2。n8i14 表示忽略前 8 个字符,并使用接下来的 14 个字符作为索引 1。如果标签包含分隔符,那么数字部分可以替换为"*",以表示"读到分隔符或标签结束"。例如,n*i* 为忽略标签的左边部分直到分隔符,然后使用第二部分。

(9) faidx

用法：samtools faidx < ref. fasta > [region1 […]]

为 FASTA 格式的参考序列文件创建索引,或者从其中提取子序列。如果没有指定"region"参数,faidx 子程序指令就会创建名为" < ref. fasta > . fai"的索引文件。如果指定了"region"参数,程序会提取该参数指定的区域序列,并以 FASTA 格式回显出来;此时如果没有索引文件,程序会首先自动创建一个索引文件。输入文件可以是压缩的 BGZF 格式。输入文件中的序列应该都有不同的名称;否则,索引将发出有关重复序列的警告,检索将仅从具有重复名称的第 1 个序列中生成子序列。FASTQ 文件可以通过这个命令读取和索引;不使用"--fastq"选项,任何提取的子序列都将采用 FASTA 格式。

参数选项：

-o, --output FILE：输出到指定 FILE。

-n，--length INT：序列每行的长度（默认：60）。

-c，--continue：如果请求了一个不存在的区域，程序将继续工作。

-r，--region-file FILE：从指定 FILE 中读取区域信息。格式为"chr:from-to"，每行一个。

-f，--fastq：读取 FASTQ 文件，并以 FASTQ 格式输出提取的序列。与使用"samtools fqidx"相同。

-i，--reverse-complement：输出互补序列。当使用该选项时，序列名称会添加"/rc"。可以使用"--mark-strand"选项关闭它或改变添加的字符串。

--mark-strand TYPE：为序列名称添加链指示标记。① rc：输出互补链时，添加"rc"；这是默认设置。② no：不添加任何东西。③ sign：正链添加"+"，互补链添加"-"。这与"bedtools getfasta -s"的输出相匹配。④ custom，< pos >，< neg >：输出正链时，添加字符串 < pos >；输出负链时，添加字符串 < neg >。空格是保留字符，因此可以通过在字符串"< pos >"和"< neg >"中包含前导空格，将指示标记（"< pos >"和"< neg >"）移动到描述行的注释部分。

--fai-idx FILE：读/写指定索引文件 FILE。

--gzi-idx FILE：读/写指定的压缩文件索引（.gz 文件）。

-h，--help：输出帮助信息，然后退出。

四、使用案例

1. 获取帮助信息

在命令行中，直接输入 samtools，会获得简要的版本和帮助信息。如果加上子程序指令，则显示该子指令的简要帮助信息。

```
samtools #显示 Samtools 的简要帮助信息
samtools sort #显示 sort 的简要帮助信息
```

2. 数据准备

```
#使用 art_illumina，针对酿酒酵母基因组，模拟一组 HiSeq 2500 平台的双末端测序数据
art_illumina -ss HS25 -i gDNA.fna -p -l 125 -f 10 -m 200 -s 10 -o paired
#带上"-sam"参数项执行模拟，会直接输出".sam"文件，以下两行指令可以不必执行
#利用 bowtie2-build 创建某物种基因组（gDNA.fna）的索引文件
bowtie2-build gDNA.fna index
#将模拟数据与参考基因组进行比对
bowtie2 -x ./index -1 paired1.fq -2 paired2.fq -S ./paired.sam -p 1
```

3. faidx 使用案例

① 创建参考基因组序列索引。

```
samtools faidx gDNA.fna
```

本案例中的基因组索引文件（gDNA.fna.fai）内容如下。

NC_001133.9	230218	76	80	81
NC_001134.8	813184	233249	80	81
NC_001135.5	316620	1056676	80	81
NC_001136.10	1531933	1377332	80	81
NC_001137.3	576874	2928491	80	81
NC_001138.5	270161	3512653	80	81
NC_001139.9	1090940	3786270	80	81
NC_001140.6	562643	4890926	80	81
NC_001141.2	439888	5460680	80	81
NC_001142.9	745751	5906143	80	81
NC_001143.9	666816	6661293	80	81
NC_001144.5	1078177	7336523	80	81
NC_001145.3	924431	8428257	80	81
NC_001146.8	784333	9364322	80	81
NC_001147.6	1091291	10158537	80	81
NC_001148.4	948066	11263548	80	81
NC_001224.1	85779	12223540	80	81

② 从 FASTA 格式基因组序列文件(gDNA. fna)中,提取序列名称为 NC_001133.9 的指定区域(1~100),以及序列名称为 NC_001134.8 的指定区域(50~100),然后以 FASTA 格式输出到标准输出(stdout),即直接回显到终端命令行窗口。由于该基因组未创建索引,所以该指令会同时创建一个基因组索引文件(gDNA. fna. fai)。

```
samtools faidx gDNA. fna NC_001133.9:1-100 NC_001134.8:50-100
#终端窗口回显
 > NC_001133.9:1-100
ccacaccacacccacacacccacacaccacaccacacaccacaccacacccacacacaca
catCCTAACACTACCCTAACACAGCCCTAATCTAACCCTG
 > NC_001134.8:50-100
ATGTTCAACCAAAAGCTACTTACtacctttattttatgtttacttttata
```

4. view/sort/index 使用案例

① 将 SAM 转成 BAM。

```
#在头部存在@ SQ 行的情况下
samtools view -b -o paired2. bam paired. sam
#或 samtools view -b paired. sam  >  paired_2. bam
#在头部不存在@ SQ 行的情况下
samtools view -bt gDNA. fna. fai paired. sam -o paired_3. bam
```

使用命令行重定向"＞"可以把原来默认输出到标准输出(stdout)的内容,保存到指定文件中,等价于"-o"参数项。

② 对 BAM 文件进行排序和索引。

```
samtools sort paired. bam -o paired_sorted. bam #排序
samtools index paired_sorted. bam #建立索引
```

③ 使用本地参考序列,将 BAM 文件转换为 CRAM 文件。

```
samtools view -C -T Sc_gDNA. fna paired. bam > paired. cram
```

④ 查看覆盖到自定义索引文件指定区域的读段。

```
samtools view -X paired_sorted. bam paired_sorted. bam. bai NC_001133.9:1-100
```

⑤ 将 BAM 文件转换为具有逐字存储的 NM 和 MD 标签的 CRAM 格式,而不是在 CRAM 解码过程中即时进行计算,以便具有 MD/NM 的混合数据集,仅在某些记录上,或使用不同错配定义计算出的 NM,能够被原样解码。第 2 个命令演示了如何解码这样的文件。不解码 MD 的请求将关闭 MD 和 NM 的自动生成,它仍将在具有这些逐字存储的记录上输出 MD/NM 标签。

```
samtools view -C --output-fmt-option store_md = 1 --output-fmt-option store_nm = 1 -o paired_2. cram
paired. bam
samtools view --input-fmt-option decode_md = 0 -o paired. new. bam paired. cram
```

5. fastq 使用案例

① 从名称整理文件开始,在单个文件中输出成对和单一读段,丢弃补充和次要读段。要在单个文件中获取所有读段,必须重定向"samtools fastq"的输出。输出文件是包含成对和单一读段混合的交错文件,适合与"bwa mem -p"一起使用。

```
samtools fastq -0 /dev/null paired_sorted. bam > all_reads. fq
```

② 在单个文件中输出配对读段,丢弃补充和次要读段。将任何单一读段保存在一个单独的文件中,为读段名称附加"/1"和"/2"。这种格式适合 NextGenMap 在使用其"-p"和"-q"选项时使用。使用该比对工具,配对读段必须单独映射到参考序列。

```
samtools fastq -0 /dev/null -s single. fq -N paired_sorted. bam > paired. fq
```

6. 多种统计及结果可视化示例

① 对排好序的 BAM 进行统计分析。

```
samtools stats paired_sorted. bam > stats. txt
samtools depth paired_sorted. bam > depth. txt
samtools flagstat paired_sorted. bam > flagstat. txt
samtools idxstats paired_sorted. bam > idxstats. txt
```

② 利用 plot-bamstats 工具对 samtools stats 输出的结果文件进行图形化显示输出。

```
mkdir plot-bamstats_out #创建输出结果存放目录
plot-bamstats -p ./plot-bamstats_out/ ./samtools. stat. stats. out
```

7. 可能出现的问题与解决方法

Samtools 处理的数据文件都很大,可能会因为硬盘的存储和读取问题,产生一些意外的错误。以下就是实践过程中,偶然发现的问题。

```
samtools view -b paired. sam  >  paired. bam
```

在执行格式转换时,终端窗口提示以下错误。

```
[E::sam_parse1] SEQ and QUAL are of different length
[W::sam_read1] parse error at line 4441400
    [main_samview] truncated file.
```

对错误行前后 5 行数据进行查看。

```
cat paired. sam| head -n 4441405 | tail -n  +4441395
```

截取的内容如下所示。

```
 1 CP008316.1-181666    145 CP008316.1   236758   42   125M   =   239161   252
 2 CP008316.1-181664    97  CP008316.1   434474   42   125M   =   431990   -26
 3 CP008316.1-181664    145 CP008316.1   431990   42   125M   =   434474   260
 4 CP008316.1-181662    81  CP008316.1   175935   42   125M   =   178347   253
 5 CP008316.1-181662    161 CP008316.1   178347   42   125M   =   175935   -25
 6 @@@@@@@@@@@@@@@@@@@@@@@@@@@@@@@@@@@@@@@@@@@@@@@@@@@@@@@@@@@@@@@@@@@@@@
 7 CP008316.1-149806    145 CP008316.1   104046   42   125M   =   106373   245
 8 CP008316.1-149804    97  CP008316.1   34100    42   125M   =   31794    -24
 9 CP008316.1-149804    145 CP008316.1   31794    42   125M   =   34100    243
10 CP008316.1-149802    97  CP008316.1   75764    42   125M   =   73321    -25
11 CP008316.1-149802    145 CP008316.1   73321    42   125M   =   75764    256
```

出现这种问题,解决方法之一是重新计算获取该 SAM 文件,另一个方法是删除这一行。

13．SOAPdenovo

一、简介

SOAPdenovo 是一种短读长组装工具，可以从头组装人类大小的基因组。该程序是专门为 illumina GA 测序平台的短读长而设计的。SOAPdenovo2 设计了新算法，可减少图构建中的内存消耗，能够解析重叠群（contig）中的更多重复区域，增加组装脚手架（scaffold）的覆盖范围和长度，改善间隙闭合，并针对大型基因组进行优化。SOAPdenovo 的目标是针对大规模的植物和动物基因组进行组装，当然它也可用于细菌和真菌基因组。SOAPdenovo 需要运行于 64 位 Linux 系统，至少 5 GB 内存。对于像人类这样大小的基因组序列，大约需要 150 GB 内存。SOAPdenovo 软件支持三种格式的读段文件：FASTA、FASTQ 和 BAM。读段之间的配对关系可以用两种方式来确定：① 两个序列文件之间，使用相同的顺序来存放配对读段；② 两个配对读段相邻地放在同一个 FASTA 格式序列文件中。如果一个读段（BAM 格式）的品质检查未通过（标志位设置为 0x200），那么与之配对的另一个读段也将被忽略。

二、下载与安装

SOAPdenovo 提供了多种下载和安装的来源，包括 Ubuntu 软件中心、SourceForge、GitHub 等。最新版中，63mer 和 127mer 两个版本的源码被合并在一起，但是可执行程序仍然分别提供。63mer 版本支持的 k-mer≤63；127mer 版本支持的 k-mer≤127，运行时消耗的内存是 63mer 版的两倍，即使实际使用的 k-mer≤63。SOAPdenovo2 增加了一个新的功能模块"sparse-pregraph"，用来降低计算资源的消耗，并在"contig"那一步中引入了"multi-kmer"方法。

1. Ubuntu 系统下的直接安装

可以直接使用"apt install"指令进行安装，命令行指令如下。

```
sudo apt install soapdenovo soapdenovo2
ls /usr/bin/ * soap * #查看安装结果

/usr/bin/soapdenovo-127mer     /usr/bin/soapdenovo-31mer
/usr/bin/soapdenovo2-127mer    /usr/bin/soapdenovo-63mer
/usr/bin/soapdenovo2-63mer
#注意：SOAPdenovo 有两个版本
```

2. SourceForge 来源

SourceForge 网站提供了源码和编译好的程序。① 可以根据操作系统类型下载预编译的二进制文件,然后使用 tar 解压缩下载的文件到指定目录,切换到该目录下即可直接运行,注意需要带上路径;或者复制到系统 PATH 目录中,如/usr/bin/或/usr/local/bin,这样即可在任意工作目录下运行。② 下载源码,解压后根据说明文件指示,使用 GNU make 进行编译,继而使用 make install 进行安装。

```
make #编译
sudo make install #使用管理员权限安装
```

3. GitHub 来源

GitHub 提供了 SOAPdenovo 下载通道。可以使用 git clone 方式下载和安装,在命令行执行如下指令,即可把 SOAPdenovo2 下载到本地 Downloads 目录。

```
cd Downloads/
git clone https://github.com/aquaskyline/SOAPdenovo2.git
cd SOAPdenovo2/
make #编译
```

编译完成后,当前 SOAPdenovo2 目录下会生成 3 个可执行程序:SOAPdenovo-127mer、SOAPdenovo-63mer 和 SOAPdenovo-fusion。然后,可以执行如下指令进行测试。

```
./SOAPdenovo-127mer #查看总体帮助信息
./SOAPdenovo-127mer pregraph #查看 pregraph 模块的参数信息
```

如果想在任意工作目录中都可运行该软件,可以将其复制到系统 PATH 目录中,如/usr/bin/或/usr/local/bin。当然,亦可将其所在目录添加到系统 PATH 变量中。

```
sudo cp ./SOAPdenovo* /usr/bin
```

此外,下载目录中的 README.md 文件提供了软件的帮助信息,example.config 文件则是一份参数配置文件的参考范例。

三、 用法与参数说明

1. 基本用法

```
SOAPdenovo <command> [option]
```

其中,SOAPdenovo 分为 SOAPdenovo-63mer 和 SOAPdenovo-127mer 两种程序,可根据实际需求来选择。"<command>"包括 6 条命令,如下所示。

pregraph：构建 *k*-mer 图。

sparse_pregraph：构建稀疏 *k*-mer 图。

contig：消除错误并输出重叠群。

map：把读段映射到重叠群。

scaff：构建脚手架。

all：依次执行 pregraph(sparse_pregraph)、contig、map、scaff。

其中，前 5 条命令是组装的 5 个重要步骤，它们是可以分开独立执行的；前一条命令的输出结果，是下一条命令的输入参数。all 命令则是自动执行前 5 条命令。

"[option]"是组装时的参数设置。每条命令执行时的参数用法如下。

SOAPdenovo all -s configFile -o outputGraph [-R -F -u -w] [-K kmer -p n_cpu -a initMemoryAssumption -d KmerFreqCutOff -D EdgeCovCutoff -M mergeLevel -k kmer _ R2C, -G gapLenDiff -L minContigLen -c minContigCvg -C maxContigCvg -b insertSizeUpperBound -B bubbleCoverage -N genomeSize]

SOAPdenovo pregraph -s configFile -o outputGraph [-R] [-K kmer -p n_cpu -a initMemoryAssumption -d KmerFreqCutoff]

SOAPdenovo sparse_pregraph -s configFile -K kmer -z genomeSize -o outputGraph [-g maxKmerEdgeLength -d kmerFreqCutoff -e kmerEdgeFreqCutoff -R -r runMode -p n_cpu]

SOAPdenovo contig -g InputGraph [-R] [-M mergeLevel -D EdgeCovCutoff] [-s readsInfoFile -m maxkmer -p n_cpu -r]

SOAPdenovo map -s configFile -g inputGraph [-f] [-p n_cpu -k kmer_R2C] [-h contig_total_length]

SOAPdenovo scaff -g inputGraph [-F -z -u -S -w] [-G gapLenDiff -L minContigLen -c minContigCvg -C maxContigCvg -b insertSizeUpperBound -B bubbleCoverage -N genomeSize -p n_cpu]

2. 配置文件

大规模基因组的深度测序结果，往往来自多个文库的测序结果，并被存放在多个读段序列文件中。配置文件就是告诉组装软件去哪里找到这些文件及其相关信息。该配置文件包含一个全局信息和多个文库信息。目前，配置文件的全局信息部分只有一个"max_rd_len"参数设置项，任何比"max_rd_len"值长的读段，都会被裁剪成这么长。该值一般设置得比实际读段长度稍短一些，以截去测序最后的部分，具体长度要看测序质量。随后有关文库信息和测序数据的参数设置都位于相应的文库区域，每个文库设置均以[LIB]标签开始，包含以下参数条目。

avg_ins：该值是文库插入片段的平均长度，或者是文库插入片段大小分布图的峰值位置。

reverse_seq：该参数告诉组装程序，读段序列是否需要进行反补序列分析（0 代表 forward-reverse；1 代表 reverse-forward）。默认：0。

asm_flags：该参数定义当前库的读段用途。1 仅用于构建重叠群；2 仅用于构建脚手架组装；3 用于构建重叠群和脚手架；4 仅用于间隙闭合。通常，短插入片段库（< 2 kb）设为 3，长插入片段库（>= 2 kb）设为 2。

rd_len_cutoff：组装软件按照该长度对读段进行剪切，即仅使用每个读段的前 rd_len_cutoff 个碱基进行组装。

rank：该参数定义来自不同文库的读段，在构建脚手架时的使用顺序。SOAPdenovo 程序按照插入片段从小到大的顺序，使用双末端文库来构建脚手架。文库"rank"值越低，其读段数据越优先用于构建脚手架。如果两个文库具有相同"rank"值，则同时用于组装脚手架。一般将短插入片段设为 1，2 kb 设为 2，5 kb 设为 3，10 kb 设为 4。

pair_num_cutoff：两个重叠群或前脚手架相互连接的可靠性阈值，即至少具有多少对读段证明其连接关系。对于双末端（paired-end）读段和配对（mate-pair）读段，该参数的最小值分别为 3 和 5。

map_len：这个参数只在"map"那步有效。用于确定读段定位时，定义读段和重叠群之间的最小比对长度阈值（不允许存在错配或间隙）。对于双末端（paired-end）读段和配对（mate-pair）读段，即短插入片段（< 2 kb）和长插入片段（> 2 kb），该参数的最小值分别为 32 和 35。

illumina GA 测序平台会产生两种类型的配对末端文库：① forward-reverse（FR）库。插入片段大小不超过 500 bp，读段序列来自插入片段的末端。此时，第 1 个读段在有义链上（forward），而第 2 个读段位于反义链（reverse）。② reverse-forward（RF）库。插入片段大小超过 2 kb，插入片段经过环化—再打断处理，所以插入片段可能是倒序插入的。此时，第 1 个读段位于反义链（reverse），而第 2 个读段位于有义链（forward）。这跟参数"reverse_seq"的设置有关。

实际上，参数"reverse_seq"就算设置正确，还是存在一个很严重的问题。因为在 illumina 配对文库建库过程中，由于实验方法上的技术缺陷，很多 DNA 片段并没有被成功环化；这些没有被环化的片段测序后的两个读段仍是配对的，但是方向是 FR，而非 RF。这时若设置"reverse_seq = 1"，这些读段的方向就是错的。所以，如果有可能，特别是已有参考基因组时，尽量先对配对文库的读段进行筛选，把那些插入片段大小远小于理论值的、方向不正确的读段删掉；否则组装结果将会引入大量的错误。

此外，在配置文件中，单末端文件以"f = /path/filename"（FASTA 格式）或"q = /path/filename"（FASTQ 格式）来定义。而对于两个配对读段文件，FASTA 格式则以"f1 ="和"f2 ="来定义，FASTQ 格式以"q1 ="和"q2 ="来定义。如果配对读段存放在一个 FASTA 格式文件中，则以"p ="来定义。BAM 格式的读段文件，以"b ="来定义。

上述所有文库相关的设置项，都是可选的。对于大多数参数设置，该组装软件都有一个默认值。如果无法确定如何设定一个参数，干脆就把它删掉而不定义。下面是一个配置文件的范例，其中以"#"开头的行是注释内容。

```
max_rd_len = 100

［LIB］
avg_ins = 200
reverse_seq = 0
asm_flags = 3
rd_len_cutoff = 100
rank = 1
pair_num_cutoff = 3
map_len = 32
q1 = /cleandata/sam1_paired1.fq
q2 = /cleandata/sam1_paired2.fq
q1 = /cleandata/sam2_paired1.fq
q2 = /cleandata/sam2_paired2.fq
f1 = /cleandata/sam3_paired1.fa
f2 = /cleandata/sam3_paired2.fa
f1 = /cleandata/sam4_paired1.fa
f2 = /cleandata/sam4_paired2.fa
q = /cleandata/sam5_single.fq
q = /cleandata/sam6_single.fq
f = /cleandata/sam7_single.fa
f = /cleandata/sam8_single.fa
p = /cleandata/sam9_paired_in_one_file.fa
p = /cleandata/sam10_paired_in_one_file.fa
b = /cleandata/sam11_reads.bam
b = /cleandata/sam12_reads.bam

［LIB］
avg_ins = 2000
reverse_seq = 1
asm_flags = 2
rank = 2
pair_num_cutoff = 5
map_len = 35
q1 = /cleandata/sam13_paired1.fq
q2 = /cleandata/sam13_paired2.fq
f1 = /cleandata/sam14_paired1.fa
f2 = /cleandata/sam14_paired2.fa
p = /cleandata/sam15_paired_in_one_file.fa
b = /cleandata/sam16_reads.bam
```

3. 所有模块共同参数（pregraph、contig、map、scaff）

-s（string）：Solexa 读段配置文件。

-o（string）：指定输出的图文件名称前缀。

-K (int)：输入的 k-mer 值大小。默认：23。取值范围：13~63/127。

-p (int)：程序运行时设定的 CPU 线程数。默认：8。

-a (int)：设置起始内存消耗值（initMemoryAssumption，单位为 G），内存消耗初始化以避免进一步的重新分配。默认：0。

-d (int)：删除频数不大于该值的 k-mer。默认：0。

-R (optional)：利用读段解决短重复序列，默认不进行此操作。有些重复非常短，例如十几个碱基的串联重复，这很容易导致大量的 k-mer 集中在一个节点。此时，如果有读段可以支持这个短重复区域两端的信息，即可把这个 k-mer 集中点分解成多个节点。一般情况下可以明显提高 N50。但是，如果在重复序列很多的情况下，此参数要慎用，误拼的概率会大大提升。

-D (int)：删除频数不大于该值的 k-mer 连接的边。默认：1，即该边上每个点的频数都小于等于 1 时，才将其删除。

-M (int)：指定连接重叠群时，合并相似序列的强度（0~3）。默认：1。该参数的作用是在组装重叠群的过程中，使用 Dijkstra 算法，检测"气泡（bubble）"结构。如果经过"气泡"的序列很相似，则合并为一个序列。如果该参数设置较高，则重复序列、测序错误等会对组装结果产生负面影响。

-m (int)：指定在使用多重 k-mer 时的最大 k-mer 值。

-e (int)：设置线性化的两条边时，过滤弧（arc）的权重。默认：0。

-r (optional)：保留可用读段（*. read）。

-E (optional)：在迭代之前合并干净的"气泡（bubble）"。

-f (optional)：在使用 SRkgf 填补间隙（gap）的映射（map）步骤中，输出与间隙相关的读段。默认：NO（不执行）。

-k (int)：指定 kmer_R2C 值（13~63），用于将读段映射到重叠群的 k-mer 大小为[K]，即 k-mer 值。默认：23。

-F (optional)：利用读段对脚手架（scaffold）中的间隙进行填补。默认：不执行（NO）。

-u (optional)：在搭建脚手架之前，不屏蔽（un-mask）高/低覆盖度的重叠群。默认：屏蔽（mask）。这里的高覆盖度是指平均重叠群覆盖深度的 2 倍。

-w (optional)：保留与脚手架中其他重叠群存在弱连接的重叠群。默认：不保留（NO）。

-G (int)：指定 gapLenDiff 值，在估计间隙大小和实际填补间隙大小之间允许的长度差。默认：50 bp。

-L (int)：指定 minContigLen 值，用于搭建脚手架的重叠群的最短长度为[K+2]。默认：k-mer 参数值×2。

-c (float)：指定 minContigCvg 值，最小重叠群覆盖深度（c*avgCvg）；短于 100 bp 且覆盖深度小于"c*avgCvg"的重叠群，在搭建脚手架之前会被屏蔽，除非设定"-u"选项。默认值:0.1。

-C (float):指定 maxContigCvg 值,最大重叠群覆盖深度(C*avgCvg);覆盖深度大于"C*avgCvg",或短于 100 bp 且覆盖深度大于"0.8*C*avgCvg"的重叠群,在搭建脚手架之前会被屏蔽,除非设定"-u"选项。默认:2。

-b (float):指定 insertSizeUpperBound 值。如果 b 设置为大于 1,则在处理重叠群之间的成对末端连接时,"b*avg_ins"将用作大插入片段(>1 000 bp)的大小上限。默认:1.5。

-B (float):指定 bubbleCoverage 值。如果在"气泡(bubble)"结构中的两个重叠群覆盖深度均小于"bubbleCoverage*avgCvg",则删除其中覆盖深度较低的重叠。默认:0.6。

-N (int):设置用于统计的基因组大小(genomeSize)。默认:0。

-g (string):设置输入图文件的前缀名。

4. all 命令参数

-s (string):Solexa 读段配置文件。

-o (string):指定输出的图文件名称前缀。

-K (int):输入的 k-mer 值大小。默认:23。取值范围:13～127。

-p (int):程序运行时设定的 CPU 线程数。默认:8。

-a (int):设置起始内存消耗(单位为 G)。默认:0。

-d (int):指定 kmerFreqCutoff 值,删除频数不大于该值的 k-mer。默认:0。

-R (optional):利用读段解决短重复序列。默认不进行此操作。

-D (int):指定 edgeCovCutoff 值,删除频数不大于该值的 k-mer 连接的边。默认:1。

-M (int):指定 mergeLevel 值(0～3),连接重叠群时,合并相似序列的强度。默认:1。

-m (int):指定 maxKmer 值,在使用多重 k-mer 时的 k-mer 最大值(127)。默认:不使用多重 k-mer。

-e (int):指定 arcWeight 值,如果弧权重大于该值,则该弧中间的两条边将被线性化。默认:0。

-E (optional):在迭代之前合并干净的气泡(bubble);只有在使用 multi-kmer 时设置了"-M"选项,该选项才有效。

-k (int):指定 kmer_R2C 值(13～127),用于将读段映射到重叠群的 k-mer 大小为[K],即 k-mer 值。

-F (optional):填补脚手架中的间隙。默认:不执行(NO)。

-u (optional):在搭建脚手架之前,不屏蔽(un-mask)高/低覆盖度的重叠群。默认:屏蔽(mask)。

-w (optional):保留与脚手架中其他重叠群存在弱连接的重叠群。默认:不保留(NO)。

-G (int):指定 gapLenDiff 值,在估计间隙大小和实际填补间隙大小之间允许的长度差。默认:50 bp。

-L（int）：指定 minContigLen 值，用于搭建脚手架的重叠群的最短长度为[K+2]。

-c（float）：指定 minContigCvg 值，最小重叠群覆盖深度（c * avgCvg）；短于 100 bp 且覆盖深度小于"c * avgCvg"的重叠群，在搭建脚手架之前会被屏蔽，除非设定"-u"选项。默认：0.1。

-C（float）：指定 maxContigCvg 值，最大重叠群覆盖深度（C * avgCvg）；覆盖深度大于"C * avgCvg"，或短于 100 bp 且覆盖深度大于"0.8 * C * avgCvg"的重叠群，在搭建脚手架之前会被屏蔽，除非设定"-u"选项。默认：2。

-b（float）：指定 insertSizeUpperBound 值。如果 b 设置为大于 1，则在处理重叠群之间的成对末端连接时，"b * avg_ins"将用作大插入片段（>1 000 bp）的大小上限。默认：1.5。

-B（float）：指定 bubbleCoverage 值。如果在"气泡（bubble）"结构中的两个重叠群覆盖深度均小于"bubbleCoverage * avgCvg"，则删除其中覆盖深度较低的重叠。默认：0.6。

-N（int）：设置用于统计的基因组大小（genomeSize）。默认：0。

-V（optional）：输出 Hawkeye 信息，用于可视化组装。默认：不输出（NO）。

5. pregraph 命令参数

-s（string）：Solexa 读段配置文件。

-o（string）：指定输出的图文件名称前缀。

-K（int）：输入的 k-mer 值大小。默认：23。取值范围：13～127。

-p（int）：程序运行时设定的 CPU 线程数。默认：8。

-a（int）：设置起始内存消耗（单位为 G）。默认：0。

-d（int）：指定 kmerFreqCutoff 值，删除频数不大于该值的 k-mer。默认：0。

-R（optional）：输出额外信息，用于解决 contig 步骤的重复问题。默认：不进行此操作。

6. sparse_pregraph 命令参数

-s（string）：Solexa 读段配置文件。

-K（int）：输入的 k-mer 值大小。默认：23。取值范围：13～127。

-g（int）：设置 maxKmerEdgeLength 值（1～25），跳过中间的 k-mer 数量。默认：15。

-z（int）：设置 genomeSize（强制性），估计的基因组大小。该参数应设置得比实际基因组大小稍大一些，以用于分配内存。

-d（int）：指定 kmerFreqCutoff 值，删除频数不大于该值的 k-mer。默认：0。

-e（int）：设置 kmerEdgeFreqCutoff 值，删除频数不大于该值的 k-mer 相关边。默认：1。

-R（optional）：输出额外信息，用于解决 contig 步骤的重复问题。默认：不执行（NO）。

-r（int）：运行模式。

```
0 build graph & build edge and preArc
1 load graph by prefix & build edge and preArc
2 build graph only
3 build edges only
4 build preArcs only [0]
```

-p（int）：程序运行时设定的 CPU 线程数。默认:8。

-o（string）：指定输出的图文件名称前缀。

7. contig 命令参数

-g（string）：设置 inputGraph 值,输入的图文件名称前缀。

-R（optional）：使用 pregraph 步骤中生成的信息解决重复问题,仅当"-R"也在 pregraph 步骤中设置时才有效。默认:不执行此操作。

-M（int）：指定 mergeLevel 值(0~3),连接重叠群时,合并相似序列的强度。默认:1。

-D（int）：指定 EdgeCovCutoff 值。删除短于"$2*K+1$"且覆盖深度不大于 EdgeCovCutoff 值的边。默认:1。

-e（int）：指定 arcWeight 值。如果弧权大于该值,则该弧中间的两条边将被线性化。默认:0。

-m（int）：指定 maxKmer 值,在使用多重 k-mer 时的 k-mer 最大值。默认:不使用多重 k-mer。

-s（string）：指定 readInfoFile。该文件包含 Solexa 读段信息,使用多重 k-mer 时需要。

-p（int）：程序运行时设定的 CPU 线程数。默认:8。

-E（optional）：在迭代之前合并干净的"气泡(bubble)";只有在使用多重 k-mer 时设置了"-M"选项,该选项才有效。

8. map 命令参数

-s（string）：指定 configFile：Solexa 读段配置文件。

-g（string）：设置 inputGraph 值,输入的图文件名称前缀。

-h（optional）：用于初始化哈希表的重叠群总长度。

-f（optional）：在 map 步骤中输出间隙相关读段,以便使用 SRkgf 填补间隙。默认:不执行此项操作(NO)。

-p（int）：程序运行时设定的 CPU 线程数。默认:8。

-k（int）：指定 kmer_R2C 值(13~127),用于将读段映射到重叠群的 k-mer 大小为［K］,即 k-mer 值。

9. scaff 命令参数

-g（string）：设置 inputGraph 值,输入的图文件名称前缀。

-F（optional）：填补脚手架中的间隙。默认:不执行(NO)。

-z（optional）：使用兼容模式构建 1.05 版生成的重叠群的脚手架。默认:否。

-u（optional）：在搭建脚手架之前,不屏蔽(un-mask)高/低覆盖度的重叠群。默认:屏蔽(mask)。

-S（-S）：如果脚手架结构存在,则只做间隙填补(-F)。默认:否。

-w（optional）：保留与脚手架中其他重叠群存在弱连接的重叠群。默认:不保留(NO)。

-V（optional）：输出 Hawkeye 信息，用于可视化组装。默认：不输出（NO）。

-G（int）：指定 gapLenDiff 值，在估计间隙大小和实际填补间隙大小之间允许的长度差。默认：50 bp。

-L（int）：指定 minContigLen 值，用于搭建脚手架的重叠群的最短长度为[K+2]。

-c（float）：指定 minContigCvg 值，最小重叠群覆盖深度（c*avgCvg）。短于 100 bp 且覆盖深度小于"c*avgCvg"的重叠群，在搭建脚手架之前会被屏蔽，除非设定"-u"选项。默认：0.1。

-C（float）：指定 maxContigCvg 值，最大重叠群覆盖深度（C*avgCvg）。覆盖深度大于 C*avgCvg，或短于 100 bp 且覆盖深度大于"0.8*C*avgCvg"的重叠群，在搭建脚手架之前会被屏蔽，除非设定"-u"选项。默认：2。

-b（float）：指定 insertSizeUpperBound 值。如果 b 设置为大于 1，则在处理重叠群之间的成对末端连接时，"b*avg_ins"将用作大插入片段（>1 000 bp）的大小上限。默认：1.5。

-B（float）：如果在"气泡（bubble）"结构中的两个重叠群覆盖深度均小于"bubbleCoverage*avgCvg"，则删除其中覆盖深度较低的重叠。默认：0.6。

-N（int）：设置用于统计的基因组大小（genomeSize）。默认：0。

-p（int）：程序运行时设定的 CPU 线程数。默认：8。

10. 输出文件

最终组装结果文件主要有两类：①"*.contig"文件中包含没有使用配对（mate pair）信息的组装结果序列；②"*.scafSeq"文件中包含脚手架序列，可以通过在间隙区域分解脚手架序列，来提取最终的重叠群序列。当然，除了这两类主要结果输出文件之外，还有很多其他中间结果输出文件；这些文件并非在每次组装中都会出现。

（1）pregraph 指令的输出文件

①*.kmerFreq：每行显示 k-mer 数量，频率等于行号；比如第 5 行数值为 42782，表示频率为 5 的 k-mer 有 42 782 个。注意：那些 63 整数倍的频率峰值是数据结构造成的。

②*.edge：每条记录都给出了"pregraph"中一条边的信息，包括长度、两端的 k-mer、平均 k-mer 覆盖度、是否反向互补一致以及序列。

```
> length 32,0 1a51352a6ae90400,0 2abd5a1b62bc86bd,cvg 10,1
CTTTTGGCCCTTACTGCTATTGGATACTTGGC
> length 32,0 1a51352a6ae90400,0 2abd5a1b62bc86bd,cvg 130,1
GTTTTGGCCCTTACTGCTATTGGATACTTGGC
> length 168,0 2aaeb040c0bdbbc3,0 e02486c01c2c9b0,cvg 100,1
GCGCGTTTTTACTTTAGGACTTTGAAAACTTTCTTGCGTAAATTCTGTTTAAGTCTGAAACTTTCAACTCTGTA
TTAAATTTGTTTTAAGATGTGCGACGGCGACGTAAAATGGTAAAGAAAAAGAAAATGAATGATAGTAAATC
ATACTGAAAACGAATGATCTGAA
> length 32,0 a56e0900003824c,0 2a2a8a9c4a156408,cvg 10,1
CTTTATTTTATTTCGACATTACCCCTCAAATA
> length 27,0 a56e0900003824c,0 132a8aa2a7128559,cvg 210,1
TTTTATTTTATTTCGACATTACCCCTC
> length 8,0 26ca1aaaab284fc2,0 1aaaab284fc238e4,cvg 220,1
AGTAGTCA
```

③ *.markOnEdge 和 *.path：这两个文件是为了使用读段来解决小重复问题。

④ *.preArc：由读段路径建立的边之间的连接。

⑤ *.vertex：边末端的 k-mer，即图的顶点。

⑥ *.preGraphBasic：关于"pregraph"的一些基本信息，包括顶点数、K 值、边数、最大读段长度等。

（2）contig 指令的输出文件

① *.contig：重叠群信息，包括对应的边索引、长度、k-mer 覆盖率、是否为末梢（tip）、序列及重叠群或其反向互补对应物。每个反向互补重叠群索引在"*.ContigIndex"文件中指明。

```
> 15867 length 76 cvg_15.0_tip_0
ATCGGTATCGCAGGTACTGCTGCCTTAATTGCTGGTGCCTTTGGAGTAGCGTTGGGTATGTGCCAAACTTATT
GGG
```

② *.Arc：从每条边出来的弧及其对应的读段覆盖范围。

③ *.updated.edge：图中每条边的一些信息，包括长度、两端的 k-mer、反向互补边和这条边之间的索引差异。

④ *.ContigIndex：每条记录都提供了关于"*.contig"中每个重叠群的信息，包括边索引、长度、其反向互补对应物与其自身之间的索引差异。

（3）map 指令的输出文件

① *.peGrads：每个克隆文库的信息，包括插入片段大小、读段索引上限、可靠连接的等级（rank）和配对数截止值（cutoff）。可以手动修改此文件以进行脚手架调整。

② *.readOnContig：读段在重叠群上的位置。这里的重叠群根据其边索引引用。然而，其中大约一半没有在"*.contig"文件中列出，因为它们的反向互补对应物已经包含在内。

read	contig	pos	
1	23263	2740	+
2	23264	6343	-
5	23650	3476	-
6	23649	10807	+
7	21798	994	-

③ *. readInGap：该文件包括可能位于重叠群之间间隙的读段。如果设置了"-F"，则此信息将用于弥合脚手架中的间隙。

（4）scaff 指令的输出文件

① *. newContigIndex：在搭建脚手架之前，根据重叠群的长度进行排序。重叠群排序后的新索引列在该文件中。如果想要将" *. contig"文件中的重叠群与" *. links"文件中的重叠群对应起来，该文件中的信息将非常有用。

② *. links：通过读段对建立的重叠群之间的连接。这里使用的是重叠群排序后的新索引。

③ *. scaf_gap：该文件保存了基于重叠群构建过程输出的重叠群图所发现的位于间隙中的重叠群。这里使用了重叠群排序后的新索引。

④ *. scaf：每个脚手架的重叠群。重叠群索引与" *. contig"文件中的索引一致，包括在脚手架上的近似起始位置、方向、重叠群长度及其与其他重叠群的连接。

⑤ *. gapSeq：重叠群之间的间隙序列。

⑥ *. scafSeq：每个脚手架的序列。注意：间隙中可能填补了很多 Ns。

⑦ *. contigPosInscaff：重叠群在每个脚手架中的位置。

⑧ *. bubbleInScaff：在脚手架中形成"气泡（bubble）"结构的重叠群。每两个重叠群形成一个气泡，覆盖度更高的重叠群将保留在脚手架中。

⑨ *. scafStatistics：最终脚手架（scaffold）和重叠群（contig）的统计信息。

（5）其他问题

每个基因组的碱基组成和分布差别很大；组装不是一次就能获得最佳结果，而是需要使用不同参数组合多测试几次，才能得到比较好的组装结果。短读段组装的最大问题就是处理重复序列。提高 N50 的同时，也可能导致组装准确率下降。SOAPdenovo 对于重复序列的处理，似乎没有做特别优化，只是随机放置；这样可能会造成不该连接的脚手架（scaffold）被连在一起，甚至在重叠群内部都会出现错误；于是人为造成了很多假的结构变异，比如：插入（insertion）、删除（deletion）、倒位（inversion）、易位（translocation）。

如何设置 k-mer 大小？SOAPdenovo 程序可接受 13 到 127 之间的奇数。k-mer 越大，其在基因组中具有唯一性的概率就越高，这样会使图表更简单；但这需要更高的测序深度和更长的读段，以确定任何基因组位置的重叠。sparse pregraph 模块通常需要 2 ~ 10 bp 的短 k-mer 长度，才能达到与原始 pregraph 模块相同的性能。对于不同的数据，应该使用不同的 k-mer 值，但是无法确定到底是多少。最好是测试不同的 k-mer 值，然后看结果的 N50 值，找到 N50 最高的 *k*-mer 值。

　　最新版 SOAPdenovo 支持最长 127 bp 的 *k*-mer,这样一个个测试,显然太麻烦。如果测序读段足够长,覆盖度足够高,那么 *k*-mer 值越高越好。如果实在无法确定,建议编写一个自动批处理脚本,依次使用不同的 *k*-mer 值进行组装;然后,编程依次读取每次组装结果中的" *. scafStatistics"文件,从中提取组装统计指标(如 N50),比较后选择一个最佳的组装结果。这个问题可以继续延伸下去:每次组装前,统计读段数据的测序平台、测序深度、碱基组成和分布特征,然后将其与最佳组装结果对应的参数设置(如 *k*-mer)关联起来,分析其中是否存在明显的统计学关联。这一点可以基于已有完整基因组序列的模式生物的测序数据进行探索。

四、　使用案例

1. 数据准备

　　利用 art_illumina 程序,针对某个物种基因组序列(如酿酒酵母)模拟某个常用测序平台(如 HiSeq 2500)的双末端测序;当然,测试数据亦可从 GenBank 的 SRA 数据库中下载。

　　(1)短插入片段库

```
#HiSeq 2500 平台双末端测序模拟,读长 125 bp,测序深度 10×,插入片段大小 200 bp ± 10 bp
art_illumina -ss HS25 -i gDNA. fna -p -l 125 -f 10 -m 200 -s 10 -o paired
#模拟结果:paired1. fq 和 paired2. fq
```

　　(2)长插入片段库

```
#HiSeq 2500 平台双末端测序模拟,读长 125 bp,测序深度 10×,插入片段大小 2 500 bp ± 50 bp
art_illumina -ss HS25 -i gDNA. fna -mp -l 125 -f 10 -m 2500 -s 50 -o mpair
#模拟结果:mpair1. fq 和 mpair2. fq
```

2. 序列组装

　　(1)编写 SOAPdenovo 配置文件 lib. cfg

```
max_rd_len = 125
[LIB]
avg_ins = 200
reverse_seq = 0
asm_flags = 3
rd_len_cutoff = 125
rank = 1
pair_num_cutoff = 3
map_len = 32
q1 = paired1. fq
q2 = paired2. fq
```

```
[LIB]
avg_ins = 2500
reverse_seq = 1
asm_flags = 3
rank = 2
pair_num_cutoff = 5
map_len = 35
q1 = matepair1. fq
q2 = matepair2. fq
```

（2）使用 SOAPdenovo 进行组装

```
#在个人电脑上以单核执行 SOAPdenovo 指令,10×数据大约 5 分钟完成组装
nohup soapdenovo-63mer all -s lib. cfg -K 31 -o soapdenovo_out -p 1 &
#查看结果文件
ls soapdenovo_out. *

soapdenovo_out. Arc                    soapdenovo_out. preArc
soapdenovo_out. contig                 soapdenovo_out. preGraphBasic
soapdenovo_out. ContigIndex            soapdenovo_out. readInGap
soapdenovo_out. edge                   soapdenovo_out. readOnContig
soapdenovo_out. gapSeq                 soapdenovo_out. scaf
soapdenovo_out. kmerFreq               soapdenovo_out. scaf_gap
soapdenovo_out. links                  soapdenovo_out. scafSeq
soapdenovo_out. newContigIndex         soapdenovo_out. updated. edge
soapdenovo_out. peGrads                soapdenovo_out. vertex
```

3. 组装结果评估

利用 QUAST 在线工具或终端命令行指令,将组装结果中包含重叠群和脚手架序列的文件(soapdenovo_out. contig 和 soapdenovo_out. scafSeq),分别与参考基因组进行对比,评估组装结果。

```
#重叠群(contigs)评估
quast. py -o quast_out -r gDNA. fna -g genome. gff soapdenovo_out. contig
#脚手架(scaffolds)评估
quast. py -o quast_out -r gDNA. fna -g genome. gff soapdenovo_out. scafSeq
```

14. Trimmomatic

一、简介

Trimmomatic 是一种快速、多线程的命令行工具,可用于修剪和裁剪 illumina 读段数据以及移除接头(adapter)。这些接头是否会带来真正的问题,取决于文库制备和下游应用。程序主要有两种模式:双端模式和单端模式。双端模式将保持读段对的对应关系,并使用配对读段中包含的额外信息,以更好地找到文库制备过程中引入的接头或 PCR 引物片段。Trimmomatic 适用于 FASTQ 格式文件,该格式使用 Phred + 33 或 Phred + 64 质量分数;同时,支持使用 gzip 或 bzip2 压缩文件,文件扩展名为".gz"或".bz2"。

二、下载与安装

可以从 Trimmomatic 官网或 GitHub 网站下载其最新版的源码或预编译好的程序文件。该程序需要系统安装和配置好 Java 环境。

```
#下载预编译好的 Trimmomatic 程序文件

wget http://www.usadellab.org/cms/uploads/supplementary/Trimmomatic/Trimmomatic-0.39.zip
unar Trimmomatic-0.39.zip
cd Trimmomatic-0.39

#该目录下的 trimmomatic-0.39.jar 文件就是使用 Java 编写的程序文件
```

三、用法与参数说明

在命令行中直接执行 java -jar trimmomatic-0.39.jar -h,即可获得简要的使用信息。

1. 基本用法

```
#双端模式:

java -jar < path to trimmomatic.jar > PE [-threads < threads] [-phred33 | -phred64] [-trimlog < logFile > ] < input 1 >  < input 2 >  < paired output 1 >  < unpaired output 1 >  < paired output 2 >  < unpaired output 2 >  < step 1 > ...

#单端模式:

java -jar < path to trimmomatic jar > SE [-threads < threads > ] [-phred33 | -phred64] [-trimlog < logFile > ] < input >  < output >  < step 1 > ...
```

对于单末端数据,需要指定 1 个输入和 1 个输出文件,以及相应的修剪处理步骤。对于双末端数据,则需要指定 2 个输入文件和 4 个输出文件。4 个输出文件中的 2 个用于成对读段输出,其中保存两个读段都在修剪中保留下来的数据;另外 2 个则用于相应的不成对读段输出,其中保存读段对中的一个读段,而另一个配对伴侣读段则被丢弃。如果未指定质量分数规范,则默认为 Phred-64。指定修剪日志文件会创建所有读段修剪的日志,包含以下详细信息:① 读段名称;② 保留的读段序列长度;③ 第一个保留碱基的位置,即从读段开始处修剪的碱基数量;④ 原始读段中最后一个保留碱基的位置;⑤ 从读段末尾修剪的碱基数量。修剪顺序:按照在命令行中指定的步骤顺序进行。在大多数情况下,如有需要,应尽早完成接头序列修剪。

2. 主要参数

Trimmomatic 可对 illumina 双末端和单末端测序数据执行多种有用的修剪任务。通过在命令行末尾使用附加参数,可以根据需要指定多个处理步骤。大多数步骤采用一个或多个设置,以":"分隔。这些处理步骤及相关参数项如下。

(1)ILLUMINACLIP

从读段中剪切接头和其他 illumina 特定的序列。格式如下所示。

ILLUMINACLIP:< fastaWithAdaptersEtc >:< seed mismatches >:< palindrome clip threshold >:< simple clip threshold >

fastaWithAdaptersEtc:指定包含所有接头、PCR 序列等的 FASTA 文件的路径。该文件中各种序列的命名决定了它们的使用方式。
seedMismatches:指定允许执行完全匹配的最大错配数。
palindromeClipThreshold:指定 PE 回文读段队列中两个接头连接的读段之间的匹配准确程度阈值。
simpleClipThreshold:指定相对于读段的接头等任何序列之间的匹配准确程度阈值。

(2)SLIDINGWINDOW

执行滑动窗口修剪,一旦窗口内的碱基平均质量低于设定阈值就进行切割。格式如下所示。

SLIDINGWINDOW:< windowSize >:< requiredQuality >

windowSize:设定滑动窗口大小,即所跨越的碱基数。
requiredQuality:设定碱基平均质量的筛选阈值。

(3)LEADING

如果低于设定的质量阈值,则从读段的开始处切割碱基。格式如下所示。

LEADING:< quality >

quality:设定保留碱基所需的最低质量阈值。

(4)TRAILING

如果低于设定的质量阈值,则从读取的末尾切割碱基。格式如下所示。

TRAILING:< quality >

quality:设定保留碱基所需的最低质量阈值。

（5）CROP

将读段剪切到指定长度。格式如下所示。

CROP：< length >

length：设定保留的碱基数,从读段开始位置进行剪切。

（6）HEADCROP

从读段开始处剪切掉指定数量的碱基。格式如下所示。

HEADCROP：< length >

length：设定要从读段开始处剪切掉的碱基数。

（7）MINLEN

如果读段低于指定长度,则丢弃该读段。格式如下所示。

MINLEN：< length >

length：设定要保留的最小读段长度。

此外,还有两个参数用于质量分数的转换:TOPHRED33——将质量分数转换为 Phred-33 规范,TOPHRED64——将质量分数转换为 Phred-64 规范。

3. 接头序列的修剪

illumina 接头(adapter)和其他技术序列的版权归 illumina 所有,Trimmomatic 已获准可一起分发它们。Trimmomatic 为单端和双端模式的 TruSeq2(在 GAII 测序仪中使用)和 TruSeq3(在 HiSeq 和 MiSeq 测序仪中使用)提供了建议的接头序列。这些序列尚未经过广泛测试,根据文库制备过程中可能出现的特定问题,其他序列可能对给定的数据集更有效。

Trimmomatic 使用两种策略进行接头修剪:简单(simple)和回文(palindrome)。简单修剪策略就是针对所有读段数据,检测每个接头序列。如果检测到足够准确的匹配,则会适当地剪切读段。回文修剪策略是专门为短片段测通(reading through)到另一端接头序列的情况而设计的。在这种方法中,相应的接头序列连接到读段的开头,并且组合的"接头 + 读段"序列出现正向和反向对齐。如果它们以一种测通的方式对齐,则正向读段被修剪,而反向读段被丢弃(图 4-13)。

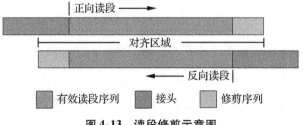

图 4-13　读段修剪示意图

接头序列的命名包含了它们的使用方法。对于回文修剪,序列名称都应以"Prefix"开头,以"/1"(正向接头)和"/2"(反向接头)结尾。所有其他技术序列则以简单修剪策略进行检查。名称以"/1"或"/2"结尾的序列将仅针对正向或反向读段进行检查,不以"/1"或

"/2"结尾的序列则对正向和反向读段都进行检查。如果要检查特定序列的反向互补形式，则需要专门包含该序列的反向互补形式，并使用另一个不同的名称来表示。

使用的阈值是一种简化的对数似然方法。每个匹配的碱基使比对分数增加了 0.6 多一点，而每个不匹配都会使比对分数降低 Q/10。因此，一条 25 个碱基序列的匹配得分略高于 7，而得分 15 需要 25 个碱基的完美匹配。因此，此参数的建议值介于 7~15 之间。回文匹配(palindromic match)可能会产生更长的比对结果，因此该阈值可以更高，在 30 的范围内。"种子错配(seed mismatch)"参数的使用，可使比对更有效，可指定"种子"中的最大错配碱基数。此处的典型值为 1 或 2。

四、 使用案例及结果解读

1. 双末端测序数据

大多数新数据集可以使用温和的质量修剪(quality trimming)和接头裁剪(adapter clipping)。通常不需要前导(leading)和尾随(trailing)裁剪。一般来说，keepBothReads 在处理成对读段数据时很有用。需要注意，案例 1 中的 keepBothReads 前面额外的":2"是回文修剪模式下的最小接头长度(默认:8)。案例 2 将执行以下操作：① 删除接头(ILLUMINACLIP:TruSeq3-PE.fa:2:30:10)；② 删除前导的质量低于 3 或 N 个碱基的读段(LEADING:3)；③ 删除尾随的质量低于 3 或 N 个碱基的读段(TRAILING:3)；④ 使用 4 个碱基的滑动窗口扫描读段，当每个碱基的平均质量低于 15 时进行切割(SLIDINGWINDOW:4:15)；⑤ 去掉长度低于 36 个碱基的读段(MINLEN:36)。

```
#案例 1

java -jar trimmomatic-0.39.jar PE input_forward.fq.gz input_reverse.fq.gz output_forward_paired.fq.gz output_forward_unpaired.fq.gz output_reverse_paired.fq.gz output_reverse_unpaired.fq.gz ILLUMINACLIP:TruSeq3-PE.fa:2:30:10:2:keepBothReads LEADING:3 TRAILING:3 MINLEN:36
```

```
#案例 2

java -jar trimmomatic-0.35.jar PE -phred33 input_forward.fq.gz input_reverse.fq.gz output_forward_paired.fq.gz output_forward_unpaired.fq.gz output_reverse_paired.fq.gz output_reverse_unpaired.fq.gz ILLUMINACLIP:TruSeq3-PE.fa:2:30:10 LEADING:3 TRAILING:3 SLIDINGWINDOW:4:15 MINLEN:36
```

2. 单末端测序数据

下面的案例使用单端接头文件执行与上述案例相同的修剪步骤。

```
java -jar trimmomatic-0.35.jar SE -phred33 input.fq.gz output.fq.gz ILLUMINACLIP:TruSeq3-SE:2:30:10 LEADING:3 TRAILING:3 SLIDINGWINDOW:4:15 MINLEN:36
```

15．Trinity

一、 简介

Trinity 是由美国博德研究所（Broad Institute）和耶路撒冷希伯来大学（The Hebrew University of Jerusalem）开发的，是基于 RNA-Seq 数据的高效和稳健的从头构建转录组的新方法。它包含了三个独立的软件模块——Inchworm、Chrysalis 和 Butterfly，依次用于处理大量的 RNA-Seq 数据。Trinity 将 RNA-Seq 序列数据分配到许多单独的 de Bruijn 图中，每张图代表一个给定基因或基因座的转录复杂度；然后独立地处理每张图，以提取全长剪接异构体（isoform），并梳理衍生自旁系基因的转录本。简而言之，Trinity 的处理过程如下：① Inchworm将 RNA-Seq 数据组装成一系列唯一的转录本序列集，通常为占主导地位的异构体产生全长转录本，但是只报告可变剪接转录本的特有部分。② Chrysalis 将 Inchworm 组装的重叠群（contig）聚集成簇，然后构建每个簇的完整 de Bruijn 图；每个簇代表给定基因的完全转录复杂度，或拥有共同序列的基因集合。③ Chrysalis 在这些不相交的图中划分完整的读段数据集。④ Butterfly 并行地处理各个 de Bruijn 图，跟踪图中读段和读段对构成的路径，最终报告可变剪接异构体的全长转录本，并梳理出对应于旁系基因的转录本。

二、 下载与安装

用户可以从 GitHub 网站下载 Trinity 的最新版本源码。下载软件并解压缩后，只需要在基础安装目录中键入 make，即可编译 Inchworm 和 Chrysalis，这两个模块是用C ++ 编写的；至于 Butterfly，无须编译，它是使用 Java 编写并已作为预编译软件提供的，需要 Java 1.8 或以上版本支持。Trinity 可在 Linux 系统中运行。注意：从 2.8 版开始，编译还需要 cmake。Trinity 的正常运行，尚需额外的第三方软件支持，如 Bowtie2、jellyfish、salmon、Python 2.7 或 3.7 及以上版本（含 numpy 库）。

```
#使用 wget 下载,没有扩展测试数据
wget https://github.com/trinityrnaseq/trinityrnaseq/releases/download/v2.12.0/trinityrnaseq-v2.12.0.FULL.tar.gz
#下载带有扩展测试数据的版本
wget https://github.com/trinityrnaseq/trinityrnaseq/releases/download/v2.12.0/trinityrnaseq-v2.12.0.FULL_with_extendedTestData.tar.gz
#解压缩后,切换到 Trinity 目录
```

```
tar -xzf trinityrnaseq-v2.12.0.FULL_with_extendedTestData.tar.gz
cd trinityrnaseq-v2.12.0
#编译
make
#编译用于下游分析的扩展插件,如果需要的话
make plugins
#安装到系统目录中(/usr/local/bin/trinityrnaseq-version),须以管理员权限执行
sudo make install
```

安装(sudo make install)这一步并不是必需的,用户可以为其设置一个 PATH 环境变量(TRINITY_HOME);然后,将其放到"~/.bashrc"文件的末尾,这样每次启动电脑后可直接在命令行中执行 Trinity 指令。

```
export TRINITY_HOME =/trinity 程序目录
```

为了测试 Trinity 是否编译安装成功,可以切换到其自带的测试数据目录(sample_data/test_Trinity_Assembly/)中,然后执行其中的 runMe.sh 脚本,进行一个小样本的数据组装测试。此外,Trinity 还被整合在 Galaxy 平台(https://usegalaxy.org)中,用户可以直接使用浏览器访问该 Galaxy 服务器,通过在线方式来使用 Trinity。

三、　用法与参数说明

在命令行中直接执行 Trinity,即可获得简要的使用帮助和主要参数信息。

1. 基本用法

```
#典型的非链特异性的双末端测序数据组装
Trinity --seqType fq --max_memory 50G --left reads1_1.fq,reads2_1.fq --right reads1_2.fq,reads2_2.fq --CPU 10
#基因组指导的组装
Trinity --genome_guided_bam rnaseq_alignments.csorted.bam --max_memory 50G --genome_guided_max_intron 10000 --CPU 10
```

如果 RNA-Seq 样本较多,最好创建一个"samples.txt"文件,假设有一个 3 对 3 的实验样本数据集,则其内容格式如下。

Control	Con-1	Con-1_1.fq.gz	Con-1_2.fq.gz
Control	Con-2	Con-2_1.fq.gz	Con-2_2.fq.gz
Control	Con-3	Con-3_1.fq.gz	Con-3_2.fq.gz
Mutant	Mutant1	Mutant-1_1.fq.gz	Mutant-1_2.fq.gz
Mutant	Mutant2	Mutant-2_1.fq.gz	Mutant-2_2.fq.gz
Mutant	Mutant3	Mutant-3_1.fq.gz	Mutant-3_2.fq.gz

然后,设定"--samples_file"参数指向该文件即可。请注意,FASTQ 文件可以进行 gzip

压缩,此时数据文件名称应该有一个".gz"扩展名。

2. 参数说明

--seqType:读段数据类型,fa 或 fq。

--max_memory:设定 Trinity 可以使用的最大内存,以 Gb 为单位,如"--max_memory 50G"。

--left/--right:分别设定双末端测序的读段数据文件。如果有多个文件,使用逗号(,)隔开。

--single:设定单末端测序的读段数据文件。如果有多个文件,使用逗号(,)隔开。如果在单个文件中包含了双末端读段数据,需要设定参数项"--run_as_paired"。

--samples_file:设定生物学重复样本的文件,使用制表符(TAB)分隔字段。双末端测序格式如下;如果是单末端测序,则第 4 列为空。

cond_A	cond_A_rep1	A_rep1_left.fq	A_rep1_right.fq
cond_A	cond_A_rep2	A_rep2_left.fq	A_rep2_right.fq
cond_B	cond_B_rep1	B_rep1_left.fq	B_rep1_right.fq
cond_B	cond_B_rep2	B_rep2_left.fq	B_rep2_right.fq

--include_supertranscripts:输出超级转录本 FASTA 和 GTF 文件。

--SS_lib_type:设定链特异性 RNA-Seq 读段方向。双末端为 RF 或 FR,单末端为 F 或 R。dUTP 方法为 RF。

--CPU:设定 Trinity 进程使用的最大线程数。默认:2。请注意,仅 Inchworm 模块在其内部限制为最大 6 个线程,因为超出该设置时性能不会提高。

--min_contig_length:设定报告的最小组装 contig 长度。默认:200。

--long_reads:包括纠错或环形共识(circular consensus,CCS)的 PacBio 读段文件(FASTA 格式)。注意:此乃实验参数,此功能仍在开发中。

--genome_guided_bam:基因组指导的组装模式,设定一个以坐标排序的 BAM 格式文件。

--long_reads_bam:用于基因组指导 Trinity 组装的数据中包括长读段。

--jaccard_clip:可选参数项。针对配对读段数据(FASTQ 格式),并且期望具有 UTR 重叠的高基因密度时,可以设置该选项。注意:jaccard_clip 是一个计算开销很大的操作选项,尽量避免使用它,除非在没有使用该选项时发现过多的融合转录本。

--trimmomatic:运行 Trimmomatic 按照碱基质量修剪读段。有关设置的完整使用信息,请参阅"--quality_trimming_params"。

--no_normalize_reads:不要运行读段标准化。默认为最大值(max)。读段覆盖为200。有关设置的完整使用信息,请参阅"--normalize_max_read_cov"。

--output:定义输出目录。如果不存在则自动创建。默认为当前工作目录。注意:为了安全起见,名称中必须包含"trinity"。

--full_cleanup：只保留 Trinity 组装的 FASTA 文件,且重命名为"＄{output_dir}.Trinity. fasta"。

--cite：显示 Trinity 文献引用信息。

--verbose：程序运行期间,提供更多额外的工作状态信息。

--version：报告 Trinity 版本并退出。

--show_full_usage_info：显示更多选项信息。

--no_super_reads：关闭 super-reads 模式。

--prep：仅准备文件(高 I/O 使用率)并在 k-mer 计数之前停止。

--no_cleanup：保留所有中间输入文件。

--no_version_check：不要联网检查软件是否有更新可用。

--monitoring：使用 collectl 监控 Trinity 的所有步骤。

--monitor_sec：运行时监视间隔的秒数。默认:60。

--no_distributed_trinity_exec：不要运行 Trinity 阶段 2(划分读段的组装),并在生成命令列表后停止。

--workdir：设置 Trinity 阶段 2 组装计算的工作目录,默认为"--output"设置。

3. Inchworm 和 k-mer 计数相关参数选项

--min_kmer_cov：由 Inchworm 组装的 k-mer 的最小计数。默认:1。

--inchworm_cpu：Inchworm 阶段使用的 CPU 数量。默认:最小值。参阅"--CPU"选项。

--no_run_inchworm：在运行 jellyfish 之后、Inchworm 之前,停止程序。只运行阶段 1,仅进行读段聚类。

4. Chrysalis 相关参数选项

--max_reads_per_graph：在单个图中锚定的最大读段数。默认:200 000。

--min_glue：将两个 inchworm contigs 黏合在一起所需的最小读段数。默认:2。

--max_chrysalis_cluster_size：单个 Chrysalis 簇中包含的最大 Inchworm contigs 数。默认:25。

--no_bowtie：在 chrysalis 聚类中,不要运行 bowtie 以使用配对信息。

--no_run_chrysalis：在运行 Inchworm 之后、Chrysalis 之前,停止程序。只运行阶段 1,仅进行读段聚类。

5. Butterfly 相关参数选项

--bfly_algorithm：设定使用的组装算法。可选值:ORIGINAL PASAFLY。

--bfly_opts：传递给 Butterfly 的附加参数(请参阅 Butterfly 选项"java -jar Butterfly. jar")。注意:仅供专家或实验使用。

--group_pairs_distance：Butterfly 读段对分组设置,用于定义"读段对路径(pair-path)";读段对之间预期的最大长度(默认:500),在此距离之外的读段被视为单末端读段。

--path_reinforcement_distance：Butterfly 默认重建模式设置。读段与不断增长的转录本路径的最小重叠(默认:PE 为 75,SE 为 25)。最宽松的路径扩展要求,设置为 1。

Butterfly 转录本减少设置。

> --no_path_merging：输出所有最终的候选转录本（包括 SNP 变异，但是某些 SNPs 可能是未定相的（unphased）。默认情况下，如果发现替代的候选转录本过于相似，则会按照以下逻辑合并它们（实际上是丢弃）：identity = numberOfMatches/shorterLen > 98.0%；或者，它们之间不匹配碱基 <= 2 且内部间隙长度 <= 10。该参数项与以下三个参数的设置有关。如果在两个替代转录本之间的比较中发现它们太相似，则保留具有最大累计兼容读段（读段对路径）支持的转录本，而丢弃另一个。
>
> --min_per_id_same_path：要合并为单个路径的两条路径的最小一致（identity）百分比（默认：98）。
>
> --max_diffs_same_path：要合并的路径序列之间允许的最大差异（默认：2）。
>
> --max_internal_gap_same_path：允许将路径合并为单个路径的最大内部连续间隙字符数（默认：10）。

Butterfly Java 和并行执行设置。

> --bflyHeapSpaceMax：Butterfly Java 最大堆空间设置（默认：10 G）。命令：java -Xmx10G -jar Butterfly.jar … $bfly_opts。
>
> --bflyHeapSpaceInit：Butterfly Java 初始堆空间设置（默认：1 G）。命令：java -Xms1G -jar Butterfly.jar … $bfly_opts。
>
> --bflyGCThreads：用于垃圾收集的线程（默认：2）。
>
> --bflyCPU：要使用的 CPU 数量（默认：正常的 CPU 数量，如 2）。
>
> --bflyCalculateCPU：根据"max_memory"除以"maxbflyHeapSpaceMax"的 80% 计算 CPU。
>
> --bfly_jar：设置 Butterfly.jar 存放目录，否则使用 Trinity 安装版本默认的目录。

6. 质量修剪参数选项

--quality _ trimming _ params：默认为"ILLUMINACLIP:/usr/local/bin/trinity-plugins/Trimmomatic/adapters/TruSeq3-PE.fa:2:30:10 SLIDINGWINDOW:4:5 LEADING:5 TRAILING:5 MINLEN:25"。

7. 读段标准化参数选项

--normalize_max_read_cov：标准化的读段最大覆盖度。默认：50。

--normalize_by_read_set：首先对每对 FASTQ 文件分别进行标准化，然后结合各个标准化读段进行最终标准化。如果内存资源有限，可以考虑使用此选项。

--just_normalize_reads：执行读段标准化之后，终止程序。

--no_normalize_reads：不要进行读段标准化处理。默认为最大值（max），读段覆盖为200。对于大多数应用来说，不推荐关闭标准化选项。

--no_parallel_norm_stats：不要尝试为双端 FASTQ 文件以并行方式运行高内存消耗的标准化统计数据生成器。

8. 基因组指导的从头组装参数选项

--genome_guided_max_intron：必需参数。设置允许的内含子最大长度，也是基因组上的最大片段跨度。

--genome_guided_min_coverage：可选参数。用于识别基因组表达区域的最小读段覆盖（默认：1）。

--genome_guided_min_reads_per_partition：每个分区的默认最小值为 10 个读段。

9. Trinity 阶段 2(读段簇的并行组装)相关参数选项

--grid_exec：用于将工作提交到网格的命令行实用程序。这是一个接受单个参数的命令行工具：｛your_submission_tool｝ /path/to/file/ contains/commands. txt。该提交工具应该在所有命令成功完成后退出。

--grid_node_CPU：每个并行进程要利用的线程数(默认:1)。

--grid_node_max_memory：每个网格节点的最大内存(默认:1 G)。

"--grid_node_CPU"和"--grid_node_max_memory"参数项,作为 Trinity 阶段 2 中运行的 Trinity 任务的"--CPU"和"--max_memory"参数使用。

--FORCE：忽略之前运行失败的命令,继续执行下去。

10. 链特异性 RNA-Seq 库类型

Trinity 使用链特异性 RNA-Seq 数据的效果最佳,在这种情况下可以解析有义和反义转录本。链特异性 RNA-Seq 有四种库类型(图 4-14)。

配对读段：

> RF：片段对的第 1 个读段(/1)被测序为反义(anti-sense),即反向(reverse,R);第 2 个(/2)在有义链中,即正向(forward,F)。典型的 dUTP/UDG 测序方法就是这种库类型。
> FR：片段对的第 1 个读段 (/1) 被测序为有义(正向),第 2 个读段 (/2) 在反义链中(反向)。

未配对(单)读段：

> F：单个读段是在有义链上(正向)。
> R：单个读段处于反义链上(反向)。

通过将 "--SS_lib_type"参数设置为上述类型之一,即可指定读段是某种链特异性的。默认情况下,读段被视为非链特异性的。

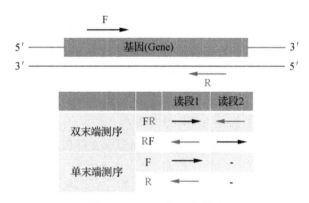

图 4-14　RNA-Seq 库类型

其他重要因素:无论使用 FASTQ 还是 FASTA 格式的输入文件,如果 illumina 报告的数据是链特异性的,请确保按其报告方式保持读段方向。这样 Trinity 就会根据指定的库类型正确定位读段序列。如果数据不是链特异性的,Trinity 将在两个方向上解析数据。如果同时拥有配对和未配对数据,并且数据不是链特异性的,则可以将未配对数据与配对片段的左侧读段数据组合。确保未配对读段有一个"/1"作为后缀,类似于左侧读段。右侧读段应该都有"/2"作为后缀。然后,使用"--left"和"--right"参数运行 Trinity,就像所有数据都已配对一样。如果有多个片段大小不同的配对末端库,则根据较大的插入库设置"--group_pairs_distance"参数项。超过该距离的配对将被 Butterfly 过程视为未配对。

11. 运行 Trinity 时要考虑的选项

Trinity 包括用于 RNA-Seq 读段自动处理的其他选项,在执行从头组装之前应考虑这些选项。这包括使用 Trimmomatic 对读段进行质量修剪,或对总读段进行标准化处理,以减少需要从头组装的读段数量,从而改善组装运行时间。此外,如果转录本来自一个紧凑的基因组,其中重叠的 UTRs 很常见,则可以通过分析跨越转录本长度的读段配对的一致性,来减少错误的端到端(end-to-end)融合转录本的组装。

使用 Trimmomatic 进行质量修剪:如果需要对输入的 FASTQ 文件进行质量修剪,请使用"Trinity --trimmomatic"选项。质量修剪参数"--quality_trimming_params"的默认设置为"ILLUMINACLIP:/usr/local/bin/trinity-plugins/Trimmomatic/adapters/TruSeq3-PE. fa:2:30:10 SLIDINGWINDOW:4:5 LEADING:5 TRAILING:5 MILEN:25"。为方便起见,Trimmomatic 软件捆绑为 Trinity 插件。使用的默认设置基于 Macmanes(2014)发表于 *Frontiers in Gentics* 上题为"On the optimal trimming of high-throughput mRNA sequence data"的研究报告。如果启用"--trimmomatic",它将在输出目录中生成质量修剪的中间输出结果,这些输出将用于组装。例如,运行 Trinity 时使用参数"--trimmomatic --left read. left. fq. gz --right read. right. fq. gz …"。对于成对读段,往往会出现这样两种情况:① 成对的两个读段都进行质量修剪(P);② 成对读段中的一个被丢弃,另一个被保留(U)。读段被相应地分为以下输出文件。

```
read. left. fq. gz. P. qtrim. gz
read. left. fq. gz. U. qtrim. gz
read. right. fq. gz. P. qtrim. gz
read. right. fq. gz. U. qtrim. gz
```

Trinity 将利用正确配对的(P)读段进行组装。

12. 组装大规模 RNA-Seq 数据集

自从 2016 年开始,读段数据标准化就成为 Trinity 的默认设置。如果要组装的 RNA-Seq 数据涉及数亿乃至数十亿个读段,那个标准化处理就是必要的。也就是说,不可以设置"--no_normalize_reads"参数项,而是要设置"--normalize_max_read_cov"和"--normalize_by_read_set"这两个参数项。

13. 最小化源自基因密集基因组的错误融合转录本

如果要组装的 RNA-Seq 数据来自基因密集的紧凑基因组,例如真菌基因组,其中转录本可能经常在 UTR 区域重叠。此时,可以通过设置"--jaccard_clip"参数项来最小化融合转录本,前提是已配对读段。Trinity 将在几乎没有读段配对支持的位置检查读段配对和片段转录本的一致性。在脊椎动物和植物这样的大基因组中，这项计算任务是不必要的，也不推荐；而在紧凑的真菌基因组中，强烈推荐使用。作为该分析的一部分，读段与 Inchworm 重叠群进行比对，在 Inchworm 重叠群中检查读段配对情况，并在低配对支持的位置对重叠群进行裁剪。然后将这些裁剪过的 Inchworm 重叠群送入 Chrysalis 模块进行下游加工处理。请注意，单独使用链特异性 RNA-Seq 数据应该可以大大减少仅达最低限度重叠的转录本的错误融合。

14. 转录组组装质量评估

组装完成后，有一些常用方法可以描述其质量。

① 检查组装集的 RNA-Seq 读段使用情况。理想情况下，至少 80% 的输入 RNA-Seq 读段要被组装集使用到，剩余的未组装读段可能对应于低表达转录本，其覆盖范围不足以进行组装，或者是低质量或异常读段。

② 通过针对已知蛋白质序列数据库搜索组装转录本，检查全长重建蛋白质编码基因的表现情况。使用 BUSCO（http://busco.ezlab.org/）根据保守的直系同源内容探索完整性。

③ 计算 E90N50 转录本重叠群长度。基于代表 90% 表达数据的转录本集的重叠群 N50 值。

④ 计算 DETONATE 分数（http://deweylab.biostat.wisc.edu/detonate/）。DETONATE 工具针对转录组组装质量提供了严格的计算评估方法；如果想使用不同的参数设置或使用完全不同的工具，尝试进行多次组装，并期望从中挑选出最好的组装集，该工具将非常有用。DETONATE 分数最高的那个就是最好的组装集。

⑤ 尝试使用 TransRate 工具（http://hibberdlab.com/transrate/）。TransRate 会生成许多有用的统计数据，以用于评估转录组组装。注意：某些统计数据可能会偏向于大量表达量非常低的转录本。此时，就应该考虑在应用最小表达过滤器前后，分别为转录组生成 TransRate 统计信息。

⑥ 使用 rnaQUAST（http://cab.spbu.ru/software/rnaquast/）工具评估从头转录组组装的质量。

四、　组装案例及结果解读

1. RNA-Seq 数据的从头组装

现有不同培养条件下的某真菌样本的 RNA-Seq 数据，3 个对照和 3 个实验样本，双末端测序数据。由于缺少具有完善注释信息的基因组，故而采用无参分析流程，这首先需要对 6 个样本的 RNA-Seq 数据进行从头组装。

```
#切换到 RNA-Seq 数据文件所在目录
cd /home/zhanggaochuan/AP-RNA-Seq
#计算任务耗时很长,挂载到计算服务器后台进行组装,同时输出日志文件(nohup.txt)
nohup Trinity --seqType fq --max_memory 50G \
--left Con1_1.fq,Con2_1.fq,Con3_1.fq,Test1_1.fq,Test2_1.fq,Test3_1.fq \
--right Con1_2.fq,Con2_2.fq,Con3_2.fq,Test1_2.fq,Test2_2.fq,Test3_2.fq \
--CPU 10 \
--output ./trinity_out &
```

查看日志文件(nohup.txt),可以了解 Triniry 组装进程和可能出现的错误提示。如果程序没有完成组装就提前终止,那么该日志文件中通常会有出错指令行的提示信息。一般通过阅读该日志文件,即可找出错误原因,尝试解决它并重新开始进行组装。此外,最关键的结果输出文件是 FASTA 格式组装转录本序列文件(Trinity.fasta)。

2. 组装转录本序列文件(Trinity.fasta)

Trinity 根据共有序列内容将转录本分成一个个簇(cluster),这样的转录簇被称为"基因"。此信息编码在 Trinity 组装转录本序列名称中。以下是其中一个转录本条目的格式范例。

```
> TRINITY_DN33_c0_g1_i1 len = 349 path = [1:0-153 2:154-348]
GTGACGGTGGCGTTTCCTTGAGGAAGAGTGAGGGTTCCAACTTTTCTGCTTATCTGGGAGGTGTTGGGCGCGG
ACAGTCGAGATGTCAGAGAAAAAGCAGCCGGTAGACTTAGGTCTGTTAGAGGAAGACGACGAGTTTGAAGA
GTTCCCTGCCGAAGACTGGGCTGGCTTAGATGAAGATGAAGATGCACATGTCTGGGAGGATAATTGGGATGA
TGACAATGTAGAGGATGACTTCTCTAATCAGTTACGAGCTGAACTAGAGAAACATGGTTATAAGATGGAGAC
TTCATAGCATCCAGAAGAAGTGTTGAAGTAACCTAAACTTGACCTGCTTAATACATTCTAG
```

Trinity 组装的转录本名称记录了"基因"和"异构体"信息。在上面的示例中,名称"TRINITY_DN33_c0_g1_i1"表示 Trinity 读段簇"TRINITY_DN33_c0"、基因"g1"和异构体"i1"。由于给定数据的 Trinity 运行涉及许多读段簇,每个簇都单独组装,并且因为"基因"编号在给定的已处理读段簇中是唯一的,因此"基因"标识符(identifier)应被视为读段簇的集合以及相应的基因标识符,在本例中为"TRINITY_DN33_c0_g1"。因此,上面的示例可解释为"gene id:TRINITY_DN33_c0_g1 编码的 isoform id:TRINITY_DN33_c0_g1_i1"。存储在转录本名称中的路径信息"path = [1:0-153 2:154-348]",表示在 Trinity 压缩的 de Bruijn 图中遍历以构建该转录本的路径。在这种情况下,节点 1 对应于转录本的序列范围 0 ~ 153,节点 2 对应于转录本的序列范围 154 ~ 348。这些节点编号仅在给定基因标识符相关内容中是唯一的,因此可以在异构体之间比较图节点以识别给定基因的每个异构体的唯一和共有序列。此外,如果有兴趣的话,可以使用 Bandage(https://rrwick.github.io/Bandage/)软件对 Trinity 组装结果中的 de Bruijn 图进行可视化。

3. 获取组装转录本的统计摘要报告

使用 TrinityStats.pl 程序统计 Trinity 输出的组装转录本结果,获取简要统计报告。

```
#统计 Trinity 输出的组装转录本结果(Trinity. fasta)
cd trinity_out
TrinityStats. pl Trinity. fasta > "assembly_report. txt"
```

使用合适的文本编译器,查看 Trinity 组装转录本的统计报告文件(assembly_report. txt)。以下是报告内容的范例。

```
################################
## Counts of transcripts, etc.
################################
Total trinity 'genes': 17261
Total trinity transcripts: 22547
Percent GC: 45.33
########################################
Stats based on ALL transcript contigs:
########################################
    Contig N10: 15065
    Contig N20: 11435
    Contig N30: 8999
    Contig N40: 7130
    Contig N50: 5741

    Median contig length: 460
    Average contig: 1687.74
    Total assembled bases: 38053479
#####################################################
## Stats based on ONLY LONGEST ISOFORM per 'GENE':
#####################################################
    Contig N10: 13350
    Contig N20: 9390
    Contig N30: 7082
    Contig N40: 5381
    Contig N50: 3627

    Median contig length: 382
    Average contig: 1030.73
    Total assembled bases: 17791493
```

该简要统计报告给出了 Trinity 组装的基因和异构体总数,由于一个基因可能存在一个或多个异构体,故而异构体的数量会多于基因数量。此外,还有所有组装转录本和每个基因最长转录异构体的长度分布情况。这些统计信息可以让用户对组装结果有一个总体的认知。

16．文件格式转换工具

在基因组数据分析过程中,不同软件和工具所支持的数据文件格式可能存在差异,此时就需要对这些不同格式的数据文件进行格式转换。以下是一些常用格式转换工具的简要描述。

1. 一些常用格式转换工具及其下载地址

（1）blast2gff3. pl

http://eugenes. org/gmod/genogrid/scripts/blast92gff3. pl

https://github. com/jwbargsten/biogonzales_pl/blob/master/bin/blast2gff3. pl

（2）blast2gff. py

https://github. com/wrf/genomeGTFtools/blob/master/blast2gff. py

（3）blast92gff3. pl、evigff2gtf. pl、gff2bed. pl、blat2gff. pl 等多种格式转换程序

http://arthropods. eugenes. org/EvidentialGene/evigene/scripts/

要想正常运行这些由 Perl 或 Python 语言编写的脚本程序,需要安装和配置 Perl 或 Python 环境。通常,Ubuntu 系统已经自动安装好 Perl 和 Python。脚本程序下载之后,一般需要修改运行权限才能使用(chmod-R 777 . /blast2gff3. pl);亦可直接将这些脚本程序复制到系统目录中,如/usr/bin 或/user/local/bin（sudo cp /blast2gff3. pl /usr/bin/）。然后在终端命令行窗口中即可直接运行,如 blast92gff3. pl blastx. outfmt6 > blastx. gff3。

2. 基因组工具软件（Genome tools）

```
#Ubuntu 系统中,可以通过 apt install 指令直接安装
sudo apt-get install " genometools "
```

该软件中包含了多个格式转换工具。

```
gt bed_to_gff3：解析 BED 文件并将其转换为 GFF3。
gt gff3：解析、转换和输出 GFF3 文件。
gt gff3_to_gtf：解析 GFF3 文件并将其转换为 GTF2. 2 格式。
gt gtf_to_gff3：解析 GTF2. 2 文件并将其转换为 GFF3 格式。
gt convertseq：解析和转换序列文件格式(FASTA/FASTQ、GenBank、EMBL)。
```

3. BamTools convert 程序

该程序能够将 BAM 转成其他多种数据格式,包括 BED、FASTA、FASTQ、JSON、Pileup、SAM、YAML 等。

附　录

附录1　基因组坐标体系

在各种生物信息学软件和数据格式中,生物学基因组坐标的表示主要有两种方法:
① 全包含的"1-based(one-based, fully-closed)"坐标体系,区间表示为[start, end],序列的第1个碱基编号为1;② 半包含的"0-based(zero-based, half-open)"坐标体系,区间表示为[start, end),序列的第1个碱基编号为0。此外,还有一种很少使用的全包含的"0-based(zero-based, fully-closed)"坐标体系,区间表示为[start, end],序列的第1个碱基编号亦为0。附图1是这两种坐标体系的对比示意图,注意它们对于子串"ACG"和位点"C"的表示差异。在这两种坐标体系中,子串"ACG"在原序列中,按照"1-based"坐标体系是从编号2的碱基开始,而"0-based"坐标体系则是从编号1的碱基开始。之所以会出现这样的表示差异,是因为在全包含的"1-based"坐标体系中,数字编号与核苷酸字符是直接对应的,而半包含的"0-based"坐标体系则是在核苷酸之间编号。

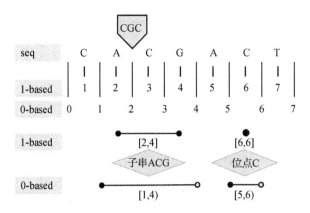

附图1　"1-based"坐标体系和"0-based"坐标体系对比示意图

附表1是这两种坐标体系的对比示意图。

附表1　两种基因组坐标体系对核苷酸位置和突变的表示对比

	1-based	0-based
单个核苷酸	seq:6-6 C	seq:5-6 C
区间	seq:2-4 ACG	seq:1-4 ACG
单核苷酸变异	seq:5-5 A/T	seq:4-5 A/T
删除	seq:7-7 T/-	seq:6-7 T/-
插入	seq:2-3 -/CGC	seq:2-2 -/CGC

在实际序列数据处理中,如果不仔细考虑坐标体系,可能会发生错误。比如,BED 文件是基于"0-based"体系的,描述如下两个基因组区间。

```
Chr1    0       1000
Chr1    1000    2000
```

当使用 R 语言 rtracklayer∷import( )导入 BED 特征区间时,上述基因组区间的表示将发生变化,如下所示。

```
Chr1    1       1000
Chr1    1001    2000
```

该函数在内部将"0-based"坐标体系转换为"1-based"坐标体系。R 语言使用的是"1-based"坐标体系,这一点与 Python 不同。在使用 read. table 读取 BED 文件,并使用 GenomicRanges∷makeGRangesFromDataFrame( ) 将其转成 GRanges 对象时,务必在处理数据之前,将其起始位置加上 1。类似地,当使用 rtracklayer∷export 将一个 GRanges 对象保存到磁盘时,R 语言会自动转成"0-based"坐标体系。如果是从 GRanges 对象中创建一个 dataframe,并将该 dataframe 写入文件,请记住在执行此操作之前先将起始位置减去 1。

0-based 与 1-based 坐标体系比较:① "0-based"坐标体系更便于计算序列长度。"0-based"区间[m,n],其长度为 n-m;而"1-based"区间[m,n],其长度为(n-m)+1。② "0-based"坐标体系更便于编程。大多数编程语言使用的是"0-based"体系的数组索引。③ "0-based"坐标体系更便于计算重叠。这一点与计算序列长度类似,如下所示。

```
#0-based:
a =[ start1,end1 )
b =[ start2,end2 )
overlap( a,b) = min( end1,end2)-max( start1,start2)

#1-based:
a =[ start1,end1 ]
b =[ start2,end2 ]
overlap( a,b) = min( end1,end2)-max( start1,start2) +1
```

如果两个区间不重叠,"0-based"计算将返回一个负值,其绝对值是两个特征区间之间的距离。因此,对于编程,"0-based"坐标体系可以防止代码中的大量额外"-1"和"+1"操作。但是,我们的大脑更习惯于"1-based"体系。只是,各种数据格式的设计者,都根据自己的设计意图对坐标体系做出有意识的决定。例如,BED 是 UCSC 浏览器中的基本格式,许多底层代码都依赖于它。因此,坐标系是"0-based"体系,这样会获得更快的计算速度和更高的代码清洁度。相比之下,选择"1-based"体系的设计者可能更关心格式的"可读性"。

在常用数据格式及数据库中,BAM、BED、BCF 和 PSL 格式使用的是"0-based"体系,SAM、GTF、GFF、VCF、Wiggle、GenomicRanges、BLAST 和 GenBank/EMBL 特征描述格式使用的是"1-based"体系。UCSC 数据表使用的是"0-based"体系,但其基因组浏览器(Genome Browser)使用的是"1-based"体系,两者始终相差 1 个碱基;NCBI 的 dbSNP 则使用"0-based"体系。

综上所述,在使用多个软件进行联合处理时,务必注意这些软件及其读写的数据格式所使用的坐标体系是否存在差异;如果存在差异则需要进行额外处理,否则会导致错误结果的产生。

附录 2 常用数据格式

1. FASTA

在 FASTA 格式中,序列之前的行称为 FASTA 定义行,必须以"＞"开头,后跟序列标识符(SeqID)。每个序列的 SeqID 必须是唯一的,并且不应包含任何空格;SeqID 只能包含字母、数字、连字符(-)、下划线(_)、句点(.)、冒号(:)、星号(*)和数字符号(#)。其他有关序列来源的生物体信息位于 SeqID 后面,且必须采用"［modifier = text］"格式,注意不要在"="周围放置空格,信息应至少包括生物体学名,还可以添加可选的修饰符以提供附加信息。FASTA 定义行的最后一个可选组件是序列标题,它将被用作 GenBank 格式文件中的DEFINITION 字段。标题应包含对序列的简要说明。FASTA 定义行中间不得包含任何硬回车,即所有信息都必须在一行文本中。FASTA 定义行之后的行就是序列,序列本身可以使用回车换行符分成多行。如果导入 FASTA 序列时遇到问题,请仔细检查 FASTA 定义行末是否没有回车换行,而与序列连接在一起成为一行。

FASTA 格式序列示例如下。前一个是正确格式化定义行的序列;后两个不是,但不影响序列分析,只是对序列描述信息的解读有影响。

```
>NM_001395731.1 ［organism=Saccharomyces cerevisiae］［strain=S288C］ Saccharomyces cerevisiae S288C
Oto1p（OTO1）, partial mRNA
ATGAACGTTCGTGGAAATCAATGCATTATGTCTATAAGAGTATTCCTAAAAGCAGGAGAAAGTTCGCTAT
CATTTGCCATTAAGTGGCTCAAACGGTTTGAGGCCACTACGAAGAAAAATCAATATATACAAAACGGTTG
GCCACTAAAAGATGGAAATAAAAAAAAGAAAATAA
>NM_001395035.1 Saccharomyces cerevisiae S288C Apq13p（APQ13）, partial mRNA
ATGCTTGATTATTTTTTTTTACTAGCTTTCTGTGACGTGTATTCTACTGAGACTTTCTGGTATCATTTTT
TCTTGAAATCTTTTATTAATGATGCAAATCCACCACTTGGCTTCTTCTTCTTACCTAAAGCAGCACTAGC
GGATTTCGCACTAATAAAACTTTTTCCATCATCAGATGAATCCCCTGAGTCATCAGAATCTGACTCAGAT
TTAGAATCTGAACTGGAATCCGATACGGAGTCCGAACTGGAGTTAGAGTCAGAATCAGAGCTAGATTCAT
CATCACTACTTGAAGGGGCTTTTGTTTGTGACTTCTCATTCGATTTAGAAGTTTTTTCCTTTACATCTGG
GATGCCTCTTGAAACAAGATCAGATAATGAACTCAAAGAAGGACGAACTTTTCTTGGAAGGTCATGA
>NP_001381965.1 Apq13p［Saccharomyces cerevisiae S288C］
MLDYFFLLAFCDVYSTETFWYHFFLKSFINDANPPLGFFFLPKAALADFALIKLFPSSDESPESSESDSD
LESELESDTESELELESESELDSSSLLEGAFVCDFSFDLEVFSFTSGMPLETRSDNELKEGRTFLGRS
```

2. FASTQ

FASTQ 是一种用于存储生物学序列(通常是核苷酸序列)及其相应质量得分的纯文本格式。其中,序列字母和质量得分均使用单个 ASCII 字符进行编码。FASTQ 最初是由英国剑桥桑格研究所开发的,用于捆绑 FASTA 格式序列及其质量数据,目前已成为存储高通量测序仪器输出文件格式的实际标准。在 FASTQ 格式文件中,通常每个序列使用 4 行来进行描述:第 1 行以"@"字符开头,后跟序列标识符和可选描述;第 2 行是原始序列字符;第 3 行以"+"字符开头,其后可能再次跟随同一序列标识符以及任何其他描述;第 4 行编码第 2 行中序列的质量值,并且必须包含与序列中字母数量相同的符号,即质量符号与序列字符一一对应。

```
@NC_001133.9-18410/1
GAAACCATCATCCACACACCGCGCACACGTGCTTTATTTCTTTTTCTGAATTTTTTTTTTCCGCCATTTTCAACC
AAGGA
 +
CBBCCFGGDGGGGGGGFGEGGGGGDGGGGGGGGGGEGGGGGGGG1GEFGGGDFFGG1GCGFGGGGGGGGG
GEGFCGGGGG
@NC_001133.9-18408/1
CAGCTTCTTCTGCGTCGAAAAATTCGTCGGCGTCAGAATCCTCATCACTTTCCTTTGTTGCTTCGATAAATTTT
ACGATT
 +
CCCCCGGGGGCGGGGGGGGGGGGGGGGGGG1GDGGGGGG/GGCGGGEGDGGG < GGGGGGG1GGEFGGG0G
GGGGGG1GGD@
```

代表质量值的 ASCII 字符排序是从最低质量的"!"到最高质量的"~"。以下质量值字符从左到右按质量升序排列。

```
!"#$%&'( )* + ,-./0123456789:; <=>? @ ABCDEFGHIJKLMNOPQRSTUVWXYZ[ \]^_`abcdefghijklmnop
qrstuvwxyz{|} ~
```

FASTQ 格式中的质量值 Q 是碱基调用(base call)错误概率 p 的整数映射,目前有两种不同的计算公式:一种是用于评估碱基调用可靠性的标准 Sanger 公式,也称为 Phred 质量得分;另一种是 Solexa 处理流程(即 illumina Genome Analyzer 随附软件)使用的计算方法,该方法是对 $p/(1-p)$ 而不是概率 p 进行编码。

Sanger/Phred 计算公式: $Q = -10\log_{10}p$

Solexa 计算公式: $Q = -10\log_{10}\dfrac{p}{1-p}$

这两种计算方法在较高的质量值处渐近相同,但在较低的质量水平下它们之间略有差异(附图 2)。

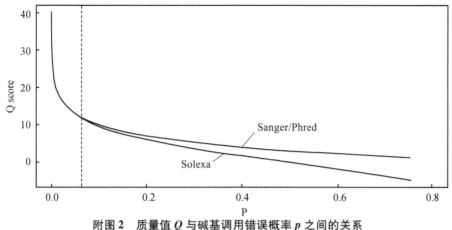

附图2　质量值 Q 与碱基调用错误概率 p 之间的关系

上面是 Sanger/Phred 函数曲线，下面是 Solexa 函数曲线，垂直虚线表示 $p=0.05$ 或 $Q \approx 13$。

Sanger 公式计算结果可以使用 ASCII（33～126）来编码 Phred 质量得分（0～93）（附表2）。SAM 格式中也是如此使用。质量分值与 ASCII 码字符的转换公式为：ASCII 码（字符）＝质量分值 +33。需要注意的是，在早期高通量测序结果中，这种转换所代表的具体含义并非一直如此，而是存在变化。

附表2　Phred 质量分值与碱基调用错误概率和准确性的对应关系

Phred 质量分值	碱基调用错误概率	碱基调用准确性
10	1/10	90%
20	1/100	99%
30	1/1 000	99.9%
40	1/10 000	99.99%
50	1/100 000	99.999%

3. SAM

序列比对/映射（sequence alignment/map，SAM）格式是一种通用的核苷酸比对格式，用于描述查询序列或测序读段与参考序列之间的比对结果。SAM 格式是以制表符（TAB）分隔字段的文本格式，可以存储各种序列比对程序生成的所有对齐信息，亦可轻松地由比对程序生成或从现有的比对格式转换而来。该格式允许以数据流的形式来执行针对队列的大多数操作，而无须将整个队列加载到内存中。它还允许通过基因组位置对文件创建索引，从而有效地检索与某个基因组位置对齐的所有读段。在 SAM 格式中，每个比对必须包含固定数量的必填字段，这些必填字段描述有关该比对的关键信息，如详细的比对队列和序列；并且可能包含可变数量的可选字段。SAM 文件内容主要分为两部分：头部区域（header section）和比对队列部分（alignment section）。

（1）头部区域

头部区域的每一行都以@开头，然后是一个双字符类型代码。该区域中的每行用 TAB 分隔字段，除@CO 行外，每个字段都遵循格式"TAG：VALUE"。其中，TAG 是双字符标识，用于定义 VALUE 的格式和内容。附表 3 描述了可以使用的记录类型及其预定义标签。标有"*"的标签为必填项,如每个@SQ 行必须具有 SN 和 LN 字段。

附表 3　SAM 文件头部区域使用的记录类型及其预定义标签

字段 1 标签	字段 2 标签	描述
@HD	—	文件级元数据,可选。如果存在,则只能有 1 个@HD 行,且必须是文件的第 1 行。
—	VN*	格式版本。
—	SO	比对的排序顺序。有效值:unknown(默认)、unsorted(未排序)、queryname(查询名称)和 coordinate(坐标)。对于坐标排序,主要的排序键是 RNAME 字段,其顺序由头部@SQ 行的顺序定义。次要排序键是 POS 字段。对于具有相同 RNAME 和 POS 的比对,顺序是任意的。在 RNAME 字段中所有带有"*"的队列排序方式遵循带有其他值的队列顺序,但其他情况为任意顺序。
—	GO	比对分组,表示将类似的比对记录分在一组,但文件不一定要整体排序。有效值:none(默认)、query(比对按 QNAME 分组)和 reference(比对按 RNAME/POS 分组)。
—	SS	比对的子排序顺序。有效值的格式为 *sort-order*:*sub-sort*,其中 *sort-order* 与存储在 SO 标签中的值相同,而 *sub-sort* 则是以冒号分隔的与实现排序相关的字符串,它进一步描述了排序顺序。例如,如果某个算法依赖于坐标排序,且在每个坐标上进一步按查询名称排序,则头部可能包含"@HD SO:coordinate SS:coordinate:queryname"。
@SQ	—	参考序列字典。@SQ 行的顺序定义了比对排序顺序。
—	SN*	参考序列名称。所有@SQ 行中的 SN 标签和所有单独的 AN 名称必须不同。该字段的值被用于 RNAME 和 RNEXT 字段的队列记录中。
—	LN*	参考序列长度。范围:$[1, 2^{31}-1]$。
—	AH	指示此序列是备用基因座。该值是此序列在主装配序列中的替代位置,格式为"chr:start-end"、"chr"(如果已知)或"*"(如果未知),其中"chr"是主装配序列。主装配序列上不得出现该标签。
—	AN	备用参考序列名称。一个使用逗号分隔的替代名称列表,有工具可能会在引用参考序列时用到它。这些替代名称未在 SAM 文件中的其他位置使用,尤其是它们不得出现在队列记录的 RNAME 或 RNEXT 字段中。
—	AS	基因组装配标识符。
—	DS	UTF-8 编码的描述内容。
—	M5	序列的 MD5 校验。
—	SP	物种。
—	TP	分子拓扑结构。有效值:linear(默认为线性)和 circular(环状)。
—	UR	序列的 URI。该值以标准协议之一,如"http:"或"ftp:"开头。如果它不是以这些协议之一开头的,则认为是文件系统路径。
@RG	—	读段组。允许无序的多条@RG 行。

续表

字段1 标签	字段2 标签	描述
—	ID*	读段组标识符。每个@RG行必须具有唯一的ID,该ID被用在队列记录的RG标签中。
—	BC	识别样品或文库的条形码序列。该值是期望能由测序仪正确读取识别的条形码碱基。
—	CN	产生读段的测序中心名称。
—	DS	UTF-8编码的描述内容。
—	DT	测序日期。
—	FO	流顺序(flow order)。核苷酸碱基阵列,对应于每个读段的每个流所用的核苷酸。多碱基流以IUPAC格式编码,非核苷酸流通过各种其他字符编码。
—	KS	对应于每个读段关键序列的核苷酸碱基阵列。
—	LB	测序文库。
—	PG	用于处理读段组的程序。
—	PI	预测的插入片段的中位大小。
—	PL	用于产生读段的平台/技术。有效值:CAPILLARY、DNBSEQ（MGI/BGI）、HELICOS、ILLUMINA、IONTORRENT、LS454、ONT（Oxford Nanopore）、PACBIO（Pacific Biosciences）和SOLID。当技术不在此列表中时,该字段应被省略或是未知。
—	PM	平台模型。自由格式的文本,提供有关所用平台/技术的更多详细信息。
—	PU	平台单元。唯一标识符。
—	SM	样本。使用测序的样本池名称。
@PG	—	程序。
	ID*	程序记录标识符。每个@PG行必须具有唯一的ID,该ID被用于其他@PG行的队列PG标签和PP标签中。
—	PN	UTF-8编码的命令行。
—	PP	先前的@PG-ID,必须与另一个头部的@PG ID标签匹配。@PG记录可以通过的PP标签链,该链最后一条记录没有PP标签。该链定义了用于对齐的程序顺序。链的第1条PG记录描述的是最后操作SAM记录的程序。
—	DS	UTF-8编码的描述内容。
—	VN	程序版本。
@CO	—	UTF-8编码的单行文本注释,允许无序的多条@CO行。

（2）比对队列部分

共有11个必填字段和1个可选字段：< QNAME > < FLAG > < RNAME > < POS > < MAPQ > < CIGAR > < RNEXT > < PNEXT > < TIEN > < SEQ > < QUAL > [< TAG > : < VTYPE > : < VALUE > […]]。每个字段中间以制表符分隔。

① QNAME：查询模板名称。具有相同 QNAME 的读段/序列片段被视为来自同一模板。QNAME 为"＊"表示该信息不可用。在 SAM 文件中，当一个读段的对齐方式是嵌合的或存在多个映射时，它可能占用多个队列行。

② FLAG：位标识。与参考序列映射情况的数字标识，每一个数字代表一种比对情况，该字段值是符合情况的数字标识相加的总和(附表 4)。

附表 4 FLAG 字段位标识说明

位	数值	描述
0x1	1	测序中具有多个片段的模板
0x2	2	每个片段都能根据比对工具正确对齐
0x4	4	未映射的片段
0x8	8	模板中的下一个片段未映射
0x10	16	SEQ 反向互补
0x20	32	模板中下一个片段的 SEQ 反向互补
0x40	64	模板中的第一个片段
0x80	128	模板中的最后一个片段
0x100	256	第二个队列
0x200	512	未能通过过滤器，如平台/供应商的质量检查
0x400	1024	读段是 PCR 或光学重复
0x800	2048	补充队列

注：对于 SAM 文件中的每个读段，若与该读段关联的一行且只有一行读取满足"FLAG&0x900 == 0"，则该行为该读段的主行。

位 0x800 表示相应的队列行是嵌合比对的一部分，标记为 0x800 的行称为补充行。

位 0x4 可用来判断读段是否未映射。如果设置位 0x4，则字段 RNAME、POS、CIGAR、MAPQ 和位 0x2、0x100 以及 0x800 应该没有内容。

位 0x10 指示 SEQ 是否为反向互补，且 QUAL 已反转。当未设置位 0x4 时，它对应于该片段已映射到的链：位 0x10 未设置指示正向链，而设置 1 指示反向链。设置位 0x4 时，其表示未映射的读段离开测序仪时是否以其原始方向存储。

位 0x40 和 0x80 反映所使用测序技术固有的每个模板内的读段顺序。如果同时设置了位 0x40 和 0x80，则该读段是线性模板的一部分，但它既不是第一个读段，也不是最后一个读段。如果位 0x40 和 0x80 同时未设置，则模板中读取的索引未知；这种情况往往针对非线性模板，或者在数据处理过程中丢失此信息的模板。

如果位 0x1 未设置，则位 0x2、0x8、0x20、0x40 和 0x80 都将失效。

表中未列出的位，保留供将来使用。写入时不应设置它们，而且在当前软件读取时也应将其忽略。

③ RNAME：队列中的参考序列名称。如果头部存在@SQ 行，RNAME 必须出现于 SQ-SN 标签之中；否则，RNAME 为"＊"。没有坐标的未映射片段，该字段是"＊"。但是，未映射片段也可以具有普通坐标，以便可以在排序后将其放置在所需的位置。如果 RNAME 为"＊"，则 POS 和 CIGAR 字段无效。

④ POS：最左边映射位置。参考序列中第一个碱基的坐标为 1。对于没有坐标的未映射读段，此处为 0；此时，RNAME 和 CIGAR 字段无效。

⑤ MAPQ：映射质量。该值等于 $-10\log_{10}$（映射位置错误概率），四舍五入到最接近的整数。值 255 表示映射质量不可用。

⑥ CIGAR：简要比对信息表达式（compact idiosyncratic gapped alignment report，CIGAR），其以参考序列为基础，使用数字加字母表示比对结果。CIGAR 字符串是由一系列操作长度加上操作组成的。常规 CIGAR 格式允许三种操作类型：M 表示匹配（match）或不匹配（mismatch），I 表示插入（insertion），D 表示删除（deletion）。扩展的 CIGAR 格式还允许 N、S、H、P 四个操作，如附表 5 所示，以描述剪切（clipping）、填充（padding）和拼接（splicing）。

附表 5　CIGAR 字段的操作类型说明

操作	描述
M	序列队列的匹配情况
I	插入（insertion）到参考序列
D	从参考序列中删除（deletion）
N	参考序列中的跳过区域（skipped region）
S	读段中的软剪切（soft clip）（ < SEQ > 中存在剪切的序列）
H	读段中的硬剪切（hard clip）（ < SEQ > 中不存在剪切的序列）
P	填充（padding），填充的参考序列中的静默删除（silent deletion）
=	序列匹配
X	序列错配

⑦ RNEXT：模板中下一个读段（配对读段中的另一个）主队列中的参考序列名称。如果头部存在 @ SQ，则该字段值必须出现于 SQ-SN 标签之中；否则，该字段为"*"或"="。"*"表示信息不可用，此时，PNEXT 和位 0x20 无效。"="表示该字段与 RNAME 相同。如果不是"="且模板中的下一个读段具有一个主映射，则此字段与下一个读段主行中的 RNAME 相同，即两者主映射到相同的参考序列。

⑧ PNEXT：模板中下一个读段主队列中的位置（POS）。0 为信息不可用，此时，RNEXT 和位 0x20 无效。该字段等于下一个字段主行中的 POS。

⑨ TLEN：有符号的观察到的模板长度。如果所有片段映射到相同的参考序列上，则 TLEN 的绝对值等于模板的映射终点与映射起点之间的距离。例如，一个片段在正向链第 100 个碱基处开始对齐，长度为 50，而另一个片段在反向链的第 200 个碱基处开始对齐，长度也是 50，那么这两个片段的模板覆盖参考序列的第 100 ~ 249 个碱基，长度为 150。请注意，映射碱基是 CIGAR 所描述的与参考序列比对上的碱基，因此不包括软剪切的碱基。对于模板的最左端片段，TLEN 字段为正；对于最右端的片段，TLEN 字段为负；任何中间片段的符号均未定义。如果片段覆盖相同的坐标，则可以任意选择最左端和最右端，但是两个末端必须有不同的符号。对于单片段模板或信息不可用时，该字段设置为 0。该字段的目的是指示模板另一端已对齐的位置，而无须读取 SAM 文件的其余部分。不幸的是，关于模

板映射的开始和结束的定义尚未达成明确共识。该规范的最早版本使用 5′端至 5′端(在原始方向上为 TLEN 1),读段的虚线部分表示软剪切的碱基;而后来的版本使用从最左到最右的映射碱基(TLEN 2)。这两个定义在大多数对齐方式中都是一致的,但是在重叠的情况下有所不同:在重叠的情况下,第一个片段的对齐超出了最后一个片段的开头(附图 3)。

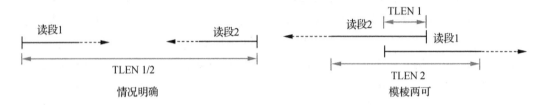

附图 3　模板映射的两种定义方式

⑩ SEQ:片段序列。如果未存储序列,此处为"*"。如果不是"*",则序列长度应该等于 CIGAR 中"M/I/S/ ═ /X"操作长度之和。

⑪ QUAL:碱基质量加上 33 对应的 ASCII 字符,格式同 FASTQ 一样。该值等于 $-10\log_{10}$(碱基错误概率)。如果未存储质量数据,则 QUAL 为"*"。如果 QUAL 不是"*",则 SEQ 不得为"*",并且质量字符串的长度应等于 SEQ 的长度。

⑫ TAGS:可选字段,补充的详细比对信息,格式为 TAG:VTYPE:VALUE。每个标签(TAG)均以双字符编码,并且对于一个队列仅出现一次。< VTYPE >遵循 Perl 规则。SAM 中的有效类型为:A 代表可打印字符,i 代表有符号的 32 位整数,c 代表单精度浮点数,Z 代表可打印字符串,H 代表十六进制(hex)字符串(高四位在前)。SAM 格式有许多预定义的标签,其中以 X 开头的标签"X?"是为最终用户保留的字段(附表 6)。

附表 6　TAGS 字段的标签类型说明

标签	类型	描述
X?	?	为最终用户保留的字段(还有 Y? 和 Z?)。
AM	i	其余片段中与模板无关的最小映射质量。
AS	i	比对工具生成的队列分值。
BQ	Z	与读段序列长度相同的碱基比对质量(BAQ)的偏移量。在读段第 i 个碱基处,$BAQ_i = Q_i$-(BQ_i-64),其中 Q_i 是第 i 个碱基质量。
CM	i	查询序列和参考序列之间的编辑距离。
CQ	Z	读段原始链上的查询读段质量;编码与 QUAL 相同,长度与 CS 相同。
CS	Z	读段原始链上的查询读段序列,必须包括引物碱基。
E2	Z	第二个最有可能的碱基调用,与 QUAL 相同的编码和长度。
FI	i	模板中的片段索引。
FS	Z	片段后缀。
LB	Z	测序的文库。如果头部存在@ RG,该值要与头部 RG-LB 标签一致。
H0	i	比对中的完美命中数。
H1	i	比对中的 1-碱基差异命中数。

续表

标签	类型	描述
H2	i	比对中的2-碱基差异命中数。
HI	i	查询读段命中索引,指示队列记录是存储在 SAM 中的第 i 条记录。
IH	i	当前记录中包含查询读段的 SAM 中存储的队列数量。
MD	Z	错配位置字符串。
MQ	i	配对/下一个片段的映射质量。
NH	i	当前记录中包含查询读段的队列报告数量。
NM	i	读段到参考序列的编辑距离,包括除剪切外的模糊碱基。
OQ	Z	原始碱基质量,编码与 QUAL 相同。
OP	i	原始映射位置。
OC	Z	原始 CIGAR。
PG	Z	程序。如果头部存在@ PG 标签,该值要与头部 PG-ID 一致。
PQ	i	模板的 Phred 似然值,条件是双方的映射是正确的。
PU	Z	平台单元。如果头部存在@ RG 标签,该值要与头部 RG-PU 一致。
Q2	Z	配对/下一个片段的 Phred 质量,编码与 QUAL 相同。
R2	Z	模板中配对/下一个片段的序列。
RG	Z	读段组。如果头部存在@ RG 标签,该值要与头部 RG-ID 一致。
SM	i	与模板无关的映射质量。
TC	i	模板中片段数量。
U2	Z	以最佳状态为准的第二次碱基调用发生错误的 Phred 概率,编码与 QUAL 相同。
UQ	i	映射正确的片段的 Phred 似然值。

（3）队列示例

SAM 格式能够存储各种不同类型的比对队列:剪切队列（clipped alignments）、拼接队列（spliced alignments）、多部分队列（multi-part alignments）、填充队列（padded alignments）和彩色空间队列（alignments in color space）。

① 剪切队列:在史密斯-沃特曼（Smith-Waterman）比对队列中,序列可能无法从第一个残基到最后一个残基都恰好对齐,末端的子序列可能会被剪切掉,"S"操作就是用来描述这种修剪的对齐方式。在读段序列中,与参考序列匹配的碱基是大写字母,小写字母是剪切的碱基。下述示例中,CIGAR 字符串为 3S5M1D4M3S ,即 3 个软剪切、5 个匹配、1 个删除、4 个匹配和 3 个软剪切。

参考序列:GCTACTAGCAGTCAGTGGAAGCCTCTATGCTTGGCAGCATCATCGACTAGCTAGAGCTCTAGCT TCGA
读段序列:　　　　　ggg TCAGT-GAAGggg

② 拼接队列:在 cDNA 与基因组的比对队列中,需要在外显子中区分删除和内含子。"N"操作就是用来表示在参考序列上的长距离跳跃的。读段序列中的"…"代表内含子区

域。下述示例中,CIGAR 字符串为 11M36N10M,即 11 个匹配、跳过长度为 36 个碱基的内含子区域、10 个匹配。

参考序列:GCTACTAGCAGTCAGTGGAAGCCTCTATGCTTGGCAGCATCATCGACTAGCTAGAGCTCTAGCT
TCGA
读段序列:　　　ACTAGCAGTCA...CTAGAGCTCT

③ 多部分队列:一条查询序列可能会在参考基因组中存在多个匹配区域。这些区域可能存在重叠,也可能没有重叠。SAM 格式中,这些匹配区域会以多重队列记录保存。为了避免不重叠匹配多次显示完整的查询序列,"H"操作被引入用来描述硬剪切的比对。硬剪切与软剪切类似,它们的不同之处在于硬剪切的子序列不出现在队列记录中。例如,在上述剪切队列的示例中,其硬剪切 CIGAR 字符串可以写成:3H5M1D4M3H。此时,SAM 格式中存储的查询序列为"TCAGTGAAG",而在软剪切中保存的是"GGGTCAGTGAAGGGG"。

④ 填充队列:大多数序列比对工具仅给出插入参考基因组的序列,而没有给出这些插入的序列如何比对。具有插入序列完全比对的队列称为填充队列。为了存储填充队列,"P"操作被引入,可以将其视为从填充的参考序列中进行的静默删除(silent deletion)。在以下示例中,将读段 1 上的 TG 和读段 2 上的 G 插入参考序列中。未填充的 CIGAR 字符串将无法区分以下填充的多重对齐方式。

参考序列:GCTACTAGCAGTCAG**GAAGCCTCTATGCTTGGCAGCATCATCGACTAGCTAGAGCTCTAGC
TTCGA
读段 1:　　　　　CAGTCAGTGGAAGCCTCT
读段 2:　　　　　CTAGCAGTCAG*GGAAGCCT
读段 3:　　　　　　AGTCAG**GAAGCCTCTATG

填充的 CIGAR 字符串如下。
读段 1:7M2I9M
读段 2:11M1P8M
读段 3:6M2P12M

⑤ 彩色空间队列:彩色空间队列亦称彩色队列(color alignments),除了存储普通核苷酸队列之外,还带有描述原始彩色序列、质量和特定颜色属性的其他标签。

4. GFF

许多生物信息学软件都以 GFF(general feature format)格式展示基因和转录本数据,该格式简单地描述了基因和转录本在基因组上的定位和特征属性。GFF 有四个存在差异的格式版本:GFF1、GFF2、GFF3、GTF2(gene transfer format)。目前最主流的是 GTF2 和 GFF3 格式。所有 GFF 格式文档的每一行,都是以制表符(TAB)分隔的 9 列,其中前 7 列数据结构几乎一样,而差异最大的是第 9 列(附表 7)。

附表 7　GFF 格式每列内容说明

列	名称	描述
1	sequence	该行特征所在的序列编号或名称,如染色体或组装序列编号。
2	source	特征来源关键词,可能是创建该特征的程序,如 BLAST、Augustus、RepeatMasker 等,也可以是一个数据库资源,如 GenBank、Ensembl 等。
3	feature	特征类型名称。如 gene、exon、CDS、start_codon、stop_codon 等。
4	start	该特征在序列中的起始位置,序列编号从 1 开始。
5	end	该特征在序列中的结束位置,序列编号从 1 开始。
6	score	用以表述该特征来源的置信度分值,如相似性比对分值;没有分值,则输入".”。
7	strand	正负链标记("+""-")。如果未知,记作".”。
8	phase	CDS 特征相(0~2),非 CDS 特征记作".”。
9	attributes	与该特征有关的所有其他信息。不同版本的格式、结构和内容差异很大。

注:第 3 列在 GFF2 格式中是"method",在 GFF3 格式中是"type"。第 8 列在 GFF1 格式中为"frame",它是用来描述编码外显子的阅读框(0~2)的,而且是指外显子的第 1 个碱基在密码子中的位置;在后来的 GFF2 和 GFF3 格式中为"phase",它也描述编码外显子的阅读框(0~2),不过是指该外显子中的阅读框的起始位置,即从该外显子起始位置删除几个碱基后才是下一个密码子的第 1 个碱基。

（1）GFF2

GFF2 格式通过第 9 列(group)可以创建具有层次结构的注释。第 9 列包含一个注释的类(class)、编号(ID)和名称(name),该注释是当前注释行的逻辑父(parent)对象。如下例所示,第 9 列具有一个编号为"R119.7"的"Transcript"类注释信息,表明该行所代表的 CDS 区域隶属于一个编号为"R119.7"的转录本。该列还可以用来存储序列相似性比对结果信息,以及各种各样的注释。

```
Chr1   curated   CDS 365647   365963   .   +   1   Transcript "R119.7"
```

① 简单特征的描述:对于跨越单个连续范围的简单特征,为其设定名称(name)和类(class),并在 GFF2 文件中为其指定起始和终止位置。

```
Chr3   giemsa heterochromatin   4500000 6000000 (ii)...   Band 3q12.1
```

② 关联特征的分组:可以使用第 9 列注释(name 和 class),把一组特征关联到一起,比如,对于某个转录本的多个外显子,只要给每个外显子特征描述行的第 9 列加上相同的名称(name)和类(class)即可。

```
IV   curated   mRNA    5506800 5508917 . +.   Transcript B0273.1; Note "Zn-Finger"
IV   curated   5'UTR   5506800 5508999 . +.   Transcript B0273.1
IV   curated   exon    5506900 5506996 . +.   Transcript B0273.1
IV   curated   exon    5506026 5506382 . +.   Transcript B0273.1
IV   curated   exon    5506558 5506660 . +.   Transcript B0273.1
IV   curated   exon    5506738 5506852 . +.   Transcript B0273.1
IV   curated   3'UTR   5506852 5508917 . +.   Transcript B0273.1
```

③ 备注或别名的添加：第 9 列还可以增加备注（note）以及别名（alias）标记，以便理解和快速检索特征。

```
Chr3 giemsa heterochromatin 4500000 6000000 ... Band 3q12.1 ; Note "Marfan's syndrome"
Chr3 giemsa heterochromatin 4500000 6000000 ... Band 3q12.1 ; Alias MFX
```

④ 参考序列的识别：每个参考序列都必须有一行关于自身的注释描述，只是其中的起始和终止位置需要与该序列的长度一致。下面示例中，序列名称为"Chr1"，总长度为 14 972 282 bp，通过组装（assembly）获得，特征描述为染色体（chromosome）。另外，第 9 列中还设置了类（Sequence）和名称（Chr1）。

```
Chr1 assembly chromosome 1 14972282 . +. Sequence Chr1
```

⑤ 序列比对的描述：明确指示两条序列之间的关系。主要分为两种情况：一种是相似命中（similarity hit），这与序列比对队列有关；另一种是映射组装（map assembly），这需要指明一条长序列是由一条或多条短序列组成。这两种情况，都可以使用第 9 列中的 target 标签来标记。

序列比对示例如下。

```
Chr1 BLASTX similarity 76953 77108 132 +0 Target Protein；SW；ABL_DROME 493 544
```

该示例中，target 标记后面是生物序列标识（ID 或名称），紧接着是目标序列在队列中的起始和终止位置（注意：此处的起始位置可能大于终止位置）。该目标序列与 Chr1 中 76953~77108 区域序列高度相似。

映射组装示例如下。

```
Chr1            assembly Link    10922906   11177731  ... Target Sequence；LINK_H06O01 1 254826
LINK_H06O01 assembly Cosmid 32386       64122      ... Target Sequence；F49B2      6 31742
```

该示例中，Chr1 的 10922906~11177731 区域由 LINK_H06O01 的 1~254826 区域组成。而 LINK_H06O01 的 32386~64122 区域则由 Cosmid F49B2 的 6~31742 区域组成。

⑥ 密集的量化数据：如微阵列表达数据、ChIP-chip 或 ChIP-Seq 数据，可能要创建"Wiggle"格式的二进制文件，该文件在外部文件中以紧凑格式表示定量数据。使用 wiggle2gff3.pl 脚本程序，可以格式化和加载此类数据。

⑦ 加载 GFF 文档到数据库：使用 BioPerl 脚本工具 bp_bulk_load_gff.pl、bp_load_gff.pl，可以把 GFF 文档加载到数据库中。

⑧ GFF2 到 GFF3 转换问题：目前网上虽然有一些 GFF2 到 GFF3 转换器，但都不是 GMOD 认可的，每个转换器都对 GFF2 数据进行了特定假设，从而限制了其适用性。如果确实需要将 GFF2 转换成 GFF3 格式，则需要解决以下问题。

第 3 列的特征类型:如果 GFF2 文件未在第 3 列中使用序列本体(sequence ontology,SO)术语,则需要对 GFF2 中的类型进行某种转换,以将其转换为 SO 术语。

第 9 列的群组/属性:GFF3 中的定义比 GFF2 中更严格,GFF2 没有任何保留的属性名称。另一个问题是 GFF2 仅支持一层特征嵌套,但是 GFF3 支持多级嵌套,这在转换时尤为突出。

最后,需要说明的是,GFF2 虽然是 GMOD 支持的格式,但现已弃用。与 GFF3 相比, GFF2 有许多缺点:无法支持复杂的包含关系;对于不同方法来源的特征描述,关键词和格式不统一,显得过于烦琐,不利于不同平台和软件工具之间的共享交流。如果可以的话,尽量使用 GFF3 格式。

(2) GTF

GTF2 格式规范中,transcript_id 属性是必需的,GFF 解析器也需要它;而 gene_id 属性, 则不是必需的,但是它对于将基因/基因座的可变转录本分组非常有用。另一个 gene_name 为可选属性,如果存在的话,将会显示为基因名称或缩写形式,如来自 HGNC 或 Entrez Gene 数据库的基因标志(gene symbols)。有些注释来源(如 Ensembl)在 gene_name 属性中放置一个"人类可读的(human readable)"的基因名称或标志符号,比如 HUGO 标志,而 gene_id 可能只是该基因自动生成的数字标识符。大多数生物信息学软件通常需要足够定义整个转录本结构的外显子特征,可选的 CDS 特征用以指定编码区。gffreader 软件若提取到 exon 和 CDS 特征,则会忽略冗余特征,如起始密码子、终止密码子、UTR 等。如果 GTF 文件只提供了 CDS 和 UTR 特征,则 gffreader 会据此计算出外显子结构特征。

```
20  protein_coding  exon  9873504  9874841  .  +  .  gene_id "ENSBTAG00000020601"; transcript_
id "ENSBTAT00000027448"; gene_name "ZNF366";
20  protein_coding  CDS  9873504  9874841  .  +  0  gene_id "ENSBTAG00000020601"; transcript_
id "ENSBTAT00000027448"; gene_name "ZNF366";
20  protein_coding  exon  9877488  9877679  .  +  .  gene_id "ENSBTAG00000020601"; transcript_
id "ENSBTAT00000027448"; gene_name "ZNF366";
20  protein_coding  CDS  9877488  9877679  .  +  0  gene_id "ENSBTAG00000020601"; transcript_
id "ENSBTAT00000027448"; gene_name "ZNF366";
20  protein_coding  exon  9888412  9888586  .  +  .  gene_id "ENSBTAG00000020601"; transcript_
id "ENSBTAT00000027448"; gene_name "ZNF366";
20  protein_coding  CDS  9888412  9888586  .  +  0  gene_id "ENSBTAG00000020601"; transcript_
id "ENSBTAT00000027448"; gene_name "ZNF366";
20  protein_coding  exon  9891475  9891998  .  +  .  gene_id "ENSBTAG00000020601"; transcript_
id "ENSBTAT00000027448"; gene_name "ZNF366";
20  protein_coding  CDS  9891475  9891995  .  +  2  gene_id "ENSBTAG00000020601"; transcript_
id "ENSBTAT00000027448"; gene_name "ZNF366";
```

StringTie 和 Cufflinks 等程序的 GTF 输出也有一个额外的转录特征行,作为 exon 和 CDS 特征的父特征,这些特征定义了转录结构并具有相同的 transcript_id 属性。这不是 GTF2 格式规范所要求的,但有助于保存每个转录本的全局属性。此外,GTF 格式与 GFF2

很类似,有时亦被称为 GFF2.5。目前,GMOD 不再支持 GTF 格式;可以使用 BioPerl 中的 gtf2gff3.pl 脚本将 GTF 转换成目前更为通用的 GFF3 格式。

（3）GFF3

GFF3 格式同样是用制表符分隔的注释文件。文件的第 1 行是标识文件格式和版本的注释。接下来是一系列数据行,每个数据行都对应一个注释。当然,可能还有更多以"#"开头的注释行在文件中。相对于其他格式,GFF3 有几列发生了较大的变化。

① 第 3 列的特征类型(type),这里限定为序列本体(sequence ontology)术语。

② 第 6 列的分值(score),这里可以是早期定义的狭义上的分数,也可是其他不同类型的数值。比如,序列相似性特征,推荐保存 E-values;而从头基因预测特征,推荐保存 P-values。

③ 第 9 列的属性(attributes),这里是描述特征属性的列表,有着严格且简单的格式规范,即属性标签(tag) = 赋值(value),多个属性使用分号隔开;通过一个预设的父属性(Parent),可以创建复杂的特征嵌套关系。

```
##gff-version 3
chr1    RefSeq    gene     142174    143160    .    +    .    ID = g1;Name = EFB1
chr1    RefSeq    mRNA     142174    143160    .    +    .    ID = rna1;Parent = g1
chr1    RefSeq    exon     142174    142253    .    +    .    ID = exon-rna1-1;Parent = rna1
chr1    RefSeq    exon     142620    143160    .    +    .    ID = exon-rna1-2;Parent = rna1
chr1    RefSeq    CDS      142174    142253    .    +    0    ID = cds-P1;Parent = rna1
chr1    RefSeq    CDS      142620    143160    .    +    1    ID = cds-P1;Parent = rna1
```

在上述示例中,gene 特征行定义了一个 ID。该 ID 将成为与其有关的其他特征行的父特征。比如,接下来的 mRNA 特征行,它是该基因转录出来的,通过一个父属性指向该基因的 ID;而之后隶属于该 mRNA 的 exon 和 CDS 特征行,亦如此设定。这样就建立了一个逻辑清晰的嵌套特征关联树,用来描述该基因的基因组定位和结构特征。

特征限制:目前,GFF 解析器对基因和转录本特征的基因组长度(跨度)设定以下限制。

基因和转录本在基因组序列上的跨度不应超过 7 Mb。
外显子不得超过 30 kb。
内含子不应大于 6 Mb。
每个 GFF 输入文件的转录本 ID 都是唯一的。

第 9 列的预设属性如下所示。

ID：特征唯一 ID，在整个 GFF 文件中必须是唯一的。

Name：特征名称，与 ID 不同，Name 不要求唯一。

Alias：特征的第 2 个名称（别名），建议在需要该特征的辅助标识符时使用此标签。Alias 也不要求唯一。

Parent：父特征 ID，可以据此把多个外显子划分到某个转录本，把多个转录本归类到某个基因等等。另外，一个特征可以有多个父特征，而父属性（Parent）则只是用来表示当前特征属于某种关联的一部分。

Target：序列比对中的目标序列 ID。其赋值格式为：target_id start end ［strand］，strand 是可选项（+/-）。如果 target_id 包含空格，则需使用十六进制转义符%20 代替。

Gap：标记序列队列中目标序列的空位（gap）。队列格式取自 Exonerate 文档中描述的 CIGAR 格式。

Derives_from：当两个特征之间的关系是时间上的而不是纯粹的结构"部分"时，用于消除两者之间关系的歧义。这是多顺反子基因（polycistronic gene）所需要的。

Note：自由的文本备注。

Dbxref：数据库交叉参考。

Ontology_term：本体条目的交叉参考。

Is_circular：指示特征序列是否为环形的标记，比如线粒体基因组；一般不描述该属性，则默认不是环状。

注：如果有多个相同类型的属性，则用逗号分隔，如 Parent = rna1，rna2，rna3。此外，属性名称对大小写敏感，例如，"Parent"代表父属性，而"parent"则不是。GFF3 规范建议所有以大写字母开头的属性都保留供以后使用。用户自行编写的程序可以使用以小写字母开头的自定义属性。

序列队列：当把核苷酸或蛋白质与基因组比对时，结果队列会涉及两个坐标体系，即基因组上比对的坐标（称为"源"坐标）以及核苷酸或蛋白质的坐标（称为"目标"坐标）。在 GFF3 格式中，使用"目标（Target）"标签指定"目标"坐标。

chr1	TBLASTN	match	704499	707258	924	+	.	ID = P1. match；Target = P1 6 902
chr1	TBLASTN	match	707523	709199	386	+	.	ID = P1. match；Target = P1 905 1488
chr1	TBLASTN	match	1063397	1065478	146	+	.	ID = P2. match；Target = P2 58 711
chr1	TBLASTN	match	1065701	1067347	273	+	.	ID = P2. match；Target = P2 853 1421

每一个队列有一个不同的 ID，同一个队列的所有不连续部分具有相同的 ID。另外，每个队列片段都有一个 Target 标签，它的格式为：Target = < target seqid > < target start > < target end >。上面示例中的第 1 行，是指蛋白质 P1 的 6 ~ 902 区域与基因组 chr1 的 704499 ~707258 区域具有高相似匹配。使用 GFF3 文件的"## FASTA"可以指定匹配区域的序列。

定量数据：很多基因组注释信息的可视化工具可以对定量数据进行绘制，如比对得分、基因预测程序的置信度得分和微阵列强度数据。有一种简单的格式可以直接放在 GFF3 文件中，但不能扩展到非常大的数据集，通过给它们一个共同的实验名称将这些特征分在一组，以便可以一起检索它们。使用第 6 列 score 字段表示定量信息（如杂交强度或表达水平）。

```
ctg123 affy microarray_oligo    1 100 281 . . Name = Expt1
ctg123 affy microarray_oligo 101 200 183 . . Name = Expt1
ctg123 affy microarray_oligo 201 300 213 . . Name = Expt1
ctg123 affy microarray_oligo 301 400 191 . . Name = Expt1
ctg123 affy microarray_oligo 401 500 288 . . Name = Expt1
ctg123 affy microarray_oligo 501 600 184 . . Name = Expt1
```

"WIG"格式则被设计用于密度非常高的定量数据的显示,如微阵列数据。这种格式可以直接嵌入 GFF3 文件中,每个数据点都具有起点和终点特征。当使用 WIG 格式时,定量数据将保存在主数据文件之外的有特殊用途的二进制文件中。此时,每个实验的 GFF3 文件都包含一个定义关联 WIG 文件存放位置的数据行,如下所示。

```
ctg123 . microarray_oligo 1 50000 ... Name = example;wigfile = /usr/data/ctg123. Expt1. wig
```

格式校验:GFF3 文件的格式是否符合规范,可以使用 gffread 进行校验,还可以使用基因组工具软件(Genome tools)中的 gff3validator 程序来严格验证给定的 GFF3 文件。

5. BED

浏览器可扩展数据(browser extensible data,BED)格式以一种简洁灵活的方式来表示基因组特征和注释。BED 格式(亦称 BED12 格式)描述最多支持 12 列(即下面列出的所有12 个字段),但 UCSC 浏览器、Galaxy 浏览器和 bedtools 只需要前 3 列。bedtools 允许使用 BED12 格式。但是,只有 intersectbed、coveragebed、genomecoveragebed 和 bamtobed,在计算重叠等情况下,会通过"-split"选项遵守 BED12"块(blocks)"规范。对于所有其他工具,最后 6 列不用于 bedtools 的任何比较,允许被 bedtools 忽略。相反,它们将使用 BED12 特征条目的整个范围(start ~ end)来执行任何相关的特征比较。最后 6 列将在所有比较的输出中报告(附表8)。

附表8   BED 格式每列内容说明

列	名称	描述
1	chrom	基因组特征所在的染色体名称。支持任意字符串,如"chr1""chrII""scaffold_1""contig123"。必需列。
2	start	特征在染色体中的起始位置(0-based 坐标体系)。染色体的第 1 个碱基编号为 0。如果某个特征的 start = 0,end = 10,则该特征区间是从第 1 个碱基到第 10 个碱基。必需列。
3	end	特征在染色体中的结束位置。必需列。
4	name	特征名称。支持任意字符串,如"gene""exon""CDS"。可选列。
5	score	UCSC 定义要求 BED 分数范围为[0,1000]。但是,bedtools 允许在此字段中存储任何字符串,以便在注释特征方面具有更大的灵活性;允许对 p 值、平均富集值等使用科学记数法,如 7.31e-05(p 值)、0.33(平均富集值)、up、down 等。不过,这种灵活性可能会阻止此类注释在 UCSC 基因组浏览器上正确显示。可选列。
6	strand	特征所在链: + 或-。可选列。
7	thickStart	粗线绘制的特征起始位置。
8	thickEnd	粗线绘制的特征结束位置。

续表

列	名称	描述
9	itemRgb	RGB 值,如 255,0,0。
10	blockCount	BED 行中块(blocks)|外显子(exons)数量。
11	blockSizes	以逗号分隔的块大小列表。
12	blockStarts	以逗号分隔的块起始列表。

bedtools 要求所有 BED 输入都以制表符分隔,它支持以下类型的 BED 输入。

BED3:每个特征行只有 chrom、start 和 end 三列。

chr1	11873	14409

BED4:每个特征行只有 chrom、start、end 和 name 四列。

chr1	11873	14409	uc001aaa.3

BED5:每个特征行只有 chrom、start、end、name 和 score 五列。

chr1	11873	14409	uc001aaa.3	0

BED6:每个特征行只有 chrom、start、end、name、score 和 strand 六列。

chr1	11873	14409	uc001aaa.3	0	+

BED12:每个特征行包含上述所有十二列。

chr1 11873 14409 uc001aaa.3 0 + 11873 11873 0 3 354,109,1189, 0,739,1347,

BEDPE 格式:浏览器可扩展数据双末端(browser extensible data paired-end,BEDPE)格式,用来描述不相交的基因组特征,例如结构变异或双末端序列比对。之所以设计这种格式,是因为现有的 BED 格式不允许染色体间(inter-chromosomal)特征定义。此外,BED12只有一个链(strand)字段,不足以描述双末端序列比对,尤其是在研究结构变异时(附表9)。

附表9　BEDPE 格式每列内容说明

列	名称	描述
1	chrom1	特征的第一末端所在的染色体名称。支持任意字符串,“.”代表未知。必需列。
2	start1	特征的第一末端所在的 chrom1 的起始位置(0-based 坐标体系)。染色体的第 1 个碱基编号为 0。如果某个特征的 start = 0,end = 10,则该特征区间是从第 1 个碱基到第 10 个碱基。“-1”代表未知。必需列。
3	end1	特征的第一末端所在的 chrom1 的结束位置。“-1”代表未知。必需列。
4	chrom2	特征的第二末端所在的染色体名称。支持任意字符串,“.”代表未知。必需列。
5	start2	特征的第二末端所在的 chrom2 的起始位置(0-based 坐标体系)。“-1”代表未知。必需列。
6	end2	特征的第二末端所在的 chrom2 的结束位置。“-1”代表未知。必需列。
7	name	BEDPE 特征名称。支持任意字符串。可选列。

列	名称	描述
8	score	与 BED 格式相同。可选列。
9	strand1	特征的第一末端所在的链：+ 或-。"."代表未知。可选列。
10	strand2	特征的第二末端所在的链：+ 或-。"."代表未知。可选列。
11	…	任意数量的额外的、用户定义的字段。允许用户根据需要向正常的 10 列 BEDPE 格式中添加附加字段。这些列不是任何分析的一部分。可以使用这些附加列向每个 BEDPE 特征添加额外信息，如某个队列的每个末端的编辑距离或删除（deletion）、反转（inversion）等。这些附加列是可选的。

经典的 BEDPE 文件如下所示。

```
chr1   100    200    chr5   5000   5100   bedpe_example1   30    +    -
chr9   1000   5000   chr9   3000   3800   bedpe_example2   100   +    -
```

包含两个用户自定义列的 BEDPE 文件如下所示。

```
chr1   10   20   chr5   50   60   a1   30    +    -   0   1
chr9   30   40   chr9   80   90   a2   100   +    -   2   1
```

基因组序列长度文件格式：某些 bedtools 工具，如 genomecoveragebed、complementbed、slopbed，需要知道 BED 文件中的序列长度。使用 UCSC Genome Browser、Ensemble 或 Galaxy 时，通常会指明正在使用哪个物种基因组版本。此时可能需要创建一个存有基因组序列长度信息的文件，该文件仅列出染色体或组装序列名称及其长度（以碱基对为单位）。基因组文件中的字段必须以制表符分隔，结构如下所示。

```
chrI    15072421
chrII   15279323
…
chrX    17718854
chrM    13794
```

6. VCF 和 BCF

（1）VCF 格式

变异调用格式（variant call format，VCF）是用于存储基因序列变异的文本文件格式。该格式是随着大规模基因分型和 DNA 测序项目的出现而开发的。VCF 标题部分提供描述文件正文的元数据（metadata）。标题行以"#"开头。标题中的特殊关键字用"##"表示。推荐的关键字包括文件格式、文件日期和参考序列。标题部分包含描述文件正文中使用的字段关键字，特别是 INFO、FILTER 和 FORMAT。VCF 的正文跟在标题后面，并由制表符分隔为 8 个必填列和数量不限的可选列，这些可选列可用于记录有关样本的其他信息。当使用可选列时，第 1 个可选列用于描述后面列中数据的格式（附表 10）。

附表 10　VCF 格式每列内容说明

列	列名称	简要描述
1	CHROM	变异所在的序列名称。该序列通常称为"参考序列"。
2	POS	变异在参考序列上的位置(1-based 坐标体系)。
3	ID	变体的标识符,例如 dbSNP 数据库的 rs 标识符;如果未知,则为"."。多个标识符应该用分号分隔,且没有空格。
4	REF	参考序列上在该位置的参考碱基,或插入删除(indel)情况下的碱基。
5	ALT	该位置的替代等位基因(alternative allele)列表。
6	QUAL	与给定等位基因的推断相关的质量分数。
7	FILTER	一个过滤器标志,指示该变异已通过一组给定过滤器中的哪一个。
8	INFO	描述变异的键值对的可扩展列表。多个字段由分号分隔,可选值的格式为 < key > = < data > [,data]。
9	FORMAT	用于描述样本的可扩展字段列表(可选)。
+	SAMPLEs	对于文件中描述的每个样本(可选),为 FORMAT 中列出的字段提供值。

常见的 INFO 字段:允许使用任意键,但保留以下子字段。

AA:祖先等位基因。

AC:基因型中的等位基因计数,对于每个 ALT 等位基因,其与列出的顺序相同。

AF:与列出的顺序相同的每个 ALT 等位基因的等位基因频率(从原始数据估计时使用此值,不称为基因型)。

AN:被调用基因型的等位基因总数。

BQ:该位置的 RMS 碱基质量。

CIGAR:CIGAR 字符串,描述如何将替代等位基因与参考等位基因对齐。

DB:dbSNP 数据库成员。

DP:跨样本的组合深度,如 DP = 154。

END:该记录中描述的变异结束位置,用于符号等位基因(symbolic alleles)。

H2:hapmap2 数据库成员。

H3:hapmap3 数据库成员。

MQ:RMS 映射质量,如 MQ = 52。

MQ0:覆盖该记录的 MAPQ 为 0 的读段数量。

NS:有数据的样本数。

SB:该位置的链偏移。

SOMATIC:表示该记录为体细胞突变,用于癌症基因组学。

VALIDATED:通过后续实验验证。

1000G:千人基因组数据库成员。

注:任何其他 INFO 字段都在".vcf"文件标题中定义。

常见的 FORMAT 字段如下所示。

AD：每个等位基因的读段深度。

ADF：正向链上每个等位基因的读段深度。

ADR：反向链上每个等位基因的读段深度。

DP：读段深度。

EC：预期的替代等位基因计数。

FT：指示该基因型是否被"调用（called）"的过滤器。

GL：基因型可能性（genotype likelihoods）。

GP：基因型后验概率（genotype posterior probabilities）。

GQ：条件基因型质量（conditional genotype quality）。

GT：基因型（genotype）。

HQ：单倍型质量（haplotype quality）。

MQ：RMS 映射质量。

PL：Phred-scaled 的基因型似然值（genotype likelihoods），该值四舍五入到最接近的整数。

PQ：相位质量（phasing quality）。

PS：相位集（phase set）。

注：任何其他 FORMAT 字段都在"．vcf"文件标题中定义。

（2）BCF 格式

BCF 是二进制变异调用格式（binary variant call format），是 VCF 的二进制版本。它保留着 VCF 中相同的信息，同时处理效率更高，尤其是对于多样本数据。BCF 和 VCF 之间的关系类似于 BAM 和 SAM 之间的关系（附图 4）。

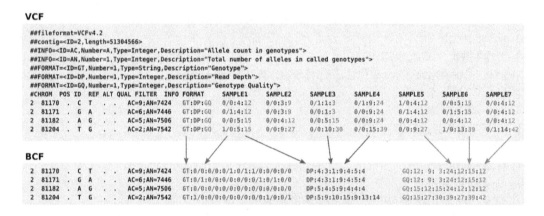

附图 4　VCF 和 BCF 格式之间的关系

（图片素材来自 https：//en. wikipedia. org/wiki/Variant_Call_Format）

BCF1：Samtools 0. 1. 19 及早期版本输出的 BCF1 格式与最新版本的 BCFtools 不兼容。要读取 BCF1 文件，可以使用 Samtools 0. 1. 19 及早期版本打包的旧版 BCFtools 中的 view 命令，将其转换为 VCF 格式，然后即可由最新版本的 BCFtools 读取。

```
samtools-0. 1. 19/bcftools/bcftools view file. bcf1 | bcftools view
```

7. CIGAR

当查询序列与参考序列比对时,查询序列可能具有参考中不存在的额外碱基,或其缺失了参考中的碱基。"CIGAR(compact idiosyncratic gapped alignment report)"就是表示该比对中碱基长度和相关操作的一个字符串。该字符串用于指示哪些碱基与参考对齐(匹配/不匹配),哪些碱基在参考中有而查询序列中被删除,以及参考序列中没有而查询序列中有的碱基插入等。为了描述这些内容,CIGAR 字符串中预定义了多个运算符。

M(match):x 个位置的精确匹配。
N(alignment gap):参考(ref)序列上接下来的 x 个位置不匹配。
D(deletion):参考(ref)序列上接下来的 x 个位置不匹配。
I(insertion):查询(query)序列上接下来的 x 个位置不匹配。

范例 1:position = 2(0-based)和 CIGAR = 6M,即查询序列在参考序列上从位置 2 开始,有 6 个完全匹配。

RefPos:	0	1	2	3	4	5	6	7	8	9
Reference:	A	A	G	T	C	T	A	G	A	A
query:			G	T	C	T	A	G		

范例 2:position = 2(0-based)和 CIGAR = 3M2I3M,即查询序列在参考序列上从位置 2 开始,依次有 3 个完全匹配、2 个插入、3 个完全匹配。

RefPos:	0	1	2	3	4	5	6	7	8	9	10	11
Reference:	A	A	G	T	C			T	A	G	A	A
query:			G	T	C	G	A	T	A	G		

范例 3:position = 2(0-based)和 CIGAR = 2M1D3M,即查询序列在参考序列上从位置 2 开始,依次有 2 个完全匹配、1 个删除、3 个完全匹配。

RefPos:	0	1	2	3	4	5	6	7	8	9
Reference:	A	A	G	T	C	T	A	G	A	A
query:			G	T		T	A	G		

范例 4:position = 3(0-based)和 CIGAR = 3M7N4M,即查询序列在参考序列上从位置 3 开始,依次有 3 个完全匹配、7 个间隙(gaps)、4 个完全匹配。

RefPos:	0	1	2	3	4	5	6	7	8	9	10	11	12	13	14	15	16
Reference:	C	C	C	T	A	C	G	T	C	C	C	A	G	T	C	A	C
query:				T	A	C								T	C	A	C

范例 5:position = 5(1-based)和 CIGAR = 3M1I3M1D5M,即查询序列在参考序列上从位置 5 开始,依次有 3 个完全匹配、1 个插入、3 个完全匹配、1 个删除和 5 个完全匹配。注意:在位置 14 处,查询序列中的碱基与参考序列中的碱基不同,但由于它与该位置对齐,因此仍计为 M。

RefPos:	1	2	3	4	5	6	7		8	9	10	11	12	13	14	15	16	17	18	19
Reference:	C	C	A	T	A	C	T		G	A	A	C	T	G	A	C	T	A	A	C
query:				A	C	T	A	G	A	A			T	G	G	C	T			

8. GenBank

GenBank 格式是 GenBank 数据库储存序列及其注释信息的默认格式。下面我们结合一个实际案例(登录号 U498545)来对其进行解释。

```
LOCUS       SCU49845     5028 bp      DNA      PLN      21-JUN-1999
DEFINITION  Saccharomyces cerevisiae TCP1-beta gene, partial cds, and Axl2p
            (AXL2) and Rev7p (REV7) genes, complete cds.
ACCESSION   U49845
VERSION     U49845.1   GI:1293613
KEYWORDS    .
SOURCE      Saccharomyces cerevisiae (baker's yeast)
  ORGANISM  Saccharomyces cerevisiae
            Eukaryota; Fungi; Ascomycota; Saccharomycotina; Saccharomycetes;
            Saccharomycetales; Saccharomycetaceae; Saccharomyces.
REFERENCE   1   (bases 1 to 5028)
  AUTHORS   Torpey,L.E., Gibbs,P.E., Nelson,J. and Lawrence,C.W.
  TITLE     Cloning and sequence of REV7, a gene whose function is required for
            DNA damage-induced mutagenesis in Saccharomyces cerevisiae
  JOURNAL   Yeast 10 (11), 1503-1509 (1994)
  PUBMED    7871890
REFERENCE   2   (bases 1 to 5028)
  AUTHORS   Roemer,T., Madden,K., Chang,J. and Snyder,M.
  TITLE     Selection of axial growth sites in yeast requires Axl2p, a novel
            plasma membrane glycoprotein
  JOURNAL   Genes Dev. 10 (7), 777-793 (1996)
  PUBMED    8846915
REFERENCE   3   (bases 1 to 5028)
  AUTHORS   Roemer,T.
  TITLE     Direct Submission
  JOURNAL   Submitted (22-FEB-1996) Terry Roemer, Biology, Yale University, New
            Haven, CT, USA
FEATURES    Location/Qualifiers
     source  1..5028
             /organism="Saccharomyces cerevisiae"
             /db_xref="taxon:4932"
             /chromosome="IX"
```

```
                          /map = "9"
         CDS              <1..206
                          /codon_start = 3
                          /product = "TCP1-beta"
                          /protein_id = "AAA98665.1"
                          /db_xref = "GI:1293614"
                          /translation = "SSIYNGISTSGLDLNNGTIADMRQLGIVESYKLKRAVVSSASEA
                          AEVLLRVDNIIRARPRTANRQHM"
         gene             687..3158
                          /gene = "AXL2"
         CDS              687..3158
                          /gene = "AXL2"
                          /note = "plasma membrane glycoprotein"
                          /codon_start = 1
                          /function = "required for axial budding pattern of S.
                          cerevisiae"
                          /product = "Axl2p"
                          /protein_id = "AAA98666.1"
                          /db_xref = "GI:1293615"
                          /translation = "MTQLQISLLLTATISLLHLVVATPYEAYPIGKQYPPVARVNESF
                          TFQISNDTYKSSVDKTAQITYNCFDLPSWLSFDSSSRTFSGEPSSDLLSDANTTLYFN
                          ...(中间部分略)
                          HRNRHLQNIQDSQSGKNGITPTTMSTSSSDDFVPVKDGENFCWVHSMEPDRRPS
                          KKRL
                          VDFSNKSNVNVGQVKDIHGRIPEML"
         gene             complement(3300..4037)
                          /gene = "REV7"
         CDS              complement(3300..4037)
                          /gene = "REV7"
                          /codon_start = 1
                          /product = "Rev7p"
                          /protein_id = "AAA98667.1"
                          /db_xref = "GI:1293616"
                          /translation = "MNRWVEKWLRVYLKCYINLILFYRNVYPPQSFDYTTYQSFNLPQ
                          FVPINRHPALIDYIEELILDVLSKLTHVYRFSICIINKKNDLCIEKYVLDFSELQHVD
                          KDDQIITETEVFDEFRSSLNSLIMHLEKLPKVNDDTITFEAVINAIELELGHKLDRNR
                          RVDSLEEKAEIERDSNWVKCQEDENLPDNNGFQPPKIKLTSLVGSDVGPLIIHQFSEK
                          LISGDDKILNGVYSQYEEGESIFGSLF"
ORIGIN
         1 gatcctccat atacaacggt atctccacct caggtttaga tctcaacaac ggaaccattg
        61 ccgacatgag acagttaggt atcgtcgaga gttacaagct aaaacgagca gtagtcagct
         ...(中间部分略)
      4921 ttttcagtgt tagattgctc taattctttg agctgttctc tcagctcctc atattttct
      4981 tgccatgact cagattctaa ttttaagcta ttcaatttct ctttgatc          .
//
```

（1）LOCUS

LOCUS 字段包含许多不同的数据元素,主要包括基因座名称(locus name)、序列长度
(sequence length)、分子类型(molecule type)、GenBank 分类(GenBank division)和修改日期

（modificatior date）。

locus name：本案例为 SCU49845。分配基因座名称的唯一规则是其必须是唯一的，它就是一个登录号（accession number）。参考序列数据库 RefSeq 根据基因标志（gene symbol）为每条记录分配正式的基因座名称。

sequence length：序列记录中核苷酸碱基对或氨基酸残基的数量。本例中的序列长度为 5 028 bp。用户提交给 GenBank 的序列最小长度为 50 bp，没有最大限制；但是，单个 GenBank 记录有 350 kb 的限制。

molecule type：被测序的分子类型。本例中的分子类型是 DNA。

GenBank division：记录所属的 GenBank 分类用 3 个字母的缩写表示。本例所属 GenBank 分类是 PLN。GenBank 数据库分为 18 个类别。

① PRI-primate sequences
② ROD-rodent sequences
③ MAM-other mammalian sequences
④ VRT-other vertebrate sequences
⑤ INV-invertebrate sequences
⑥ PLN-plant, fungal, and algal sequences
⑦ BCT-bacterial sequences
⑧ VRL-viral sequences
⑨ PHG-bacteriophage sequences
⑩ SYN-synthetic sequences
⑪ UNA-unannotated sequences
⑫ EST-EST sequences（expressed sequence tags）
⑬ PAT-patent sequences
⑭ STS-STS sequences（sequence tagged sites）
⑮ GSS-GSS sequences（genome survey sequences）
⑯ HTG-HTG sequences（high-throughput genomic sequences）
⑰ HTC-unfinished high-throughput cDNA sequencing
⑱ ENV-environmental sampling sequences

modification date：LOCUS 字段中的日期是最后修改的日期。本例的最后修改日期为 21-JUN-1999。

（2）DEFINITION

该字段是序列的简要说明，包括诸如来源生物、基因名称/蛋白质名称或序列功能的一些描述信息等。如果序列具有编码区，则说明其后可以跟一个完整性限定词，如"complete cds"。

（3）ACCESSION

该字段是序列记录的唯一标识符。登录号（accession number）适用于完整的记录，通常是字母和数字的组合，例如，单个字母后跟 5 位数字（本案例为 U49845）或两个字母后跟 6 位数字。登录号一般不会改变，即使记录中的信息根据作者的要求发生了更改。除非作者由于某种原因使用新提交取代了较早的记录，则原始登录号可能会成为新登录号的次要记录。

NT_123456	constructed genomic contigs
NM_123456	mRNAs
NP_123456	proteins
NC_123456	chromosomes

（4）VERSION

该字段代表 GenBank 数据库中单个特定序列的核苷酸序列标识号。该标识号使用由 GenBank/EMBL/DDBJ 于 1999 年 2 月实施的"accession. version"格式。如果序列数据有任何变化（即使是单个碱基），版本号也会增加，例如，U12345. 1 变为 U12345. 2，但登录号部分将保持不变。序列标识号的"accession. version"系统与 GI 编号系统并行运行，即对序列进行任何更改时，它会收到一个新的 GI 编号及其增加的版本号。

GI："GenInfo Identifier（GI）"序列标识号，此处用于核苷酸序列。如果序列以任何方式发生变化，将分配一个新的 GI 编号。核苷酸序列记录中的每个蛋白质翻译也会分配一个单独的 GI 编号；如果蛋白质翻译以任何方式发生变化，也会分配一个新的 GI 编号。

（5）KEYWORDS

该字段描述序列的单词或短语。如果条目中未包含关键字，则该字段为点（. ）。

（6）SOURCE

该字段是自由格式信息，包括有机体名称的缩写形式，有时后跟分子类型。

ORGANISM：该字段包含来源生物（属和种）及其谱系的正式科学名称，基于 NCBI 分类数据库（Taxonomy）中使用的系统分类方案。如果生物体的完整谱系很长，GenBank 记录中将显示一个缩写谱系，而完整谱系将在分类数据库中显示。

（7）REFERENCE

该字段描述序列提交者讨论该记录中序列数据的出版物。参考文献根据出版日期在该记录中自动排序，首先显示最早的参考文献。有些序列尚未在论文中报告，则显示"未发表（unpublished）"或"正在出版（in press）"状态。该字段中的最后一个引用通常包含有关序列提交者的信息，而不是文献引用。因此，它被称为"提交者块（submitter block）"，并显示"直接提交（Direct Submission）"字样而不是文章标题。

AUTHORS：按作者在被引文章中出现的顺序排列的作者列表。

TITLE：已发表作品的标题或未发表作品的暂定标题。有时用"Direct Submission"一词代替文章标题；这通常适用于"REFERENCE"字段中的最后一次引用，它往往包含有关序列提交者的信息，而不是文献引用。

JOURNAL：期刊名称的 MEDLINE 缩写。

PUBMED：PubMed 标识符（PubMed identifier，PMID）。其包含 PubMed ID 的从序列记录到相应 PubMed 记录的链接。

Direct Submission：提交者的联系信息，例如研究所/部门和邮政地址。这始终是"参考文献"字段中的最后一个引文。AUTHORS 子字段包含提交者姓名，TITLE 包含单词"Direct

Submission",JOURNAL 包含地址。JOURNAL 子字段中的日期是作者提交的日期。

（8）FEATURES

该字段描述有关基因和基因产物的信息,以及序列中报告的具有生物学意义的区域,如编码蛋白质和 RNA 分子的序列区域;同时还提供了每个特征的位置,可以是单个碱基、连续的碱基跨度、序列跨度的连接等。如果特征位于互补链上,则"complement"一词将出现在碱基跨度之前。如果"<"符号位于碱基跨度之前,则部分特征位于 5′末端的上游未显示区域,如"CDS < 1..206"。如果">"符号跟在碱基跨度之后,则部分特征位于 3′末端的下游未显示区域,如"CDS 435..915 >"。此处的示例记录仅包含少量特征（source,CDS,gene）。

source:这是每条记录中的强制性特征,总结了序列的长度、来源生物的学名和分类 ID号,可能还有提交者提供的其他信息,如基因组位置、菌株、克隆、组织类型等。

Taxon:来源生物分类的唯一识别号。

CDS:编码序列;与蛋白质中氨基酸序列相对应的核苷酸区域,包括起始密码子和终止密码子。提交者可以使用限定词"/evidence = experimental"或"/evidence = not _experimental"来指定 CDS 的性质。提交者还可以注释 mRNA 特征,其中包括 5′UTR、CDS、exon 和 3′UTR。< 1..206:生物特征的碱基跨度,在本例中为 CDS 特征。完整特征可以简单地写成 n..m,如 687..3158,表示该特征在序列上从第 687 个碱基延伸到第 3 158 个碱基。"<"表示部分特征位于 5′末端的上游未显示区域,如 < 1..206,表示该特征在序列上从第 1 个碱基延伸到第 206 个碱基,还有部分在 5′末端上游。">"表示部分特征位于 3′末端的下游未显示区域,如 4821..5028 >,表示该特征在序列上从第 4 821 个碱基延伸到第 5 028 个碱基,还有部分在 3′末端下游。"complement"表示该特征在互补链上,如 complement（3300..4037）,表示该特征在序列上从第 3 300 个碱基延伸到第 4 037 个碱基,但实际上位于互补链上。protein_id:蛋白质序列识别号,类似于核苷酸序列的版本号,格式亦为"accession. version"。GI:"GenInfo Identifier"序列识别号,此处用于蛋白质翻译。translation:对应于核苷酸编码序列的氨基酸翻译。

gene:被识别为基因并为其指定名称的生物学特征区域。基因特征的碱基跨度取决于最远的 5′和 3′特征。

（9）ORIGIN

序列数据从 ORIGIN 正下方的行开始,在"//"标志之前结束。如果只是要查看或保存序列数据,请以 FASTA 格式显示记录。

参 考 文 献

[1] ZHAO M, LIU D,QU H. Systematic review of next-generation sequencing simulators：computational tools, features and perspectives[J]. Brief Funct Genomics, 2017, 16(3):121 – 128.

[2] SHENDURE J,JI H. Next-generation DNA sequencing[J]. Nat Biotechnol, 2008,26(10):1135 – 1145.

[3] SHERIDAN C. Illumina claims ＄1,000 genome win[J]. Nat Biotechnol,2014, 32(2):115.

[4] HUANG W C,LI L P, MYERS J R,et al. ART：a next-generationsequencing read simulator[J]. Bioinformatics, 2012, 28(4):593 – 594.

[5] CHEN Y C, LIU T, YU C H, et al. Effects of GC bias in next-generation-sequencing data on de novo genome assembly[J]. PloS One, 2013, 8(4):e62856.

[6] EDGAR R C, FLYVBJERG H. Error filtering, pair assembly and error correction for next-generation sequencing reads[J]. Bioinformatics, 2015, 31(21):3476 – 3482.

[7] LI W, O'NEILL K R, HAFT D H, et al. RefSeq：expanding the prokaryotic genome annotation pipeline reach with protein family model curation[J]. Nucleic Acids Res, 2021, 49(D1):D1020 – D1028.

[8] TATUSOVA T, DICUCCIO M, BADRETDIN A, et al. NCBI prokaryotic genome annotation pipeline[J]. Nucleic Acids Res, 2016, 44(14):6614 – 6624.

[9] UMAROV R K,SOLOVYEV V V. Recognition of prokaryotic and eukaryotic promoters using convolutional deep learning neural networks[J]. Plos One, 2017, 12(2):e0171410.

[10] RANGWALA S H, KUZNETSOV A, ANANIEV V, et al. Accessing NCBI data using the NCBI sequence viewer and genome data viewer (GDV)[J]. Genome Res, 2021, 31(1):159 – 169.

[11] JARIO N G, ZWEIG A S, SPEIR M L, et al. The UCSC Genome Browser database：2021 update[J]. Nucleic Acids Res, 2021, 49(D1):D1046 – D1057.

[12] HOWE K L, ACHUTHAN P, ALLEN J, et al. Ensembl 2021[J]. Nucleic Acids Res, 2021, 49(1):884 – 891.

[13] HÖLZER M, MARZ M. De novo transcriptome assembly：a comprehensive cross-

species comparison of short-read RNA-Seq assemblers[J]. Gigascience, 2019, 8(5): giz039.

[14] WANG S, GRIBSKOV M. Comprehensive evaluation of de novo transcriptome assembly programs and their effects on differential gene expression analysis[J]. Bioinformatics, 2017, 33(3):327 – 333.

[15] SINGH R, LAWAL H M, SCHILDE C, et al. Improved annotation with de novo transcriptome assembly in four social amoeba species[J]. BMC Genomics, 2017, 18(1):120.

[16] HAAS B J, PAPANICOLAOU A, YASSOUR M, et al. De novo transcript sequence reconstruction from RNA-seq using the Trinity platform for reference generation and analysis[J]. Nat Protoc, 2013, 8(8):1494 – 1512.

[17] The ENCODE Project Consortium. An integrated encyclopedia of DNA elements in the human genome[J]. Nature, 2012, 489(7414):57 – 74.

[18] DAVIS C A, HITZ B C, SLOAN C A, et al. The Encyclopedia of DNA elements (ENCODE): data portal update[J]. Nucleic Acids Res, 2018, 46(D1):D794 – D801.

[19] DREOS R, AMBROSINI G, GROUX R, et al. The eukaryotic promoter database in its 30th year: focus on non-vertebrate organisms[J]. Nucleic Acids Res, 2017, 45(D1): D51 – D55.

[20] PARK S, RYU D, LEE H, et al. TaF: a web platform for taxonomic profile-based fungal gene prediction[J]. Genes Genomics, 2019, 41(3):337 – 342.

[21] QUEIRÓS P, DELOGU F, HICKL O, et al. Mantis: flexible and consensus-driven genome annotation[J]. Gigascience, 2021, 10(6):giab042.

[22] HOFF K J, LANGE S, LOMSADZE A, et al. BRAKER1: unsupervised RNA-Seq-based genome annotation with GeneMark-ET and AUGUSTUS[J]. Bioinformatics, 2016, 32 (5):767 – 769.

[23] LI Z, ZHANG Z H, YAN P C, et al. RNA-Seq improves annotation of protein-coding genes in the cucumber genome[J]. BMC Genomics, 2011, 12:540.

[24] GILL N, DHILLON B. RNA-seq data analysis for differential expression [J]. Methods Mol Biol, 2022, 2391:45 – 54.

[25] MENZEL M, HURKA S, GLASENHARDT S, et al. NoPeak: k-mer-based motif discovery in ChIP-Seq data without peak calling[J]. Bioinformatics, 2021, 37(5):596 – 602.

[26] NAKATO R, SAKATA T. Methods for ChIP-Seq analysis: A practical workflow and advanced applications[J]. Methods, 2021, 187:44 – 53.

[27] SAETTONE A, PONCE M, NABEEL-SHAH S, et al. RACS: rapid analysis of ChIP-Seq data for contig based genomes[J]. BMC Bioinformatics, 2019, 20(1):533.

[28] MUHAMMAD I I, KONG S L, ABDULLAH S N, et al. RNA-Seq and ChIP-Seq as complementary approaches for comprehension of plant transcriptional regulatory mechanism[J].

Int J Mol Sci, 2019, 21(1):167.

[29] SREYA G, CHAN C K. Analysis of RNA-Seq data using TopHat and Cufflinks[J]. Methods Mol Biol, 2016, 1374:339 – 361.

[30] KÖNIG S, ROMOTH L W, GERISCHER L, et al. Simultaneous gene finding in multiple genomes[J]. Bioinformatics, 2016, 32(22):3388 – 3395.

[31] DANECEK P, BONFIELD K, LIDDLE J, et al. Twelve years of SAMtools and BCFtools[J]. Gigascience, 2021, 10(2):giab008.

[32] PERTEA G, PERTEA M. GFF utilities: GffRead and GffCompare [J]. F1000Research, 2020, 9:304.

[33] LI B, FILLMORE N, BAI Y S, et al. Evaluation of de novo transcriptome assemblies from RNA-Seq data[J]. Genome Biol, 2014, 15:553.

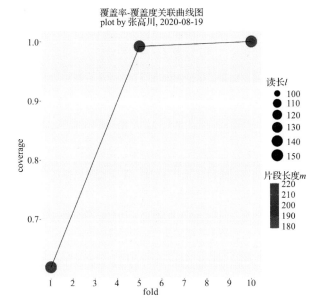

图 1-1　覆盖率-覆盖度关联曲线示范图

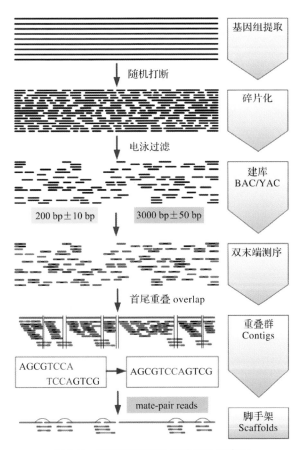

图 1-2　基因组测序和组装流程示意图

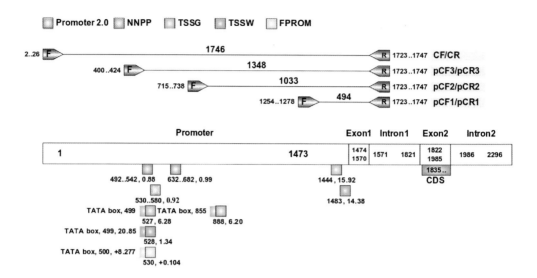

图 2-5　PNKP 基因上游预测启动子元件和引物分布示意图

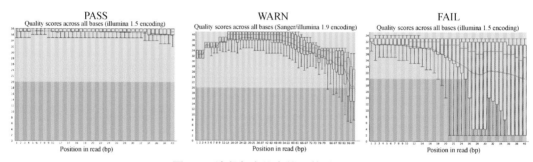

图 4-1　读段每个位点的碱基质量分布

该图的横坐标是读段位置,从 1 开始到读段末端;纵坐标是质量分数。中央红线是中位数(median),黄色框代表四分位距(25% ~75%),上下横线分别代表 10% 和 90% 点,蓝线代表平均质量。图上的 y 轴表示质量分数。分数越高,碱基检出效果越好。图的背景将 y 轴划分为三个区域:质量非常好的调用(绿色)、质量合理的调用(橙色)和质量较差的调用(红色)。

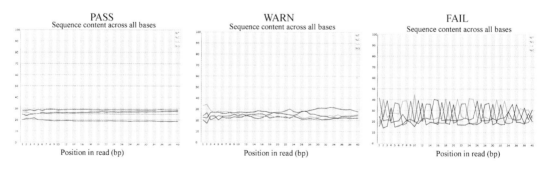

图 4-3　读段每个位点的碱基组成比例

该图的横坐标是读段位置,从 1 开始到读段末端;纵坐标是碱基含量比例。